# 铁路客站建设新实践

王同军 ◎ 主 编
郑 健　王 峰 ◎ 副主编
汤晓光　钱桂枫

中国铁道出版社有限公司

2022年·北京

## 图书在版编目（CIP）数据

铁路客站建设新实践/王同军 主编. — 北京：中国铁道出版社有限公司，2022.1（2022.8重印）
ISBN 978-7-113-28727-6

Ⅰ.①铁… Ⅱ.①王… Ⅲ.①铁路车站-客运站-建筑设计-研究 Ⅳ.①TU248.1

中国版本图书馆CIP数据核字（2021）第265596号

书　　名：**铁路客站建设新实践**
作　　者：王同军

策　　划：徐　艳
责任编辑：朱荣荣　　　　　　　　　　编辑部电话：（010）51873017
封面设计：郑春鹏
责任校对：苗　丹
责任印制：樊启鹏

出版发行：中国铁道出版社有限公司（100054，北京市西城区右安门西街8号）
网　　址：http://www.tdpress.com
印　　刷：北京建宏印刷有限公司
版　　次：2022年1月第1版　2022年8月第2次印刷
开　　本：787 mm×1 092 mm　1/16　印张：30.75　字数：502千
书　　号：ISBN 978-7-113-28727-6
定　　价：180.00元

### 版权所有　侵权必究

凡购买铁道版图书，如有印制质量问题，请与本社读者服务部联系调换。电话：（010）51873174
打击盗版举报电话：（010）63549461

# 《铁路客站建设新实践》编写人员名单

主　　　编：王同军

副 主 编：郑　健　王　峰　汤晓光　钱桂枫

参加编写人员：周铁征　谷邙英　马建军　刘　强
　　　　　　　郝　光　苏发亮　赵振利　智　鹏
　　　　　　　傅小斌　黄家华　邵　鸣　孙路静
　　　　　　　陶　然　杜昱霖　王青衣　唐　虎
　　　　　　　魏英洪　王明哲　沈海燕　杨国元
　　　　　　　李士达　王志华　王哲浩　谭月仁
　　　　　　　姚　涵　甘博捷　马　辉　姚　剑
　　　　　　　张守利　李　杰　汪永平　马　昌
　　　　　　　王　杨

# 前　言

　　交通强国，铁路先行，在祖国广袤的大地上，从"四纵四横"到"八纵八横"，纵横交错的铁路网在不断延展，一座座现代化铁路客站成为城市新地标，为中华民族复兴伟业谱写着壮丽篇章。在以习近平同志为核心的党中央领导下，铁路建设者坚守和践行"人民铁路为人民"宗旨，不忘初心、牢记使命、攻坚克难、砥砺前行，取得了可喜的成绩。截至2021年底，我国铁路营业里程已突破15万公里，其中高速铁路营业里程超过 4 万公里，建成高铁客站 1 100 余座。

　　党中央、国务院高度重视雄安新区建设和京津冀协同发展，习近平总书记对京津冀地区铁路建设工作多次作出重要指示批示。"十三五"期间，国铁集团贯彻国家新发展理念，聚焦铁路供给侧改革和高质量发展，提出铁路客站建设"畅通融合、绿色温馨、经济艺术、智能便捷"新理念，建设精品、绿色、智能、人文客站。广大铁路建设者务实勇担当、先行展作为，相继建成了雄安站、北京丰台站、北京朝阳站，以及京张高铁、京雄城际铁路沿线客站等一批精品工程，为旅客带来更加美好的出行体验。"十四五"开启了向第二个百年奋斗目标进军的新征程，《国家综合立体交通网规划纲要》《新时代交通强国铁路先行规划纲要》绘就了铁路建设和综合交通枢纽规划建设高质量发展的蓝图，我们要把握机遇、迎接挑战，坚持人本驱动、优化统筹、创新发展，推进铁路客站建设高质量发展，在全面建设社会主义现代化国家新征程中再立新功、再创佳绩！

　　为了系统阐述铁路客站建设新理念的内涵，全面总结铁路精品客站建设创新的实践经验，我们编写了这本《铁路客站建设新实践》，以图文并茂的形式阐述了实践过程及成果，为今后铁路客站建设提供参考借鉴。本书共 6 章，由中国国家铁路集团有限公司京津冀地区客站建设领导小组办公室（简称"国铁集团京津冀客站办"）具体负责编写，中国铁路设计集团有限公司、中国铁道科学研究院集团有限公司、清华大学美术学院等单位参与编写。第 1 章回顾了我国铁路客站建设的发展历程与时代特征，介绍了现代铁路客站学科分类及建设特点，分析了新时代铁路客站建设发展面临的新机遇、新使命与新挑战。第 2 章阐述了铁路客站理念创新，提出了新时代精品客站建设的目标及管理理论框架体系；介绍了雄安站等铁路客站建设管理创新实践。第 3 章从铁路客站规划设计方法与技术创新入手，以案例形式介绍了在站城关系、以人为本、绿色技术、文化艺术表达、一体化设计、结构设计以及 BIM 协同设计等方面的创新与实践。第 4 章从施工技术创新应用角度，对铁路客站中新材料选用、"建构一体"建造与精细化施工技术、工业化施工技术、数字信息技术、复杂站型及特殊结构施工技术以及特殊环境下绿色施工示范工程进行了论述。第 5 章阐述了铁路客站智能化框架体系，对铁路客站智能票务、智能客站旅客服务与生产管控平台、客站数字化运维与健康管理等功能特色、技术创新及典型应用进行了系统介绍。第 6 章从人本驱动、优化统筹、创新发展方面，论述了如何在加快建设交通强国中高质量发展，对建设智慧客站、人文客站、生态客站进行了展望。

  由于本书涉及内容较广，编者水平有限，难免存在不妥之处，欢迎广大读者批评指正。

编者

2022 年 1 月

# 目 录

**第1章** 绪 论
 1.1 我国铁路客站建设发展历程与时代特征 /2
 1.2 现代铁路客站学科分类及建设特点 /16
 1.3 新时代铁路客站建设发展新机遇新挑战 /22

**第2章** 铁路客站理念创新与建设管理实践
 2.1 铁路客站理念创新 /28
 2.2 铁路精品客站建设管理 /41
 2.3 京津冀地区精品客站建设管理实践 /61

**第3章** 铁路客站规划设计创新
 3.1 铁路客站规划设计方法与技术创新 /90
 3.2 因地制宜推动站城关系新进展 /94
 3.3 以人为本塑造空间与细节 /128
 3.4 绿色发展推动客站设计创新 /183
 3.5 客站的艺术表达彰显文化自信 /207
 3.6 客站设计结构创新 /242
 3.7 BIM 协同设计与创新 /255

## 第4章 铁路客站施工创新

4.1 铁路客站绿色材料选用 /284

4.2 "建构一体"建造技术与精细化施工 /292

4.3 工业化施工创新 /304

4.4 数字信息化施工创新 /315

4.5 复杂站型及特殊结构施工创新 /339

4.6 绿色施工示范工程案例 /367

## 第5章 铁路客站运营维护创新

5.1 铁路客站运营维护信息化发展历程 /392

5.2 铁路客站智能化框架体系 /396

5.3 新一代客票系统 /398

5.4 智能客站旅客服务与生产管控平台 /410

5.5 铁路客站数字化运维和健康管理 /431

## 第6章 发展与展望

6.1 在加快建设交通强国中高质量发展 /452

6.2 推进新技术与客站业务融合发展,构建智慧客站 /454

6.3 推进绿色低碳发展,建设生态客站 /458

6.4 推进人文工程建设,建设人文客站 /466

致　　谢 /475

参考文献 /476

# 第1章 绪 论

铁路旅客车站（简称铁路客站或客站）的建设发展与经济社会发展紧密联系，具备鲜明的时代特征。现代铁路客站是一个集多学科、多专业为一体的综合交通建筑，是铁路综合交通枢纽的核心。站在两个一百年的历史交汇点，在新时代社会大背景之下，铁路客站如何落实国家高质量发展战略，践行交通强国铁路先行的使命，满足人民日益增长的美好生活需要，成为了新时代铁路客站建设者面临的巨大挑战。本章系统回顾了我国铁路客站的发展历程，阐述现代铁路客站学科分类及建设特点，分析了新时代铁路客站建设发展面临的新机遇、新使命与新挑战。

## 1.1 我国铁路客站建设发展历程与时代特征

我国的铁路客站，最早可以追溯 19 世纪末，随着 100 多年来的发展，铁路客站的功能从单一的接发旅客发展到现在的城市综合体和综合交通枢纽，铁路客站的建筑形式也从最初的西方古典主义风格，发展为丰富多彩的建筑形态。进入 21 世纪，随着高速铁路的建设，铁路客站也得到了快速的发展，一大批铁路客站建成运营。这些客站与传统客站相比较，在设计理念，功能定位，建筑形态，专业技术等各个方面均有质的改变和提高，成为城市新门户和城市发展的新引擎，也成为构建城市群发展的重要节点。

进入新时代，铁路客站建设贯彻新发展理念和以人民为中心的发展思想，将"畅通融合、绿色温馨、经济艺术、智能便捷"作为铁路客站建设理念，大力推进精品智能客站建设，铁路客站建设进入了以精品、绿色、智能、人文为建设目标的新阶段。

### 1.1.1 新中国成立前

新中国成立前，我国铁路发展缓慢。中国境内出现的第一条铁路是 1876 年英国资本修建的吴淞铁路，第二年被清政府拆除。中国自建的第一条铁路是唐胥铁路，自唐山至胥各庄的运煤铁路，由开平矿务局出资修建，其后，陆续修建了安奉铁路、胶济铁路、沪宁铁路等。1905 年开工建设的京张铁路，则是中国自行设计和建造的第一条干线铁路，全长约 200 km，历时 5 年建成，从此打破了国外垄断修建中国铁路的局面，京张铁路的总工程师詹天佑也被称为"中国铁路之父"。从 1876 年到 1949 年的 73 年间，全国仅建设了 2.2 万 km 铁路，不仅线路里程少，而且技术标准低，近一半处于瘫痪状态。

我国最早的铁路客站可以追溯到 1888 年建成的天津老龙头火车站，其后陆续建有京张铁路西直门站、京奉铁路正阳门东站、津沪铁路天津西站等，这些车站大多由国外建筑师设计，或中外建筑师共同设计，外观具有西方古典主义的风格，坡顶、钟楼、拱券是主要的构图元素，车站主要满足接发旅客和货物运输需要，功能相对单一。

1906 年落成的正阳门东车站（前门站），由英国人主持设计和管理，包含货运及客运功能，是当时国内最大的火车站。车站建筑为欧式风格，融合部分中式元素，车站面积超过 3 000 m²，设有分等级的候车室、问事房、客票房、行李房，厕所，电话，电报房等。经过百年的风雨，车站建筑目前仍保持了历史原貌，现为"北京铁路博物馆"，是"北京市文物保护单位"（图 1-1）。

图 1-1 正阳门东站

建成于 1903 年的天津北站，拥有中国铁路最早的车站天桥，如今保留的天桥和站台雨棚，是 20 世纪 30 年代改建的，采用钢结构建造，桥身为钢桁架体系，天桥横跨三个站台，长 52.2 m，宽 2.8 m，高 6 m。2007 年，京沪铁路电气化改造时，为满足接触网净高要求，老天桥被抬高了 1.08 m。天津北站这座钢结构的天桥和雨棚，经过近百年的时光交替，目前仍在使用中。

## 1.1.2 新中国成立后至改革开放

新中国成立后，1949 年间共抢修恢复了 8 278 km 铁路，至 1949 年年底，全国铁路营业里程为 2.2 万 km。

为加快新中国经济建设，国务院决定修建新中国自己的铁路。1950 年 6 月 15 日动工的成渝铁路，是新中国修建的第一条铁路。1952 年 7 月 1 日，成渝铁路竣工，成渝线上的成都站、简阳站、内江站、重庆站等站，成为新中国建设的第一批铁路客站。成都站最初面积只有不足 1 000 m²，有一个简易的候车室，虽然条件简陋，车站办理业务也都是手工作业，但是，成都站的开通，标志着新中国自主设计建造的铁路客站开始登上了历史的舞台。

1952 年第一次全国建筑工程会议提出了"适用、坚固、安全、经济、适当照顾外形的美观"这一建筑设计总方针。1956年国务院下发了《关于加强设计工作的决定》，提出"在民用建筑的设计中必须全面掌握适用、经济、在可能条件下注意美观的原则"。这些也成为新中国成立后三十年指导客站设计的总原则。

1959年，随着第一个五年计划的完成，新中国具备了初步的工业化基础，1959年建成的北京火车站，成为新中国首都十大建筑之一，是当时国内规模最大的铁路客站，毛主席亲自题写了"北京站"站名。车站为尽端式，设有旅客站台6座。车站建筑形式为中轴对称布局，建筑造型为中国传统建筑与现代风格的结合，站房综合楼立面以对称布局的钟楼、翼楼和拱形大窗，体现了传统建筑特色，综合楼内部分区设有候车厅和车站功能用房，旅客通过检票通廊和天桥到达各个站台乘车，通过出站地道出站。这时的北京站，功能相对完善，注重对旅客流线的关注，细分了各类使用空间，同时，也将当时一些新技术新材料应用于北京站的建设中，是建国初期优秀的建筑作品。

20世纪60年代到70年代，我国陆续建成通车了兰新铁路、成昆铁路、湘黔铁路等多条线路。这期间铁路客站的建设，随着经济情况和社会情况的变化，步履维艰。一些车站，也多次开工停工，但为了支援三线建设，位于西部地区的贵阳站、乌鲁木齐站、昆明站、西昌站、兰州站等陆续建成开通运营。

从1949年到1978年，铁路运营里程由2.2万km增长到5.2万km，中国铁路网骨架基本形成，铁路成为国民经济大动脉。这一时期的铁路客站，改变了中国近代建筑意识对西方文化的依赖，走向了回归本土化的创新之路。在建筑形式上体现中国建筑特征为主，对称、高大、庄严的形象，多以钟楼作为车站建筑的最高点和城市地标象征。在建筑布局上，也多为对称布置，大型客站有相对明确的功能分区，对售票候车区域的管理也相对严格。在旅客流线上，多为线侧式站房，通过天桥进站、地道出站。在与城市的衔接上，大型客站多配置了面积比较大的站前广场，公交车站和长途汽车站也多设置在火车站周围，局部区域通常人口稠密，交通繁忙。整体来讲，新中国成立后的近三十年时间里，铁路客站的建设有了长足的发展，以北京站为代表的铁路客站，成为这一阶段客站建设的最高水平。

## 1.1.3 改革开放至20世纪末

党的十一届三中全会后，中国社会进入了全面经济建设阶段，铁路建设步伐加快。从 1979 年到 21 世纪初，我国铁路主要侧重于普速铁路和双线电气化铁路的建设，加密路网结构。1983 年，京秦铁路通车，这是中国新建的第一条双线电气化铁路。1992 年，大秦铁路全线贯通，这是中国第一条重载列车线路，第一条实现微机化调度集中系统线路，第一条采用全线光纤通信系统的线路。1994 年，广深铁路建成，成功实施时速 160 km 改造。1996 年 9 月 1 日，京九铁路提前实现全线开通，是当时中国国内投资最多、一次性建成的最长双线铁路。1997 年到 2007 年间，我国铁路进行了六次既有线大面积提速改造，并进行了高速铁路建设的探索，客车平均运行速度提高了 30%~40%，为改革发展提供了强有力的铁路支撑。

随着全国铁路建设步伐的加快，铁路客站也迎来了建设高潮。改革开放的头 20 年，一大批带有综合楼和交通枢纽雏形的大型客站在全国主要大城市建成，比如：80 年代建成的上海站、天津站、石家庄站等，90 年代建成的长春站、沈阳北站、呼和浩特站、北京西站、杭州站等。这些客站的建设汲取了先进的经验和建设理念，工程技术水平也有了较大的提升，大多成为具有时代特色的城市门户。

1987 年建成的上海新客站（图 1-2），是全国第一座现代化火车站，新客站在建筑、结构、采暖、通风、给排水、电气照明、通信、动力等各专业设计方面，都采取了一些 80 年代的新技术。例如，在规划层面上，新建客站规划建设的同时，将周边道路广场以及区域内配套的建筑也同步进行了规划，将恒丰路、天目西路拓宽，建设大统路非机动车立交和恒丰北路立交桥，并考虑了配建附属的城市广场以及行人、车辆、停车场等配套功能，在车站周边用地区域内，配建了与车站功能联系密切的建筑，例如邮电建筑、旅馆建筑、商业服务设施等，形成了以铁路客站功能为主，周边配套为辅的区域建筑群，为旅客的出行和车站的运营提供了一定的便利条件；在建筑设计层面，上海新客站采用了高架候车，南北双向进站的模式，这在新中国铁路客站建筑设计方面是首次，也为后续大型客站的建设提供了很好的经验；在旅客服务方面，贯彻"人民铁路为人民"的宗旨，客站设有普通、母子、团体、软席等 15 个候车室，根据不同的旅客需求提供有针对性的服务，各候车室全部配置了空调设备，候车环境有了很大的提高；在客站管理方面，建设了微机售票及管理系统、行包管理系统、服务及导向系统、信息管理系统四大系统，售票采用了集中网络管理，管理效率得到明显的提升。

图 1-2　上海站

上海新客站的建设和运行,成为 20 世纪 80 年代、90 年代铁路客站建设高潮的开端,也将客站建设水平提高了一个层次,旅客也深切地体会到了改革开放的成果。

1988 年建成的位于海河边的天津站(图 1-3),则是北方城市中功能完善和最具艺术魅力的铁路客站。天津站竣工于 1988 年 10 月 1 日,邓小平同志亲自题写了站名——天津站。当时按 10 000 人最高聚集人数设计,建设规模为 41 000 $m^2$。采取高架进站、地下出站、南北进出的布局模式。

图 1-3　1988 年建成的天津站

天津站的设计建设聚集了当时铁道部和天津市的最优秀力量,是当年天津市最重要的建设工程之一,受到当时天津市市长的高度重视,亲自部署指挥。车站在设计规划层面,借鉴了上海新客站的经验并进行了总结提升,将整个车站地区的建设改造纳入了城市更新的范畴,局部区域规划进行了调整、提升和重塑。在建筑设计上,突出中央圆厅与顶部钟塔,圆厅两侧舒展的两翼恰如海鸟展翅,与海河遥相呼应。建筑装饰上注重天津卫的历史文化延续和天津海派文化的展示,中央进站圆厅拱形穹顶上的"精卫填海"壁画(图1-4),由天津美术学院教师和学生创作,是借鉴了意大利罗马的西斯廷教堂穹顶壁画的灵感而设计的,表达的正是天津这座城市沧海变桑田的传说。同时,在天津站软席候车室的墙面也装饰了以表达天津地方文化"盘山风光""玉兰"为主题的壁画,这些艺术元素的叠加,使铁路客站在满足客站功能的基础上,第一次被赋予了更多的文化内涵,成为文化传递的窗口。天津站的改建清晰地反映出了80年代末中国社会改革开放后的思想解放和技术进步,具有浓郁的时代烙印。

1996年开始运营的北京西站(图1-5),面积37万 $m^2$,则是当时亚洲最大的火车站,由北京市和铁道部共同出资建设。

图1-4 天津站穹顶壁画

规划设计初期,借鉴了很多国际先进经验,按照城市综合枢纽的理念进行规划,设有南北两个广场,车站按照南北双向出入进行布局;功能方面,除了铁路客运功能外,还整合了城市商业、住宿、会议等综合功能,引入了地铁、公交、长途大巴、汽车等城市交通功能,对周边多条道路进行改造。由于工程体量过于庞大,很多工程是分阶段实施的。1992年先期开工实施了地铁预留工程和西三环拓宽等部分市政工程,其后陆续施工铁路客站和枢纽相关工程。1996年,客站运营时,尚有部分配套工程待完善。其后陆续进行了南广场改造,车场增加站台,雨棚改建等工程,至2011年底,当初建设时预留的地铁9号线开通,北京西站作为综合交通枢纽的功能得以发挥。

图1-5 北京西站

北京西站设计采用高架候车、上进下出、南北开口、北侧为主的流线方式。高架层设有13个候车室，候车面积约2.1万 $m^2$，可容纳2.5万人同时候车。车站东、西两侧，均设出站地道，靠近站台端部设邮件、行包合用地道，并以横向地道连通，尽量减少站台上车辆穿行。联系南北广场，专供行人使用的地下中央自由通道，布置在车站中部人流集中处，既解决车站南北两侧居民的自由往来，又兼顾南北广场公共交通之间的换乘。

北京西站综合楼的建筑设计，借鉴中国的"关"和"城门楼"的形象，将一个45 m宽、50 m高的大门洞置于建筑中心位置，并在45 m长的巨型钢结构上放了一个"门楼"，形成了现代结构与传统门楼相结合的建筑形态。此外，北京西站设计时，也采用了一些创新手法，在中央大厅和中央通廊处设有玻璃顶棚，在大量人流集散的部位尽量做到引入自然光，力求打破大空间带来的昏暗压抑，在结构设计中，采用大跨球形网架和大跨钢结构，将现代技术与传统建筑形象相结合，使古典风格的"亭""楼"具有了现代气息。

回顾改革开放后的二十多年，中国经济逐渐崛起，人们对铁路出行的需求日益迫切，铁路客站建设也得到了快速发展。铁道部提出的"人民铁路为人民"的理念，也体现在了铁路客站的建设中。这二十多年间，建成了大批的铁路客站，全国主要大城市的铁路客站建设规模、技术水平和服务水平都有了较大的提升，这一时期建设的铁路客站，形成了以体量较大的客站综合楼为特征的建筑形态，除此之外，普遍还具有以下一些共性特征。

这一批改建或新建的客站，多在经济基础比较好的区域或者比较发达的大城市，并且得益于改革开放，客站建设吸收借鉴了国外的先进经验，综合交通枢纽的雏形已经出现，铁路客站周边的道路、广场、配套公交场站、商业设施和邮电大楼，一般都会同步规划、分步建设，旅客出行的便捷性得到建设者的关注。

本土建筑师是这一时期客站设计的主流，在适用、坚固、安全、经济的前提下，建筑外立面和建筑装饰风格逐渐开始成为客站建设关注的重点，体量较大的综合楼，及其顶部具有象征意义的钟塔成为铁路客站的重要建筑特征之一。钢结构和大跨结构、特殊结构的应用，高层建筑建设水平的提升，使客站综合楼的建筑形态逐渐丰富。

大型客站逐渐形成了高架候车，上进下出、双向进出的旅客流线模式。候车厅按照不同功能和列车开行方向分区设置，开始大量采用先进的机电设备，采暖、通风、给排水的标准进一步提高，配置全空调系统的候车室成为高标准站房的特征之一，候车环境的舒适度和特殊旅客的需求开始得到响应。

得益于思想解放，内部装修开始融入与地方文化和历史相关的艺术表达，中国古典风格、西洋风格、现代风格的建筑和装饰陆续出现，形成百花齐放的局面。

建筑管理模式逐渐趋于成熟，由铁道部和地方政府联合出资、联合报审、联合建设管理成为大型铁路客站的建设常态。

## 1.1.4　21世纪以来

进入21世纪，中国铁路建设迎来了大发展并进入了高铁时代。2003年10月，随着秦沈铁路客运专线正式投入运行，锦州南站和葫芦岛北站开通，这两个车站通透轻盈的造型、新型材料的使用，改变了铁路客站给人们一贯的刻板印象，迈出了北方地区铁路客站创新的探索之路。

而同一时期，在南方，南京站（图1-6）和上海南站（图1-7）也正在建设中，这是第一次全面吸收和借鉴国外交通建筑设计理念的铁路客站建设尝试，中外建筑师联合的设计方式，全新的平面布局和流线，大跨度的空间钢结构，大面积玻璃幕墙的呈现以及现代化的服务设施，铁路客站不再是仅仅满足功能性需要，交通建筑呈现的建筑美学第一次冲击了人们的视觉，给旅客带来了耳目一新的体验。

图 1-6　南京站

图 1-7　上海南站

这一阶段，在科学发展观的指引下，铁道部提出了"以人为本、以流为主"的建设理念，针对客站建设，2005 年提出了"五性"原则，即铁路客站设计和建设应遵循"功能性、系统性、先进性、文化性、经济性"这一基本原则。

2008 年随着中国第一条设计时速 350 km 的高速铁路——京津城际开通运行，这条铁路上的两个大型枢纽客站——北京南站和天津站（图 1-8）也第一次呈现在社会大众面前，第一次完整地诠释了综合交通枢纽的概念，以铁路特有的方式，拉近了两个大直辖市的距离，改变了人们的生活方式，双城生活成为一种选择。紧随其后，2009 年—2011 年间，武广高铁、沪宁城际、沪杭客专、京沪高铁等建成开通，一批以"五性"原则为指导规划建设的现代大型综合交通枢纽铁路客站，武汉站、广州南站、上海虹桥站、南京南站、济南站等同步建成投运。北京南站、上海虹桥站堪称代表之作。

图 1-8 天津站（2008 年改建后）

北京南站是北京铁路枢纽客运布局中规划建设的一个主要客站，车站位于南二环与南三环之间的城市中心区，京沪高速铁路由西侧引入，京津城际铁路由东侧引入，同时办理部分市郊旅客列车及少量通过列车作业。

北京南站站房外形呈椭圆形（图 1-9），设计创意取自北京天坛的祈年殿，采用"三重檐"的方式，表达对中国古典传统建筑文化的敬意。设计从城市整体功能出发，根据北京市总体规划的要求，将地铁 4 号线、14 号线和市郊铁路引入到车站内，使北京南站成为集国有铁路、地铁、市郊铁路和公交、出租等市政交通设施为一体的大型综合交通枢纽。客运车场沿京山线方向布置，车场规模为 13 台 24 线。车站在东、南、西、北四个方向都规划设计了进站的通路，在北面规划设计北广场，建设可供公交车停泊的地下下沉式广场，南面由于条件的限制，只设有通过的交通道路，出租车及小汽车通过高架环道和地下小汽车库进入到站房内部。

图 1-9 北京南站鸟瞰

这是一座完全开放的车站，设计强化了贯穿站区南北的中央通廊，在地上、地下两个层面上穿过车站，将车站南北联系起来。周边的规划以车站为视觉焦点，设置放射型道路与周边的四条城市干道相连，车流可以从任何方向驶入车站中心，并可以由任何方向离开。

车站共有五层，地上两层，地下三层。地上主要是旅客候车区域和站台层；地下一层为枢纽交换大厅以及出站通道和出租车待客区；地下二层、三层为地铁 4 号线 14 线站台层和站厅层（图 1-10）。

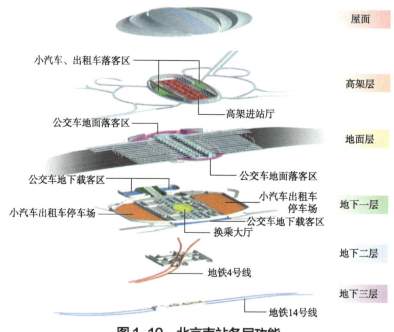

图 1-10　北京南站各层功能

旅客流线采用上进下出和下进下出相结合的方式。来自出租车和小汽车的旅客可以从高架落客平台直接进入进站厅，来自公交车的旅客，由地面进站厅进入高架候车厅。来自地铁的旅客直接通过地下换乘空间与国铁换乘。

北京南站立足于综合交通枢纽建设理念，将国铁地铁出租公交等多种方式引入客站空间区域内，并将城市配套的停车场站也引入枢纽内，以铁路客站的建设促进了周边城市道路的提升和改造，更新了规划设计方法和流程，采用了众多新技术新材料，并以全新的车站布局引导了车站服务理念的蜕变。

2011 年开通运营的上海虹桥站，是高速铁路、高速磁悬浮、航空、城市交通为一体的综合交通枢纽集大成者。作为京沪高铁的终点站，也是国内最大的综合交通枢纽，虹桥枢纽规划总占地面积 26.26 km$^2$，是一个立足长三角、面向全国的区域性大型综合交通枢纽，预测远期日客流量达到百万人次。

虹桥综合交通枢纽建筑综合体由东至西分别是虹桥机场航站楼、东交通中心（服务于磁悬浮和机场）、磁悬浮、高铁、西交通中心（服务于铁路车站）。铁路线路和磁悬浮线路与城市地面标高一致，且均与机场跑道平行，因此核心建筑区采用一字形布局，各建筑主体东西向中轴线叠合且宽度一致（图1-11）。

图1-11　虹桥站枢纽功能分区图

铁路和磁悬浮的客流组织均采用高架进站、地下出站的模式，这与机场航站楼上进下出的方式相同，因此在高架层面上实现了车流的贯通，并在高架层和地下层两个层面上实现了人行系统的贯通。

同时，为了避免枢纽入口过于集中，从而给已经趋于饱和的城市道路系统增加压力，通过对区域道路系统的整合，枢纽核心区采用了南进南出、北进北出的车流组织方式。为了满足南北道路系统的衔接，在国铁西侧设置了单向地面环行道路，这样在枢纽核心区内基本实现了各个方向上车流的贯通。

轨道交通2号线与10号线由东向西在地下二层横穿枢纽核心区，分别在高铁站房西侧、磁悬浮、机场间的地下二层设站。17号线自北向南、5号线自南向北引入铁路站房西进站厅地下三层，并与2号线及10号线形成换乘。青浦线由西向东从地下二层进入枢纽西侧，与2号线、10号线、5号线、17号线形成换乘。多条城市轨道交通线路的引入体现了城市公共交通优先的理念，同时加强了建筑空间东西向的连接与沟通。

虹桥站设有到发线30条（含正线）、基本站台面2座、中间站台面28座。采用了上进下出的客流组织方式。

高架层为铁路旅客进站层，乘公交、长途、社会车和出租车进站的旅客可以直接进入到高架层候车，东西两侧的广厅上下贯通，旅客可以在这里实现高架层、站台层和地下一层的转换。铁路旅客向东通过人行平台可以实现与磁悬浮站房的贯通。

地面层共分五个部分，分别是东进站厅、西进站厅、西北辅助办公楼、西南辅助办公楼和站台。地面层基本无普通进站客流，东西进站厅均设置了 VIP 候车室。

地下一层为地下主通道层，主体长度约 410 m，宽度 198 m。南北两侧为国铁出站厅和两条 24 m 宽的人行通廊。中央区域分为东西两部分，西部为地铁换乘大厅，东部为商业开发。地下层外侧设有东西走向的地下出租车上客车道，与高架层相同的是都采用了南进南出、北进北出的车流组织方式。出站的旅客可以方便地选择地铁或出租车离开，也可以选择换乘西交通中心的长途汽车、公交车或者进入社会车库。客流在地下一层可实现与磁浮的换乘。

虹桥站及虹桥枢纽的建成和运营，表明我国铁路客站及综合交通枢纽的建设和管理已经进入了一个新的水平。集合机场航站楼、高速铁路车场、铁路客站、磁浮车场、轨道交通中心等多种功能为一体的综合交通枢纽，在 26 km² 范围内，同步建设的一个超大工程，无论从规划、设计、建设、运营等哪一个层面来讲，都是对社会技术发展水平、管理水平和文明水平的一个巨大考验。虹桥客站及枢纽的顺利建成和运营，得到了国内外社会各界的高度评价，也是中国经济文化发展水平的真实写照。

## 1.1.5 进入新时代

党的十八大以来，在以习近平同志为核心的党中央领导下，铁路写下了快速发展的新篇章。京广高铁、哈大高铁、兰新高铁、西成高铁等一大批高速铁路建成通车。到 2020 年底，铁路运营里程达到 14.63 万 km，其中高铁 3.79 万 km，占世界高铁总里程的 69%。"四纵四横"高铁网已经形成，"八纵八横"高铁网加密成型，高铁已覆盖全国 92% 的 50 万人口以上城市。高铁成网运营后，实现了 500 km 半径 1~2 h 交通圈，1 000 km 实现当日往返，2 000 km 跨区域实现朝发夕至。高速铁路的建设，为铁路客站的发展带来了巨大的机遇，建成了成都东站、西安北站、沈阳南站、郑州东站、深圳福田站等一大批铁路客站。在全国建成的上千座高铁客站中，特大型枢纽客站五十余座，遍布全国副省级以上城市及直辖市，铁路客站进入了引领城市发展的综合交通枢纽时代。

铁路客站的建设水平在许多方面有了质的提升。第一，改革开放带来的经济快速发展，推动了技术革命和社会发展水平的飞跃，也同步推动了城市发展建设理念的更新，高速铁路建设带来的聚集效应，使得铁路客站建设得到铁路、地方政府和社会大众的广泛认可和欢迎。北京南站及虹桥站特大型综合交通枢纽的同步规划建设和运营，反映了整个社会对高效出行和高品质交通建筑的期盼与需求，以及科技发展对铁路客站建设的有力支撑。第二，"以人为本"的理念得到深化，客站建设更为关注人的行为、感受和需求。国际交流的增加，吸收和借鉴国外先进交通建筑设计理念和广泛的设计协作，成为一种趋势。第三，大型客站丰富的建筑形态，一体化的大型候车空间，线侧线下的多种站型，催生了"建桥合一"结构、超百米大跨空间钢结构、大跨预应力混凝土结构和钢骨混凝土结构等新型结构体系不断出现，不仅满足了旅客在一个空间内购票、进站、餐饮、休憩等多种需求，也使得客站建设技术水平不断提高。第四，客站建设更注重绿色节能环保及可持续发展，铁路客站建设在节地、节能、节水、节材和环境保护方面都做了大量探索。第五，铁路加快建设发展的强劲势头，使得铁路客站成为创新的舞台，新技术、新产品、新材料得以广泛应用，如新型结构体系，冷热电三联供技术，光伏发电太阳能技术和材料，LOW-E 镀银夹隔热层的各类中空钢化玻璃，远传控制水表电表，LED 节能照明灯具等。在这些创新实践支撑下，铁路客站规划建设获得了多项省部级乃至国家级的科技进步奖。此外，鉴于铁路枢纽客站建设规模大、技术标准要求高、工程复杂、参与专业众多等特点，更多细分领域的专业公司参与，形成了路内外广泛参与的铁路客站规划设计和施工的专业力量，建设水平显著提高。

习近平总书记在党的十九大报告指出"人民美好生活需要日益广泛，不仅对物质文化生活提出了更高要求，而且在民主、法治、公平、正义、安全、环境等方面的要求日益增长"。十九大提出了从全面建成小康社会到社会主义现代化强国的新的奋斗目标，以习近平同志为核心的党中央立足国情、着眼全局、面向未来做出建设交通强国重大战略决策。国家铁路集团公司党组聚焦交通强国、铁路先行，全面贯彻新发展理念，对标国际先进标准水平，全面打造世界一流的铁路设施网络、技术装备、服务供给、安全水平、经营管理和治理水平，提出了打造

"畅通融合、绿色温馨、经济艺术、智能便捷"的现代化铁路客站枢纽的理念（简称铁路客站新理念、客站新理念或新理念）和"精心、精细、精致、精品"的工作要求。

"十三五"末，京张高铁、京雄城际相继建成运营，开启了中国智能高铁的时代。在新理念引领下，建成了雄安站、北京朝阳站、清河站、八达岭长城站等一批精品客站示范工程，为推动铁路客站高质量发展探索先行。

在持续发展的新时代，后续还将有北京丰台站、杭州西站、合肥西站、福州南站等一大批按照新理念建设的车站陆续呈现在社会大众面前，这是铁路客站在高质量发展阶段的新机遇，也是人们对美好生活向往的呼唤。

## 1.2 现代铁路客站学科分类及建设特点

铁路客站发展走过了从规模扩大、功能聚集到理念引领、功能复合、辐射城市的发展历程，铁路客站从服务旅客的铁路交通设施，逐步发展成为引导城市区域更新、推动城市发展的新引擎，城市发展的新名片。铁路客站建设成为一个学科综合、技术先进的非常复杂而又庞大的系统，涉及从经济、运输、测量、线路、站场、环保到机车、车辆、房建、通信、信号等专业。与铁路高度关联的铁路客站，除具有铁路相关属性外，还具有一般民用建筑和交通建筑的特点，特别是与高速铁路伴生的高铁客站，以及与城市高度关联的综合交通枢纽铁路客站，更是具有跨行业、跨领域、跨学科、多专业、技术复杂、技术标准要求严格、安全要求等级高的显著特征。厘清铁路客站的学科分类和建设特点，是做好铁路客站规划设计和建设管理的基础。

### 1.2.1 铁路客站的学科发展与演变

铁路客站是为旅客提供乘降功能的场所。一般由铁路客运站房，客运服务设施和城市配套设施（城市广场和城市交通配套设施）等组成。铁路客运综合交通枢纽一般是指以铁路车站为中心，与轨道交通、公交车、出租车等其他交通方式衔接顺畅的综合交通枢纽。因此，铁路客站是属于跨学科的综合工程，按照教育部2011年的学科分类目录，铁路客站涉及14个学科门类中的经济学、理学、工学、管理学、艺术学5类学科，但回顾整个铁路客站的发展过程，随着客站的规模由小到大，功能由简单到复杂，所涉及学科和专业也是逐渐增加的，也正是这些专业的变化和拓展，推升了铁路客站技术水平的不断提高。

我国最早的铁路车站由于功能相对单一，建筑体量也比较小，主要为货物运输和旅客乘降服务，对于旅客来讲，只是乘坐铁路的起点和终点，供旅客使用的空间只有候车室、月台等小范围区域。因此，早期的铁路客站涉及的专业也相对比较简单，仅仅包涵建筑学、土木工程、地质测量等几个专业，由于专业分类宽泛和专业人才的缺少，客站主要由建筑师或工程师主导完成。

新中国成立后，随着铁路运输在国家经济中所占比重的增加，铁路客站建设也得到重视，1959 年建成的北京站，是新中国十大建筑之一，建设方案得到了周恩来总理的亲自审查。这座在当时规模宏大、功能齐全的火车站，不仅涉及建筑、结构、采暖通风、给排水、电力等建筑工程相关的专业，还包涵站场、线路、信号、工程经济等铁路工程相关专业，以及建设管理、工程筹划、物资供应、运营管理等管理学相关的专业。北京站仅用了 7 个月零 20 天的时间建成，创造了中国铁路建设史上的一个奇迹。

改革开放后，我国教育回归正轨，建立了比较完善的学科体系和专业分类，受过专业教育的各类人才参与到了铁路客站的建设中，客站建设，进入了蓬勃发展的阶段，借鉴国际先进经验，铁路客站逐渐从独立客站发展为综合交通枢纽。在完善的客站建设管理架构下，从城市规划、建筑学到地质、测量、土木工程、建筑结构、工程经济再到电气、暖通、给排水等机电工程，以及更先进的通信信号技术、特殊结构技术、自动化技术、建筑物理等不断参与到客站建设中来，以技术创新为依托以多专业技术合作为基础，众多学科中的多专业共同参与完成铁路客站建设。以北京南站、广州南站等为代表的高铁枢纽客站，已经发展成为融合多专业，技术复杂，技术标准要求高的复杂工程。

进入新时代，铁路客站建设朝着站城融合、开放共享、人性化、智能化方向发展。2019 年通车的京张高铁，是服务于北京冬奥会的交通保障，也是我国第一条智能化铁路，客站建设也充分运用了现代化、智能化技术，同时也是宣传传承百年京张文化与冰雪文化的载体，在无感知验票进站、文化艺术表达等方面使旅客乘车体验迈上了新台阶。2020 年底落成的雄安站，在规划层面与雄安新区同步研究，最大程度地体现了站城一体化的理念，采用桥上桥下双层候车模式，"建桥一体"结构，将站台、桥梁和站房立体布局，一体化设计，形成了多进多出、开放共享的枢纽布局，建筑造型上采用整体屋面的形式，将光伏发电板同建筑意象紧密结合，塑造了生动、绿色的雄安站屋面形象。京张高铁各站和雄安站等新一批的铁路客站，在内部空间上，更加注重给旅客带来温馨舒适的等候体验和丰富多彩的出行乐趣，针对室内环境均进行了声环境、光环境、热环境的专项研究，对家具配饰进行了个性化设计，配备了充电设备无线网络，设置专门的综合服务台，并且对商业广告也进行了专项策划，对四区一室等差异化候车空间进行了针对性设计，无障碍设施也更加完善。在运营管理和检修维护方面，设置车站"智能大脑"系统，融合客站能源管理、钢结构健康监测、智能票务、空气质量智能监测等，实现对客站设备和旅客服务的双层次智能管理。

铁路客站涉及学科领域的发展与演变是政治、社会、经济、行业发展变迁的体现，铁路客站与其他交通方式不断互相吸引，朝着综合化、集约化、枢纽化的方向发展，其城市属性不断增强，规模、形式、功能的扩张与延伸，同样也促使了铁路客站建设逐步走向复合化和综合化。

### 1.2.2 现代铁路客站主要学科与专业特点

正如前文所述内容以及典型案例所反映，大型铁路客站一般都会引入其他多种城市交通方式，成为铁路综合交通枢纽，其涉及多种学科门类及诸多专业。随着时代的变迁与广大旅客的物质文化需求不断增长，铁路客站发展变得越来越综合，涉及的学科已经从工学、理学领域延伸到了经济学、管理学、艺术学等学科领域，包含的专业也更为多样化，特别是现代铁路枢纽客站，在原有专业分类基础上，又衍生出了很多细分领域内的专业工程和众多交叉学科内容。从铁路客站建设和管理实践角度看，现代铁路客站是涵盖城市规划、环境保护、经济预测、运输组织、工程测量、地质勘察、线路、轨道、路基、桥梁、隧道、站场、建筑、结构、暖通空调、给排水、电力、通信、信号、接触网、信息、智能化、工程经济、景观设计、室内装饰、幕墙、引导标识、室内设计等多个专业领域的综合工程。

城市规划是一定时期内城市发展的蓝图，是城市建设和管理的依据，涉及城市中产业的区域布局、建筑物的区域布局、道路及运输设施的设置、城市工程的安排等。铁路客站作为城市重要交通门户，其选址与城市规划密不可分。客站不仅仅是连接旅客与铁路运输的节点，更是作为直接吸引客流的基点以及城市群联系的关键点，其选址是否合理不仅直接影响客流强度、运输能力以及运营效益，更将影响周边的土地开发以及城市未来的发展前景。铁路客站的选址要与城市规划发展相协调，与周边公共交通布局相协调，要有利于与其他交通方式的换乘，客站选址要形成与周边地块发展相互促进的积极关系，带动城市繁荣发展。

环境保护是整个国家和社会都极为关注的领域。作为大型基础设施，铁路客站在选址、确定主要设计方案、审定重大施工措施等关键环节，都是依据环境影响评价报告作出的决策。比如京张高铁的八达岭长城站，选址于八达岭长城景区内，在确定施工方案时，就对周边环境进行了充分的分析和论证。再比如位于海河畔的天津站，在枢纽规划时，设置了海河下穿道路，将地下三层埋深的枢纽换乘中心设置于远离海河的北广场，在确定基坑降水方案时，制定了降补平衡的策略，这些都体现了客站建设对环境的尊重，也是在环境影响评价指导下开展的后续工作。

作为民用建筑中交通建筑的一个分支，铁路客站中建筑学、结构工程是传统专业，但随着高速铁路的建设，客站建设理念的变化，现代铁路客站对于传统学科的要求也越来越高。建筑中对于声、光、热环境舒适度的要求，对减震降噪的要求，就需要建筑物理、室内照明、采暖通风空调等多专业进行更深入的技术分析和不断创新提升。多变新颖的建筑空间，则需要结构专业在新型结构体系，结构耐久性和新材料新技术应用方面做更多的探索与创新。所有这些都离不开传统专业技术进步与迭代，让现代化铁路客站有了更多的选择，通过不同的技术手段来满足不同的环境要求。

室内设计与标识专业是从建筑学当中细分出来的学科，在专业化越来越强的客站建设领域，近些年来愈加重要，目前的客站都需要对室内装修与标识进行单独的专项设计。

通信、信号、信息等弱电专业是铁路客站建筑的特色。通信系统是为列车控制、旅客服务、电力及牵引供电等业务应用系统提供网络服务，为运输生产和经营管理提供稳定、可靠、畅通的语音、数据和图像通信业务的传输系统。在铁路客站中要设置机房并进行综合布线。信号系统包括行车调度指挥系统、列车运行控制系统、车站联锁系统、信号集中监测系统、网络及电源系统等，是列车运行、调度的核心系统，是"列车的眼睛"，关乎行车安全。信号系统通常在铁路站房中设置信号机房，配备备用电源、气体灭火系统、专用空调系统等保障其 24 h 不间断运行。信息系统承担着现代化客站的运营管理、客票信息、旅客服务、办公系统、公安管理等网络信息的处理，是铁路客站中末端设备最多的专业，候车大厅中的显示屏、售票机、安检设备、自助查询系统、动态检票信息、检票闸机、广播、安全监控、自动报警等都属于信息系统，在客站建设过程当中，处理好信息设备末端是一项非常重要的工作。

与铁路运输密切相关的线路、站场、经济、运输等专业，是客站建设设计的前导专业。站型的选择往往要根据站场的布局来确定。候车厅的规模、进出通道的尺度是依据经济预测数据确定的。客站轨道层的结构设计也需要考虑轨道构造与轨道形式。随着站型多样、结构越来越复杂，站房与站场更加密不可分，雄安站"建桥合一"的结构、丰台站双层车场的布局，更是将车站结构、铁路站场与站房候车厅紧紧联系到了一起。

景观设计是近些年逐步走进铁路客站的一个新兴专业，是客站建筑要求不断提高催生的结果。景观设计在铁路客站的建设当中，主要体现在广场整体的景观设计、铁路枢纽场站绿化以及客站的景观照明上。

工程经济是经济学的一个分支，是对工程项目进行经济分析的系统理论与方法，是在资源有限的条件下，运用工程经济学分析方法，对工程项目各种可行方案进行分析比较，选择并确定最佳方案的科学，它的核心任务是对工程项目技术方案的经济决策。其涵盖工程与经济两个层面的概念，一直伴随着工程建设的发展。铁路客站中的工程经济学不仅仅涉及工程的投资概预算，变更管理等方面，在施工组织、技术方案的选择上都起着重要决定性作用。

以上介绍了现代铁路客站涉及的一些主要学科和专业，虽未——列举，但不难看出当今的铁路客站包含极其复杂和综合的学科，而且还存在着有机生长、不断扩展的趋势。2021年2月《国家综合立体交通网规划纲要》颁布，明确了2021年—2035年发展目标，基本建成便捷顺畅、经济高效、绿色集约、智能先进、安全可靠的现代化国家综合立体交通网，建设多层级一体化国家综合交通枢纽系统。远景展望到21世纪中叶，新技术广泛应用，实现数字化、网络化、智能化、绿色化，"人享其行、物优其流"。随着规划纲要的实施，将会有更多新的技术、专业、学科不断融入铁路客站综合交通枢纽这一综合性学科大平台当中。

## 1.2.3 铁路客站主要建设特点

铁路客站作为与铁路伴生的大型公共交通建筑工程，具有建筑工程项目的普遍特点，同时也有铁路项目的工程特征，带有跨行业的多重复杂性。

**1. 铁路客站建设具备工程项目的普遍特点**

铁路客站建设的普遍特点主要体现在四个方面。一是工程项目具有明确的建设目标。从社会发展和经济发展等宏观层面看，铁路客站建设目标是服务国家战略布局，践行"交通强国，铁路先行"使命；是彰显社会责任，方便旅客出行，带给旅客更多的幸福感、获得感；是促进经济高质量发展，引导城市建设。从项目本身层面看，铁路客站建设目标是保质保量按时开通，是建设精品工程，是依法合规、投资可控。二是工程项目的建设目标在一定约束条件下实现。铁路客站建设的主要约束条件有建设周期的约束、投资控制的约束、质量安全的约束以及外部环境条件的约束等。三是具有一次性特点。铁路客站的建设地点、工程量是一次性和固定性的，建设后不可能移动。工程拨款是专项性的，客站的设计是针对性的，施工制作是一次性的，不可能完全重复和复制，管理的对象和方法是针对性的。四是投资巨大，建设周期长。铁路客站建设作为大型基础设施工程，其工程量大、占用土地面积大，总体投资大，产业链覆盖广，是拉动内需的关键力量。铁路客站的工程施工周期根据规模和复杂程度不同，一般会持续2~3年乃至更长，如果从项目策划、可行性研究阶段开始计算建设周期将会更长。

**2. 铁路客站建设具备大型公共交通建筑的工程特征**

铁路客站作为大型公共交通建筑的工程特征有四个方面的表现。第一，铁路客站作为城市门户，其建设过程得到地方政府和铁路部门高度关注，重点客站的建设甚至是服务于国家发展的战略工程，更是服务大众的民心工程。在一定范围内是受到社会高度关注的焦点工程。第二，铁路客站是服务于旅客出行的重要场所，是为人流提供接续换乘的关键节点，衔接铁路与城市交通。建设过程中，虽然铁路工程与市政工程往往会有界线划分，但两者的功能、空间连通，必然存在大量的地方与铁路接口部位。而且，铁路客站中设置有城市通廊、落客平台等市政交通与铁路共享的空间，两者互相穿插交织的现象比较普遍。第三，铁路客站交通建筑的本质是为旅客出行提供便捷服务，这一属性必然形成服务的横向一体化发展。伴随着旅客运输与之相关的接待、休憩、商业等服务都会附加于交通功能之中。铁路客站作为交通建筑承担的社会属性更加丰富，是一项综合性非常强的大型工程，建设需要遵循的规章制度也横跨多个行业。第四，铁路客站作为交通建筑必然要考虑城市与铁路未来发展的问题。铁路客站建设要超前规划，引领区域发展，同时自身也要有充足的缓冲空间，以适应多变的功能需求以及改扩建发展。

### 3. 铁路客站建设具有铁路基础设施项目的特点

铁路客站作为铁路设施，具有铁路项目的共性和区别于一般铁路项目的特点。一是安全与技术标准要求高。尤其是高速铁路客站，与高铁伴生，运输安全关系国计民生，建设工程中站房建筑与轨道工程、信号工程等安全要求极高的工程紧密联系，沉降控制，结构变形有严格的要求。二是多学科、多接口。铁路客站建设是一个多学科大融合的平台，内部外部接口将贯穿于整个建设生命周期，尤其大型枢纽客站的建设，可以说是最综合、最复杂的工程。三是技术新、发展快。随着近年来我国高速铁路技术与建设的飞速发展，铁路客站建设中的关键技术也在不停迭代。建桥一体、双层车场、雨棚屋面停车、客站智能化等新技术，陶土板、ETFE膜等新材料不断涌现，在"交通强国，铁路先行"使命引领下，创新与引领已成为铁路客站建设的崭新特点。

此外，铁路客站建设还是一项前期策划时间长、建设流程复杂、验收标准严格、开通条件要求高的工程，对项目管理者的专业水平、综合组织协调能力等有着较高的要求。

## 1.3 新时代铁路客站建设发展新机遇新挑战

新时代中国社会的主要矛盾发生变化。把握"交通强国，铁路先行"是铁路客站发展的新机遇，认清中国经济高质量发展、满足人民不断增长的美好生活需要这个新的时代使命。迎接前进路上的新挑战，以精心、精细、精致建设更加美好的铁路精品客站，以绿色、智慧、人文彰显铁路自信，传播时代文化，铁路客站建设继往开来再出发，是铁路客站建设发展的方向。

### 1.3.1 机遇——中国铁路客站发展的黄金时代

2008年国务院颁布《中长期铁路网规划》（2008年调整），自此，中国掀起了大规模铁路建设热潮，迎来了铁路建设发展的黄金时代，经过十多年的发展，中国铁路运营里程达世界第二，高铁运营里程跃居世界第一，中国铁路，尤其是中国高铁的发展举世瞩目。"高铁改变生活""高铁上的国家""高铁经济""中国速度"……围绕"高铁"的一系列热点词汇出圈出彩。

2020年9月28日，中央电视台《新闻联播》推出系列报道《"十三五"成就巡礼》，记录"十三五"（2016年—2020年）期间——我国建设小康社会的决胜阶段，经济社会各领域取得的众多实践成果。该系列专题报道开篇首播即《"八纵八横"助力决战全面建成小康社会》，后继报道中更推出了"坐着高铁看中国"的子专题。毫无疑问，"高铁"已成为"十三五"辉煌成就中的华彩篇章，中国高铁为国民经济社会生活发展所带来的积极作用已深入民心。描摹当下中国发展的宏图，以高铁为代表的中国铁路已是不可或缺的视角。

目前铁路网络已基本连接主要城市群，以特大城市为中心覆盖全国、以省会城市为支点覆盖周边的高速铁路网，对省会城市和50万人口以上大中城市的联通能力、联通时效大幅提升，初步实现了相邻大中城市间1~4 h交通圈、城市群内0.5~2 h交通圈。在全面建成小康社会的征途中，中国铁路建设顺利完成了《中长期铁路网规划》中提出的阶段性目标，把握住了时代机遇，打响了"中国高铁"品牌。

2021年是"十四五"规划开局之年。"十四五"是我国全面建成小康社会、实现第一个百年奋斗目标之后，乘势而上开启全面建设社会主义现代化国家新征程、向第二个百年奋斗目标进军的第一个五年。在"十四五"规划中，铁路建设仍然是高频词汇，"加快建设交通强国""完善城镇化空间布局""深入实施区域重大战略"等一系列具体规划中，都对铁路建设提出了新的战略目标。随着交通强国战略的深入推进、铁路网的建设和完善，数以千计、大大小小的现代化铁路客站将拔地而起。

作为铁路网支点、城市门户的铁路客站，其建设发展无论是对"中国高铁"品牌，还是城市品牌都举足轻重。交通强国，铁路先行，中国铁路高质量发展的黄金时代方兴未艾，铁路客站建设更需把握好时代机遇，让遍布神州大地的铁路客站成为城市高光；让能代表中国时代文明成就的"最美火车站"享誉全球；让"中国高铁"不仅盛名于规模和速度，更盛名于"满足人民对美好生活向往"的质量与温度。

## 1.3.2 使命——满足人民日益增长的美好生活需要

深入理解和把握"人民日益增长的美好生活需要",切实做到"坚持以人民为中心,不断实现人民对美好生活的向往"是新时代中国铁路发展的使命。"畅通融合、绿色温馨、经济艺术、智能便捷"顺应了广大人民对美好出行的需要。

中国地大物博、人口稠密,发展交通是打破区域发展不平衡,促进城镇化发展的重要基础措施。中国进入"高铁时代"以来,高效、绿色、安全的高速铁路为人民的便捷出行、区域经济发展带来了显著效果,因科技创新而领先的高铁,其所带来的"中国速度"一直是令世界惊叹、百姓点赞的焦点。随着时代的发展、社会主要矛盾的变化,中国从高速增长阶段转变到高质量发展阶段,当高铁"速度"已成为常态时,能满足更多、更高需求,带来美好生活体验的"质量"必然成为铁路建设发展的重要命题。作为城市交通门户、旅客服务第一界面的铁路客站,在建设过程中需要深入挖掘"用户需求",切实做到以"人民为中心",即用户为中心,以提升用户体验为目标,强化对"高质量发展"的认识,积极贯彻与时俱进的新理念,拓展基于"用户体验"的设计深度和广度,以创新思维打造符合时代需求的"精品客站"。

"满足人民日益增长的美好生活需要"是当下铁路客站建设发展的时代使命,"创新""高质量发展"是时代发展的关键词,同样是铁路客站建设完成时代使命的关键词。围绕提升用户体验的目标,铁路客站建设中的创新不仅仅聚焦在以技术为先导的科技创新领域,在观念、管理、设计等多领域都需要积极导入创新思维,勇于实践,探索"高质量发展"的新路径、新方法。就"高质量发展"而言,《国家综合立体交通网规划纲要》(2021年2月)中第五条"推进综合交通高质量发展"提出了可参照的框架目标——"推进安全发展、推进智慧发展、推进绿色发展和人文建设、提升治理能力"。就以上要求来看,"安全"是建设工作的首要保障,也是不同历史阶段恒定不变的质量评估标准;"智慧、绿色"在2019年发布的《交通强国建设纲要》中即提及,也是新时代发展中的重要方向;值得注意的是,"人文"一词首次出现在交通领域相关规划中,"满足不同群体出行多样化、个性化要求"、"加强交通文明宣传教育,弘扬优秀交通文化"等诉求是对"以人民为中心"、"提高国家文化软实力"、提升"文化自信"等国策的贯彻。由此可见,高质量发展是物质文明和精神文明建设并举的产物,人文导向的明确引入是铁路客站建设从量变到质变、从成品到精品的重要指征之一。

## 1.3.3　挑战——与时俱进勇于创新

为"满足人民日益增长的美好生活需要",铁路客站建设在推进高质量发展过程中需积极贯彻切合时代发展需求的新理念。"畅通融合、绿色温馨、经济艺术、智能便捷",真正从理念到实践是知易行难,需要在全面把握其深刻内涵基础上,做到与时俱进、勇于创新和实践。并在及时总结实践经验的同时,不断自省,勇于发掘问题,寻求突破。如何做到,以人民为中心,解决发展不平衡不充分的突出矛盾;如何做到,提升用户体验,让人民获得更多的幸福感、获得感、安全感;如何做到,创新驱动,不仅在科技上保持中国铁路客站在世界上的领先地位,更要在全方位发展中,从管理、品牌、设计、服务等多领域实现领先;如何做到,由规模速度型向质量效益型转变,在客站建设中导入品牌化、产品化思维,满足旅客、运营方、城市规划与传播、产业联动等多维度需求;如何做到,立足现状,脚踏实地,针对铁路客站建设的特点、难点,探索创新机制,提高设计、施工和建设管理水平,探索高质量发展新路;诸多问题需要在实践中寻求答案。

在"十三五"收官、"十四五"启航之际,京津冀地区一批重点客站相继建成,"轨道上的京津冀"规模初具。为助力打造世界级城市群,京津冀地区重点客站建设以打造"精品客站"为目标,在实践中勇于创新,为贯彻新理念提供了有效的注解。京津冀地区重点客站建设就高质量发展之路的探索,是中国铁路客站建设在"新生活、新奋斗"中的开局之作。在勇于挑战中,中国铁路客站的"精品时代"已然揭幕。唯有立足新的起点,传承创新,继往开来,才能谱写新的华章。

# 第 2 章

# 铁路客站理念创新与建设管理实践

铁路客站建设的不断发展，是中国经济发展的缩影，也展示着中国经济发展的成就。铁路客站经过改革开放后特别是进入21世纪以来的快速发展，也进入了一个从速度到效益、从规模到品质的发展阶段，新的形势催生铁路客站建设新理念。本章从铁路客站建设"畅通融合、绿色温馨、经济艺术、智能便捷"新理念（简称铁路客站建设新理念或新理念）的提出入手，分析其理论内涵和实践意义。以高质量发展视角，提出以新理念引领，建设新时代精品客站的观点，进一步阐述建设精品客站的内涵、目标及必要性。介绍了铁路客站建设管理的现状，铁路客站建设标准化管理及创新发展，提出铁路客站建设以标准化管理为基础的多目标系统管理方法和系统管理构架，阐述精品文化、管理体系、管理方法、技术支持、内外部协调、系统协调、协同创新等子系统内容。详细介绍了雄安站、北京丰台站、北京朝阳站、清河站、八达岭长城站、太子城站等铁路客站，深化落实新理念，建设精品客站示范工程管理创新实践。

## 2.1 铁路客站理念创新

### 2.1.1 铁路客站建设理念演变历程

理念是行动的指南。回顾铁路客站的建设发展历程，每一个阶段都有与经济社会发展状况相适应的建设理念。2017年党的十九大首次提出高质量发展新论述，提出建立健全绿色低碳循环发展的经济体系，指明了铁路客站建设高质量发展的方向。

**1. 理念引领铁路客站建设发展**

在新中国成立初期，国力薄弱，百废待兴。客站建设遵循的是适用、经济、在可能条件下注意美观的原则，把重点放在适用、经济上。改革开放后，全国经济建设形势转好，但是由于铁路运输能力紧缺，越来越成为国民经济的瓶颈，铁路建设资金严重不足。"少花钱多办事"成为规划建设首先要考虑的问题。20世纪末，铁道部按照"铁路多修快修"原则进行了六次大提速，以缓解运输能力不足的问题，同时提出"人民铁路为人民"的理念。这一理念也体现在了铁路客站的建设中，虽然当时的建设方针没有变化，但是在客站建设中建立了为旅客服务的观念，在满足功能的前提下，车站环境车站设施有了一定的改善和提高。

进入21世纪，国家全面贯彻"以人为本，树立全面、协调、可持续的科学发展观"。2004年我国第一个中长期铁路网规划出台，高速铁路从研发准备进入规划建设阶段。铁路客站建设提出了"以人为本、以流为主"的理念和"功能性、系统性、先进性、文化性、经济性"的"五性"原则，从技术、功能、文化、经济等多角度提出了建设要求。强调了对人的尊重，是客站建设价值观的改变。"五性"原则一方面反映出全方位提升客站建设水平的目标，另一方面，也反映出社会经济和技术发展水平，足以支撑客站建设向系统化规模化的更高水平发展。在"五性"原则引领下，经过十多年的发展，铁路客站面貌发生了巨大变化。以铁路客站为核心的综合交通枢纽，不仅为旅客提供了便捷快速的出行体验，也催生了城市发展和城市更新，到"十二五"末，我国主要大中城市都建成至少一座铁路客站枢纽，以北京南站、上海虹桥站、南京南站、武汉站、广州站等为代表的众多综合交通枢纽客站，建设水平也跨入了国际先进行列。

**2. 与时俱进的新发展**

党的十八大开启了中国特色社会主义建设的新时代，提出两个一百年奋斗目标，推进中国特色社会主义事业作出经济建设、政治建设、文化建设、社会建设、生态文明建设"五位一体"总体布局。2015年十八届五中全会首次提出，实现"十三五"时期发展目标，破解发展难题，厚植发展优势，必须牢固树立并切实贯彻创新、协调、绿色、开放、共享的发展理念。随着我国综合实力和国民收入稳步提高，运输需求不断扩大。为了有效推动供给侧改革，增加铁路公共产品和服务有效供给，全面增强铁路保障能力，为经济发展增添新动能。2016年国务院批准了《中长期铁路网规划》（2016—2030），规划明确，到2020年，一批重大标志性项目建成投产，铁路网规模达到15万km，其中高速铁路3万km，覆盖80%以上的大城市；到2025年，铁路网规模达到17.5万km左右，其中高速铁路3.8万km左右；进一步明确了综合交通枢纽建设目标：打造一体化综合交通枢纽，与其他交通方式高效衔接，形成系统配套、一体便捷、站城融合的铁路枢纽，实现客运换乘"零距离"、物流衔接"无缝化"、运输服务"一体化"。

2017年国务院印发了《"十三五"现代综合交通体系发展规划》。规划指出，构建现代综合交通运输体系，是适应把握引领经济发展新常态，推进供给侧结构性改革，推动国家重大战略实施，支撑全面建成小康社会的客观要求。这一规划也是响应国家"十三五"规划要求，与"一带一路"建设、京津冀协同发展、长江经济带发展等规划相衔接。规划明确，加快建设全国性综合交通枢纽，积极建设区域性综合交通枢纽，优化完善综合交通枢纽布局，完善集疏运条件，提升枢纽一体化服务水平。按照零距离换乘要求，推进多种运输方式统一设计、同步建设、协同管理，推动中转换乘信息互联共享和交通导向标识连续、一致、明晰，积极引导立体换乘、同台换乘。

2017年4月，国家批准设立雄安新区，铁路客站作为铁路的重要基础设施，必须发挥综合交通枢纽的核心功能，响应规划要求，按照规划方向发展，更好地服务国家战略大局。"十三五"期间，服务冬奥会的京张高铁、服务国家重大发展战略的雄安站、北京丰台站、北京朝阳站等大型枢纽客站相继开工建设。

**3. 铁路客站建设新理念的提出**

2017年党的十九大作出中国特色社会主义进入新时代的重要论断，指出新时代中国特色社会主义的主要矛盾是人民日益增长的美好生活需要和不平衡不充分的发展之间的矛盾，提出了新时代坚持和发展中国特色社会主义的基本方略，确定了决胜全面建成小康社会、开启全面建设社会主义现代化国家新征程的目标。在我国社会生产力水平总体上显著提高，社会生产能力在很多方面进入世界前列以后，更加突出的问题是发展不平衡不充分的问题，是如何回应人民对美好生活日益广泛的需要。

面对新的历史机遇和新的社会发展要求，国铁集团坚持在大局下行动，以"交通强国，铁路先行"为已任，以"人民铁路为人民"为宗旨，全面贯彻新发展理念，推动铁路高质量发展。全面分析铁路客站建设发展已经取得的成就，对照查找为人民提供优质服务方面存在的不足，具体分析铁路客站综合交通枢纽在畅通融合功能、绿色高效发展、以人为本服务、文化艺术品位等方面的不足。瞄准世界铁路客站建设先进技术和先进管理水平，以创新发展为动力。2019年年度工作报告提出了打造现代化铁路客站综合交通枢纽，"畅通融合、绿色温馨、经济艺术、智能便捷"新理念（简称铁路客站新理念或客站新理念）和铁路客站"优质、智能、绿色、人文、廉洁"建设目标。

铁路客站新理念是在过去几十年铁路客站发展基础上提出的，是我国铁路客站建设跻身国际先进水平之后的一次再提升。新理念指导铁路客站建设，将更加注重内外部交通疏解、与城市功能融合；更多采用绿色节能与环保技术，注重客站的文化承载能力的提升与文化艺术的表达；在候车环境、购票乘车、智能旅客服务、差别化服务方面更契合广大旅客的需求；在设备使用、运维养护等方面向专业化智能化方向进一步发展；在技术创新和投资控制上进一步完善；在安全、质量方面进一步精益求精。

### 2.1.2 新理念的理论内涵

铁路客站建设新理念是国铁集团贯彻创新、协调、绿色、开放、共享的新发展理念，坚持"人民铁路为人民"的宗旨，聚焦供给侧结构性改革和铁路高质量发展，采取的新举措。新理念以满足广大旅客不断增强的美好出行需要，提升获得感、幸福感、安全感为目标，着力解决铁路与其他交通方式衔接不紧密、旅客换乘效率不够高、旅行体验不够好等问题。是把握铁路行业高质量发展大势，以目标导向与问题导向相结合提出的铁路客站新要求，具有鲜明的理论特质和重大现实意义。

**1. 新理念蕴含了铁路客站多年发展的技术积累**

铁路客站经过多年的发展，走过了从单一功能站房到综合交通枢纽的转变之路。国家经济实力的增强和科技水平的发展，多年的实践经验，在铁路客站规划设计、建设施工、运维服务等各方面，已经形成了集多专业融合的成套技术。铁路客站多年的发展积累为新理念的提出，提供了有力的支撑。从"五性"原则到"十六字"理念，不是单纯的文字调整，是从规划设计，到工程建设、运维管理的观念转变。多年铁路客站枢纽建设和管理的经验，铁路客站建设具备了从城市规划协调、经济发展预测、客流车流预测、多种交通方式整合、配套场站布局、旅客进出站服务、设施设备管理等多方面技术能力支撑畅通融合。铁路客站建设在绿色建筑、可持续发展新技术和新材料、在人性化服务和差别化服务上所积累的经验，以及在大客流管理方面具有的丰富管理经验，是绿色温馨的基础。新理念的提出，也得益于建筑工程技术的发展，以及铁路客站在大跨度结构、新型结构体系、建筑空间塑造、新型建筑材料、新型采暖通风设备、性能化设计等方案所做的探索的尝试，以及积累的丰富经验；得益于智能化新技术的不断发展和铁路客站对智能技术的不断追求；得益于客站运行管理水平的不断提高以及不断完善的客站后评价体系。新理念提出的对客站文化艺术的要求，也是客站建筑不断重视地域文化、时代文化和铁路文化的更清晰表达。

**2. 新理念彰显了现代社会进步和发展的趋势**

新理念与新时代发展战略高度契合，体现了我国社会主要矛盾发生变化、中国特色社会主义建设进入新时期，对铁路发展的新要求。《交通强国建设纲要》要求推动交通发展由追求速度规模向更加注重质量效益转变，由各种交通方式相对独立发展向更加注重一体化融合发展转变，由依靠传统要素驱动向更加注重创新驱动转变。构建安全、便捷、高效、绿色、经济的现代化综合交通体系，打造一流设施、一流技术、一流管理、一流服务，建成人民满意、保障有力、世界前列的交通强国，为全面建成社会主义现代化强国、实现中华民族伟大复兴中国梦提供坚强支撑。

畅通融合、绿色温馨、经济艺术、智能便捷，紧扣时代要求，紧扣人民铁路为人民的宗旨，其核心要义是以更优质的发展成果和服务满足人民美好生活的更高需求。畅通融合体现了铁路客站交通属性和健康发展的要求，是立足客站交通属性和车站与城市友好生长关系提出的需求，为铁路客站规划设计科学处理车站与城市的关系，实现枢纽内人流、车流、物流、信息流畅通高效，车站和城市融汇互通指明了方向。绿色温馨是贯彻绿色发展，建设人与自然和谐共生的现代化客站的方向和举措；经济艺术蕴含了提升发展质量和效益，推动人与社会全面进步，体现功能、技术、艺术、经济有机结合，提高综合功能和价值的现代建筑先进理论；智能便捷体现了抓住新一轮科技革命和产业变革的历史机遇，以科技创新成果更好造福人民的思想。

**3. 新理念展现了品牌自信和文化自信**

经过多年的发展，我国的高速铁路具有自主知识产权，运行速度、安全、准点等各项指标都位于世界领先水平，打造了亮丽的中国高铁品牌。铁路客站的建设，也随着高速铁路的发展，进入到的新阶段。从过去利于管理转变为给旅客提供最大的便捷，畅通融合、开放包容；从追求站房功能的完善，发展到站城一体，多功能复合；从注重高大空间形象，发展到绿色温馨、重视健康舒适温馨的多种空间形态；从满足大众化基本服务，发展到经济艺术，注重品质和提供个性化差别化的服务；从追赶先进技术，发展到创新驱动，智能便捷勇立潮头。畅通融合、绿色温馨、经济艺术、智能便捷，全面展现了铁路客站所处的水平和实力，将客站建设从技术和管理层面，提升到了智慧客站和人文关怀的层面，是客站建设从技术自信到品牌自信和文化自信的展现。

## 2.1.3 新理念的实践意义

"畅通融合、绿色温馨、经济艺术、智能便捷"铁路客站新理念是贯彻新发展战略的举措，是具有内在联系的集合体，不能僵化教条，照搬硬套，具有重要的实践意义。"十三五"期间，以新理念引领建成了雄安站、北京朝阳站、京张高铁、京雄城际等一批精品、绿色、人文、智能标志性铁路客站。"十四五"已经拉开序幕，以新理念引领，立足新的起点，实现新的发展，仍然具有重要的现实意义。

**1. 新理念凸显了鲜明的问题导向**

新理念是针对铁路客站建设发展中的突出矛盾和问题提出来的。我国已经建成了高铁客站1000多座，规划建设水平显著提高，但是与满足广大人民群众的美好出行和美好生活相比，还存在一些弱项和短板。

从宏观看，在全国范围不同地区，铁路客站的建设规模、数量、水平还不平衡。从中观看，铁路客站的合理选址、综合功能定位、建设规模、综合枢纽的统一规划如何更贴切高质量发展的方向需要深入研究。铁路站房设计如何将现代技术最新成果工程化，在绿色发展方面创新实践，有待提高认知。从微观看，车站候车空间整体舒适度水平、重点旅客服务、旅客个性化服务需要与时俱进提高和改进；方便旅客站内换乘、提供多式联运、快捷货运设施等需求有待解决；铁路客站作为公共交通建筑，在彰显文化自信、提高文化品质和艺术韵味方面，如何找准定位，有待创新探索。在工程建设实施阶段，市政配套设施规划建设时序不同步，整体协调性缺乏等问题已成为顽疾。在运营管理方面，铁路枢纽站内利益不共享，标识指引系统不统一，枢纽衔接交通服务时间不协同等问题，直接影响服务品质和旅客美好体验；施工品质不高，粗放管理粗糙施作等问题与高铁品牌导向不相协调；等等。"畅通融合、绿色温馨、经济艺术、智能便捷"为解决这些问题从方向上开出了良方。

**2. 以新理念引领铁路客站建设新发展**

《新时代交通强国铁路先行规划纲要》以系统化顶层设计文件的形式明确了中国铁路未来30年的发展蓝图，提出到2035年将率先建成服务安全优质、保障坚强有力、实力国际领先的现代化铁路强国。到21世纪中叶全面建成更高水平的现代化铁路强国，吹响了铁路人奋进的新号角，开启了新时代交通强国铁路先行的新征程。初步估计新建铁路客站700座。2021年国务院颁布了《国家综合立体交通网规划纲要》，其中对推进综合交通统筹融合发展、推进综合交通高质量发展等方面提出了发展目标和工作原则，进一步为铁路客站建设指明了方向。铁路客站建设必须坚持先进理念引领。

更加重视畅通融合，打造站城一体、协调共享的城市空间。强化国土空间规划对基础设施规划建设的指导约束作用，针对车站建设与城市发展的时序和位置关系，采取不同的规划设计策略。在新建城市新设车站，加强与相关规划的衔接协调，通过客站枢纽与城市的统一规划、统一设计、统一建设、协同管理，实现新建客站各种运输方式集中布局，加强车站与城市的空间功能融合、路网通畅融合、信息共享融合、经营开发融合，实现车站与城市开放共享，铁路与城市协同发展，综合枢纽畅通高效。对于在成熟街区新建（改扩建）车站的建设，引导枢纽区域立体发展，减少空间分割。重视通过车站的设置加强周边地块的连接，通过车站与城市的联通织补被铁路割裂的城市空间，重视车站附加功能与周边地块功能互为补充、互相促进，实现资源共享，带动区域均衡发展。车站规划建设既要重视与城市文化、自然环境的融合，也要重视站区铁路生产设施总体规划集约合理，加强绿化、道路、职工生产生活设施设置，打造"一站一景"，实现站区与城市的景观共享。通过加强综合交通规划研究，推进交通基础设施网与运输服务网、信息网、能源网融合发展，加强交通通道与物流、通信、能源、水利等基础设施统筹，提高通道资源利用效率。通过畅通融合专题研究和设计，实现车站外部交通组织顺畅，车站多进多出与城市无缝衔接，人车分流，换乘高效，进出站流线清晰、方便，物流快捷，信息流顺畅的人、车、物、信息流畅通高效（图2-1）。

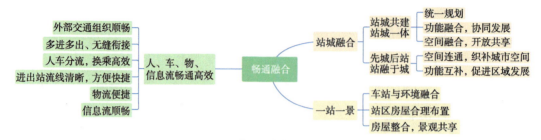

图 2-1　畅通融合关系示意图

更加重视绿色温馨，营造绿色生态、人文关怀的绿色客站，不断增强人民的获得感和幸福感。持续推动"绿色建筑"设计，以设计引领在利用绿色技术、绿色建材、清洁能源、节约用地、节约能源等方面，坚持高标准。重视环境塑造，加强自然采光通风、列车振动与噪声控制、室内声、光、热等方面技术研究，重视空间色彩搭配、细部细节等设计施工，提升旅客候乘环境的舒适感、温馨感。响应母婴、儿童、军人、商务等不同群体需求，加强"四区一室"、无障碍系统建设，为不同旅客提供差异化、个性化服务（图2-2）。

图 2-2　绿色温馨关系示意图

更加重视经济艺术，打造集约节约、艺术高质的文化客站，成为展示铁路品牌形象的园地。在车站规模、选址、站型以及设备选型方面，统筹考虑功能性与经济性。加强客站文化性艺术性表达的系统研究，在建筑概念方案设计、方案深化设计、工程设计、装饰装修设计及施工等不同阶段贯穿表达，统筹功能、技术与经济合理。通过建筑、结构、材料、商业广告、引导标识等不同表达方式进行文化艺术传达，实现文化、艺术、技术与经济的有机融合。重视对站内外的商业广告、物业综合开发的系统研究引导高收益的开发投资（图2-3）。

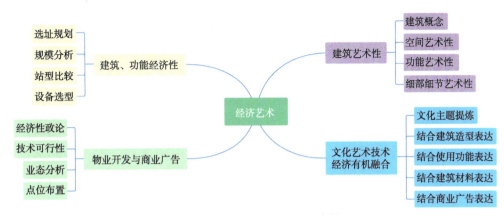

图 2-3 经济艺术关系示意图

更加重视智能便捷，充分运用现代技术服务大众，建造数字智能的时代客站，提高人民福祉。运用信息化、智能化技术，为客站建设、旅客出行及运维管理带来更多的便利。提高设备检测、运输组织、旅客服务的智能化水平，构建运营管理和服务"一张网"，实现设施互联、票制互通、安检互认、信息共享、支付兼容，让旅客出行更加顺心、舒心、满意。加强综合客运枢纽一体化建设，采用立体换乘、同台换乘等措施，打造全天候、一体化换乘环境，实现枢纽功能布局紧凑、集约高效、空间贯通，客流衔接有序，换乘方便快捷。拓展铁路客站服务领域，设置城市值机、旅游集散等服务设施，将旅客出行的便利向外延伸，促进交通与旅游相关产业的融合发展。加大客站建设过程智能建造、数字建造技术的应用，实现数字化交付及智能管理，提升基础建设智能化水平，推动交通与装备制造等相关产业融合发展（图 2-4）。

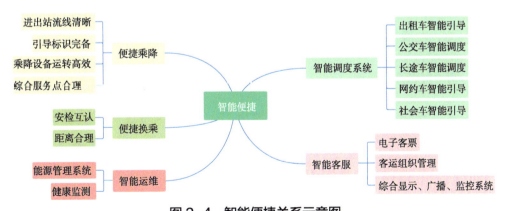

图 2-4 智能便捷关系示意图

### 3. 在服务国家战略中深化落实铁路客站新理念

立足新发展阶段、贯彻新发展理念、构建新发展格局，推动高质量发展，是当前和今后一个时期我国必须抓紧抓好的工作，也是铁路领域的中心工作。"一带一路"建设，川藏铁路规划建设，长江经济带着力建设沿江绿色生态廊道和高质量综合立体交通走廊，京津冀协同发展，长江三角洲区域一体化发展，推动新时代中部地区高质量发展，支持浦东新区高水平改革开放、打造社会主义现代化建设引领区，支持浙江高质量发展建设共同富裕示范区，全面推行绿色低碳循环经济发展等等。国家制定的重大战略擘画了建设美丽中国美好愿景，铁路客站新理念必须在服务国家战略中持续深化落实。

新发展理念是一个系统的理论体系，回答了关于发展的目的、动力、方式、路径等一系列理论和实践问题。习近平总书记指出，"全党必须完整、准确、全面贯彻新发展理念，确保'十四五'时期我国发展开好局、起好步"。一是从根本宗旨把握新发展理念，深刻认识为人民谋幸福、为民族谋复兴，这既是我们党领导现代化建设的出发点和落脚点，也是新发展理念的"根"和"魂"。二是从问题导向把握新发展理念，根据新发展阶段的新要求，各项举措要更加精准务实，切实解决好发展不平衡不充分的问题，真正实现高质量发展。三是从忧患意识把握新发展理念，增强忧患意识、增强底线思维，随时准备应对更加复杂困难的局面。习近平总书记关于新发展理念的重要论述，贯穿和体现了以人民为中心的价值追求，是指导高质量发展的根本遵循，是深化落实铁路客站新理念的根本遵循。

铁路作为大众化交通工具和重要民生工程，要把不断满足人民群众对美好旅行生活的向往作为奋斗目标，坚持以普惠和普遍服务为根本，全面提高基本服务质量，不断增强最广大人民群众的获得感、幸福感、安全感；同时坚持以市场为导向，推出差异化、个性化服务，满足人民群众对美好出行的需求，切实做到发展为了人民、发展依靠人民、发展成果由人民共享。

### 2.1.4 新时代精品客站

近年来，铁路系统以创建精品工程为抓手，推动铁路建设高质量发展，取得了丰硕成果。国铁集团党组在提出"畅通融合、绿色温馨、经济艺术、智能便捷"铁路客站新理念的同时，指出要精心、精细、精致，建设经得起历史检验的铁路客站精品工程。

**1. 精品工程概念**

精品，指物质中最纯粹的部分，提炼出来的物件，最精美的物品，精心创作的作品。关于精品工程，各类文献有针对建筑行业的多种表述：（1）精品工程是通过精心设计、精心组织、精心施工，建造的具有优良的内在品质和精致的外观效果（即所谓内坚外美）的工程。（2）精品工程是以现行有效的规范、标准和工艺设计为依据，通过全员参与的管理方式，周密组织和严格控制，对所有工序工程进行精心操作，最终达到优良的内在品质和精致细腻的外观效果的优良工程。（3）精品工程是设计新颖，造型美，适应性强，合理，无永久性质量缺陷，技术含量高，经得起宏观和细微检查，且能经受时代考验，与周围建筑物相协调，用户满意，并经国家技术权威鉴定评选的工程。（4）精品工程是优中选优的工程，是国内质量一流水平的工程。优良工程不一定是精品工程，精品工程必须是优良工程。（5）精品工程必须是内坚外美，满足使用功能、技术含量高的工程；是经得起严格检查、经得起时间的考验、用户非常满意、社会认可的工程；等等。

概括而言，精品工程的概念从狭义上讲，是指通过有效的管理、精湛的技艺创造出的完美建筑物，是以现行的规范、标准和工艺设计为依据，通过全员参与的管理方式，对工序全过程进行精心操作、一个控制和周密组织，最终达到优良的内在品质和精致的外观效果。从广义上看，精品工程在规划设计和运营全过程体现经济发展和社会进步，具有科技含量以及体现生态、人文、节能、环保等特征，并在其整个寿命期内满足使用需求且能使投资者的利益最大化。

具体到高速铁路建设项目，精品工程是指通过精细组织、精心设计、精心施工，打造卓越不凡、品质一流的高铁工程，具有设计新颖、节省投资、安全可靠、技术先进、用户满意、社会认可等特点，工程质量无缺陷、经得起时间和历史的检验。是"优中选优"的工程，是众多优质工程中评选出来的具有代表性的工程。2017年6月，中国铁路总公司陆东福总经理在"精品工程、智能京张"推进会上，详细阐述了"精品工程、智能京张"内涵。他指出，建设"精品工程、智能京张"，要通过精心设计、精心组织、精心施工，达到设计新颖、安全可靠、技术先进、品质一流，集中国高铁建设技术和管理水平之大成，成为优质工程、创新工程、生态工程、人文工程和廉洁工程。优质工程，就是把工程质量安全作为创建精品工程的核心，实行最严格的建设质量和安全管控措施，加强施工关键技术攻关，确保施工安全稳定、工程质量优良，经得起运营的检验。创新工程就是把创新发展理念贯穿于优化设计和建设运营全过程，通过理念创新、设计创新、施工工艺创新、建设管理创新、运营服务创新，重点在新技术应用、安全经济、人文关怀、绿色环保、舒适温馨等方面实现新的突破。生态工程就是牢固树立绿色发展理念，广泛开展采用降噪工程、绿色建筑、光伏发电、新型节能环保光源等新技术及新能源，落实"四节一环保"要求。人文工程就是落实以人为本的思想，坚持人性化设计，优化车站服务功能配置，加强各种交通方式衔接，最大限度方便旅客出行，优化车站内外装修方案设计，充分体现地域文化，彰显人文气息。廉洁工程，健全覆盖所有参建单位的廉政风险防控机制，严把工程招标、物资设备采购、验工计价、资金拨付、信用评价、工程验收等廉政风险关键环节，营造清正廉洁、规范有序的建设环境。要求客站建设坚持"精心、精细、精致、精品"的要求，不断改进和提升工作水平，把打造"精品工程、智能京张"落到实处。

**2. 精品客站内涵**

铁路客站是公共交通建筑，精品工程内涵应涵盖铁路工程和建筑行业关于精品的定义。铁路客站建设新理念涉及交通与城市、自然与人文、经济与艺术、技术与效率等相互关系和发展层次，致力于更好服务广大旅客，促进铁路与城市更好融合，更加绿色、高效、可持续发展，打造安全可靠、便捷畅通、经济高效、绿色低碳、智慧网联的人民满意的交通枢纽，体现了经济发展和社会进步，具有科技含量以及绿色、人文、节能、环保等特征。新理念丰富了新时代铁路精品客站内涵。

从铁路客站建设高质量发展的视角，提出精品客站的概念和目标内涵如下：铁路精品客站是深化落实"畅通融合、绿色温馨、经济艺术、智能便捷"新理念，通过精心设计、精心组织、精心施工、精细管理、精致工艺，发挥科技创新和管理创新支撑作用，依法合规建设，实现质量、安全、工期、投资、环保稳定可控，达到技术先进，安全可靠，功能完好，品质一流，实现优质工程、绿色工程、智能工程、人文工程、廉洁工程五大目标的工程。

（1）优质工程

加强工程工期、环保、投资控制等目标管理，全面实现质量、安全、工期、投资、环保等建设目标。把工程质量安全作为创建精品客站的核心，实行最严格的建设质量和安全管控措施，打造经得起历史和运营检验的具备内实外美、安全可靠、经久耐用、创新突破的高品质工程。以现行有效的规范、标准和设计为依据，严格按照工序、施工流程组织施工，工程质量符合国家、行业有关标准、规范及设计文件要求，工程质量一次成优，主体工程质量零缺陷；强化风险意识和底线思维，加强安全风险管理，确保施工安全稳定；加强施工关键技术攻关，形成系统先进成套的工装工艺工法；扎实做好工程验收及开通运营准备，优质高效完成工程建设。

（2）绿色工程

铁路客站有全年运营、空间大、能耗高等特点，需要牢固树立绿色发展理念，建造绿色客站。大力推广绿色设计、绿色施工和绿色运维；注重信息化、智能化、装配化、地域化、健康化的方向发展；广泛采用节地、节能、节水、节材以及可再生能源利用等新技术的应用；顺应时代和社会发展趋势，可持续发展，实现人与自然的和谐共生。

信息化是实现绿色建造高水平发展的方式，运用信息化设计、智能平台控制，结合现代施工技艺，创建从设计、施工到运维的全生命周期绿色建造体系，实现可持续发展建造策略。装配式建筑是未来建筑发展的重点方向，装配式建筑及其构件可通过工厂化进行生产，建造过程中对环境污染小、并且有着效率高的优点，是绿色建造实现的重要途径和主要方式。营造具有地域特色与当地气候和生态相适应的建筑，是适应气候变化和节能减排目标的发展方向。客站室内外声、光、电、热、空气质量、人文环境等微生态环境的构建，则是为旅客提供更好出行体验的重要步骤，也是健康化的发展方向，建设一个让人们心理健康，环境舒适，空气质量良好，安全便捷的客站，是绿色工程的目标。

（3）智能工程

推进客站信息化、智能化技术研究及应用，打造智能客站工程。开展全专业、全过程BIM工程化技术应用，制定客站BIM实施标准和应用规范，为精品客站智能建造提供技术支撑。以BIM技术为核心，广泛应用"云物大移"等新技术，与铁路客站建造业务融合，搭建铁路客站建设管理平台，向上承载铁路客站勘察设计相关业务信息，持续集成铁路客站工程建设进度、质量、安全、投资、监测等过程业务数据，并探索通过数字化交付将建设过程数据移交给运维，为后期运维管理提供建设基础数据和模型，实现客站建设项目系统互联互通、信息高度共享、资源全面整合、数据价值重现、技术深度融合，满足对铁路客站建设项目全生命周期管理的需求。综合采用各类信息技术，搭建客站数字化工地管理系统，实现铁路客站施工过程中进度、质量、安全、物资、投资的数字化、精细化管理，全面提升施工信息化管理水平和安全质量进度精细化能力。开展5G、人脸识别、图像比对、智能建筑等技术研究，构建智能票务系统、客运服务与管控平台，实现旅客智能出行和客运管理便捷高效，进一步提高车站客运服务水平。以智能客站大脑为基础提升旅客出行品质，实现以科技推动旅客出行智能化的目标，让旅客更加顺心、舒心和满意。优化铁路客运车站作业模式，为铁路客运智能化发展提供有力支撑，提升车站工作质量和作业效率，进一步提升车站生产组织的智能化水平综合高效利用资源。

**（4）人文工程**

人文工程体现对历史、文化和人的尊重。注重客站建筑方案的文化性表达，体现传统文化、地域特色和时代特征，充分提升客站文化内涵和艺术品质；落实以人为本的思想，坚持人性化设计原则；优化车站服务功能配置，方便旅客出行，为旅客提供温馨之旅。

在以人为本方面，重视人的行为习惯、心理活动及思维方式。既要以旅客视角，关注客站视觉环境、心理环境、物理环境，营造人性化、和谐的建筑空间，完善客站客运功能，提升服务旅客的水平和能力，为旅客创造温馨、健康、舒适的出行环境；也要重视广大建设者、运维服务人员的职业健康，培育精品客站建设和服务文化，加强人文关怀。

在文化性艺术性表达方面，建筑空间塑造应体现对周围地形地貌的尊重、当地气候的适应、人文环境的包罗和当地元素的表达。注重客站建筑艺术在时代脉络上的发展和创新，通过适宜的材料和技术来展现建筑艺术，平衡设计标准和建筑艺术之间的关系；注重建筑细部的艺术性表达，把文化艺术气息融入建筑细节当中，实现建筑由外至内的精致、精心和精细，实现高品质的客站建筑。

**（5）廉洁工程**

坚持依法合规建设，健全覆盖所有参建单位的廉政风险防控机制，严把工程招标、物资设备采购、验工计价、资金拨付、信用评价、工程验收等廉政风险关键环节，严控廉政风险，严防腐败现象发生。加强全过程监管，厉行勤俭节约、坚决杜绝浪费，防止、纠正违法乱纪违规问题；抓好维护稳定工作，及时化解矛盾，解决问题；加强作风建设，营造清正廉洁、规范有序的良好建设环境，实现工程优质、干部优秀。

**3. 建设精品客站契合高质量发展理论逻辑**

首先，精品客站建设以新理念为引领，是创新、协调、绿色、开放、共享新发展理念在铁路建设中的具体实践，体现了全寿命期的质量和效益观念，彰显了现代社会进步和发展的趋势。畅通融合，打造一体化综合交通枢纽，努力降低旅客出行的时间和经济成本，是协调、开放、共享思想和质量、效率、效益观念的综合体现。绿色温馨，发挥绿色环保综合优势，以旅客体验为导向，不断增强人民的获得感、幸福感、安全感，体现了绿色发展、人与自然和谐发展的思想。经济艺术，既要确保投资的经济性和技术的安全性、可靠性，还要把客站建设成永久的、固化的艺术品，具备一定的艺术感染力和表现力，成为传承铁路文化、展示铁路形象的标志，统筹技术、经济与艺术，深层次体现的高质量和高品质的要求。智能便捷，充分运用现代技术，为服务旅客、服务运输带来更多的便利和便捷，实质还是对高质量和效率效益的追求。

其次，实现精品客站目标的路径符合绿色发展方向。从项目管理角度看，精品客站是依法合规建设，安全、质量、进度、投资、环保全面达标，经得起历史和运营检验的优质工程，同时，也是践行铁路客站新理念，达到绿色、智能、人文目标要求的精品工程。精品客站建设通过精心设计、精细管理、精致工艺，实现优质、绿色、智能、人文、廉洁目标，推动铁路建设管理由重工程数量、规模扩张和速度进度向重质量安全和效益转变。"精心、精细、精致"要求注重节约建造抓源头，达到精细管理、精准控制、按标建造。优化管理流程和建造流程，加强人员、设备、材料、方法、环境等要素管理，减少投入和浪费。

再者，精品客站体现了全寿命期的质量效益观。精品客站建设推广绿色设计、绿色建造、绿色建筑，打造绿色工程，是绿色发展要求的具体落实。坚持以人为本，加强人性化设计，提升客站文化内涵和艺术品质，全方面满足广大人民群众对美好出行的需要，打造人文工程，是坚持以人民为中心的发展思想的具体实践。重视智能建造、智能建筑、智能服务，打造智能工程，是运用现代技术服务运输和提高人民福祉的具体举措。建设优质、绿色、人文、智能、廉洁客站，从全方面体现了提高客站全寿命期的质量、效率、效益内涵。

总之，建设以精品质量为核心的优质、绿色、智能、人文、廉洁客站，体现了提高客站全寿命期全要素生产率，从依赖要素投入扩大、不可持续的旧动能，转变为主要依靠全要素生产率的可持续新动力，体现了强化发展的平衡性、充分性和公平性。契合高质量发展的理论逻辑，是实现铁路建设从规模速度型向质量效益型转变的需要。

## 2.2　铁路精品客站建设管理

### 2.2.1　铁路客站建设管理体制与基本程序

改革开放后，我国工程建设体制机制改革，推行工程项目管理作为工程建设管理方式，改变了传统的以政府集中管理为中心的计划管理方式，极大地解放和提高了工程建设的生产力。工程项目管理与建筑市场的建设与发展相结合，围绕建立合格的市场主体展开，形成合格的项目法人，承包单位和监理单位，建立了围绕工程项目管理实施的我国工程建设管理体制主要内容：项目法人责任制、招标投标制、工程监理制、合同管理制。铁路建设项目，根据政府、业主（投资人）、承包商，设计、施工监理、运营等主体不同，工程管理的角度、职能、重点也不同。其共性职能在于为保证建设项目在设计、采购、施工、安装调试等各个环节的顺利进行，围绕安全、质量、工期、投资、环保等控制目标，在项目集成管理、时间管理、成本管理、质量管理、人力资源管理、沟通管理、风险管理、采购管理、决算管理等方面所做的各项工作。

与一般铁路建设项目一样，铁路客站建设项目从方案研究到投产运营，形成了一套较为完备的建设流程。按照立项决策、勘察设计、工程施工、竣工验收、交付运营的基本程序组织建设，构成项目建设的全过程，与运营维护阶段形成项目的全寿命周期（图 2-5）。建设全过程各阶段工作要达到相关规定的要求和深度。

**图 2-5 铁路客站建设项目全寿命期阶段的划分**

由于铁路客站是城市门户，在一定程度上既是民心工程，也是城市的形象工程，地方政府对铁路旅客车站的造型及规模很重视，往往会通过地方政府出资的形式扩大站房规模、共同确定方案，如此一来铁路客站工程将会独立于铁路线路工程开展研究。铁路客站工程施工实施前的工作细分为调整规模、方案征集、实施方案、初步设计、施工图设计五个阶段。

铁路客站工程竣工验收执行现行的铁路和交通建筑相关规范和标准。高铁站房须执行《高速铁路竣工验收办法》等相关规范标准，工程验收共分为静态验收，动态验收，初步验收，安全评估，正式验收（国家验收）五个阶段。

铁路客站的正常开通需要至少满足的条件包括剩余工程收尾、动静态验收问题整改、变更设计手续完成、地方资金按照协议到位、建设用地批复、环水保和消防验收、外部电源接通、市政配套畅通、生产生活设施完备、外部环境整治完成等。

## 2.2.2 铁路客站建设项目标准化管理与创新发展

**1. 铁路客站建设标准化管理**

为了适应我国高铁大规模的建设和快速发展需要，2008年4月，铁道部决定以推行标准化管理为抓手推动项目管理创新，形成以建设单位为龙头、覆盖全项目的标准化管理体系，从而保证建设项目质量、安全、工期、投资、环保和队伍管理工作一体化、标准化运作。标准化管理体系以确保工程质量为核心任务，以机械化、工厂化、专业化、信息化为支撑手段，对建立健全铁路建设项目管理体系，保障大规模铁路建设有序推进起到了促进作用。经过多年建设发展，我国铁路建设自上而下建立健全了管理体系，走出了一条铁路特色工程建设标准化管理发展道路，形成了各管理层面协调联动、各利益相关方共同治理的管理体制和"企业自控、社会监理、业主负责、政府监督、用户评价"的一体化工作格局。在铁路建设规模持续增长、建设项目不断增长的情况下，工程建设水平得到整体提升。

铁路客站建设标准化管理的重点主要有六个方面：建立三大标准体系、统一运行机制、坚持"四化"支撑、加强过程控制、强化创新驱动和夯实现场管理。（1）以管理目标为基础，建立建设技术标准、管理标准、作业标准等三大标准体系。（2）建立以建设单位为主导、以承建各方为主体、以合同为依据、共同目标为纽带，统一制度、统一管理的一体化运行机制。（3）将机械化、工厂化、专业化、信息化集成一个整体，作为实现目标、提高生产效率的重要方法。（4）以流程管理、开工标准化、方案样板确认、工艺工法首件评估、专业管理、检查考核为主要手段，形成过程控制机制。过程控制是实现管理目标的重要管理内容，围绕建设目标，从前期工作到竣工验收全过程各环节均应抓好过程控制。（5）以协同创新、系统创新，研究和现场试验同步推进，项目创新以统一规划、分头实施，构成创新机制。（6）以整体布局、文明施工、完善制度为抓手，构成现场管理机制。

**2. 铁路客站建设管理创新发展需求**

"十三五"期间，国铁集团紧密围绕高质量发展要求做好顶层设计，建立健全以工程质量为核心的铁路项目管理体制和工作机制，相继出台了加强铁路建设工程质量管理、质量安全红线管理、建设管理人员责任追究、提前介入项目管理等系列文件，为推动铁路建设高质量发展提供了制度保证。为了满足人民群众对出行安全性、舒适性、准点率等期盼，提出了建设"畅通融合、绿色温馨、经济艺术、智能便捷"现代化大型综合交通枢纽和建设以优质、绿色、智能、人文、廉洁为内涵的新时代精品客站要求。然而，从建筑行业的现状来看，管理队伍与专业人才队伍老龄化，与铁路客站，尤其是大型综合交通枢纽客站学科综合、专业多、技术新发展特点不相适应；施工作业人员流动性大，专业文化素质和技能水平普遍不高，劳务公司空壳化、用工不规范等问题比较突出，与新技术的应用、工艺工法的创新、工匠水平的提高、精细化施工建设精品客站要求不相适应。从铁路客站建设整体环境来看，由于项目前期建设方案受到建设规模、投资分摊的影响，导致站房开工建设较迟，加之建设项目征地拆迁难度增加，工期紧张，项目开通前赶工、抢工问题比较突出。因铁路项目配套的地方规划不能及早稳定，造成站房和枢纽工程技术方案不稳定的问题也时常发生。这些问题成为铁路客站高质量建设发展的羁绊。

如何化解矛盾，顺应高质量建设发展的要求？需要研究新形势下的铁路客站建设管理，坚持问题导向、系统思维、创新驱动，在继承与创新中实现新的发展。

### 3. 铁路客站建设精细化管理

（1）基本概念

"事事有流程，事事有标准，事事有责任人""事事有标准，人人讲标准，处处大标准"是铁路建设标准化管理项目文化的重要内容。随着铁路客站的发展演变，其综合性交通功能越来越强，立体化交通枢纽建设越来越广泛，应用信息化、智能化，绿色化，等先进技术越来越广泛。工程建设专业分工越来越细，专业化和专业集成程度越来越高，设计施工精细化水平直接影响运营服务质量。

精细化管理是源于20世纪50年代发达国家的一种企业管理理念，是一种以最大限度地减少管理所占用的资源和降低管理成本为主要目标的管理方式。现代管理学认为，科学化管理有三个层次：第一个层次是规范化，第二个层次是精细化，第三个层次是个性化。精细化是社会分工的精细化以及服务质量的精细化对现代管理的必然要求。精细管理的本质意义就在于它是一种对战略和目标进行分解、细化和落实的过程，是让企业的战略规划能有效贯彻到每个环节并发挥作用的过程，同时也是提升企业整体执行能力的一个重要途径。在实施"精细化管理工程"的过程中，最为重要的是要有规范性与创新性相结合的意识。"精细化"的境界就是将管理的规范性与创新性最好地结合起来。

（2）铁路客站建设精细化管理内涵

铁路客站建设精细化是指以规范化管理和标准化管理为基础，将精细化管理思想和方法融入方案研究、规划设计、施工实施、竣工验收建设全过程个阶段，与创新性相结合，形成精心组织、精细设计、精致施工的管理体系，细化分工和责任，实现资源利用效率最大化和管理规范化。铁路客站建设精细化管理的重点包括责任制度和落实责任两个方面。建立全体参建者的责任感是精细化管理的关键。将某项工作或者某个流程细化，使其具有可知性和可控性。通过细化，让员工能够真正了解这项工作或流程的每个环节或每个可能影响最终结果的因素，从而认识其规律。有了可知性才能有可控性，在可知性的基础之上，管理者和员工能够把握好每一个环节，规避不利因素，发挥有利因素使工作结果向想要的方向发展，同时，精细化管理将管理责任具体化、明确化，它要求每一个管理者都要到位、尽职。第一次就把工作做到位，工作要日清日结，每天都要对当天的情况进行检查，发现问题及时纠正、及时处理。铁路客站建设推行精细化管理，目的在于以最大限度地减少管理所占资源和降低管理成本建设精品工程。

铁路客站建设在有效实行精细化管理，在坚持规范化、标准化管理与创新性相结合的同时，要做好三个方面的保障。第一是文化保障。要建立精细化管理的项目文化，将精细化的思想，精心、精致、精益求精的作风贯穿于设计施工各个环节。人是精细化管理的关键，要通过文化建设，使得参建者根植精细化的思想，转变员工的工作态度和工作方法，培育精细化管理的文化基础，使精细化成为全体成员的自觉行为。第二是组织保障。精细化管理是一项持之以恒、持续不断的工程，参建单位须成立有力的组织机构，负责指导、推动、协调、督促精细化管理工作的开展。第三是机制保障。建立推行精细化管理的激励与约束机制，对开展精细化管理取得成效的做法和经验及时进行总结、交流、表彰、奖励，及时推广；对存在的问题，及时提出解决的建议或办法；对工作开展不力的部门、岗位实行相应的惩罚。

（3）精细化管理在施工中的运用——项目网格化管理方法

工程实践中，将精细化与标准化管理相结合，形成了项目网格化管理方法。对于规模较大、施工周期短的铁路客站建设项目，按照专业范围或者施工面积划分小管理单元，细化任务和管理职责。按照标准化管理要求，动态配置生产要素、技术资源，由各级负有管理职责的人员进行网格化管理，构建"全面覆盖、分级负责、责任到人、动态管理"的建筑施工现场生产网络，形成各司其职、综合管理的工作机制，促进现场施工规范化，提高管理的时效性，确保施工进度、安全、质量等受控。

将施工现场按照管理目标划分为若干管理单元，根据管理目标进行网格划分、分级配置网格员、建立网格化管理体系、各级管理人员各司其职，是工程项目网格化管理的重点。开工前，施工单位结合项目特点和进度计划、安全、质量等管理目标制定网格化管理实施方案。按照平面或空间进行网格片区划分，每个网格片区划分为若干个网格单元，形成网格化管理体系，明确各网格片区、网格单元责任人，并根据施工进度和管理目标情况适时进行动态调整。建立施工现场网格负责人、网格长、网格员为责任人的三级网格管理体系，明确分工和职责。建设单位（项目管理机构）、监理单位等各自履行管理职责。建设单位对网格化管理实施方案进行审批。建设单位项目负责人组织定期专项检查和专题例会，对检查发现网格化管理的问题督促监理和施工单位及时落实整改到位。监理单位对施工单位报送的网格化管理实施方案进行审核。项目总监组织专项检查，对施工单位网格化管理实施情况开展检查，对检查发现的问题督促施工单位整改并报建设单位，及时形成监理档案。施工企业对施工项目部报送的网格化管理实施方案进行审查。施工企业组织开展项目检查时，应对施工项目部网格化管理实施情况开展检查，对检查发现的问题督促施工项目部整改，并严格按照"四不放过"原则对相关网格责任人采取处理措施。

**4. 铁路客站精益建造管理**

（1）精益建造概念

精益建造的概念是20世纪90年代丹麦学者Lauris Koskela提出，意指将制造业已经成熟应用的生产原则包括精益管理等应用到建筑业，以提高建筑业的管理水平。随后世界上许多学者、机构和建筑公司纷纷投入这一领域的研究中，精益建造理论日益丰富，包括基础理论研究、生产计划和控制研究、产品开发和设计管理研究、项目供应链管理研究、预制件和开放型工程项目实施研究等方面。

中国精益建造技术中心把精益建造定义为综合生产管理理论、建筑管理理论以及建筑生产的特殊性，面向建筑产品的全生命周期，持续地减少和消除浪费，最大限度地满足顾客要求的系统性方法。与传统的建筑管理理论相比，精益建造更强调面向建筑产品的全生命周期，持续的减少和消除浪费，把完全满足客户需求作为终极目标。

精益建造是面向建筑产品的全生命周期，持续地减少和消除浪费，最大限度地满足用户要求的系统性方法。精益建造管理的目标是用精益建造的方法，减少多余工序、减少工作面闲置、减少资源浪费、提高一次成优率、减少一次性措施投入，追求达到"零浪费""零库存""零缺陷""零事故""零返工""零窝工"的目标。

（2）铁路客站精益建造管理路径

研究普遍认为，建筑项目具有复杂性和不确定性，所以精益建造不是简单地将精益生产的概念应用到建造中,而是根据精益生产的思想,结合建造的特点,对建造过程进行改造,形成功能完整的建造系统。铁路客站精益建造管理,就是将"精益思想"加以应用,彻底消除施工过程中的浪费和不确定性,最大限度地满足顾客要求,从而实现管理效率和工程利润最大化。

分析铁路客站建设特点,精益建造管理路径主要有七个方面:

①设计和技术管理。通过设计优化减少多余工序,满足必要工程品质需求;通过工艺优化,减少质量缺陷,提高一次成优率;通过措施优化,提高施工安全与便捷性及效率。

②计划与工期管理。以满足合同工期节点要求为基础,通过梳理工程做法及交付标准,合理安排工序流程和各专业插入条件,通过工序合理穿插,控制关键节点,减少工作面闲置,消除窝工、返工现象。

③合约与商务管理。通过系统性合约规划,整合优质资源,消除无效成本。建立以合约规划为核心的合约管控体系,包括全专业集成的合约框架划分、合约界面梳理,以工程总进度计划和设计计划为依据,提前盘点各项资源进场时间,制定有序招标采购计划,做到合约内容完整、界面清晰、招标采购有序、成本可控。

④质量管理。通过全过程质量管控,减少返工造成的浪费,降低质量风险,从而达到高品质高精度的建造要求。推行样板首件制度,明确工序施工要求和质量标准;加强质量风险识别,防控质量通病;加强过程实测实量,以高精度高标准约束过程实施。

⑤安全管理。推进安全防护设施标准化,提高可周转性、重复利用率;通过策划设计优化、工艺优化、同步施工,减少安全隐患。

⑥环境管理。推动"节能、节地、节水、节材和环境保护",做到环境保护设施的标准化,提高重复利用率、降低能耗。

⑦考核评价。针对项目开展精益建造的工作,制定考核评价机制,激励约束。

(3)精益建造设计管理——开放—包容的可持续性设计

以"精益思想"指导铁路客站设计,要求建设者转变观念,开展开放—包容的可持续性设计。从建筑产品的全生命周期考虑,持续的减少和消除浪费,把完全满足客户需求作为终极目标;通过设计优化减少多余工序,满足必要工程品质需求;通过工艺优化,减少质量缺陷,提高一次成优率;通过措施优化,提高施工安全与便捷性及效率。

①开放—包容的可持续性设计方法

为了实现上述目标，应将深化落实"畅通融合、绿色温馨、经济艺术、智能便捷"新理念，将满足旅客不断增长的美好出行需求、绿色发展、文化融入和服务运输需求作为重点，进行持续优化设计，将持续改进与不断创新贯穿建设全过程。

在前期立项和可研设计阶段，注重与城市规划和城市设计相结合；在实施方案设计阶段，注重方案的规划设计方向与设计思路的准确把握；在初步设计阶段，注重设计标准和工程投资的合理控制；在施工图设计阶段，注重全面和精细的优化建筑分部分项；在施工阶段，注重设计持续优化与细化；开通运营后，注重验收使用后的评估与总结。

工程进入实施阶段，做好专题研究、优化设计、专项设计、细部设计、深化设计，建立开放—包容的可持续性设计方法事半功倍。优化设计聚焦深化落实新理念，在对照运输部门需求和确立的精品工程建设目标开展专题研究和核查的基础上开展。专项设计将总体设计的系统性与专项设计的专业化相结合，在保证整体方案系统性的前提下，以旅客体验为导向对重点技术和重点方案进行研究。通过优化设计、专项设计，确保整体功能完备，技术条件达到建设目标要求，专业接口无缝衔接，环艺景观、配饰、工艺美术设计达到可实施程度。细部设计则将建筑整体到细部的完整统一、设施设备末端处理、细部细节做法作为重点，实现整体协调美观、使用安全便捷和品质精良。深化设计以施工排版、放样、下料为重点，实现施工质量精细、观感精致优质。

②可持续性设计的一体化管理机制

实现有效的可持续性设计，一体化管理尤为重要。在京津冀地区精品客站建设中，从方案研究到现场实施到竣工验收，实施一体化的建设管理，将精品客站的建设理念，从始至终贯彻下去。在规划设计环节，以精品、智能、绿色、人文为目标，在站城一体化，绿色、智能新技术应用，艺术表达和传承，人文关怀与细节设计，经济与艺术及技术的有机结合等方面，不断创新与提升，使铁路客站的设计始终与时代要求相契合，满足广大旅客对美好出行体验的需要。在铁路客站施工及运维管理层面，推进绿色建造，在施工精细度、建构一体化实施、装配式结构、信息化施工等方面进一步完善，以智能化技术创新为基础，推进智能旅客服务、智能客站管理及智能运维，引领客站建设技术的不断进步。

建立了由高校、设计院、施工企业、运营部门组成的多元合作交流机制。研究畅通融合、一站一景设计，推进了站城关系的新发展；探讨"重结构、轻装修"

做法,形成了"建构一体"的设计施工思路;开展客站文化性和艺术性专题研究,形成了丰富而有益的设计建议和方案,提升了客站文化品质;开展减震降噪、绿色设计补强研究,提升了客站绿色温馨效果;开展服务客运提质专题设计,提高了差异化、个性化服务的能力,公共服务设施更加贴近人性化的服务需求;开展信息化智能化运用研究,推进了BIM技术在设计施工中的应用和智能运维技术的应用升级;发挥施工企业专业化施工技术优势,丰富了细部设计方案,提高了深化设计质量。

**5. 铁路客站建设信息化管理**

(1)铁路工程建设信息化管理平台基础

铁路建设项目标准化管理发挥机械化、工厂化、专业化、信息化"四化支撑"作用,倡导最大化应用信息化智能化手段。

2013年全路高铁建设推广应用拌和站、工地实验室、隧道监控量测、路基压实和桥梁张拉等信息化管理系统。2014年铁路BIM联盟成立,集中研发编制了铁路行业数个BIM标准,实现了铁路工程主要专业的BIM建模,掌握了基于协同平台的多专业协同建模技术。2017年铁路总公司按照信息化建设统一规划、统一标准、统一平台的原则,制定了铁路工程管理平台统一的基础编码和相关接口标准,综合利用BIM、GIS、物联网、大数据、云计算等技术,统筹协调项目各参与方,建立覆盖全国多层级的开放式云平台,平台涵盖建设过程中数据采集、储存、加工、分析等全过程。通过"平台+应用"的方式,构建综合管理体系、进度管理体系、材料管理体系、质量管理体系、安全管理体系和投资控制管理体系,实现建设信息资源共享和应用,以及对建设管理目标全过程、全要素、全专业的全寿命期精细化管控。

(2)铁路客站建设管理信息化

铁路客站建设,尤其是大型铁路客站枢纽建设,施工组织难度大,站房工艺复杂,施工质量要求高,因此加强信息化智能化手段非常重要。2018年国铁集团组织研发了铁路客站工程管理信息化系统1.0版,在清河站、雄安站等客站工程中进行了试用。通过站房BIM试点项目,在BIM模型的IFC数据转换标准的实践,以及设计、施工一体化应用实践上进行了大量的研究尝试,尤其是施工阶段的节点深化、管综深化、安装指导、工厂制造等方面获得了有益的经验,设计及施工阶段BIM的实施标准的制定也得到了深入。在京津冀地区精品客站建设中,BIM协同设计、基于BIM的深化设计和数字化施工、信息化技术与施工管理系统集成的智慧工地建设、信息化技术与工程建造技术融合的智能建造技术等方面，创新实践，取得了新的进展。

在新一轮科技革命大背景下，工程建造面临着产业转型升级的新机遇。以数字化、网络化和智能化为标志的新一代信息技术，正在与各产业深度融合，催生新一轮的产业革命。铁路客站建设应依托铁路工程管理平台，完善数据自动采集、信息互联、各方协调管理和辅助决策，实现项目高效管理。探索实践BIM、GIS、物联网、云计算、大数据等与铁路客站建造深度融合，提高基于信息化、数字化的铁路客站绿色建造、智能建造水平。

**6. 铁路客站建设管理体制机制创新**

建设项目法人责任制是指经营性建设项目由项目法人对项目的策划、资金筹措、建设实施、生产经营、偿还债务和资产的保值增值实行全过程负责的一种项目管理制度。铁路工程建设项目具有经营性、公益性等多重属性。研究认为铁路客站综合枢纽属于准经营性项目，因此应创新管理体制机制，针对项目的不同属性和特点进行分类管理。

在现行管理体制下，加强和改进企业层面对建设项目的管理，加大企业层面对项目在方案决策、资金筹措、协调推进、服务运输等方面的支持，有助于建设管理效率的提高和确保建设目标的实现。在京津冀地区重点客站建设中，企业层面对项目的支持有力地保障了精品客站建设目标的实现。国铁集团成立领导小组，统筹协调初步设计、方案比选、技术优化等工作，研究审定铁路客站创精品工程规划，推进铁路客站项目管理机构、施工专业化建设，研究解决重点枢纽客站建设中的重大技术问题。统筹科研院校力量和建设、设计、施工、运维各方面技术力量，开展重难点工程关键技术研究，提供可靠技术支撑。在雄安站规划设计阶段，国铁集团、河北省共同成立雄安新区建设领导小组和工作营机制，统筹协调推进雄安站规划设计和建设实施，高效率推进工程建设进度。在北京丰台站、北京朝阳站工程建设中，成立北京市、国铁集团层面的联合协调机制，研究决策重大方案、资金分摊，协调推进征地拆迁、市政配套建设进度。

承担项目建设的各单位加强企业集团层面的支持同样重要。铁路局集团公司和铁路公司负责依法合规建设、落实开通条件，加强项目协调推进、重大方案研究、现场管理、运营部门提前介入等统筹管理；承担项目设计、施工、监理的参建单位，成立企业层面的项目管理组织机构，加强技术力量、管理资源、施工组织资源的协调支持，集企业全局之力建设品牌工程。

## 2.2.3 铁路客站建设多目标系统管理方法

**1. 多目标系统管理方法概述**

铁路客站建设是一个多目标，复杂、动态的系统。铁路客站的多目标是指工程建设必须依法合规，全面达到安全、质量、工期、投资、环保要求。对于铁路精品客站而言，则以建设优质工程、绿色工程、智能工程、人文工程、廉洁工程为目标。铁路客站建设系统的复杂、动态性，体现在投资人、建设、设计、施工、咨询、监理、监管、运维等不同主体，构成了复杂的组织系统和技术、方法、机械、材料、环境、管理措施等构成了庞大的生产要素系统两个方面。在项目立项，到项目实施、竣工交付、运营维护的全过程各阶段，组织管理、生产要素是动态变化的（图2-6）。

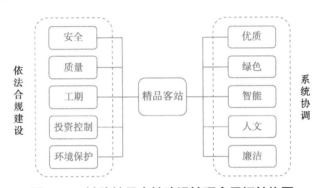

**图2-6 铁路精品客站建设管理多目标结构图**

系统管理方法是指运用系统科学的思想建立和管理系统的一种现代管理方法。系统管理方法要求遵循以下原则：（1）按系统整体性的特点建立和管理系统，并以追求整体优化为目标；（2）依据系统目的性的特点明确系统所要实现的目的；（3）按系统内部的层次性和关联性的特点建立和管理系统，使层次关系理顺，工作范围明确，系统整体协调发展；（4）根据系统结构性的特点，把握系统结构的变化规律，适时调整，以求平衡发展；（5）根据系统的相关性特点，使管理系统适应和改造环境，增强功能。系统管理方法的基本手段是系统分析，其要素是目标、方案、指标和模型。主要步骤：抓住关键目标，建立各种方案，建立分析模型，决策，即选出可行性方案。系统分析的具体方法多种多样，如综合分析法、时间价值分析法、成本效益分析法等，视系统的性质和不同的角度确定。

铁路客站建设多目标系统管理方法是指根据其具有的系统特征，从系统整体出发，着眼于整体与部分、整体与结构、整体与层次、整体与环境的相互联系和相互作用，以求得管理的整体优化，实现管理目标。系统管理与一般管理在时间维度和空间维度上均有不同。从时间维度上看，一般的管理主要对管理对象的目前状况进行控制，使之与预期目标一致，而系统管理则不仅注重当前管理，而且还注重对管理对象过去行为特征的分析和为发展趋势的预测，它在时间维度上坚持系统的整体观和联系观，强调任何一个系统都是过去、现在和未来的统一，把系统看成是时间的函数。从空间维度上看，一般的管理往往只关注某个具体特定的管理对象，而系统管理从整体、联系和开放的观点出发，关注具体对象控制的同时，还考虑该对象与其他事物的关联性以及对象与环境的相互作用。

**2. 基于霍尔三维结构工程分析的铁路精品客站系统管理构架**

1969年，美国系统工程专家霍尔（A·D·Hall）等人在大量工程实践的基础上，提出了一种系统工程方法论，即霍尔三维结构又称霍尔的系统工程。霍尔三维结构集中体现了系统工程方法的系统化、综合化、最优化、程序化和标准化等特点，其内容反映在可以直观展示系统工程各项工作内容的三维结构图中。霍尔的三维结构模式的出现，为解决大型复杂系统的规划、组织、管理问题提供了一种统一的思想方法，因而在世界各国得到了广泛应用。

霍尔三维结构是将系统工程整个活动过程分为前后紧密衔接的七个阶段和七个步骤，同时还考虑了为完成这些阶段和步骤所需要的各种专业知识和技能。这样，就形成了由时间维、逻辑维和知识维所组成的三维空间结构。其中，时间维表示系统工程活动从开始到结束按时间顺序排列的全过程，分为规划、拟定方案、研制、生产、安装、运行、更新七个时间阶段。逻辑维是指时间维的每一个阶段内所要进行的工作内容和应该遵循的思维程序，包括明确问题、确定目标、系统综合、系统分析、优化、决策、实施七个逻辑步骤。知识维列举需要运用包括工程、医学、建筑、商业、法律、管理、社会科学、艺术、等各种知识和技能。三维结构体系形象地描述了系统工程研究的框架，对其中任一阶段和每一个步骤，又可进一步展开，形成了分层次的树状体系。

采用霍尔的系统工程方法论，紧密结合铁路客站建设管理特征，建立铁路客站管理时间维、逻辑维、知识维三维结构模型，如图2-7所示。

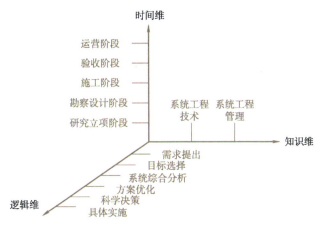

图 2-7　铁路客站管理时间维、逻辑维、知识维三维结构模型

进一步解析铁路客站建设管理三位结构模型，时间维是根据铁路客站项目全寿命周期，将铁路客站建设管理按照时间顺序划分为研究立项阶段、勘测设计阶段、施工阶段、竣工验收、运营维护等五个阶段。逻辑维是从铁路客站建设过程和目的出发，分为提出需求、选择目标、系统综合及分析、方案优化、科学决策、具体实施等六个步骤；知识维是完成各步骤、各阶段任务所需要的系统工程技术、系统工程管理两大方面知识，系统工程技术包括铁路客站学科专业知识和工程技术技能。可以看出，三维结构模型集中体现了系统工程方法的系统化、综合化、最优化、程序化和标准化等特点。"三维模型"可以提醒管理者在哪个阶段做哪一步工作，同时明确各项具体工作在全局中的地位和作用，从而使得工作得到合理安排。

根据"三维模型"和系统管理方法，建立铁路客站多目标系统管理架构，对系统管理构架体系和子系统进行分析（图 2-8）。

（1）明确系统管理所要实现的目标。铁路客站建设各干系人围绕优质、绿色、智能、人文、廉洁五大工程目标，依法合规建设，确保质量、安全、工期、投资控制、环境保护、外部协调全面受控。

（2）从精品客站建设需要全员参与、参建单位各负其责的系统特征出发，建立精品文化、实施方案和管理体系子系统，理顺层次关系，明确工作范围，促进系统整体协调发展。

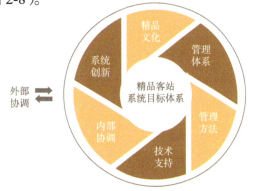

图 2-8　铁路精品客站系统目标体系构成图

（3）把握贯穿工程建设全过程的工程技术和工程管理两大影响系统变化规律的关键环节，建立技术支持、管理方法子系统。

（4）根据系统的相关性特点，建立系统内外部协调子系统，使系统目标功能协调、能力匹配、与环境相协调。

（5）鉴于铁路客站建设项目的一次性、复杂性、先进性等特征，建立协同创新机制，通过应用新知识、新技术、新工艺，采用新的生产方式和管理模式，以保障技术支持和管理体系的有效运转。

**3. 精品文化子系统**

精品文化承载的是建设者的价值观，共同的价值观具有强大的凝聚力、导向力、约束力，是建设精品客站的基础。铁路客站建设文化就是深入学习领会铁路客站建设新理念内涵和实践意义，牢固树立精品观念，营造精益求精、不留遗憾、不留空白、凝心聚力、荣辱与共的建设氛围。明确精品目标、抓住关键环节，采取培训教育、团队建设、打造品牌，使得"精心、精细、精致、精品"项目文化深入人心，提高参建者落实新理念，建设精品客站的主动性、积极性和能力水平（图2-9）。

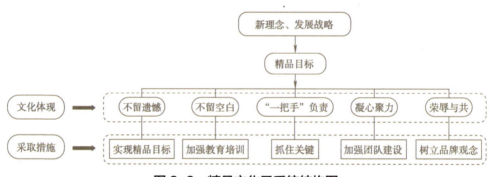

**图 2-9　精品文化子系统结构图**

（1）实现精品目标，不留遗憾

精品客站是体现建设新理念，全面实现优质、绿色、智能、人文、廉洁工程建设预期目标的工程。在建设精品客站的全过程、全体参建单位要瞄准确立的系统目标，聚精会神、全力以赴，"不留遗憾"。

（2）加强教育培训，不留空白

质量是精品客站的核心和基础，决定于员工的技能水平及质量意识。铁路客站建设涉及建设、设计、咨询、施工、监理等参建单位的多专业各类员工。教育培训须从员工素质入手，将"精品"意识深植于工作流程中。树立"不留空白"的精品文化，形成"精心、精细、精致、精品"的浓厚工作风气。

（3）抓住关键，"一把手"负责

参建单位主要领导在企业文化的形成和导向上起着关键作用。培育铁路精品客站建设项目文化，每个项目经理都肩负着文化引领的责任，必须深入学习新理念，完整、动态、开放地落实客站建设新理念，全面把握建设精品客站的内涵和实践要求，带领每位建设者提高行动自觉和能力。"一把手"负责制，是文化建设的"关键环节"。

（4）加强团队建设，凝心聚力

铁路精品客站建设是一项复杂系统工程，需要多方参与共同打造，将精品文化塑造成所有参建单位的指南。凝聚各方力量，形成贯穿全过程全体参建人员的精品文化。建设单位应发挥核心作用，加强团队建设，明确设计、咨询、施工、监理单位权限职责，建立精品团队组织机构，明确任务分担，建立内部激励约束机制，引导参建单位"凝心聚力"，共建精品，利益共享。

对于难度大、技术新的重大项目，以及具有特殊意义的重大标志性示范性工程建设，应引进外部技术资源，组建包含规划、设计、施工、运维等不同阶段，不同专业的专家组建的专家团队，广泛凝聚智慧，走专家治理之路，全面"凝心聚力"。

（5）树立品牌观念，荣辱与共

品牌形象是企业提高竞争力和知名度，扩大市场的有力手段，也是企业走出国门，参与国际竞争的抓手。建设单位应统筹各参建单位，基于共同的建设目标，树立"荣辱与共"观念，为打造共同的精品品牌共同努力。

**4. 精品客站实施方案与管理体系**

精品客站实施方案包括围绕精品客站建设管理目标的总体规划方案和实施方案。管理体系是按照精品客站总体规划方案和实施方案，组织、指挥、控制工程建设的管理体系，具体体现为管理组织、制度、流程、人员考核等一系列管理措施手段（图2-10）。

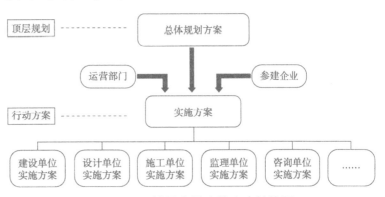

图 2-10　精品客站实施方案结构图

（1）总体规划方案

总体规划方案也是精品客站建设的顶层规划和整体创优规划。根据建设项目的战略定位，由不同层级管理者统一制定。国家战略工程、重大枢纽类精品客站建设，总体规划方案由国铁集团主管部门组织制定，从项目前期开始纳入建设全过程管理。总体规划方案的重点是要对精品、智能、绿色、人文目标进行具体化、定量化，明确国铁集团、铁路局、铁路公司、建设项目管理机构、设计、咨询、施工、监理单位等建设各方的组织管理、任务、分工、职责、责任。

（2）实施方案

实施方案由各参建单位根据总体规划方案制定。实施方案是各参建单位实现建设目标的一组关联或相互作用的实施过程方案的集合，项目建设管理机构、设计单位、施工单位、监理单位是实施方案的主体。实施方案包括任务目标、组织实施、资源保障、技术保障、过程考核、验收评价等一系列实施手段和管理措施。

（3）管理体系

铁路精品客站工程涉及参建单位多、专业多、接口多、协调事项多，为了提高管理效率，需要明确各层级管理职责。国铁集团对重大工程精品建设进行总体规划和顶层设计，负责全过程重大事项协调管理，提供重大技术支持，协调重大问题，定期检查考核指导。项目管理机构（建设单位）牵头建立覆盖全项目的精品工程管理文件，构建完整的精品工程实施管理体系（图2-11）。

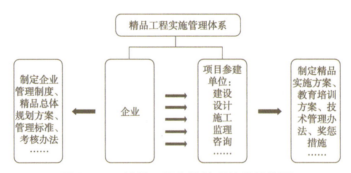

图2-11　精品工程实施管理体系结构图

### 5. 管理方法子系统

通过铁路客站建设管理现状和创新发展的介绍，我们了解到铁路建设实行项目法人制，项目管理机构是项目的建设管理主体。按照管理职责，国铁集团负责立项和初步设计审批、施工图施工组织设计审核审批、投资计划管理、信用评价、红线检查、验收评估。铁路局集团公司负责提前介入管理、开通达标评定、运营准备等管理。

工程实施是实体质量的形成过程,是精品客站建设管理的关键阶段。在铁路客站建设中,标准化管理作为项目基本管理方法得到普遍推广。标准化管理以科学技术和先进经验的综合成果为基础,依据建设规范标准,结合工程建设实际,对管理制度、人员配备、现场管理和工程控制等制定并执行不同项目中可以重复的标准,以保证工程建设质量和安全,实现经济效益、社会效益和环境效益的有机融合。针对铁路精品客站建设专业化、高品质的特点,精细化管理、精益建造等方法也逐渐得到重视,在工程实践中运用并取得显著成效。不同的管理主体围绕铁路精品客站建设的各种管理方法,形成管理方法子系统结构图如图 2-12 所示。

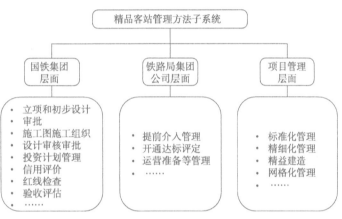

图 2-12　精品客站管理方法子系统结构图

### 6. 技术支持子系统

技术支持是精品客站建设的技术保障,以解决工程建设技术问题、提供先进的技术方法和手段为任务。集成贯穿精品客站建设规划设计、建设施工、竣工验收、开通运营全过程所采取的精品工程管理相关技术和手段,构成精品客站建设技术支持子系统,主要包括技术标准、设计技术方案、新材料新装备新技术新工法、信息化技术手段、智能建造与运维技术、先进检测调试技术等方面(图 2-13)。

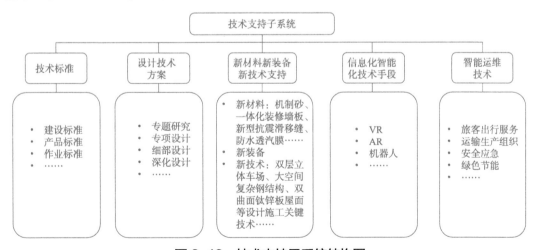

图 2-13　技术支持子系统结构图

（1）技术标准

建设一个现代化的铁路客站，涉及三十多个专业，涵盖建筑、机械、电子、电器等各种产品，用好建设标准、产品标准、作业标准三大技术标准最为重要。铁路客站作为铁路公共交通建筑，建设标准包含建设通用标准、铁路专用标准两大类。通用标准含基础类、勘察设计类、施工类、验收类标准；专用标准含高速铁路、普速铁路、高原高寒铁路标准，以及铁路客站、客运服务设施等专用标准。作业标准包括工法、作业指导书、操作指南、作业要点等，也是精品客站建设的重要基础性技术保障。

（2）设计技术方案

设计技术方案是工程建设的源头，包括项目可行性研究、初步设计技术方案，工程实施阶段优化设计、专项设计、细部设计等与不同阶段、不同专业相对应的技术方案。深化落实客站新理念，须建立开放—包容的可持续性设计，持续开展优化设计。在项目前期，应综合考虑建设目标需求，形成初步设计技术方案。在工程实施阶段，结合项目内外部现实条件，开展畅通融合、绿色温馨、经济艺术、智能便捷专题研究，形成需要优化的技术方案线索，开展优化设计。根据系统优化与专业设计相结合的原则，开展"一站一景"、"建构一体"、交通流线、室内环境、节能环保、文化艺术表达、装饰装修等专项设计。梳理客站大众化、差异化、个性化、特殊服务等需求，针对不同区域、重点部位、重要节点，开展细部细节设计。统筹安全性、经济性及综合效果开展深化设计，落实精致施工技术方案。

（3）新材料新装备新技术支持

高质量发展的要求增强了管理者对绿色理念、人文关怀的高度重视，推动了工程建造新材料新装备新技术的加速发展，绿色材料、绿色技术、信息化智能化技术成为建造绿色、人文、智能客站的可靠支持。机制砂、一体化装修墙板、新型抗震滑移缝、防水透气膜、ETFE（乙烯—聚四氟乙烯共聚物）膜材料、地砖、陶板等绿色建筑材料应用，为建设绿色人文客站提供了基础。清水混凝土、大跨度拉索幕墙、无横梁明框玻璃幕墙、大型铁路站房钢结构V形结构柱等关键建造技术，为"重结构、轻装修""建构一体"设计理念提供了可靠支撑。大埋深暗挖地下车站、双层立体车场铁路站房工程、大空间复杂钢结构、双曲面钛锌板屋面站房等设计施工关键技术为现代铁路客站建设的站型站房布局变化提供了可能。复杂混凝土结构施工技术创新、环境保护与资源节约、复杂站型及特殊结构绿色建造等为建设绿色工程提供了保障。

### （4）信息化、智能化技术手段

新一轮科技革命和产业变革快速发展，大数据、云计算、物联网、智能化等新一代信息技术在铁路建设中得到越来越广泛应用。综合物探技术用于深埋隧道车站地质勘探，BIM技术应用与规划设计、建设施工和运营维护，信息化管理系统涵盖工期、质量、安全、环保、物资管理。VR、AR、机器人等智能化装备在大型铁路客站枢纽施工中应用，形成安全风险防控和精细化施工的有力支撑。

### （5）铁路客站智能运营维护技术

铁路客站智能运营维护技术是以满足新时代人民群众日益增长的快速、舒适、便捷的出行服务需求为导向，在现代铁路管理、服务理念和云计算、物联网、大数据、人工智能、机器人等新信息技术基础上，以旅客便捷出行、车站温馨服务、生产高效组织、安全有力保障、绿色节能环保为目标，实现铁路客运车站智能出行服务、智能生产组织、智能安全应急、智能绿色节能有机统一的新型生产服务系统。铁路客站智能技术是智能铁路的重要组成部分，在京张高铁、京雄城际沿线车站，在雄安站、北京朝阳站等大型枢纽客站中已经应用实践。

**7. 系统协调子系统**

系统协调是实现系统目标的重要保障。系统协调既是管理的手段也是系统目标要求。通过系统协调手段，对全部活动与人力资源加以管理，以达到步调一致，实现系统目标。按照协调事项范围和涉及的主要相关方面，系统协调包括系统内部协调和外部协调两个方面。内部协调的目标是通过管理，实现系统协调一致、能力匹配协调一致。外部协调重点是实现系统与外部环境协调一致（图2-14）。

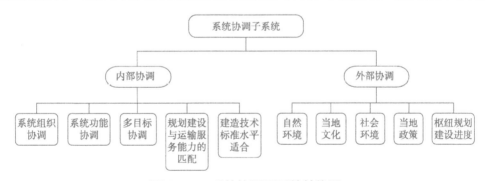

**图2-14 系统协调子系统结构图**

### （1）系统协调一致

系统协调一致包括系统功能协调、多目标协调、系统组织协调一致三个方面。系统功能协调一致以专业功能协调一致和接口协调一致为重点；多目标协调一致贯穿工程项目立项决策、工程设计、工程施工、运营维护全过程，以各阶段之间的相互影响关系为根据，针对多目标对各阶段工作进行协调控制；系统组织协调一致横向覆盖项目所有参与主体单位，纵向贯穿项目建设全过程的综合性活动，既要明确并落实各参与主体的职责责任，也要做好各参与主体间的协调工作。

（2）能力匹配协调

能力匹配协调包括铁路客站规划建设与运输服务能力的匹配、建造技术标准水平适合等。运输服务能力取决于站场规模、站房面积、铁路旅客服务设施、城市交通和市政配套规模等多个方面，客站规划设计规模、布局、旅客服务设施配置、交通接驳和换乘能力必须与高峰时客流匹配。铁路客站建造技术标准水平应统筹安全与发展，服从安全发展要求，提高全寿命周期的综合经济效益，既要及时将科技发展的最新成果用于工程实践，也不能盲目追求高、大、新，不计成本和效益。铁路客站系统协调一致应遵循"畅通融合、绿色温馨、经济艺术、智能便捷"理念，坚持建设为运输服务的要求。

（3）与外部环境协调

铁路客站建设与外部环境协调主要体现在与自然环境、当地文化、社会环境、当地政策、枢纽规划建设进度相协调等方面。铁路客站规划设计应做到与自然景物、城市景观、当地文化相互协调、交相辉映。规划选址要与产业布局规划、生活区域布局规划、水利公路规划等当地发展规划一体协调。站区规划设计与城市发展相融合。铁路客站建造选用的结构、材料要在科学识别所在地服役环境的前提下，采取针对性工程技术措施。要研判自然灾害风、雨、雪、地震、极寒等强度，以合理选址和标高定位为基础，以结构强度、先进材料为支撑予以应对和防范。工程建设施工要最大限度减少对周围环境的破坏，尊重自然，保护自然。要尊重当地传统习惯，保护居民交通条件、安静生活不受工程施工打扰，处理好属地用工管理。工程建设过程中立项、土地、规划、消防、环评、报建、征地拆迁、环保水保、市政配套设施建设等环节的工作，要遵循当地政策规定。

铁路客站与外部环境的协调还包括枢纽规划建设和市政配套设施的规划建设进度与铁路客站规划建设相协调，确保开通运营之时为旅客出行提供安全、便捷、温馨、舒适的条件。为了加强重大项目规划建设的整体协调推进，一般由铁路和地方政府共同成立路地联合协调领导小组（联合指挥部），负责系统外部协调管理。

8. 协同创新子系统

协同创新是实现系统目标的驱动力，贯穿铁路客站建设始终。影响系统变化规律的工程技术、工程管理两大环节创新是推动系统高效运转的关键。通过技术创新破解关键技术难题，支持系统目标实现；通过管理创新，提高管理质量和效率。

协同创新的本质是突破，即突破旧的思维定势，旧的常规戒律。协同创新的核心是"新"，它或者是设计观念的变革，设计方法、手段、造型、内容、表现形式的创造；或者是建造流程的再造、建造方式、管理方法的改进；或者是功能的完善、旅客体验感的不同、运维模式的更新升级。

系统内部外部相关方的高效协作，是决定系统创新成效的关键。通过系统协同创新，推动铁路客站建设项目管理的新发展，规划设计的新突破，施工建造技术新实践，运营维护方式的新转变。

## 2.3　京津冀地区精品客站建设管理实践

京津冀地区雄安站、北京丰台站、北京朝阳站、清河站、八达岭长城站、太子城站等客站建设以"畅通融合、绿色温馨、经济艺术、智能便捷"客站建设新理念为引领。以优质工程、绿色工程、智能工程、人文工程、廉洁工程为目标，采用多目标系统管理方法，以标准化管理为基础，推行精细化管理、精准建造管理，落实"精心、精细、精致、精品"工作要求，以科技创新为支撑，全方面、全要素、全过程分工协作，合力共为。

### 2.3.1　建设背景与重点客站建设基本概况

**1. 建设背景**

党的十八大以来，党中央高瞻远瞩、深谋远虑，着眼党和国家发展全局，深入推进京津冀协同发展战略，以高超的政治智慧、宏阔的战略格局、强烈的使命担当，为京津冀协同发展战略谋划把脉导向；为雄安新区建设筹划部署，提出以疏解北京非首都功能为"牛鼻子"推动京津冀协同发展，高起点规划、高标准建设雄安新区。2015年《京津冀协同发展规划纲要》指出，将建设绿色生态宜居新城区作为雄安新区的首要定位，用"世界眼光、国际标准、中国特色、高点定位"的理念努力打造贯彻新发展理念的创新发展示范区。

为服务对接国家发展战略，满足人民日益增长的美好生活需要，践行"交通强国，铁路先行"目标使命，推动新时代铁路建设高质量发展，打造京津冀交通一体化，京津冀地区的铁路建设十分迫切，对于完善"八纵八横"铁路路网具有重要意义。京张高铁是2022年北京冬奥会的重要交通保障设施，京雄城际铁路对于促进京津冀协同发展和支撑建设雄安国家级新区具有重要意义。京沈高铁是"八纵八横"路网主骨架京哈客运专线的重要组成部分。雄安站、北京丰台站、北京朝阳站、清河站、八达岭长城站、太子城站等客站，是京津冀地区路网性交通枢纽客站和服务2022年北京冬季奥运会的重要客站，必须呼应铁路行业率先实现现代化的战略要求，瞄准铁路客站建设先进文化、先进技术和先进管理，成为铁路建设"十三五"规划的完美收官之作和铁路客站建设发展的示范之作。

**2. 重点客站建设基本情况**

（1）雄安站

雄安站位于雄县城区东北部昝岗片区，距雄安新区起步区20 km，是京津冀地区的路网性客运枢纽客站，京港台高铁、京雄城际铁路、津雄城际铁路等在此交会，对于服务京津冀协同发展、支撑雄安新区千年大计建设、疏解北京非首都功能具有重要意义。

站场总规模为11台19线，其中京雄、京港台车场规模为7台12线，津雄车场规模为4台7线。两条轨道快线（R1线、R1线机场支线）平行于铁路方向布设于车站东侧，与铁路站台同层。一条轨道普线（M1线）垂直于铁路方向，地下敷设。站房设计最高聚集人数为5 000人，总建筑面积为47.52万 $m^2$，其中铁路站房为15万 $m^2$，市政配套工程为17.66万 $m^2$，轨道交通规模为6.05万 $m^2$，地下开发空间为8.81万 $m^2$；站房南北长606 m，东西长355.5 m，屋顶高度47.2 m。主体共5层，其中地上3层，地下2层。站台雨棚建筑面积为11万 $m^2$。

雄安站的特点，一是国内首座采用双层立体大空间候车、站城融合一体的综合交通枢纽客站，采用了站房与周边城市、交通、综合开发等一体化的规划设计方法。二是践行绿色低碳交通设计理念，集城市轨道、公共汽车、出租车、网约车等多种交通方式于一体，淡化不同交通方式的运营边界，最大限度地减少换乘距离，打造一站式的出行体验。三是进出站流线采用多进多出的格局，旅客可自由选择桥下候车、高架候车等不同候车模式。四是承轨层首次结合运用无砟轨道与大型客站"建桥合一"结构体系，同时又位于8.5度抗震设防的高烈度区，进行了多项设计创新实践。五是首创采用三维曲面清水混凝土梁柱造型，以建构一体的设计理念，按照结构合理受力曲线，拟合梁柱曲线弧度及侧向收分尺度，全角度展现结构的力量之美，使桥下候车厅更具整体性、韵律性和艺术美。六是按照绿色建筑三星标准设计，京雄场与津雄场间设置 15 m 宽光廊，让阳光透过承轨层的天窗，穿越 16 m 的高度，直接投射在桥下候车厅内，为旅客营造了丰富多彩、明亮通透、温馨怡人的室内候车环境，同时也节约了能源；屋面铺设 4.2 万 $m^2$ 太阳能光伏板，在屋面采用 4.2 万 $m^2$ 光伏组件，每年可为雄安枢纽提供 580 万 kW·h 绿色供电。

雄安站的难点，一是工程体量大，钢筋混凝土工程共计 104 万 $m^3$，钢结构工程共计 12.4 万 t，涉及专业接口众多，除站房内部接口外，还涉及与桥梁、轨道、四电工程、市政配套等周边环境的接口，组织协调难度大。二是与地铁、市政广场、市政道路、市政综合管廊等周边工程交叉施工关系复杂，互相制约影响。三是首次采用桥上、桥下候车站型，减震降噪技术更复杂，桥下大面积的候车空间营造温馨舒适的环境需做整体系统研究。四是首层候车厅、城市通廊等高大空间的"开花"造型清水混凝土梁柱展开面积约 5 万 $m^2$、混凝土用量约 4 万 $m^3$，构件截面尺寸最大达 2.7 m，造型线条复杂，技术含量高，施工难度大。

2018 年 2 月 9 日，国家发展和改革委员会批准项目可行性研究报告，因施工工期有限；2018 年 10 月 28 日，在依法合规的前提下，中国铁路总公司、河北省人民政府先行批复站房主体结构初步设计；2018 年 10 月 31 日，中国铁路总公司批复了施工图设计审查意见；2018 年 12 月 1 日，雄安站开工建设；2019 年 8 月 9 日、8 月 30 日，国铁集团先后批复了站房剩余工程初步设计、施工图设计审查；2020 年 12 月 27 日雄安站开通运营，是雄安新区首个投入运营的重大基础设施项目。

该项目由国铁集团和河北省成立雄安站综合交通枢纽领导小组共同推进，由雄安高速铁路有限公司具体组织实施，由中国铁路设计集团有限公司、中国建筑设计研究院有限公司、北京市市政工程设计研究总院有限公司、阿海普建筑设计咨询（北京）有限公司联合体承担设计任务，由中铁十二局集团有限公司、中铁建工集团有限公司、中建三局集团有限公司、中铁电气化局集团有限公司承担施工任务，由中咨工程建设监理有限公司承担监理任务。

（2）北京丰台站

北京丰台站位于北京市丰台区丰管路以南、丰台东大街以东、丰台东路以北，是北京七大枢纽客站之一和京沪、京广、京九、京原、丰沙等铁路干线的交汇中心，是疏解北京西站客运压力的必要条件，也是铁路建设十三五规划北京地区的收官之作和实施国家中长期铁路网规划的重要一环。

站场总规模为 17 台 32 线，采用双层车场布置，其中地面普速车场规模为 11 台 20 线、高架高速车场规模为 6 台 12 线。已经开通运营的地铁 10 号线二期工程和正在建设的地铁 16 号线均在车站地下一层设站，与国铁换乘。站房设计最高聚集人数为 14 000 人，总建筑面积为 39.9 万 $m^2$，其中地下建筑面积 15.7 万 $m^2$，地上建筑面积 24.2 万 $m^2$；东西长 573 m，南北长 320 m，檐口最高点 36.5 m，雨棚面积 11.54 万 $m^2$；主体共 4 层，其中地上 3 层，地下 1 层。

北京丰台站的特点，一是国内首个采用高速、普速双层车场重叠布置形式、建桥合一的综合交通枢纽客站，不仅满足铁路旅客、枢纽旅客多样化需求，还融合周边城市功能，在寸土寸金的城市核心区，大幅提高了土地利用率。二是双层车场重叠布置，催生出了新的候车空间和功能流线，普速车场位于地面层，采用上进下出的流线方式，高架车场位于 23 m 标高层，采用下进下出的流线方式，同时地下设置快速进站厅，满足两层车场的旅客快速进站需求；在有限的用地条件下，形成了立体的行包物流运输体系，满足车站行包、配餐、快件的运输需要。三是综合利用站台空间，将其设置为中空站台，将各专业作业通道高效整合成综合管廊，解决了管线布置及上水、卸污、维修操作人员的安全问题。四是整体风格现代简约，大方稳重，体现了中国风和北京文化。

北京丰台站的难点，一是工程体量巨大，钢筋混凝土工程共计 80 万 $m^3$，钢结构工程共计 19 万 t。二是受北侧京沪、京广既有线和南侧新建地铁 16 号线影响，分为三期建设，一期工程北区、一期工程南区、二期工程分别于 2018 年 10 月、2020 年 7 月、2020 年 9 月开始施工；受既有京广、京沪线的影响，对既有营业线需进行三步过渡拨接施工。三是处于北京市区，施工场地狭小，受限于外部交通，交通、物料组织困难，开工之初受既有线影响仅能从南侧进入，后期在既有线倒改后形成北侧道路，也仅能西向通行；征地拆迁和外部协调难度大，市政配套工程同步建设协调推进难。四是首次采用双层车场重叠布置，减震降噪技术、节能技术、消防设计等更复杂。五是大截面钢构件与混凝土结构施工互相穿插，钢管混凝土柱最大截面为 4.55 m×2 m，劲性钢骨梁最大截面为 7 m×9 m，给施工组织及技术组织带来了重大挑战。

2010 年 4 月 2 日，铁道部批复项目建议书；2016 年 6 月 19 日、2017 年 12 月 20 日，中国铁路总公司、北京市人民政府先后批复项目可行性研究报告、初步设计；2017 年 9 月 19 日，中国铁路总公司批复项目施工图设计审查；2018 年 8 月，丰台站开工建设，目前主体结构工程已完成，正在进行装修及机电安装工程施工，计划 2021 年 12 月开通。

该项目由国铁集团与北京市成立路市联合建设指挥部共同推进，由中国铁路北京局集团有限公司丰台站工程项目管理部具体组织实施，由中国铁路设计集团有限公司承担设计任务，由中铁建工集团有限公司、北京经纬信息技术公司承担施工任务，由北京赛瑞斯国际工程咨询有限公司承担监理任务。

（3）北京朝阳站

北京朝阳站位于北京市朝阳区姚家园北街以南、姚家园路以北、驼房营路以东、蒋台洼西路以西之间的地块内，是北京七大枢纽客站之一，是我国"八纵八横"高铁网规划主骨架之京哈客运专线的重要组成部分和重点项目京沈高铁的始发终到站。

站场总规模为7台15线，其中普速场规模为3台5线，高速场规模为5台10线，第3站台为高速、普速车场共用站台。正在建设的地铁M3号线和远期规划的地铁R4号线在站前西广场地下设站。站房设计最高聚集人数为5 000人，总建筑面积为18.26万 $m^2$，其中地上建筑面积11.45万 $m^2$，地下建筑面积6.81万 $m^2$；南北长266 m，东西宽273 m，檐口最高点37.2 m；主体共3层，其中地上2层，地下1层。站台雨棚建筑面积为6.18万 $m^2$。

北京朝阳站的特点，一是国内首座雨棚全覆盖上盖综合开发的综合交通枢纽客站，全覆盖雨棚屋面用作停车场，提供555个停车位，实现了土地的集约利用，在寸土寸金的北京朝阳区，社会经济效益巨大，同时又起到声屏障作用，减少车场噪声对场地周边环境的影响。二是创新室内照明系统，将传统的高大空间吊顶布灯方式调整为吊灯、灯柱和壁灯等多种形式相结合，多高度设置的组合照明方案，提高了照明效率、便于灯具运营维护，初步测算可减少20%用电能耗。三是国内首创无肋板折线玻璃幕墙系统，两块玻璃成90°折角相对，玻璃范围内无任何肋板及金属龙骨支撑，明亮通透、品质极高，同时，单块玻璃尺寸达6 m×1.07 m，质量达750 kg，折线玻璃之间呈直角排列，形成棱镜效果，整体造型美观大气，也是全国站房单体面积最大的玻璃幕墙。

北京朝阳站的难点，一是东侧临近既有线，西侧紧邻拟建市政广场，北侧为园林及成熟办公建筑，南侧为街区主干道，场地狭窄，交通组织、物料组织难度大。二是因临近既有营业线，工程整体分两阶段施工，分为两期转场实施，基坑边线距离既有线最近位置只有10 m，既有线安全防护风险大。三是施工技术难点多，站台雨棚梁柱清水混凝土结构，展开面积达25万 $m^2$，柱子截面尺寸最大达2.4 m×1.8 m，梁柱节点形状复杂；屋盖桁架构件结构不成体系单元，拼装杆件类型繁多，管口对接相贯口居多。

2009年10月、2013年12月，国家发展和改革委员会先后批复项目建议书和可行性研究报告；2018年4月，中国铁路总公司、北京市人民政府批复项目初步设计；2018年5月，中国铁路总公司批复施工图设计审查；2018年9月24日，北京朝阳站开工建设；2021年1月22日，开通运营。

该项目由中国铁路北京局集团有限公司地下直径线工程项目管理部组织实施，由中国铁路设计集团有限公司、阿海普建筑设计咨询（北京）有限公司联合体承担设计任务，由中铁建设集团有限公司、通号通信信息集团有限公司承担施工任务，由北京赛瑞斯国际工程咨询有限公司承担监理任务。

（4）清河站

清河站位于北京市海淀区清河镇，城铁13号线上地站与西二旗站之间，是北京市七大枢纽客站之一，是京津冀地区路网性交通枢纽客站，也是服务2022年北京冬季奥运会的京张高铁的重要客站和起点站。

站场总规模为4台8线。城铁13号线平行于铁路方向布设于西侧，与铁路站台同层，车场规模为1台2线，地铁昌平线南延及19号线支线位于铁路站房及站场正下方，平行于铁路方向地下敷设。站房设计最高聚集人数为6 000人，总建筑面积为14.6万$m^2$，其中铁路站房为7.0万$m^2$，地铁工程规模为6.37万$m^2$，市政配套工程为1.25万$m^2$；南北长175 m，东西长136 m，屋顶高度43.46 m；主体共4层，其中地上2层，地下2层。站台雨棚建筑面积为1.14万$m^2$。

清河站的特点，一是采用"站城融合"的设计方法，从站房选址、规划设计角度使铁路站房与城市、与自然环境全面融合，采取地铁站与高铁站同场的设计方案，在狭窄的空间，合理布置国铁、地铁的各项功能空间和流线，通过"下沉广场+地下通廊"的设计模式，在地下一层实现了国铁与地铁"零换乘"，安检互认及东西两侧居民的自由通行，织补了城市空间，提高了出行效率。二是采用《绿色铁路客站评价标准》进行评价，是国内首个取得美国绿色建筑委员会颁发的LEED金级预认证的铁路客站。三是清河老站房站采用"两次平移"的保护方式，与新建清河站遥相呼应，实现京张高铁中唯——处新老站房同框。

清河站的难点，一是位于城市建成区，西侧紧邻运营中的地铁13号线及京新高速，东侧紧邻住宅及办公区，用地狭长、空间局促，施工场地狭小，交通组织、物料组织极其困难。与地铁13号线、昌平南延、19号支线及出租汽车、公交等市政配套工程接口众多，技术复杂、协调难度大。二是清河文物老站房结构形式为单层砖木结构，年久失修，分阶段整体移位施工难度大。

2010 年 10 月、2015 年 9 月，国家发展和改革委员会先后批复新建北京项目建议书和可行性研究报告；2017 年 3 月，中国铁路总公司、北京市人民政府批复项目初步设计；2017 年 4 月，中国铁路总公司批复施工图设计审查；2017 年 6 月 8 日，清河站开工建设；2019 年 12 月 30 日，开通运营。

该项目由中国铁路北京局集团有限公司站房工程项目管理部组织实施，由中铁工程设计咨询集团有限公司、阿海普建筑设计咨询（北京）有限公司联合体承担设计任务，由中铁建工集团有限公司、北京经纬信息技术公司承担施工任务，由北京铁建工程监理有限公司承担监理任务。

（5）八达岭长城站

八达岭长城站位于八达岭风景区滚天沟停车场内，是京津冀地区路网性交通枢纽客站，也是服务 2022 年北京冬季奥运会的京张高铁上的重要客站。站场规模为 2 台 4 线。站房设计最高聚集人数 2 000 人，总建筑面积 4.9 万 $m^2$，分为地下和地上站房。地上站房面积 0.9 万 $m^2$，主要为候车厅和出站厅；地下站房面积为 4 万 $m^2$，主要为站台层和进出站通道，总长度 470 m，轨面最大埋深 102 m，旅客提升高度 62 m。

八达岭长城站的特点，一是车站采用地下式站型，埋深 102 m，是目前世界埋深最大、旅客提升高度最大的地下铁路车站。采用站隧一体设计方法，设置三层三纵的群洞结构，相互间完全独立，车站内各类洞室共 78 个，断面型式多达 88 种，交叉节点密集，结构复杂，是目前国内最复杂的暗挖洞群车站。二是新的站型催生出新的流线方式，站台层与进出站层、地下车站与地面站房分别通过斜行通道连接，其中旅客进出站通道采用叠层设计，横跨车站站台层主体中部正上方，实现了进、出站客流分离和进、出站口均衡布置；采用上出下进的旅客流线模式。三是车站设置了立体环形的疏散救援廊道，提供了紧急情况下快速无死角救援的条件；施工期间作为施工斜井，提供了全方位多通道的施工作业面，实现了安全快速施工。四是采用一次提升长大电扶梯、斜行电梯等先进设备，有效提高了旅客进出站效率和安全度，体现了对旅客的人文关怀，为残障人士提供了平等的乘车环境。

八达岭长城站的难点，一是车站结构复杂，具有多洞室大密度、多层叠大跨度、多联拱小间距、多岩性超浅埋、多交贯高风险等技术难点。二是西南侧紧邻长城博物馆，东南侧为国家一级保护林区，北侧为景区道路停车场，施工可用临时用地受限，临时加工周转场地十分有限，作业区狭小，平时游客众多，停泊车辆密集，施工受限因素多。三是车站主洞数量多、洞型复杂，施工只有一处斜井单一作业面，空间密闭自然通风性较差，施工通道设置、物流组织困难。四是进出站斜通道 80 m 长大扶梯，是国内客站提升高度最大的扶梯，运输组织、安装技术更复杂。

2010 年 10 月、2015 年 9 月，国家发展和改革委员会先后批复项目建议书和可行性研究报告；2017 年 9 月，中国铁路总公司、北京市人民政府批复站房初步设计；2018 年 6 月，中国铁路总公司批复施工图设计审查；2018 年 12 月 9 日，八达岭长城站开工建设；2019 年 12 月 30 日，开通运营。

该项目由中国铁路北京局集团有限公司站房工程项目管理部组织实施，由中铁工程设计咨询集团有限公司、阿海普建筑设计咨询（北京）有限公司联合体承担设计任务，由中铁五局集团有限公司、北京经纬信息技术公司承担施工任务，由北京中铁诚业工程建设监理有限责任公司承担监理任务。

（6）太子城站

太子城站位于京张高铁崇礼支线，位于张家口市崇礼区太子城村，是京津冀地区路网性交通枢纽客站，是服务 2022 年北京冬季奥运会的重要客站和"开进"奥运主赛场的高铁客站。车场规模 3 台 4 线，设岛式站台 2 座，考虑到奥运期间使用需求，增设 1 座基本站台，作为贵宾进站使用。站房设计远期高峰小时发送量为 800 人，奥运期间高峰小时发送量为 6 000 人，总建筑面积为 1.2 万 $m^2$；站房总长度 222 m，宽度 27 m，高度 16.8 m；主体共 2 层，地上 1 层。站台雨棚建筑面积为 1.4 万 $m^2$。

太子城站的特点，一是采用双曲弧线造型，曲线形式与周围山势相呼应，双曲屋面直接落地，使建筑能够更好地与自然环境相融合，成为自然山水的一部分。二是第一个开进奥运赛场的高铁客站，奥运元素深深地烙印在太子城站中，实现为冬奥会提供运行保障服务使命的同时，也成为中国高铁、中国文化对外宣传的重要窗口，增强了民族自信和文化自信。三是旅客流线赛时赛后可转换，按照"平奥结合、便捷高效、畅通融合"的原则设计，地下一层作为奥运期间普通旅客的进站层，一层与站前广场直接连通作为媒体及注册人员的进站层，一层夹层与基本站台直接连通，作为运动员及贵宾的进站层，赛后地下一层作为出站厅使用，一层作为进展厅使用，一层夹层作为旅客服务区使用，实现了赛时赛后流线的自然转换；地下一层与太子城站交通枢纽直接连通，铁路旅客可通过市政枢纽换乘各种交通方式，实现与奥运赛场之间的快速通达。

太子城站的难点，客站处于严寒地区，施工质量控制难度极大，如厚度达1.1 m的筏板基础大体积混凝土、部分钢结构都在冬季施工；站房屋盖钢结构为月牙形球面结构，框架梁曲线变化多，构件种类繁多复杂，且钢梁均为不同高程铰栓连接；屋面板采用铝镁锰金属屋面与钛锌复合装饰板一体化设计施工等等。

2010年10月、2016年5月，国家发展和改革委员会批复项目建议书和可行性研究报告；2018年3月，中国铁路批复站房初步设计；2018年5月，中国铁路总公司批复施工图设计审查；2018年8月18日，太子城站开工建设；2019年12月30日，开通运营。

该项目由中国铁路北京局集团有限公司站房工程项目管理部组织实施，由中铁工程设计咨询集团有限公司、阿海普建筑设计咨询（北京）有限公司联合体承担设计任务，由中铁六局集团有限公司、北京经纬信息技术公司承担施工任务，由西安铁一院工程咨询监理有限责任公司承担监理任务。

### 2.3.2 精品客站建设管理主要做法

#### 1. 确立精品客站示范工程建设目标

2018年9月7日，国铁集团在北京丰台站召开京津冀地区客站建设推进会，布置了雄安站、北京丰台站、北京朝阳站、清河站、八达岭长城站、太子城站建设总体要求、工作目标、工作任务和工作措施。动员参建单位统一思想，高标定位、精心组织、攻坚克难，凝聚全体参建者的建设智慧，形成建设合力。明确提出了将雄安站、北京丰台站等6座客站建成精品客站，打造成铁路客站创新发展的示范工程，实现新发展、新引领。

#### 2. 规划精品客站建设方案

（1）国铁集团从顶层上统筹规划总体方案

2018年8月，国铁集团京津冀客站办现场调研京津冀地区雄安站、北京丰台站、北京朝阳站、清河站、八达岭长城站、太子城站建设，深入分析了客站特点、难点、关键点，把握工程项目建设特征，同时总结了国内北京南站、上海虹桥、南京站等铁路客站建设和运营经验教训，于2018年9月制订了规模合理、功能完备、标准适宜的《京津冀地区精品智能客站建设工作方案》。工作方案中明确了创建精品工程的指导思想、基本原则、建设目标、创建措施，内容包括总体要求、工作目标、组织机构、重点工作、工作措施等方面，对客站精品、绿色、智能、人文目标进行了具体化和量化，明确了参建各方的任务和责任。

具体目标：雄安站、北京丰台站、北京朝阳站、清河站、八达岭长城站、太子城站6座客站争创国家级优秀设计奖；雄安站、北京丰台站、北京朝阳站、清河站4座客站争创中国建筑工程"鲁班奖"；6座客站获省部级工法10项，建立智能客站的设计、施工、运维等技术体系并具体运用。在站城一体化规划建设、绿色交通，复杂场站设计施工、绿色建筑等方面取得突破和创新应用。在建设精品智能客站方面，形成一批可推广应用的创新成果和建设管理经验。

2019年1月，组织雄安站、北京丰台站等客站参建单位，围绕客站精品、智能、绿色、人文等重点，开展创新创优工作研讨，并征求了国铁集团相关部门的意见，2019年4月，制订了《京津冀地区雄安、丰台等重点客站创新创优目标方案》，明确了京津冀地区雄安、丰台等重点客站创新创优总体目标、创新奖项目标、各站主要创新技术应用及水平、重点客站关键技术课题等内容。从工程设计、建造技术、建设管理等方面提炼出可度量、可实施创新创优目标指标，形成精品客站建设的行为标准。

2020年年初，为扎实推进雄安站、北京丰台站、北京朝阳站精品工程建设，将其打造成具有国际影响力的精品工程和示范工程。围绕抓好客站设计方案优化、重难点技术难题攻关、精品客站创建等工作，制订了《建设雄安站、北京丰台站、北京朝阳站精品示范工程工作要点》。从构建精品客站管控体系、持续开展优化设计、严格精品工程质量过程控制、坚持科技支撑、提升参建者建设精品客站能力等方面提出了有针对性的工作措施，明确了"三个典范""八个创新""五个创优"目标。

"三个典范"：将雄安站打造成国内首座双层立体大空间候车，体现绿色生态、开放创新、智能快捷的站城一体现代化综合交通枢纽客站典范。将北京丰台站打造成国内首座高速普速车场双层立体重叠布置、体现集约高效功能特点的现代化综合交通枢纽客站典范。将北京朝阳站打造成国内首座雨棚全覆盖上盖停车场综合开发功能特点的现代化综合交通枢纽客站典范，实现具有国内外引领示范效果的精品、智能、绿色、人文客站建设目标。

"八个创新"：一是雄安站站城一体化设计施工技术创新，二是雄安站智慧枢纽设计施工技术创新，三是北京丰台站立体车场和立体车站设计施工技术创新，四是北京丰台站站台下空间综合利用设计施工技术创新，五是北京朝阳站全覆盖雨棚屋面停车场系统设计施工技术创新，六是北京朝阳站基于BIM的156智慧建造技术创新，七是客站文化性艺术性表达系统研究及应用创新，八是客站绿色设计施工技术创新。

"五个创优"目标：雄安站、北京丰台站、北京朝阳站、清河站等争创中国建设工程鲁班奖，争创中国土木工程詹天佑奖，争创铁路优质工程一等奖，争创全国优秀工程勘察设计一等奖，争创铁路优秀工程勘察设计一等奖。

（2）各参建单位制订了具体行动方案

京津冀地区雄安、北京丰台、北京朝阳站、京张高铁沿线客站等项目建设管理机构、设计单位、施工单位、监理单位按照国铁集团京津冀地区重点客站总体创优方案，从组织机构、任务目标、责任分工、技术方案、工作机制、资源保障等方面，编制了精品客站具体行动方案，进一步细化创新创优指标和工作措施，压实了参建各方责任。

（3）建立了精品客站管理体系

国铁集团京津冀地区客站建设领导小组及其办公室，负责京津冀地区雄安站、北京丰台站等精品客站创优总体规划和顶层设计，负责客站建设全过程协调管理，提供重大技术支持，协调重大问题，定期检查考核推进。

建设单位肩负起创建精品客站主体责任，北京局集团公司成立以分管副总经理为组长，建设部主任、各建设指挥部指挥长为副组长的创建精品工程领导小组，负责创建工作的组织和领导。北京局各建设指挥部成立以指挥长为组长，副指挥、设计、施工、监理单位主要负责人为副组长的创建精品客站领导小组。雄安高铁公司成立以总经理为组长，副总经理、设计、施工、监理单位主要负责人为副组长的创建精品客站领导小组，具体负责精品客站方案的推进实施。

设计、施工、监理等参建单位也相应成立以集团公司主要领导为组长的创建精品客站领导小组，调集集团公司优势资源，组建专家团队，具体负责精品客站方案的落实落地。

北京丰台站、北京朝阳站等客站同时组建了精品工程现场推进专项工作小组。①专项设计组：落实客站建设新理念，持续进行设计优化、深化及细化；②原材料质量控制组：组织对各项材料样品的确认及封样，落实重点管控物资驻场检验，做好材料的进场检验检测，督促做好材料的保管与存放，半成品保护工作；③样板推进组：组织进行样板策划并向国铁集团和北京局集团汇报，按计划组织样板实施，明确样板施工的各项验收标准，实施过程中根据现场情况及时汇总反馈专项设计组，进一步完善设计方案；④过程抽验达标组：落实首件验收制度，制定工程质量管控重点及样板标准，根据样板标准及精品工程实施方案进行现场工程质量的检查；⑤工艺创精品奖惩评定组：根据精品工程检查评定方案，检查现场工程施工成果质量，对施工工艺优化、施工方案实施及现场成品完工质量等进行综合评定，根据精品工程奖惩办法，对相关单位及责任人及时奖罚并做好总结。

**3. 培育精品客站文化**

（1）引导参建者树立建设精品客站的理念

组织各参建单位认真学习习近平总书记系列讲话精神，贯彻新发展理念和国家发展战略，学习党中央关于建设雄安新区的工作要求，深刻理解推进京津冀交通一体化发展、建设京津冀地区客站的重大意义和历史责任，深入贯彻国家"创新、协调、绿色、开放、共享"的发展理念，有效落实国铁集团党组"畅通融合、绿色温馨、经济艺术、智能便捷"客站建设新理念和铁路高质量发展的要求，提高参建者思想认识和政治站位，统一思想，全面把握建设精品客站要求，将"精心、精细、精致、精品"项目文化植入每个参建者人中。

（2）开展国外客站技术交流

2019年6—7月间，国铁集团相关部门、中国铁路设计集团公司有关人员共同组团，赴德国、法国、西班牙开展客站技术交流，深入柏林中央站、巴黎东站、毕尔巴鄂等11座客站实地调研，认真总结研讨，形成近4万余字的《德国、法国、西班牙铁路车站技术交流报告》，为京津冀地区重点客站建设提供借鉴，并对相关参建建设、设计、施工、监理单位进行宣贯，指导一些好的做法应用到京津冀地区客站建设中。

（3）加强精品客站交流培训

国铁集团相关部门与雄安站、北京丰台站等客站相关参建单位主要管理者共同赴重庆西站、哈尔滨站，杭黄、郑万铁路等客站及大兴机场进行调研，学习好的客站建设管理做法和设计、施工优秀做法。国铁集团组织对参建单位管理、技术人员进行铁路客站建设管理、铁路旅客车站细部设计与质量控制、文化艺术设计等方面的专题培训，提高了参建单位管理者建设精品客站的能力和技术人员的专业技能。建设单位组织对农民工开展了多种形式的职业培训，创新农民工技能培训形式和渠道，建立了农民工技能激励、培训专项经费及职业技能考核等机制。

（4）建立精品工程激励约束机制

国铁集团层面，成立了由相关部门组织的精品工程检查考评组，制订了精品、绿色、人文、智能、安全、廉洁等多指标的精品客站考核评价办法，对雄安站、北京丰台站、北京朝阳站等客站参建单位开展精品工程考核评价。每月进行现场检查，形成问题库和下一步工作指导意见，督促参建单位整改。每季进行评比，考评结果与参建企业信用评价挂钩，形成了比学赶超的氛围，激发了参建单位建设精品工程的动力和活力。

建设单位层面，将参建施工、设计、监理单位行为与建设项目信用评价挂钩，建设项目信用评价结果作为支付激励约束考核费用的依据，评价结果与激励约束考核费用挂钩。将施工企业信用评价和激励约束考核费用的有关事宜纳入工程合同，并建立信用评价档案。制订了《装修、客服信息、机电安装工程施工考核办法》，雄安站、北京朝阳站、京张高铁沿线客站建设指挥部制订了《清水混凝土施工质量奖惩办法》。

**4. 技术支持**

（1）国铁集团层面

①统筹关键技术课题研究

结合京津冀地区铁路客站特点，在全面梳理京津冀地区重点客站创新及科研项目的基础上，国铁集团立项了科研课题《京津冀地区重点客站关键技术研究》，国铁集团京津冀客站办指导课题主要研究单位——中国铁路设计集团公司、铁科院集团公司等，开展了"基于BIM的京津冀地区重点客站智能化技术研究""京津冀地区重点客站绿色建造技术研究""客运车站管控与服务平台关键技术研究及应用""大型铁路站场地下管廊系统研究及应用""双层式车场振动噪声控制技术研究""大型铁路客站雨棚屋面停车系统方案研究""多种交通方式的旅程规划研究""双曲面钛锌屋面、幕墙一体化设计施工研究""铁路客运站视频智能分析技术深化研究""新时代标志性精品客站文化主题研究"10个子课题研究，在规划、设计、建造、运营管理等各个方面提出新的设计理念和新技术措施，对清水混凝土施工技术、装配式站台施工技术、减震降噪关键技术、全生命周期BIM技术应用等重点推进，将研究成果应用于雄安、北京丰台、北京朝阳、八达岭长城等客站，解决了京津冀地区客站的各种技术、管理、施工难题，为落实铁路客站新理念、建设精品示范客站提供了可靠技术支撑。

②持续开展优化设计

首先，建立工程实施阶段优化设计系统工作方法。围绕客站建设新理念，持续开展了雄安站、北京丰台站、北京朝阳站及京张高铁清河站、八达岭长城站、太子城站等客站优化设计，细致梳理了站房优化设计、专项设计、重点部位装饰装修细部设计，建立了系统工作方法，从源头上确保设计质量。

开展了畅通融合、绿色温馨、经济艺术、智能便捷4个专题研究。畅通融合方面，突出统一规划、合理布局、高效畅通、站城融合，进一步完善物流、信息流畅通等内容，实现站内外及站与城之间的人流、车流、物流、信息流的畅通高效，促进车站与城市的融合发展。

绿色温馨方面，突出绿色设计、绿色建造、绿色运维、旅客美好体验结合铁路高质量发展，着力节支降耗、改革创新要求，开展客站绿色设计针对性补强。在结构减震降噪、声学环境、光学环境方面，应用最新研究技术成果。

经济艺术方面，突出建筑功能、艺术、技术、经济的有机结合，实现经济与艺术的高度融合，结合文化性艺术性系统表达研究，开展装饰装修优化专项设计、室内配饰等专项设计。

智能便捷方面，突出以信息化、智能化技术提高客站服务品质、运营效率和效益。部署应用智能客站旅客服务与生产管控平台，持续完善旅客服务、客运管理及指挥、客运设备管理、客运应急指挥等应用功能，优化结构健康监测、减震降噪、环境监测等相关内容。

开展了站房色彩、形体、空间、环境、艺术、文化等6个专项规划设计。色彩规划方面，遵循客站文化定位及建筑设计风格，实现文化意象的表达，并充分结合区域地缘特色、尊重历史传承。以丰富旅客乘车的美好体验为原则，充分表达新时代铁路客站的价值观和审美情趣，重点突出各个车站的个性化特点，满足空间功能与旅客心理需求，实现功能信息的有效视觉传达，提高车站的可识别性。从车站建筑装修、装饰、装潢等多层级内容着手，明确不同区域、不同空间的色彩搭配和运用原则，划分色彩主次关系，主体色调不宜超过2种。将色系、明度、饱和度的选用同建筑空间尺度、区域使用功能、使用人群特征、车行人行流线相适应，与标识导向系统做好统筹设计，避免色彩的互相冲突，影响旅客辨识。

形体规划方面，将客站与市政配套、物业开发，站区一站一景与市政广场、城市景观、自然环境等方面进行融合、协调，有效增强乘客、客站、城市与自然的亲密度。将客站建筑设计结合功能性、经济性、地域性、文化性、艺术性，形成不同的建筑形体序列。根据建筑空间形式特征，通过梁、板、柱等构件组合，体现空间形体美感，注重客站构筑物形式与功能、技术与艺术的完美契合，重结构、轻装修、简装饰，展示形体美，结构美，结合建筑的平面布局、地域文化、意识形态，运用形态构成、艺术处理等手法，体现不同的建筑构造形体细节。

空间规划方面，统筹不同区域、不同空间的布局，实现畅通融合，展现空间的构图艺术，传达设计的理性思维；完善枢纽客站功能布局，促使铁路与其他交通方式紧密衔接；保证客站设计布局合理、流线顺畅、验检、候乘方式灵活多样；依据乘客体验，通过交互设计建立乘客与客站之间的行为联系，以人的行动为导向布局合理划分服务种类，降低旅客出行时间，提升候乘体验；做到客站内、外部交通组织合理；内部验、检、售、候及中转换乘方便快捷；外部与市政配套、物业开发接驳通畅，货运及运维检修流线独立，同时与水、电、热等市政管网衔接通达。

环境规划方面，通过对客站公共区进行研究，为旅客营造温馨、健康、舒适的出行条件，更好满足旅客日益增长的出行需求；将客站座椅及家具与客站整体建筑装修进行一体化设计，结合候车室、四区一室、展示区域等不同功能空间适当布置，丰富旅客空间体验；宜注重客站的声、光、电、温度、湿度等环境细节设计，为旅客创造绿色温馨、舒适宜人的环境体验；将商业设施、广告传媒与客站整体建筑装修进行一体化设计，并服从客站整体视觉管理要求，其色彩、形式、亮度、材料等元素与客站空间视觉表达规划相和谐，避免造成视觉污染；注重客站绿化设计、宜结合不同使用空间规划宜存活的种类绿植，丰富室内环境。

艺术规划方面，基于建筑文化要素，从站点的地缘化关系出发，围绕客站文化定位进行创作，采用艺术表现手法，展示客站不同区域、不同空间的艺术特征；注重建筑本身的艺术表现，将文化元素、艺术符号等融入建筑造型、空间形态中，通过良好的环境、温馨的氛围提升旅客候乘体验；考虑建构一体化，通过大空间钢结构工艺技术、清水混凝土工艺等方面展现建筑结构美，空间造型美；宜通过运用建筑语言、装饰纹样、绿色设计、光影技术等艺术表达手段，在窗、墙、地、柱、廊等部位，运用形、体、色、光、影等表达手法和智能技术，刻画出新时代客站生生不息的印象；充分考虑全寿命周期成本、能耗水平等；宜具体为可视化、可联想、可识别、可记忆的视觉元素，避免艺术特征类同化；创造性的设计要求建筑师富于联想，擅长视觉表达，探索形式语言，并将构思转化为建筑。

文化规划方面，弘扬中国优秀传统文化，延续历史文脉，在传承中发展，需从线路或客站所在地域历史文脉及当下发展中采集地缘文化信息，提取重要文化符号，依托于时代语境，传递地域及铁路文化精神；注重地域文化，体现城市精神，展示新时代城市风貌和价值观念，建筑空间塑造应体现对周围地形地貌的尊重、体现对当地气候的适应、对人文环境的包罗和对当地元素符号的表达；体现铁路文化，体现铁路的时代记忆与时代发展，体现交通建筑文化特征和空间特征，铁路客站创作和方案选择要坚持交通功能特性、地域文化特色、时代发展特征的有机统一；凝练设计立意和文化主题，体现铁路客站真正的建筑内涵，并运用准确及现实的建筑形态进行表达，打造具有鲜明文化和时代特征的客站建筑，实现建筑自身的艺术价值；注重建筑细部的文化性表达，依据客站文化定位和地缘文化信息，提取独特文化意象及可视觉表达的重要核心元素，视觉表达宜注重中国优秀传统文化与现代文化的融合互译，呈现出具有中国文化意味的现代美学风格；建筑空间、形体、环境等作为文化载体要与客站文化主题统一。

另外，从旅客体验、空间环境、人性化设计、客运需求等方面开展了装饰装修、文化艺术表达、绿色建筑、能源管理、一站一景、标识系统、商业服务、广告传媒、照明系统、声学、智能客站、减震降噪、垃圾运输系统、结构健康监测14项专项设计。从装修的细部细节、设施设备末端处理等着手，实现整体协调美观，开展了四区一室、贵宾室、售票综合服务区、饮水间、卫生间、中央服务岛、楼扶梯、柱头柱脚、踢脚、栏杆扶手、灯具、终端设备、充电设备、垃圾箱、绿植15个重点部位的细部设计。

其次，系统开展客站文化艺术表达研究及应用。引入文化艺术专业设计团队，结合客站的设计理念、政治影响力、地方文化特色等因素，系统开展了京张高铁全线、雄安站、北京朝阳站等文化艺术表达研究工作，分别确立了京张全线及雄安、北京丰台等各站独具特色的文化主题。充分借鉴国内外现代化客站文化艺术表达方式，将先进经验融入站房方案设计中，开展站房主题印象表达研究，运用建筑语言、装饰纹样文化符号等方式和手段，将历史文化、地域文化、时代文化、铁路文化融入客站装饰装修设计方案中，提升了客站审美韵味和文化品位。

再者，形成设计方案专家评审和动态优化制度。邀请行业内知名专家及高校老师，组成专家团队，对雄安站、北京丰台站、北京朝阳站及京张高铁沿线各站进行不定期指导、服务。在装饰装修方案深化阶段，引入中铁第四勘察设计院集团有限公司、中铁工程设计咨询集团有限公司、同济大学建筑设计院等多家优秀的设计团队，对装修方案进行深化设计，经评审、比选后最终确定方案，从设计源头保证了精品工程的品质。

（2）参建单位层面

①成立客站创新研发中心

京津冀地区部分客站建设单位成立了创新研发中心，并下设若干个工作室，强化对客站建设新理念贯彻落实及创新研发工作，制定定期课题研究工作会、确定创新方向和实施标准、部署推进计划和任务分工、协调解决技术难点和工艺难题。

雄安站成立创新研发中心，并下设了五个工作室，分别为 BIM 工作室、清水混凝土工作室、智能建造工作室、绿色建造工作室和信息化管理工作室。其主要任务，一是将设计、施工、运维单位统一纳入工作室管理，全面探索 BIM 技术在工程全生命周期的应用；二是对清水混凝土节点造型、混凝土配比色彩、模板体系优化、浇筑工艺试验等进行研究，并制定清水混凝土评定标准，保证了施工质量，提升了清水混凝土实际效果；三是开展绿色建造探索，应用绿色施工综合效益监控技术，通过物联网技术对施工现场进行 24 h 监测，实现对水电消耗、施工现场环境的自动控制，促进项目精细化管理；四是开展智慧建造研究，应用放线机器人、焊接机器人、无人机航拍、智能钢筋加工厂、塔吊防碰撞系统、门禁自动识别系统等技术，提升管理效率和工程质量；五是探索研究铁路管理平台、智慧工地平台、劳务实名制、深基坑监测、高支模监测、环境监测、视频监控、大体积混凝土测温、安全体验区等系统的应用。

②开展客站创新技术及应用

在京津冀地区客站建设中，各参建单位围绕站城一体化设计技术、立体车场和立体车站设计技术、站台下空间综合利用设计技、全覆盖雨棚屋面停车场设计技术、大跨复杂密集地下洞群结构设计技术、大型暗挖群洞地下车站建筑设计技术、站城融合设计技术、双曲钛锌板屋面设计技术、智慧枢纽设计技术、绿色设计技术及应用等工程设计技术开展应用研究，大型钢结构施工技术、混凝土裂缝控制技术、智能建造技术、双层车场铁路站房工程施工技术、全覆盖雨棚屋面停车系统施工技术、风景名胜区隧道绿色施工技术、复杂结构施工技术、建构一体施工技术、特殊结构施工技术、清水混凝土施工技术、装配式施工技术等建造技术开展应用研究，形成了在工程设计、建造技术等领域的创新成果，全力建设精品客站示范工程。

（3）协同推进信息化、智能化技术

采用 BIM+ 物联网、大数据、云计算、移动互联等新技术，开展全专业、全过程 BIM 工程化技术实施，制定客站 BIM 实施标准和应用规范，为精品客站建造提供技术支撑。研发应用客站 GIS+BIM 建设管理平台，实现铁路客站建造过程中进度、质量、安全、物资、投资的数字化、精细化管理。综合采用各类信息技术，搭建客站智慧工地管理系统，围绕人员、机械设备、材料、方法、环境等施工现场关键要素，实现客站绿色施工信息实时采集、互通共享、工作协同、智能决策分析、风险预控，全面提升管理效率和经济性。开展 5G、人脸识别、图像比对、智能建筑等技术研究，推广智能票务系统，实现综合票务一体化和验检合一。客运服务与管控平台，实现旅客智能出行和客运管理便捷高效。构建智能站台安全门防护系统，为旅客提供站台安全防护、乘降精准引导。积极应用机电设备与能源管理系统和结构健康监测系统，实现建筑机电设备节能节电管控和车站结构物服役状态综合预判。

**5. 常态化开展专家治理**

国铁集团京津冀地区客站建设领导小组办公室内设客站建设专家咨询组，专家组成员涵盖城市规划、工程地质、站场、建筑、结构、暖通、给排水、电力、信息等专业，主要来自全国范围内客站建设相关的建设、设计、监理、施工等单位。主要任务是指导研究解决综合交通枢纽规划设计、城站一体化设计、客站交通疏解、建筑文化、绿色建筑、智能建造、智能运营和服务等技术难题。开展现场检查诊断，对重大技术及管理问题实现预警预控，指导解决工程建设过程中的重大技术方案、施工组织等问题，为项目实施提供全面技术支撑和专家智慧。

如在京张高铁清河站、八达岭长城站、太子城站，以及雄安站、北京丰台站、北京朝阳站站房装修装饰设计方案优化阶段，建立了由清华大学美术学院、同济大学建筑设计院、中铁第四勘察设计院集团有限公司、中铁工程设计咨询集团有限公司、杭州中联筑境建筑设计有限公司等单位专家组成的专家团队，全过程参与，共同研究，指导优化设计和解决现场技术难题。

八达岭长城站站房装修设计方案经过了三轮优化，雄安站和北京朝阳站各经过了两轮优化，丰台站经过了四轮优化，每轮优化成果都召开专家会研讨，专家从建筑造型、空间环境、文化艺术、人性化设计、装修材料等方面提出一些好的意见和建议，设计单位根据专家意见进一步完善装修方案。在雄安站、北京丰台站装修设计方案优化中，同时凝聚了以上专家团队的力量，发挥各自专业优势，专家团队也分别形成装饰装修优化设计方案，通过竞争比选，形成具有创新引领示范的装修最优总体方案或局部空间、重点部位方案。

京津冀地区雄安、八达岭长城站站房及京张高铁沿线站台雨棚、北京朝阳站站台雨棚、清河站出站通廊桥墩等使用了清水混凝土。为保证清水混凝土的施工质量，2018年11月，组织东南大学专家团队对京张高铁清河站、怀来站，雄安站，北京朝阳站进行现场调研，并结合雄安站清水混凝土样板研究和施工情况，召开由相关设计、施工单位参加的研讨会。形成了由东南大学牵头、相关参建单位参加编制的《铁路旅客车站清水混凝土技术规程》，统一了铁路车站清水混凝土工程的设计、施工与质量验收标准和评价办法，对京津冀地区客站的清水混凝土施工起到了很好的指导作用。

各设计、施工企业集团公司，监理、咨询、科研单位，集中各单位的资源优势和专业优势，在人员配备、技术管理等方面给予现场项目部强力支持，建立定人督导、定期检查和组织各单位内部专家的现场咨询、指导服务的工作机制，形成全体参建单位专家资源的合力，共同打造精品示范工程。

雄安站、北京丰台站、北京朝阳站及京张高铁清河站、八达岭长城站设计、施工单位成立客站工程方案优化设计小组，调集本单位专业精英和业务骨干，在站房工程实施阶段全过程参与方案优化和深化设计工作。

### 6. 加强与外部环境的系统协调

国铁集团与地方政府共同成立了路地联合协调机构，加强重大项目规划建设的整体协调推进。

国铁集团与河北省雄安新区管委会成立了由国铁集团分管建设副总经理和河北省雄安新区管委会主任任组长的雄安站综合交通枢纽建设领导小组，负责统筹指挥雄安站综合交通枢纽建设，制定提出枢纽建设总体目标和要求，研究决策枢纽工程设计、建设、运营的重大问题。负责统筹协调审议雄安站综合交通枢纽站城一体及交通一体化设计方案。协调解决国家铁路、地铁、轻轨铁路以及相关市政配套工程等接口配合和工程、投资界面划分问题；协调解决建设过程中的相互配合及政府审批问题；研究枢纽创新运营管理协调联动机制，研究确定新区管委会和铁路总公司共同开发、建设的模式。

国铁集团与河北省雄安新区建立阶段性专题工作营，集中解决雄安站交通枢纽规划重要问题。工作营由国铁集团京津冀地区客站建设领导小组办公室和雄安新区雄安集团具体负责协调推进，在雄安站初步设计批复前实行周例会制度，根据需要随时召开专题会。

对于需要协调的问题，各工作营成员单位根据工程进展提出问题清单并交工作营牵头单位，形成了雄安站初步设计阶段工作任务清单，并明确了任务要求、责任单位、完成时间。工作营布置的各项任务，各单位完成后提交正式书面文件给各成员单位。工作营主要完成了以下任务：研究解决了雄安站规划理念问题，提出要按照五大发展理念建设世界一流的高铁枢纽；研究雄安站交通枢纽一体化设计；研究车场拉开方案；稳定雄安站房规划设计边界条件；结合站城一体化和雄安新区提出的城市设计要求，对站房设计方案进行优化和调整。

专题工作营的设立，路地双方联合办公，加强了雄安站交通枢纽一体化设计，提高了工作效率，缩短了雄安站及相关工程初步设计批复的时间，为提早开始施工图设计创造了条件。

国铁集团与北京市成立北京丰台站改建工程路市联合建设指挥部，全面统筹推进丰台站改建工程建设工作，研究决定规划方案、征地拆迁、资金保障、市政配套接口等重大事项，协调解决工程建设中遇到的重大问题，指导相关单位抓好工作落实。由北京市副市长和国铁集团分管建设的副总经理任指挥长，成员为北京市和国铁集团相关部门负责人，指挥部下设了五个小组，分别为综合组、征地拆迁组、规划研究组、资金保障组、工程推进组，明确了每个小组的工作职责。

联合建设指挥部按照丰台站改建工程2021年底开通的目标，于2020年底系统梳理了规划方案、征地拆迁、资金保障、工程推进方面存在的问题，形成了协调事项问题清单，共70项，其中征地拆迁类30项，规划方案类16项，资金保障类6项，工程推进类18项，明确了责任单位、配合单位、完成时间。根据工程的进展和问题解决情况，动态调整问题清单。建立了每季、每月、每周召开例会的工作制度，季调度会由北京市副市长和国铁集团副总经理组织召开，月协调会由北京市副秘书长和国铁集团副总工程师组织召开，周例会由北京市丰台区政府和国铁集团工管中心组织召开。

路市联合建设指挥部的设立，加快了北京丰台站改建工程中遇到的重大事项和重大问题的推进进度，提高了工作效率，解决了征地拆迁、规划方案、资金保障、工程推进等一系列疑难问题，有效保证了工程建设的顺利推进。

**7. 创新生产管理模式**

（1）推行集约化管理模式

为提高管理效率，合理利用资源，节约投资，客站项目建设、设计、施工、监理等参建各方办公区、生活区、生产区统一规划、采用物业化管理模式，进行集中管理。

在雄安站建设中，一是设置近3万$m^2$的联合办公园区，园区集中办公的单位包括雄安新区基础公司、监理单位、设计单位、施工单位、提前介入单位等，同时设置报告厅、信息化展厅、会议室、食堂等公共设施，采用物业化管理模式，节约投资。二是集中设置建设者之家，物业化管理，满足所有参建各方工人生活需要。三是联合设置混凝土拌和站一座，共4条单独生产线，1条共用生产线，以满足站房生产需要。四是设置智能钢筋生产车间，前期满足结构钢筋加工需要，后期作为安装专业加工厂区。

在北京朝阳站建设中，设置联合办公基地，建设、施工、设计、监理等单位办公区统一规划，同时设置报告厅、信息化展厅、会议室、食堂等公共设施，节约投资，提高管理效率。

（2）采用设计联合体管理模式

客站综合体不仅是铁路客站，更是集中组合了多种交通工具的客运枢纽，涉及的专业多，设计复杂，设计单位招标采用设计联合体模式，实现强强联合、优中选优。

雄安站设计单位采取联合体招标模式，联合体牵头单位中国铁路设计集团公司负责联合体内部各成员的组织、协调、设计界面划分及联合体内部设计文件流转程序的管理等工作，发挥各家设计单位的专业优势，有效解决了复杂综合交通枢纽的设计需求。同时组建行业内知名专家及高校教授组成的设计专家团队，在雄安站装饰装修方案深化阶段，推行会审制度，对创新设计中提出的减震降噪、无障碍设施、智能车站、结构健康监测、装配式站台吸音墙等课题，组织专家团队进行深入研究，严格审核把关，有效保证了设计质量和品质。

（3）采用施工总承包标段划分模式

雄安站属于大型铁路客站，工程体量大、工期短、质量要求高。为吸引国内优秀施工企业，发挥施工总承包方的综合管理优势和资源优势，形成相互竞争、相互借鉴、取长补短的氛围，实现打造具有国际影响力的精品客站的最终目标，采取施工总承包标段划分模式。雄安站在京雄场（开通场）和津雄场（预留场）之间设计了15 m宽的光廊，将两个车场完全分开。将雄安站结构工程从光廊处划分为两个施工标段。

雄安站屋面、装修装饰、机电安装等工程采用联合体管理模式，共三家施工单位，由一家施工单位牵头，其优点是可以充分调动各单位优势资源，促使路内外优秀企业互相竞争，降低各单位履约风险，确保工程高质量按期开通。

8. 精细化组织实施

（1）扎实推进标准化管理

在京津冀地区客站建设中，按照铁路建设项目标准化管理办法，持续深入推进标准化管理，突出抓专业化管理、"四化"支撑、标准制订及工程首件、装修样板管理等工作。

抓专业化管理。突出"专业人才做专业管理、专业队伍做专业工程、资源重组整合整体推进"的思想,从专业化管理与专业化施工两个方面推进。在专业化管理方面,北京局集团公司成立了站房工程建设指挥部,负责京张高铁、崇礼铁路清河站、八达岭长城站、太子城站等10座客站的建设管理工作,成立了北京丰台站改建工程建设指挥部和北京朝阳站枢纽工程建设指挥部,负责北京丰台站改建工程和北京朝阳站枢纽工程的建设管理工作。雄安高铁公司成立了专门站房指挥部,负责雄安站、固安东站、霸州北站等客站的建设管理工作。各建设指挥部均引进了熟悉站房建设管理的房建、电力、暖通、客服、通信、信号等专业人员,配齐配强专业力量,打造专业化、职业化管理团队。专业化施工从专业化施工单位、专业管理和技术人才、专业施工队伍、专门设备等方面加强管理,推行"架子队"施工管理模式,对施工队伍采用招标择优选择制、业绩能力考察制、竞争淘汰退出处罚制管理。

抓"四化"支撑。实现信息化与工厂化、机械化、专业化的有效融合,向工业化、数字化、智能化方向发展,推动标准化管理向工序工艺延伸。在机械化方面,以机械化、自动化、智能化来逐步替代人工作业,提高各专业工程施工机械的配套性、协同性,工程按施工单元、流水工序配置成套机械设备,提高机械配置标准。鼓励小革新、小创造、微创新提高机械使用效率,从根本上解决好质量惯性问题和安全突出问题。在工厂化方面,在钢筋加工、钢结构、站房装饰装修等主要构部件工厂化生产的基础上,拓展装配式建筑应用范围。在专业化方面,加强铁路客站专业化管理和专业化队伍建设,落实精细化施工,推广专业化装备应用。在信息化方面,加大铁路工程管理平台和成熟信息化系统的应用推广。依托铁路工程管理平台,建立工程调度指挥、施工组织、电子施工日志、试验室管理、混凝土拌和站、沉降变形观测、关键特殊结构部位安全监控等信息模块,实现信息采集显示自动化、实时化、可视化、图形化功能。探索BIM技术工程化应用体系,开展施工仿真模拟、可视化交底、临时工程规划等应用。

抓技术标准制订。标准化管理强调的是以技术标准、管理标准、作业标准和工作流程为基本依据。在技术标准方面,以雄安站为例,根据雄安站施工阶段和工程特点,先后完成了10项标准的编制,主要有《自动化钢筋加工厂建设标准》《绿色工地建设标准》《监理管理新模式建设标准》《雄安站枢纽BIM设计实施标准》《BIM技术在京雄城际铁路主体工程施工应用指南》《基于BIM技术的机电管线深化设计》《基于BIM的幕墙工程应用》《基于BIM的装饰装修工程应用》《雄安站清水混凝土质量验收标准》《雄安站质量安全红线管理控制要点》,有效提升了雄安站标准化管理水平。

抓工程首件和工程样板管理。坚持"试验先行、样板引路、分级验收"原则，对工程质量、构造节点、工艺工法进行立标打样，最大限度规避质量风险，从基础上控制工程实体质量。全面规划了工程首件工作，根据客站建筑型式、结构类型、装修设计，结合施工顺序安排和工期实际，将钢结构焊接、吊装、涂装，预应力混凝土张拉，清水混凝土施作，地面石材排版、铺贴，屋面选材、施工，墙面铝板、玻璃、石材等选型、排版、试挂，综合管线排布，以及吊顶、卫生间装修等纳入工程首件，并由建设单位组织工程首件验收，及时总结试验结果，完善固化工艺，达到质量验收标准后再大面积实施。

精心策划装修和机电安装工程样板方案，将样板实施的时间和程序纳入施工组织设计，制订《站房工程样板实施方案》。选取外立面幕墙、清水混凝土、陶土板幕墙、地面铺贴、吊顶、设备用房、综合管线排布等具有代表性和复杂的部位作为施作样板，细化施工工艺，精雕细琢，控制性装修工程样板由国铁集团组织现场检查评定后实施。如在雄安站、张家口站等项目临设方案中均考虑了建设工程材料、器具、配件样品展示区，由建设、设计、施工、监理等主要参建单位比选确认采用样品的品牌、规格、型号，封样保存，作为材料采购时的标准。雄安站、北京朝阳站、丰台站分别制作清水混凝土、檐口铝板、候车厅吊顶、地面铺装、站台吊顶及地面石材铺装等装修样板28处、22处、29处，立标打样。

对重要部位推行工艺样板制度。制订《站房工程装修和机电安装工程工艺样板实施方案》，指导后续工程大面积展开施工，预防可能产生的质量问题，从而提高施工精细化管理水平。如丰台站，依据已审查的装修装饰、安装施工图，将施工工艺复杂部位、多工种协调穿插区域、复杂节点区域等纳入工艺样板范围，施作中严格工艺工法和质量控制标准，确保工艺样板质量。

（2）加强施工组织管理

国铁集团指导建设单位，以《大型铁路客站指导性施工组织设计编制目录》和《铁路工程施工组织设计指南》为依据，编制覆盖范围全面、专业门类要齐全、接口条件清晰、关键线路科学、控制节点明确、资源配置合理、落实措施具体，实现客站全功能开通为目标的指导性施工组织设计文件。一是强化关键线路和关键节点的控制。结合工程实际，充分考虑进场准备、营业线（邻近）施工、勘探补测、桩基检测、工艺试验、四电设备安装、电梯与空调安装、客服系统与信息工程验收、消防验收、联调联试等时序和关键项目时间节点要求。二是科学组织主体结构施工，装修材料及早比选确定，给后期装修、机电安装留出足够的时间，确保站房精细化施工。三是坚持施组管理的严肃性，加大站房、站前、站后工程施工管理，系统推进站区其他相关工程施工，处理好工序衔接和相关专业接口管理，保障施组均衡，保障各专业工程施工必须的工期，保障设备安装调试必须的时间。同时每季开展施组检查、分析诊断，实现动态优化、全程受控。四是建立高效的工作机制，同步协调推进市政配套工程建设。地方市政配套介入滞后，规划不稳定，责任主体是地方政府，协调难度大，建设单位要高度重视，加大与地方政府对接协调力度，研究工作方法，建立工作机制，统筹推进市政配套工程。

如在北京丰台站建设中，国铁集团工管中心、国铁集团京津冀客站办深度参与，指导建设单位编制指导性施组。深入分析丰台站所处的特殊环境：处于北京繁华市区，施工场地狭小、交叉施工多，施工进出通道困难、物流组织困难；既有京沪、永丰等铁路线东西向横穿站房，位于站房 AD 轴北侧，既有铁路线与站房基坑距离为 9.8~21.6 m；新建地铁 16 号线东西向横穿站房下，与站房同期建设且共柱，地铁为地下三层及二层，站房为地下一层，站房与地铁共建钢管柱及混凝土柱 90 根，地铁与国铁重叠面积 21 232 m²。

并多次与参建单位共同研讨，与北京市进行沟通协调，考虑到丰台站受北侧既有京沪、京广既有线影响，南侧新建地铁 16 号线影响，站房分为三期建设，一期工程北区 2018 年 12 月开工，一期工程南区地铁 16 号线施工完毕移交场地后于 2020 年 7 月开始施工，二期工程在既有京沪京广铁路拨接至已完站房内于 2020 年 9 月开始施工，全部工程于 2021 年底竣工（图 2-15）（一期工程分为南、北两期先后进行）。

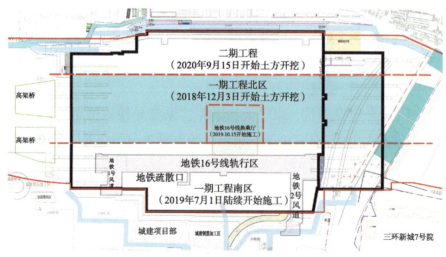

图 2-15 丰台站分区施工示意图

（3）采用网格化管理方法

2020 年 11 月，雄安站在装修工程、机电安装工程施工阶段，剩余工程量大，施工工期极为紧张，国铁集团指导建设单位因地制宜采用了网格化管理办法，制订了《网格化管理实施方案》。按功能分区、施工条件、专业和工程量将工程划小单位，共划分为 24 个网格区，明确了各网格区责任人、施工计划，以及材料、人员等配置资源。具体网格区举例如下：

如网格 1 区：西进站厅区域，铝板吊顶剩余 60 m²，计划 12 月 5 日完成，地面石材剩余 3 400 m²，计划 12 月 15 日完成。材料已全部进场，劳务人员 125 名。

网格 2 区：光廊区域，光谷顶棚玻璃幕墙玻璃剩余 180 块（405 m²），光谷立面幕墙玻璃剩余 20 块（105 m²），计划 12 月 5 日完成，铝板吊顶剩余 225 m²，计划 12 月 6 日完成，地面石材剩余 1 600 m²，计划 12 月 15 日完成，材料已全部进场，劳务人员 160 名。

各网格区负责人由施工单位项目生产经理担任，各网格长相当于本网格的施工生产负责人，辖区内的施工生产协调、进度、安全、质量、成本控制、过程资料的及时性完成性等均由网格长负责，各网格长对网格区的生产经理负责，生产经理对项目经理负责。每个网格区都设置了专门监理人员，负责工程质量、安全、进度的盯控。

根据施工情况快速反应，每日动态调整生产资源，同时建设单位建立日统计、周考核机制，定人、定岗、定责加强管控，对进度、质量、安全、环保管理起到了积极作用，提高了管理效率，保障工期节点和工程质量安全，达到了预期效果。

（4）加强物资采购管理

由建设单位组织制定精准的采购计划。根据工程总体施工部署和施工进度计划，工程主要材料均提前制定材料采购计划，包括即将采购的品牌、规格、厂家等精准信息。

严格考察，优选厂家。对于工程重点物资，建设单位组织设计、施工和监理单位共同进行严格考察，建立合格材料厂家档案，通过公开招标，优先选择具有站房参建经验，拥有精品工程案例、原材储备丰富、加工技术设备先进的厂家直供。厂家直供可减少物资采购环节，降低成本，同时可以保证材料供应及时、加工精度可控、材料品质优质。

提前进行大宗物资的采购工作。对于大宗材料长周期设备提前备货，派专人驻场监造，集中采购，确保从源头把控质量。

完善物资管控。进场物资严格落实报验、检验手续，并对物资流向进行监控，确保每批材料合格，物资流向明确，具有可追溯性。严格做好石材、铝板、陶土板、卫生洁具等材料选样、封样工作，石材、幕墙玻璃、铝板、陶土板等装修面材派专人驻场监督加工质量，对重要结构部位及时进行第三方检测。

（5）落实精致施工

指导建设单位组织设计、施工单位对各部位细部细节设计进行研究和优化，精心组织细部细节施工，抓细抓实工艺做法，力求精致精美，实现"质量工艺精细化、细部节点亮点化"，提升站房建筑品质，以下举例说明。

清水混凝土柱柱脚装饰。雄安站清水混凝土柱，与地面石材交接部位复杂，为了解决两种不同装饰面过渡衔接的施工难题，同时使柱显得庄重高贵，在设计方面，组织参建的三家设计单位和两家施工单位共同研究，每家单位都对柱脚装饰出深化设计图，然后组织专家进行评审，最后选出最优的设计方案。在施工方面，建设单位组织施工单位深化柱脚节点构造图，精选柱脚材料，派人驻厂监造材料加工，现场施作时精雕细刻。

柱脚形式分为三种。候车厅主通道两侧采用500 mm高方形柱础、其他部位为300 mm高弧形柱础，城市通廊采用150 mm高弧形柱础。方形柱础采用平板石材切割成型、现场安装。圆弧柱础用石材柱切割打磨成设计圆弧尺寸，根据地面石材及清水柱的尺寸分段组装（图2-16，图2-17）。

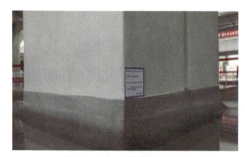 

图2-16　圆弧形柱脚　　　　　　　图2-17　方形柱脚

站台墙挑檐侧面免抹灰工艺。和参建单位共同研究站台墙挑檐细部做法，固安东站、霸州北站等客站突破传统，采用定型化一体钢模板支设，结构浇筑时与墙身一体浇筑。在结构挑檐端头设置混凝土返台，从根本上杜绝了站台墙挑檐侧面抹灰的做法，杜绝了侧面抹灰开裂、脱落，确保了行车安全，同时也提升了站台装饰装修的整体效果（图2-18）。

 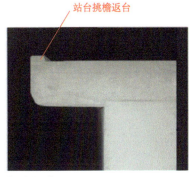

图 2-18 站台挑檐混凝土返台

站台雨棚伸缩缝。和参建单位共同研究有柱站台混凝土雨棚伸缩缝做法，固安东站等客站采用一端设置挡水台、一段采用混凝土盖板的方式进行施工，伸缩缝处理方式与站台雨棚结构形成一体，结构样式美观而且牢固，既满足了伸缩功能需求，又提升了行车安全性（图 2-19）。

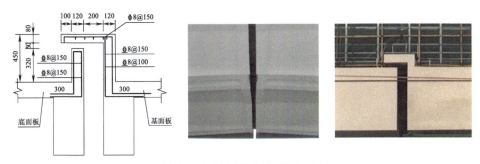

图 2-19 站台雨棚伸缩缝细部处理（单位：mm）

# 第 3 章

# 铁路客站规划设计创新

  创新是技术进步与发展的永恒主题。铁路客站的规划建设也需要与时俱进，通过不断创新来实现进步与发展。建设畅通融合、绿色温馨、经济艺术、智能便捷的现代化铁路客站，规划设计是源头，需要以新理念引领，更新观念，加强设计方法和技术创新。本章从铁路客站规划设计方法与技术创新入手，介绍在站城关系的规划处理方式、以人为本的设计体现、绿色客站技术的扩展、文化艺术的表达、一体化设计的探索、结构设计应对的新挑战以及BIM应用等方面的创新与实践。

## 3.1 铁路客站规划设计方法与技术创新

铁路客站规划设计长期积累的方法和经验，现代技术的进步与发展，为设计创新提供了基础和条件。设计创新最为关键的是设计观念的转变，对于城市规划、建筑设计、装修与环境艺术、结构设计、暖通空调与机电设备等专业设计观念的转变，以及与之相适应的设计方法的创新和拓展。

### 3.1.1 规划设计创新立足于现实基础和条件

铁路客站建设新理念的提出为规划设计创新提出了明确的方向，为创新设计提供了基本思路。同时在铁路客站的规划设计中也经过了长期不断的实践和积累，具备了充分的基础和条件。

高速铁路的快速发展带来的大量铁路客站建设，已经在铁路客站的规划设计方面积累了大量的、丰富的经验和成果。在站区规划方面，以铁路客站为中心的综合交通枢纽的规划设计已经深入人心，站城融合以及站区综合开发做了初步的尝试。在站型设计方面，出现了多种适应铁路站场布局和市政交通配套条件的铁路客站站型形式；在旅客流线和功能布局方面，形成了成熟的模式；在结构设计方面，建筑结构和桥梁结构相统一的"建桥一体"的设计方法、形态多样的大跨度空间结构体系得到大量运用；在车站内部空间环境的专项研究和改善方面做了大量的工作；在节能环保设计中也尝试并取得了一系列的成果。所有这些成果已成为铁路客站规划设计创新发展的基础。

同时，随着社会的发展和进步，大量成熟的新技术新材料的出现推动着国内外建筑行业的发展。BIM 技术的应用、绿色建筑设计的手段、TOD 规划理论、建筑行业的新技术和新型建材的出现和应用等，这些当前建筑行业的设计理论、技术手段和科技发展为推动客站规划技术创新提供了有力支撑。环艺景观设计、配饰设计、工艺美术设计等相关学科理论引入到铁路客站的设计中并于之相结合，也为规划设计创新提供了广阔的空间。

### 3.1.2 规划设计创新以观念转变为前提

每个时代的客站建设有着每个时代独特的特点，设计观念的转变影响着客站建设的发展进程。当今时代，我国经济快速发展，已经成为世界第二大经济体，人们对美好生活的需要更为丰富多彩。铁路客站规划设计如何顺应时代潮流，在推动铁路建设从规模速度型向质量效益型转变，提高广大人民群众的幸福感、获得感、安全感方面发挥关键作用，观念的更新尤为关键。

铁路客站新理念的提出对更新观念起到了引领性作用，成为规划设计创新的基本前提。对站城一体化和站城融合设计有了新的认识，将站区房屋一体化考虑，形成了"一站一景"集成综合设计的新思路。建立在全寿命周期经济观基础上的"重结构、轻装修"观念得到了重视，进行了工程化实践，加大了以结构体系表现建筑空间形态的设计理念和设计手法应用。绿色理念持续推动绿色建筑技术在铁路客站设计中的广泛落实。供给侧改革，发展了以实现个性化服务为目标的设计思路，来提升铁路客站整体的服务质量，以丰富建筑内部空间的体验感为主导，加强建筑文化内涵的体现与艺术表达。强化服务运输的观念，加快了信息化智能化技术在建设运维全过程的应用。

## 3.1.3 规划设计以创新方法和手段为保障

规划设计贯穿整个工程建设全过程，为工程建设提供基本保障。在前期立项和可研设计阶段，需要与城市规划和城市设计相结合；在实施方案设计阶段，注重方案的规划设计方向与设计思路的准确把握；在初步设计阶段，注重设计标准和工程投资的合理控制；在施工图设计阶段，注重全面和精细的优化建筑分部分项；在施工阶段，设计优化与细化以及注重验收使用后的评估与总结等。

引进先进的设计手段和设计方法是保障。加大规划设计的系统研究，涵盖前期研究和施工配合以及运营阶段的工作。更加重视和加强规划阶段铁路客站的选址和与周边城市的结合，同时也把配合施工的优化细化设计工作以及运营初期策划工作纳入规划设计中，达到完整的预期使用效果。总体设计的系统性与专项设计的专业化相结合是必要手段。在保证整体方案系统性的前提下，采取对重点技术和重点部位进行专项设计方案，集中攻关研究，保证客站建筑从整体到细部的完整统一、优质精细。为了保证工程设计质量，必须采取辅助协同设计手段和方法，如BIM设计、仿真模拟等，对设计难点和合理性进行科学细致的分析和研究，确保工程设计的安全、准确无误。

## 3.1.4 铁路客站规划设计技术的创新发展

在深化落实新理念、建设新时代铁路精品客站过程中，广大设计者更新观念，统筹安全、发展和经济能力，进而形成新的设计思路、设计方法和价值评判体系，实现了设计技术的创新和发展。

**1. 站城关系的新发展**

注重客站建设与城市统筹规划互为融合。建筑选址与城市发展相协调，建筑形态与城市肌理相适应；建筑风格与城市风貌相融合；建筑格局与城市空间相结合；交通流线与城市交通相通达；配套交通设施布局与周边组团、城市综合功能布局结合一体化研究。综合开发与城市业态相匹配；管理系统与城市服务相联动。实现产业一体化、功能布局一体化、交通一体化、绿色一体化、空间一体化。客站建设以人为本，以流为主。形成旅客集散、交通、商务、社交、服务等多功能为一体，结合整体流线规划，打造内外流线组织衔接合理、与城市交通等配套无缝衔接、进出便捷顺畅的新时代综合交通枢纽综合体。

**2. 以人为本的设计新体现**

铁路客站的内部空间环境的塑造是最为重要的方面，也是设计考虑的重点因素。从旅客的体验出发，为旅客提供温馨舒适的建筑空间环境，追求把最大的空间、最便捷的通道、最好的环境留给旅客，做到开敞、明亮、通透，创造出优美而有特色的室内空间效果，是以人为本的设计首先需要考虑的问题。

室内物理环境品质的提升是与旅客的感受密切相关的。提高站内舒适的声、光、热等环境。在声环境方面要注重减震降噪、大空间声音回响等，提高音质效果；在光环境方面要注重自然采光、室内环境色温，满足视觉人性化的需求，提高进站候车的舒适度；在通风环境方面注重高大空间自然通风、地下车库送排风系统、候车厅入口冷风侵入等细节设计。

注重优质的站内服务和人性化服务设施。从候车服务、换乘服务、信息服务、商业服务等方面为旅客提供方便的配套服务。合理设置卫生间、母婴候车区、商务候车区等、为老弱病残的特殊人群提供便捷服务，体现差异化服务，提升出行体验。

**3. 绿色客站绿色设计技术创新**

铁路客站设计遵循绿色发展理念，尊重自然、顺应自然、保护自然，随着社会的发展和技术的进步持续改进与加强。在设计中首先要注重系统设计，落实安全、健康、适用并对生态系统扰动最小的可持续、可再生及可循环；其次要注重绿色技术，因地制宜，注重技术集成与优化，引进绿色创新技术；同时要采用节能措施，提高资源利用率，节材、节水、节能、节地，促进绿色建材生产和应用，发展模块化制造和装配式建筑；加强太阳能光伏发电、新能源的利用、能源管控技术创新。

#### 4. 文化艺术的创新表达

有文化的建筑才是真正有生命力的建筑。铁路客站要体现地域特点、人文特点、时代特点和交通建筑特点，要体现民族追求和城市精神，勾勒人文历史脉络，表达新时代价值观念和审美情趣。新时期铁路客站的艺术展现从建筑设计、内部空间的装修设计以及文化艺术展示三个层次来体现客站建筑艺术和与建筑文化，从而树立起中国铁路客站的新形象。

#### 5. 一体化设计的新实践

设计的创新不仅表现在单一技术的突破，更多地表现在各项技术的集成上，以集成作为创新的突破口，新时期铁路客站的规划设计创新在这方面表现得尤为突出。雄安站首层候车大厅建构一体的设计，用结构构件直接表现建筑空间的整体风格，将结构设计与装修设计统一考虑，实现了两者的有机结合。雄安站的风柱设计和北京朝阳站的落地灯设计，集成了多种功能于一身，既节省了内部空间，又实现了简洁美观的效果。

#### 6. 结构设计技术创新

结构设计的创新主要来自铁路客站功能的需求和建设条件的限制，近期建设的几座铁路客站都面临着各种结构设计的挑战。北京丰台站采用了创新的双层车场的布局模式，带来了同等用地条件下更多的站台数量和更大的列车发送能力。这样就为结构设计带来了挑战，以往的"建桥合一"的结构体系是解决了单层轨道层的设计问题，那么在一座车站设有两层轨道层的设计中如何考虑结构设计的安全性与合理性，就成了丰台站双层车场结构设计创新的主要内容。

雄安站是在雄安新区建设的第一座大型公共建筑，按照国务院批复的《河北雄安新区区划纲要》中的要求，雄安站基本抗震烈度按 8 度（0.3g）执行，再考虑到结构设计的经济性和满足功能实用的同时，如何将结构设计做得更加合理，成了雄安站结构设计的主要难点和创新点。

京张铁路的八达岭长城站由于铁路线站设计以及景区保护等原因，将车站设在了山体下方 60 m 处，如何在这样的条件下实现车站的功能，同时又要保证结构的安全性和经济性是设计中需要解决的重要问题。

#### 7.BIM 协同设计新进展

利用 BIM 技术，统筹客站全生命周期的管理行为和技术要求，建立客站全生命周期内安全、效能、成本综合最优的现代化铁路管理模式。在雄安站的设计中采用了 BIM 技术，同时将设计、施工、运维三个阶段的 BIM 技术应用衔接起来，实现了整体效果。

## 3.2 因地制宜推动站城关系新进展

新时代，铁路客站从单一化逐步走向多元化、复合化和更加立体化，其所包含的交通及其他相关功能越来越完善，以铁路客站为中心的综合交通枢纽的规划设计已经越来越完善。结合国家《交通强国建设纲要》及《关于推进高铁站周边区域合理开发建设的指导意见》等政策性要求，构筑以铁路客站为中心，有机衔接枢纽内外交通，高效推进干线铁路、城际铁路、市域铁路、城市轨道"四网融合"，实现与城市市政交通快捷换乘的综合交通枢纽，势在必行。

同时，随着中国经济的快速发展，大量人口涌入城市，随之而来的城市尺度缺失、机动车保有量上升，以致交通堵塞及环境污染，城市通勤时间过长等问题造成了深远的社会影响，但产生问题的同时，高速铁路的快速建设、城镇化进程积极发展推动了快速的城市更新，也为决策者带来了更多更好的机遇来践行规划理念、优化城市结构、重塑城市环境。在此背景下，铁路客站枢纽与城市的关系越来越紧密，二者的不断融合是大交通行业与城市空间协调发展大趋势的体现，是共享经济发展的必然。

在以公共交通为导向的发展模式（TOD）概念引领下，以轨道交通线路及其车站建设为引导的新城、新区建设及车站建设带动既有城区的更新改造，成为我国城市发展的重要模式之一。随着社会经济发展，车站与城市的关系及规划设计策略的不断改变，一体化的设计理念、以铁路客站为核心融合且高效的综合交通枢纽建设，正在推进站城关系新的进展。

### 3.2.1 综合交通枢纽与站城关系的发展历程

自古以来，城市因交通而兴，城市的发展很大程度上依赖于城市交通的发达程度。从古代的马车一直发展到现代的铁路，交通在城市的发展中一直起着重要的作用。伴随着铁路的出现，车站成了城市的重要组成部分。城市内外各种交通方式自发地向车站地区聚集，车站地区形成了城市的交通枢纽，同时城市乘客的交通出行以及城市发展建设的需要，又使得车站与城市之间的距离也在不断地变化，可以说自从有了车站就存在车站与城市之间的互动关系。

铁路客站"站"与"城"的关系从早期传统类型的铁路客站，演变为具有城市交通枢纽雏形的铁路客站，再到以铁路客站为中心的综合交通枢纽，进而逐步发展到如今站城高度融合的新阶段，这一过程不仅是铁路客站的演变过程，也是社会经济与文化发展历程的缩影。

**1. 传统类型的铁路客站**

从1888年我国出现第一座客站至今，铁路客站与城市一直是相互依存、共生共荣的关系。

早期的火车站，功能单一，站城关系相对独立，一般都是先有城市，后有车站，但也有因铁路而产生的城市，最典型的代表就是石家庄市。这座被称为"火车拉来的城市"，最早只是获鹿县市辖下的一个小村庄，20世纪初叶，由于京汉铁路和正太铁路在此设站，使这里的货物运输业和商业逐渐繁荣，伴随着铁路通车，一批工厂相继修建，随之，大批农村人口向车站周边聚集，产业工人规模迅速扩大，城市化进程加快。到新中国成立前，石家庄已逐渐取代正定，并使得冀晋区域的经济、军事中心逐渐南移，成为华北重镇。新中国成立后，石家庄由于优越的地理位置和雄厚的工业基础，又取代保定成为河北省省会。这样，一个山野乡村，因为铁路在此设站，催生了工业化和城市化发展进程，历经半个世纪，成了河北省的经济、政治、文化中心和拥有百万人口的大城市。

长沙站则是因城市和铁路客运的需要而建设的铁路客站。长沙站的前身为小吴门火车站，抗日战争时期被毁。新中国成立后，虽多次对小吴门火车站进行了改造，但仍不能满足城市需求，1975年，长沙站开始新建，这是按照时任铁道部部长万里批示"一是长沙，二是车站"的要求设计建造的铁路客站，1977年7月1日建成通车（图3-1）。

图3-1 长沙站（新中国早期车站代表）

长沙站作为铁路运输营业的场所，功能比较独立。采用线侧式站房，在进站大厅两侧分设快、慢候车室，候车室内布置旅服配套商业设施。与许多这一时期的铁路客运站一样，长沙站位于城市中心区内，区位条件良好，但是由于车站将主要关注点放在了客运输送功能上，因此与城市的规划的协调性较差，周边以小商品贸易的聚集发展为主，缺乏系统性的规划。

从长沙站可以看出，这一时期的车站被认为是城市的标志性建筑，车站建筑形式和客运功能都得到了地方政府和铁道部的高度重视，较好地满足了旅客最基本的出行、候车需求。但城市配套功能相对单一且主要集中在铁路两侧，站城关系相对独立。

**2. 具有城市交通枢纽雏形的铁路客站**

随着中国社会进入了以经济建设为中心的时期，铁路客站迎来的一波大发展，这一时期的铁路客站无论从建设的数量上还是质量上都有了很大的提高，设计理念的革新以及客站整体造型的提升使车站往往成为所在城市的地标和门户建筑。随着各类交通功能的集合与丰富，铁路客站已经明显具有了综合交通枢纽的雏形。

同时，这一时期 TOD 理论开始融入铁路客站的设计和建设中，早期的 TOD 理论倡导将居住、就业和商业等用地围绕公共交通混合布局，以促进公共交通的使用。受这一理论影响，车站在满足交通运输功能的同时，开始在车站周边布局一些商业配套及其他城市功能。

这一时期的城市建设快速发展，车站和城市的建设进入加速阶段，客站在规划层面上能够同步考虑周边的道路广场及配套设施，形成以铁路客站为主体，辅以周边配套基础设施的城市组团或片区。火车站成为城市对内对外重要的交通枢纽，开始有了站城协同的愿望和努力，如长途客运站与火车站就近建设，在火车站建设中同步预留地铁工程（北京西站、沈阳北站）等，还出现了线侧站房综合楼的形式，可以认为是一种早期的铁路客站引入客运以外城市功能的尝试（图 3-2）。

1990 年建成的沈阳北站，位于沈河区主干道北站路和友好街的咽喉位置。周边高层建筑

图 3-2 沈阳北站

林立，地块发展成熟度比较高，铁路车站周边设有长途汽车站、公交首末站、停车场以及规划的城市轨道交通线，站前的市政工程改造解决了原有地面车场交通拥堵问题，将原有地面车场设于地下，站前全部设为景观广场，营造舒适的乘车环境。

从沈阳北站的规划建设可以看出，这个时期站房的建设开始尝试进行车站周边开发，结合线侧式站房建设综合楼，利用配套物业进行开发，这种形态能够实现交通建筑与城市功能相互渗透和衔接，物业开发强度较高，使站房的整体建筑形象更加突出。但是由于受到整体交通、规划配套的限制，这种铁路旅客站结合物业开发的形式，还存在诸如物业环境受站车影响、交通相互干扰大、业态定位单一、对城市吸引力不足等问题，但作为交通枢纽城市综合体的雏形，它们具有非常重要的借鉴意义。

**3. 以铁路客站为中心的综合交通枢纽**

进入高铁时代，随着高速铁路的建设，大量新式客站不断涌现，新颖的建筑造型和新材料的应用改变了人们对铁路客站的刻板印象。同时这一阶段铁路客站已经具有综合交通枢纽的建设理念，与周边城市片区开始有意识地追求同步规划建设，无论从道路交通还是功能定位上，都呈现了"站"与"城"一体化的发展趋势。

铁路客站不仅是人们出行换乘的交通场所，还是城市更新的契机点、经济转型升级的"城市助推器"。新的站城关系定位，使高铁、城际或市域交通、车站与城市和民众的协同关系日益紧密，车站周边布局方式、业态引入类型也更加多元化和具有地方特色。

以站与城协同发展方式引导客站的规划建设，能够从交通、社会、环境层面契合城市发展需要、服务民众交通需求和拉动提升城市特色产业，客站及片区的协同发展成为车站片区规划和建设主导趋势。

以 2008 年我国开通运营的北京南站为例，北京南站是国家重点工程和北京奥运会重点配套工程，位于南二环和南三环之间的城市中心区（图 3-3，图 3-4）。

图 3-3 北京南站鸟瞰图

图 3-4　北京南站剖视效果图

北京南站的空间组织特征是以大盒子式的建筑空间取代广场，组合各类交通设施，成为主要换乘场所，实现全天候换乘，确保旅客不受日晒雨淋，获得良好的乘车与换乘体验。北京南站作为以铁路客站为核心的交通综合体，虽然仍以交通功能作为主要功能，但是其与周围城市交通以及空间联系已经开始变得紧密。

北京南站在解决好乘客的乘车与换乘功能的同时，以车站的建设带动周边区域的改造和发展，系统地整合城市功能，通过车站把周边的区域有效地联系起来，使车站功能的实现与周边城市的发展相互促进。北京南站与城市路网紧密地联系在一起，在车站的 4 个方向上，都设置了道路和匝道与城市道路相通。地下一层的换乘空间也为南北广场提供了联系，从而形成了在各个方向上都面向城市的通道，车站与周围片区的同步建设提高了旅客的出行和换乘体验（图 3-5）。

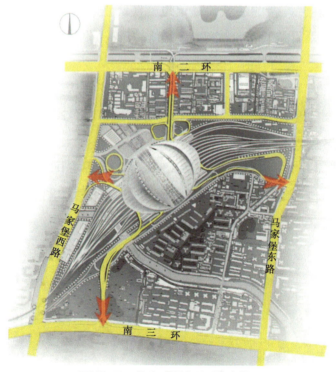

图 3-5　北京南站枢纽道路总图

这一时期的车站与城市之间已经开始融合，与城市交通的衔接呈现立体化发展趋势，在形象上交通综合体建筑开始融入城市环境，但是受多方面因素影响，车站周边还存在不同功能组团间相对孤立，业态向外延展并向枢纽周边的渗透过程受到交通功能的限制，土地和物业开发的价值没有得到充分的发挥等情况。

上海虹桥站则是在"大交通、大空间、大融合"的理念下，建设的综合交通枢纽，将高铁客站、航站楼、地铁、市政交通换乘中心的交通功能进行了高度融合。

枢纽建筑综合体由东至西分别是虹桥机场西航站楼、东交通中心（服务于磁悬浮和机场）、磁悬浮、高铁、西交通中心（服务于铁路车站）。铁路线路和磁悬浮线路与城市地面标高一致，且均与机场跑道平行，核心建筑区采用一字型布局，各建筑主体东西向中轴线叠合且宽度一致（图3-6）。

图3-6　上海虹桥站

枢纽外部交通组织上，为了避免枢纽入口过于集中，给已经趋于饱和的城市道路系统增加压力，通过对区域道路系统的研究，枢纽核心区采用了南进南出、北进北出的车流组织方式。为了满足南北道路系统的衔接，在国铁区域西侧设置了单向地面环行道路，这样在枢纽核心区内基本实现了各个方向上车流的贯通。

枢纽内部交通组织上，铁路和磁悬浮的客流组织均采用高架和地下进站、地下出站的模式，这与机场航站楼上进下出的方式相同，因此在高架层面上实现了车流的贯通，并在高架层和地下层两个层面上实现了人行系统的贯通。

进入新时代，国铁集团提出了"畅通融合、绿色温馨、经济艺术、智能便捷"的客站建设新理念，铁路客站更为关注与周边相邻城市片区的"畅通"和"融合"。通过客站与城市功能进行深度整合，在绿色交通与健康生活的理念下，以铁路客站为核心的综合交通枢纽，力求使客站与城市之间的关系更加和谐、更加生态、更加有活力。在新理念指导下建设的雄安站、北京丰台站、北京朝阳站、清河站等京津冀地区重点客站，对站城关系进行了新的探索。

## 3.2.2 构建站城融合的综合交通枢纽

2019年9月,中共中央、国务院印发了《交通强国建设纲要》,全面要求建设交通强国,这是党中央立足国情、着眼全局、面向未来作出的重大战略决策,是建设现代化经济体系的先行领域,是全面建成社会主义现代化强国的重要支撑和新时代做好交通工作的总抓手。

2021年2月,中共中央国务院印发了《国家综合立体交通网规划纲要》,明确到2035年,基本建成便捷顺畅、经济高效、绿色集约、智能先进、安全可靠的现代化高质量国家综合立体交通网。交通基础设施质量、智能化与绿色化水平居世界前列。同时明确加快建设20个左右国际性综合交通枢纽城市以及80个左右全国性综合交通枢纽城市。推进一批国际性枢纽港站、全国性枢纽港站的建设。

国家层面的两个规划纲要,是铁路客站建设发展的重要机遇,客站建设提出的新理念,正是对以铁路客站为核心的综合交通枢纽发展和建设提出的具体行动指南。

**1. 落实综合交通枢纽体系建设的顶层要求**

《交通强国建设纲要》中要求,推动交通发展由追求速度规模向更加注重质量效益转变,由各种交通方式相对独立发展向更加注重一体化融合发展转变,构筑多层级、一体化的综合交通枢纽体系。依托京津冀、长三角、粤港澳大湾区等城市群,打造具有全球竞争力的国际海港枢纽、航空枢纽和邮政快递核心枢纽;建设一批全国性、区域性交通枢纽,推进综合交通枢纽一体化规划建设,提高换乘换装水平,完善集疏运体系,大力发展枢纽经济。

构筑多层级、一体化的综合交通枢纽体系,是坚持新发展理念,坚持推动高质量发展,坚持以供给侧结构性改革为主线,坚持以人民为中心的发展思想的重要体现。

《国家综合立体交通网规划纲要》更是明确提出推进综合交通枢纽一体化规划建设。推进综合交通枢纽及邮政快递枢纽统一规划、统一设计、统一建设、协同管理。推进新建综合客运枢纽各种运输方式集中布局、实现空间共享、立体或同台换乘,打造全天候一体化换乘环境。

另外,国家发展改革委、自然资源部、住房城乡建设部、中国铁路总公司于2018年发布了《关于推进高铁站周边区域合理开发建设的指导意见》(以下简称《意见》)。《意见》指出,随着我国高速铁路快速发展,沿线地区人民群众出行服务水平得到显著提升。依托高铁车站推进周边区域开发建设,有利于城市空间有效拓展和内部结构整合优化，有利于调整完善产业布局，促进交通、产业、城镇融合发展。

《意见》对高铁站的规划引导和管控、选址及规模、节约集约用地、市政配套及综合保障能力、建设开发时序等方面提出了具体的指导性要求。其中，《意见》强调了促进站城一体的融合发展，在综合交通运输体系建设、基础设施共享、产业布局及业态整合方面，综合交通枢纽应做到功能融合。

同时，为了保证枢纽的功能融合落地，《意见》也从创新开发建设体制机制方面提出了要求，通过进一步理顺政府与市场关系，充分发挥市场对资源配置的决定性作用，形成促进枢纽功能融合发展的多种合力。

这些顶层设计，为构建以铁路客站为核心、站城融合的综合交通枢纽提供了政策保障、发展机遇和理论支撑。

**2. 构建功能高度融合的综合交通枢纽体系**

通常来说，以铁路客站为核心的综合交通枢纽是以铁路客运功能为核心，依托于铁路客流，集城市轨道交通、公交车、社会大巴车、出租车、小汽车、网约车、慢行交通系统等多种交通功能，并集合相关配套服务功能于一体的综合交通建筑设施。

铁路客站的本质是交通建筑，大量的交通客流到达与出发是引发其他可能性的功能聚集的源动力，社会高速发展、资源的集约、效率的提高催生了车站更加枢纽化，与城市交通功能的融合度不断提升。

枢纽化的趋势下，作为高密度客流聚集的交通建筑，首先需要解决好的就是交通问题，让乘客出行更加方便是降低社会交通成本的保障。同时，随着集约化、复合化的建筑功能需求不断增高，站与城也在呈现出逐渐融合的趋势，交通枢纽与城市融合愈发紧密。

随着国家铁路、城际铁路、区域轨道交通的建设完善，人们的出行方式及习惯也在发生变化。区域化交通的需求增强、城际铁路及市域铁路公交化的运营组织、铁路客站更多地融入了地铁及公交等城市交通方式，使铁路客站越来越多地走入了更多人的生活，成为交通出行链的重要节点。

以站城融合的理念推进综合交通枢纽建设，有利于全面统筹各种运输方式的融合发展，推进铁路、公路等基础设施的综合利用，实现空间共享、立体或同台换乘，打造全天候、一体化换乘环境；有利于推动城市既有客运枢纽整合，完善交通设施、共享服务功能与服务空间；有利于按照站城一体、产城融合、开放共享原则，做好枢纽发展空间预留、用地功能管控、开发时序协调。

### 3.2.3 新时代站城关系的思考与分析

近十年来,我国进入了大规模快速化的高铁建设阶段,城市建设也经过转型进入了高质量发展阶段,铁路客站与城市发展之间的关系受到了广泛关注。

**1. 铁路客站与城市发展的关系不断递进**

对于城市发展而言,铁路客站已不再仅仅是一个单一的铁路交通站点和客流的集散中心,而是与市内其他交通运输设施一起形成的城市综合交通枢纽。由此带来的流量形成了多样性的需求,车站所在区域逐渐发展成为以交通服务为核心、集商业、商务、文娱、会展、信息服务等多种城市功能的综合区,是一种新型的社会文化经济交流地。

对于城市的结构和发展而言,铁路客站的选址、定位和布局对一座城市的发展格局影响重大,铁路客站的科学规划、高质量建设有助于提升城市的空间品质、经济发展和城市形象。同时,对于铁路发展及铁路客站而言,二者关系也是相辅相成的,良好的站城关系,有机的融合发展,对于提升铁路客站品质、彰显铁路品牌和形象、增加高铁客流、有着重大的影响。因此,铁路车站和城市协同发展,站城融合的建设与开发理念,成为新时代铁路客站建设必然的选择,也是社会经济发展和体制观念变化的必然结果。无论对于新建车站,还是对于既有城区的老站改造,车站的建设都可以带动周边城区的建设与更新,进而促进城市的发展。

**2. 站城融合发展的趋势**

站城融合是结合我国高铁建设特点逐渐探索出的客站建设的理念。我国近年来铁路高速建设在城市化进程加快的大背景下,带来铁路客站与城市空间的共生问题,站城融合便是基于铁路客站与城市空间协同化发展而产生的基本思路和理念。

站城融合理论与实践也在不断地创新发展,站城融合的设计方法和理论基础,也在如"TOD"理论等理论体系基础上进行了大量的本土化再创造,有关站城关系的理论经历了引进、吸收和创新的过程,不断指导着站城融合的设计发展。

站城融合是对站点聚集开发模式的深度解析,其基于城市紧凑化发展在交通、社会、环境等方面的迫切需求,以铁路客站为中心,通过客站空间的合理构建与功能设施的协调布局,将交通功能与城市功能进行有机整合,以满足当代城市建设及都市圈经济发展。并结合土地的合理开发与集约利用,提高客站空间的综合利用率,以降低资源消耗、修复站城空间。站城融合既是新时代背景下铁路客站发展的新方向、新趋势,又是推动当前城市紧凑化建设及可持续发展的重要方式,是综合交通枢纽建设的重要理念。

铁路客站作为站城融合中的主体要素，其规划设计是实现站城融合的关键环节。铁路客站规划选址与定位，应与城市整体开发及发展政策相一致，将其有效融入城市机体，做到客站区域与城市规划的协调统一；注重内外部交通的引入与高效整合，实现各交通方式无缝衔接与有序换乘；客站内外空间的一体化开发与功能体系的复合化构建，营造安全、高效、便捷、舒适的客站空间环境，给旅客以更好的乘车体验；合理发挥客站枢纽的"触媒"效应，激发区域经济活力，推动城市更新发展。这些都将使站城关系向着更为融合、和谐共生的方向发展。

**3. 复合型发展的方向**

在站城融合基本理论的引导下，交通空间与城市不再是相对独立、分割的个体，随着城市公共交通体系的完善，逐渐形成了城市以立体化、多元化方式渗透到交通空间的实践模式，这种实践模式便是复合型城市功能开发。

为满足城市可持续发展的总体要求，提高对土地资源的综合利用率，需要枢纽综合体具备充裕的空间容量与协调能力，应建立功能完善、换乘便捷、服务多元的现代化枢纽综合体。通过开发枢纽综合体顶层与地下空间，可以节约土地资源、降低环境影响、提高内外空间利用率，有效吸纳交通、商业、餐饮、休闲、酒店、办公等功能并进行立体叠加与复合布局，有助于优化客站空间的构建形态、提高客站功能体系的运作效率。

"枢纽性"与"综合性"是现代交通建筑的两大特性，体现在对交通功能与城市服务的集合、协调。完善的客站交通功能在带来充足客流的同时，亦成为其引入城市功能的重要契机。铁路客站活动客流的增加意味着多元化需求的产生，通过将商业、休闲、餐饮、酒店、办公、市政等城市功能引入客站，能够对上述需求产生积极回应，确保客站维持旺盛的人气与持久的活力。同时，对城市功能的引入亦使客站摆脱了单一功能的定位束缚，使其与城市建立起多功能互动方式，提高了客站对现代社会生活的适应力，迎合了城市经济的发展需求，符合了城市紧凑化发展对单一建筑多功能开发的需要，是我国交通建筑未来发展的重要方向之一。

当前的铁路客站已不仅仅是铁路的运输站点，而是与周边城市规划融为一体，成为城市内外交通的衔接综合体。随着站点性质向城市综合体方向发展，铁路客站的业务功能更应注重与城市公共设施的协调、配合，成为集旅行、商业、服务业、社交、交通等为一体的综合服务体，多功能综合型客站具有集约化、空间一体化、节约用地的特点。在客站的总体规划布局中应将车站本身的各项功能与城市的各项与之相关的功能有机地整合为一个整体，共同享有高铁带来的土地升值、人口聚集和片区快速发展的福利。

### 3.2.4　站城同步建设新实践

随着经济模式的转型和升级，铁路客站建设及城市发展的关键词逐渐由"速度"转为"质量"，车站建设的要求和目标也在逐渐提高。大型铁路客站的站城关系也不再是车站空间与城市空间的简单叠加，而是通过合理的规划设计，将两个组织成为相互依存，相互关联的有机整体。

这样的趋势，不仅是城市系统化发展基础下，车站演变的必然趋势，也是我国经济发展背景下社会矛盾转变成为"人民日益增长的美好生活需要和不平衡不充分的发展之间的矛盾"背景下的客观趋势。

站城融合的目标推动下，有着各类不同的表现形式，近年来，随着雄安新区及京张铁路的建设，结合TOD理论，新建车站与新建城市片区开启了铁路与地方的同步规划、同步设计、同步建设的路地合作新模式。

#### 1. 雄安站——"千年大计"的开路先锋

雄安站是贯彻国铁集团"畅通融合、绿色温馨、经济艺术、智能便捷"铁路精品客站建设理念的开篇之作，具有重要的引领引导作用。同时，作为雄安新区首个建成的大型基础设施公共建筑，雄安站不仅是新区的门户和形象，也是贯彻落实雄安新区总体规划目标，引导新区建设理念和发展的旗帜，是站城高度融合的探索与尝试。

首先是，作为新建的城市与车站，雄安站实现了"站与城"的同步规划、整体设计。

雄安站的选址、定位充分结合了雄安新区"一主、五辅、多节点"的城乡空间布局，在昝岗组团依托雄安站打造高铁经济核心区，在多个方面形成了亮点。

雄安站在国铁集团和雄安新区的共同推进和探索下创建了"工作营"模式，保障了规划设计实现站城同步规划、同步设计，同时由雄安站的建设带动了昝岗组团、枢纽片区以及枢纽核心区的规划落地，为车站开通提供了有力的支撑，实现了站城融合的设计初衷。

由此，站城融合的枢纽空间功能布局得以实现。

雄安站在规划设计阶段，重视枢纽与城市功能布局的规划配合与衔接，连同周边城市设计、业态结构、景观绿地等一并考虑，增加相应城市设计内容，重点研究城市空间与枢纽、城轨地下空间的衔接和呼应；促进枢纽与城市功能的有机融合，体现引领作用，将车站周围土地资源优势和枢纽内部空间资源紧密结合，打造雄安高铁经济核心区（图3-7）。

图3-7　雄安站枢纽片区城市设计效果图

（图片来源：河北雄安新区雄安站枢纽片区控制性详细规划）

同时，结合站城融合规划理念及雄安新区的政策要求，对枢纽交通组织进行一体化创新构思。

结合雄安新区总规纲要提出的要求，绿色出行比例不低于90%、公共交通不低于80%，这对于一个以铁路客站为核心的综合交通枢纽来说，与以往的枢纽规划布局和流线设计相比会有比较大的变化。

设计过程中，一方面，引入了基于绿色出行理念的客流预测与客流分析，这是枢纽规划设计的基础和前提，在考虑新区建设时序与客流关系的基础上，合理的结合规划对未来发展规模及空间需求进行预留。

另一方面，充分贯彻"公交优先"的设计理念，通过枢纽布局及道路组织，鼓励轨道交通、公交车、出租车、网约车等公共交通形式的换乘便利最大化，并预留新型交通形式的条件（图3-8）。

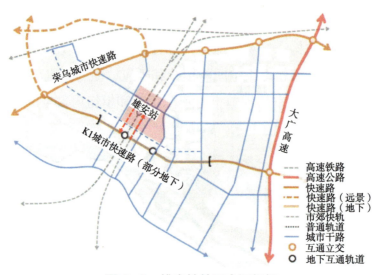

图 3-8　雄安站外围交通组织

（图片来源：河北雄安新区雄安站枢纽片区控制性详细规划）

再有就是结合新区政策，设置了 K1 地下快速道路及 CEC 停车场（City Exchange Center，城市交换中心），并将二者联动衔接引入枢纽，将社会小汽车快速引入到枢纽以及周边大规模的停车设施中，使得铁路枢纽也成为绿色出行转换的城市交通枢纽（图 3-9）。

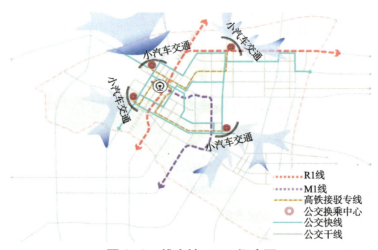

图 3-9　雄安站 CEC 概念图

（图片来源：河北雄安新区雄安站枢纽片区控制性详细规划）

**2. 太子城站——"开进"奥运主赛场的高铁站**

太子城站是伴随着 2022 年北京冬奥会而生的一座高铁客站，高铁开进奥运赛场，客站设进冬奥赛区，太子城站成为全球首例。

片区规划上，张家口市崇礼区太子城村，是北京冬奥会云顶、古杨树两大赛区所在地，距离张家口市 50 km，距离崇礼区 15 km。太子城站距离太子城村 2 km，紧邻客运枢纽，旁边有着太子城遗址、冰雪小镇、国际会议中心和国宾山庄，东侧为站前规划 1 号路，站房主入口正对 2022 年北京冬奥会崇礼赛区颁奖广场，是服务于冬奥会核心区的重要交通配套设施（图 3-10）。

图 3-10　太子城站片区规划图

枢纽布局上，太子城站践行了站、城、景一体化的设计理念，从枢纽片区规划到区域范围流线，均从整体出发进行设计，做到赛区范围的更大融合与便捷畅通。

太子城站距离奥运赛场约 2 km，铁路客流出站口可通过市政枢纽换乘各种交通方式，实现与奥运赛场之间的 5 min 通达。太子城站地下一层连接客运枢纽，集高铁、大巴车、小客车等多种交通方式于一体，奥运期间运动员、媒体、观众各客流交汇于此，地面层 1 号路、4 号路形成环路，连接客运枢纽，可以高效的疏散枢纽片区大量人流（图 3-11）。

太子城站枢纽各功能区依托片区规划进行合理布局，通过地下换乘中心作为纽

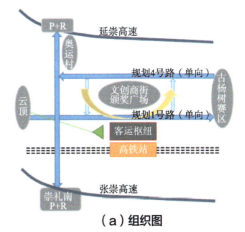

（a）组织图

（b）效果图

图 3-11　太子城枢纽组织图、效果图

带，连通了地下进站厅、大巴车场、社会车场以及商业区。地面区域以车站为背景，设置颁奖广场，依托冰雪小镇打造文创商业街。通过枢纽的布局引导，形成客流在区域内的有机辐射，构造了枢纽功能与片区规划的有机衔接。

流线规划上，太子城站由于其特殊的奥运功能特征，决定了其赛时和赛后的运营方式和客流量有很大的区别。太子城站在奥运期间需要承担普通旅客、注册人员和媒体、贵宾及运动员等不同类型旅客的无交叉进出站，赛后客流量大幅减少，同时性质单一。避免赛后出现大规模空间浪费，提高站房空间效率，设计对站房赛时赛后的空间及流线进行合理规划，考虑赛后空间的再开发和充分利用，增强太子城站的空间弹性，按照"平奥结合、便捷高效、畅通融合"的原则进行设计（图3-12，图3-13）。

### 3.2.5 站城更新机遇新突破

我国的很多城市，火车站往往位于城市现状的核心区，周边人口稠密，建筑密度大，商业、餐饮、住宿设施遍布周围，道路及交通情况也比较复杂。

随着既有铁路客站的改扩建，周边城市区域也带来更新机遇。对于这些传统的城区，火车站片区浓缩了城市近代史的缩影，高质量的铁路客站改造和城市更新，会为城区的形态、肌理和空间基本特征带来改变。不同的城市基础，各异的城市复兴诉求，会为项目带来不同的挑战。

**1. 清河站：织补城市空间**

清河站位于北京市海淀区清河镇，市区西北方向北五环外，是京张高铁始发枢纽站。由于京张高铁在此区段与G7京新高速、市域市郊铁路S1线、地铁13号线并行，且周边为成熟街区，设站区域用地条件非常狭窄局促。

由于G7高速以及13号线两项封闭式的交通体系的贯穿，将东西两侧地块切割，大大削弱了地块之间的联系。虽说高速公路与地铁线均为高架形式，但桥下空间所造成的压抑、昏暗环境，犹如一道隐形的隔离带，极大地疏远了人流。东西两侧地块各自发展，功能单一，久而久之，"隔离带"两侧形成了区域发展的边界，变得脏乱、萧条（图3-14）。

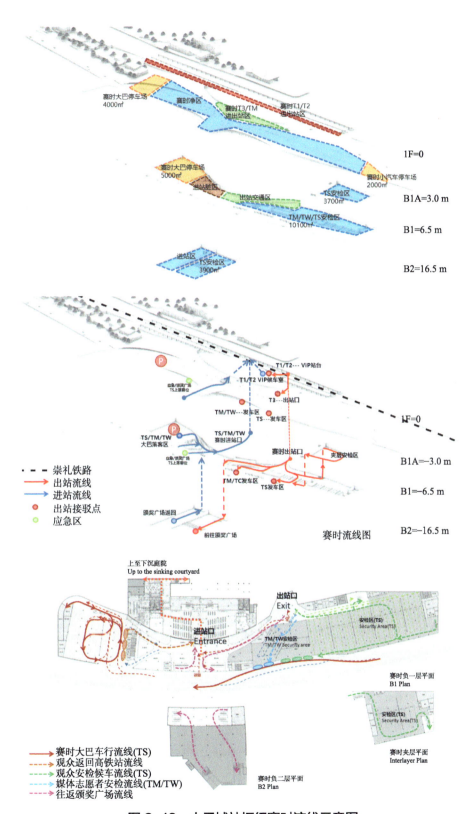

图 3-12　太子城站枢纽赛时流线示意图

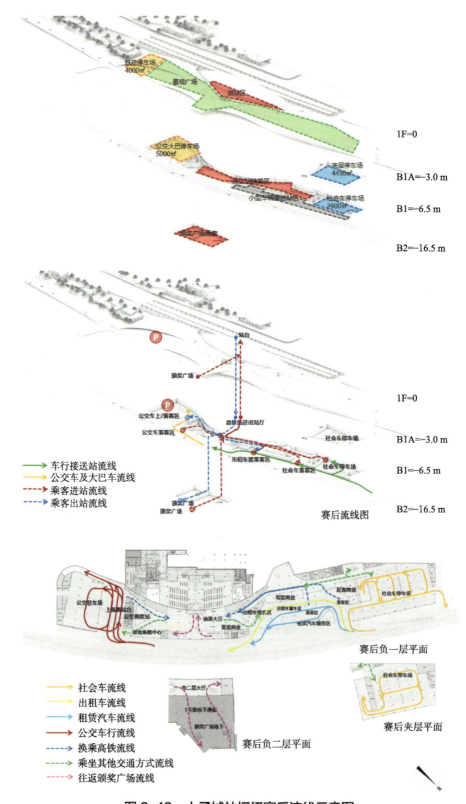

图 3-13 太子城站枢纽赛后流线示意图

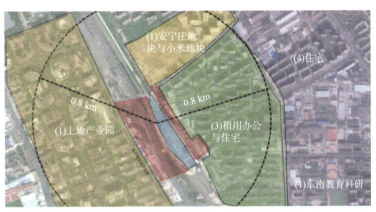

图 3-14　清河站用地环境示意图

在清河站的实施过程中，尝试通过对地块的合理规划，东西两侧设置下沉广场，连通地下城市通廊的基础上，改善铁路、高速公路两侧用地景观环境，形成开放共享的城市休闲空间，增加地块活力。清河站尝试通过这样的方式加强东侧办公地块与西侧信息产业园地块的联系，激发整个片区的互联互动，以"织补"城市割裂空间的方式完善城市脉络（图 3-15，图 3-16）。

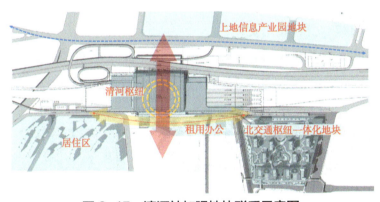

图 3-15　清河站加强地块联系示意图

图 3-16　清河站下沉广场实景

111

在铁路地块的布置上，清河站通过立体交通的方法，合理布置国铁、地铁的各项功能空间，通过"下沉广场＋地下通廊"的设计模式，将三条地铁的换乘厅、国铁进站厅、铁路快速进站厅、市郊铁路进站厅、铁路出站厅设于地下一层的一个大空间中，做到各空间直接相邻或相对相邻，实现了国铁换乘地铁，地铁换乘国铁的"零换乘"、安检互认及东西两侧居民的自由通行，织补了城市空间，提高了出行效率。

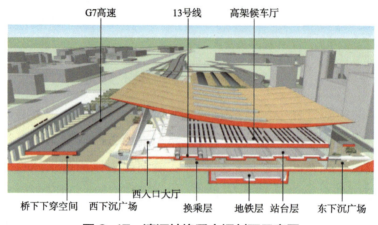

图3-17　清河站换乘空间剖面示意图

### 2. 北京朝阳站：引导城市更新

北京朝阳站（原北京星火站）车站站址位于北京市东四环与东五环之间，姚家园路北侧，城市规划绿隔地区的边缘，现状交通条件较差，规划范围内交通基础设施比较薄弱。

根据北京朝阳站及其周边地区综合交通规划，枢纽外围完成了外部道路设施实施后，车站仍面临区域外围路网压力过大的困境。在此背景下，与综合交通规划相配合进行了铁路客站及周边地块一体化设计研究，力求通过整合国铁、地铁、公交、出租等多种换乘接驳功能，统一规划区域内多种交通设施，实现城市交通与铁路系统的无缝接驳，达到鼓励公共交通出行，进而缓解外部道路能力不足的目标（图3-18）。

图3-18　北京朝阳站周边交通情况

北京朝阳站枢纽（图3-19）是一个集国铁站房、站前交通枢纽、南侧用地开发在内的大型城市综合体，包含国铁、市郊铁路、地铁、公共汽车、旅游巴士、出租汽车、网约车、自行车等多种交通方式，总规模为42.5万 $m^2$（包含国铁和市政配套）。

图 3-19 北京朝阳站区域效果图

具体更新方式如下：

在城市规划层面，力求加强站场及周边用地综合开发的规划引导，以开发轴线串联各地块开发功能，加强区域一体化衔接，促进枢纽核心功能区带动周边区域发展。构建城市微中心，提升接驳联通能力，打造商业服务全面、环境优美的生活圈，形成区域性集散和活动中心（图 3-20）。

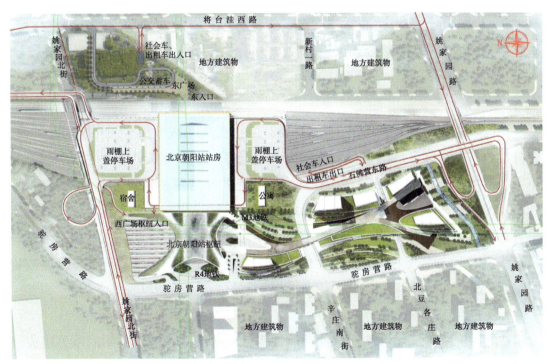

图 3-20 北京朝阳站总平面图

在道路系统层面，结合综合交通枢纽，更新和完善周边城市道路，规划主次干道，强化地上和地下进出站流线相结合，便于车站和城市的快速转换，提升人流、车流通行效率。

在城市形象层面，枢纽打造以国铁功能为核心的配套枢纽门户，提升建筑标识性，打造城市客厅，建筑形象应更具有标志性，既呼应高铁站，又塑造更舒缓的城市界面。

在交通配套层面，交通换乘中心垂直整合多种交通方式的接驳换乘，并利用开发地块解决枢纽进出站问题，带动枢纽周边土地开发，实现零换乘中心（图3-21）。

在城市景观层面，以北京朝阳站位中心，打造多层级步行系统串联城市绿地，并结合枢纽流线建立多层级慢行系统，与南地块增加多层次连接，构建站城一体区域，营造温馨绿色的城市空间。

图3-21 北京朝阳站交通配套分析图

## 3.2.6 "一站一景"设计新进展

在铁路工程项目建设中，"一站一景"是指在铁路站房及站区的规划设计中，充分结合车站所在区域的自然环境、人文背景等因素，对铁路生产生活房屋进行整合，形成与地方规划相契合、各具当地特色的站区房屋建筑形态及景观效果。铁路生产生活房屋多在车站附近的沿线分布，往往存在密度低、数量多、体量大小各异、立面风格单调的情况，与城市规划与城市风貌的差距较大。在"一站一景"的要求下，生产生活房屋与周边环境的呼应、与规划条件的契合、房屋数量的整合及品质的提升，逐渐形成了新时代铁路站区房屋的新风貌。

**1. 生产生活房屋的整合**

铁路站区既要满足铁路运营的功能性需求同时又作为城市空间的重要组成部分，其形态布局以及立面风格与周边城市风貌息息相关。在设计过程中应充分考虑周边规划条件、城市风貌进行统一设计。站区房屋与站房处于同一片区，空间关系较为紧密，二者也应具有设计风格上的延续性。

随着中国城市化的发展，社会生产力不断向大中城市集中，产业布局及人口分布呈现区域化、集约化的特点。铁路行业作为服务于国家和社会的交通运输行业，铁路生产力布局必然呈现出向大中城市的区域化、集约化发展的倾向。

铁路生产生活房屋作为为铁路生产作业及职工生活服务的设施，应根据铁路生产力发展特点进行优化、调整，铁路生产生活房屋向大中城市集中布置，有利于铁路行业共享城市资源，降低铁路生产资料的成本，方便行业人才的引进，改善铁路职工及家属的生活、教育、医疗条件，促进本行业发展。

铁路生产生活房屋向城市集中布局，面临城市中建设用地紧张、环境品质要求高的特点。房屋的相关设计需进行一体化设计，结合铁路部门的"供、电、工一体化"改革对房屋需求的改变，通过"站区建筑一体化""站城一体化"等设计方法，集中化、集约化建设铁路生产生活房屋，达到节约建设土地、提高设施利用率、提高城市环境品质、降低铁路运营成本的目的。

铁路生产生活房屋一体化设计，将原属多个铁路站段（部门）的建筑，整合到一栋或多栋建筑内，整合后房屋体量变大，利于与站房等周边建筑协调造型，提高城市空间品质。同时整合后院落空间相比扩大，利于布置绿地、建筑小品、娱乐场地等职工休闲设施，提升员工工作生活环境质量。共用院落及院落内自行车棚、晾衣棚等职工服务设施，提高设施使用率，减小土地使用面积。

铁路生产生活房屋一体化设计，可参考表3-1：

表3-1 某项目站区房屋一体化设计案例

| 序号 | 位置 | 原房屋 | 一体化设计后房屋 | 备注 |
|---|---|---|---|---|
| 1 | 站区房屋 | 信号楼 | 站区综合楼 | 1.结合站房综合楼等周边房屋大小、周边规划，可分拆一栋或两栋楼；<br>2.具体整合房屋范围需结合工艺要求确定 |
| 2 | | 10 kV 配电所 | | |
| 3 | | 给水所 | | |
| 4 | | 保养点 | | |
| 5 | | 职工单身宿舍 | | |
| 6 | | 职工食堂 | | |
| 7 | | 职工浴室 | | |

续上表

| 序号 | 位置 | 原房屋 | 一体化设计后房屋 | 备注 |
|---|---|---|---|---|
| 8 | 工区（场段） | 通信工区 | 工区（场段）综合楼 | 具体整合房屋范围需结合工艺要求确定 |
| 9 | | 变电工区 | | |
| 10 | | 工务工区 | | |
| 11 | | 给排水工区 | | |
| 12 | | 建筑工区 | | |
| 13 | | 信号工区 | | |
| 14 | | 职工单身宿舍 | | |
| 15 | | 职工食堂 | | |
| 16 | | 职工浴室 | | |
| 17 | | 洗衣房 | | |

**2. 铁路站区房屋整合新进展**

站区房屋设计过程中应达到城市—站房—站区"三位一体"的整体效果，践行"站城融合"的指导思想，达到"一站一景"的整体效果。根据铁路房屋使用功能特点，进行房屋整合。

（1）雄安站站区房屋与城市设计融合

①规划设计背景

雄安站生产生活房屋，在城市形态上，结合昝岗组团城市设计，打造以铁路客站为城市空间及形象核心的枢纽片区，是一次较为成功的尝试。

根据雄安新区高铁片区规划，新区明确了铁路用地地块和范围，给出铁路生产生活用房总占地约 2.55 万 $m^2$（两个地块），容积率为 2.0~4.0，地下建设两层地下室。

因此，站区房屋按照城市规划相关要求，将原有分散在站房两侧的生产生活房屋进行整合，在满足铁路生产生活需要的同时，与城市空间形态相协调，将信号楼、配电室等原设计的 12 栋房屋整合成 1 栋建筑进行先期建设（图 3-22，图 3-23）。

图 3-22 雄安站生产生活房屋效果图

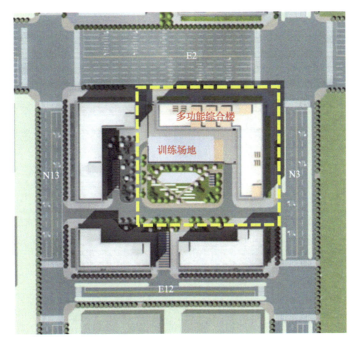

图 3-23 雄安站生产生活房屋总平面图

②规划设计方案

通过整合设计,将信号楼、信号车间、10 kV 配电所、给水所、垃圾站、值守点、公寓及派班楼、公安综合楼、换热站、宿舍、行车公寓等整合为一栋高层建筑,建筑地面以上共 12 层,建筑平面为 L 型布置,高度 48.75 m,地面以下设置 2 层地下室。

外立面方案设计,根据新区《河北雄安新区雄安站枢纽片区城市设计导则》

及新区规划要求的《正负面清单》并参考雄安站站房立面与之对应。1~2层采用陶土板幕墙，3~12层外墙采用棕黄色及白色真石漆，并利用竖向线条分格呼应站房的韵律，并利用片状玻璃幕墙进行穿插布置，增加了立面的灵活性（图3-24）。

图3-24 雄安站生产生活房屋立面效果图

通过雄安站站区房屋整合的设计实践看，在建筑形态布局方面，铁路站区房屋以往分散低矮的低效能布置方式已经远远不能满足现今的规划布局理念，从雄安新区城市设计控规可以分析出，未来的城市设计将向组团化、生态化、单元化、立体化等更为高效可持续性的方向发展。以后铁路站区房屋整合设计将成为大势所趋。

（2）丰台站站区房屋与城市景观融合

建筑的造型不能独立于城市而存在，以往铁路站区房屋造型，全线统一，单一枯燥的建筑立面不满足现代城市设计的要求。丰台站在站区房屋整合中，以求与城市周边建筑立面协调，与单元街区立面呼应统一，体现城市文化内涵，与城市景观融合。

①站区房屋工程概况

丰台站按照日常运营维护需要全线配备生产、生活房屋总建筑面积为35.7万 $m^2$，其中，站区生产生活房屋总建筑面积为15.1万 $m^2$，机辆段及沿线生产生活房屋总建筑面积为20.6万 $m^2$。

②丰台站站区定位

丰台站场所在区域为进京多条干线的主路径。站场及原有铁路用地成为三环到五环间的城市特殊功能带。站场工程用地过长且体量巨大，功能复杂，临近多种城市功能区，对城市环境有着很强的影响力。丰台站区应与丰台区城市环境深度融合，加强站区基础设施和环境建设投入，为丰台区建设成为首都高品质生活服务供给的重要保障区，历史文化和绿色生态引领的新型城镇化发展区提供强有力的支撑（图3-25）。

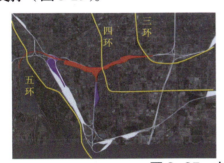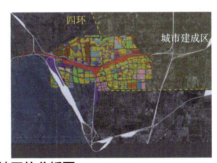

图3-25　丰台站区位分析图

③规划要求

为落实《北京城市总体规划（2016年—2035年）》及城市设计要求，本着加强城市门户的塑造、顺应城市肌理、全局色彩管控、精细化渐进式提升城市服务功能的原则，丰台站站区景观提升方案在满足铁路基本生产功能、用地规模和房屋布局需要的前提下，对丰台站区进行城市关系梳理并开展景观提升工作。以旅客感受界面、城市界面为研究对象，利用复合手法对设计要素进行多层面多维度研究，构建了城市和丰台站场区的景观与场地体系，建立了沿场区外围延展的城市慢行及活动景观缓冲区。站区建筑设计方案打破了铁路场站区通常只考虑功能需求，忽略与城市融合的既往模式，对站区内多组建筑统一考虑，通过控制宽厚比、高宽比、外立面色彩来解决建筑形态单一，体量过大对周边城市造成的负面影响，形成了完整、连续的城市界面。

④站区房屋设计方案

a. 建筑布置研究

依照铁路运输作业流程以及生产作业需要，丰台站共配备生产房屋总建筑面积为15.1万 m²。主要涵盖车站管理、客运服务、线路维护、接触网抢修、通信、信号、运转等生产功能房屋，房屋单体为22栋。通过对城市规划的研究，设计时突出以站房为中心，本着减少路外征地的原则、尽量集中布置，充分考虑生产工艺流程的需要，考虑与周边铁路生产设施相结合，将功能相近房屋并栋设置，不能并栋时，采用组团布置方式设计。

使房屋单体数量由22栋减少到16栋，并按照服务站房及车场功能需要，由近至远在客运车场，共形成三个功能区域，依次为：主站房西北角的车站附属设备区，设有站房配套的附属设施用房，设有行包牵引车库及列检作业房屋、垃圾转运站、雨水泵站。正阳大街和线路之间的车站运营管理、服务区，是站房运营需要的管理配套的生产房屋，设有客运行管综合楼、行车公寓综合楼丰台站客运车场信号运转综合楼、10 kV配电所、公安派出所等。西四环东侧的车站设施维修区，设有车站日常运营维修、线路检查作业的生产房屋，设有接触网工区及工务工区轨道车库、配电所及开闭所、建筑、接触网、工务综合楼等（图3-26~图3-28）。

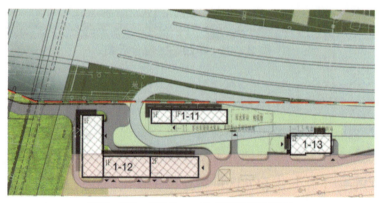

图3-26 区域一：车站附属设备区

图 3-27　区域二：车站运营管理服务区

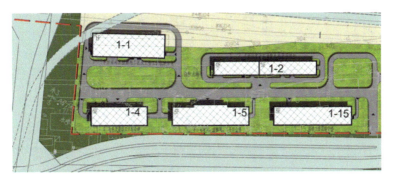

图 3-28　区域三：车站设施维修区

b. 建筑立面研究

设计运用多维度分析的研究手法，从站场对乘客和城市的影响，超长场区穿越不同城市位置和功能区的影响，不同城市高度层面的视觉系统分析，以及随站场建设时间改变的控制性因素等多方面的研究，使站区房屋建筑达到提升铁路旅客进京的第一感受，解决超尺度铁路项目对城市的不良影响，建立轨道场区城市设计的样板等设计目标，实现站区建筑服务于城市、融入城市的设计理念。

利用模块化设计，达到丰富且统一的立面效果。在立面设计的过程中，以 2 800 mm×3 400 mm 为基本模块，采用横向模数变化、竖向模数变化、局部模数突变等方式，使立面富有规律性和变化性（图 3-29）。

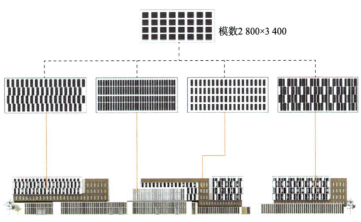

图 3-29　丰台站站区房屋立面分析图（单位：mm）

将建筑主体抽象为简单的体块,在这些体块中确定中视角平面,此平面以下将建筑设计成风格统一的形式。其他功能空间对主体模块进行切割、合并和穿插。最终使建筑体量达到丰富且有序的效果(图3-30~图3-33)。

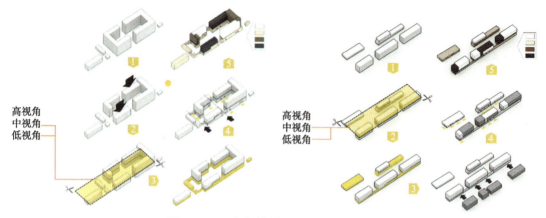

图3-30 丰台站站区房屋体块分析图

图3-31 丰台站站区房屋人视效果图

图3-32 丰台站站区房屋鸟瞰效果图

第 3 章 铁路客站规划设计创新

图 3-33 丰台站站区房屋人视效果图

从视线入手进行立面设计，设计过程中将建筑构成和视觉感受相叠加。站区房屋地理位置的特殊性决定了视线设计在该项目中的重要性，由于站区房屋紧邻铁路、公路，随着路面、轨面的高度变化，视角也发生巨大改变。随着位置不断推进，视线在相当大的高度内不断转换，乘客看到的建筑和景观也在不断改变。根据不同的位置角度设计不同的建筑景观给旅客带来不同的视觉感受（图 3-34，图 3-35）。

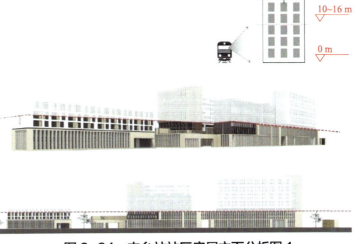

图 3-34 丰台站站区房屋立面分析图 1

图 3-35 丰台站站区房屋立面分析图 2

在满足工期和造价的前提下，尽量简化立面材料，达到立面的多样性。以四季色卡的变化作为控制性原则，形成色彩区分，适应不同维度的色彩需求（图3-36）。

（3）太子城站站区房屋与城市景观融合

太子城站，周边坐落着会展中心、冰雪小镇、颁奖广场等建筑与设施，北侧2 km处为古太子城遗址群。铁路用地外的赛区配套建筑有着统一的规划设计，在建筑造型、体块、沿街立面、天际线等方面均相互协调、有所考究。

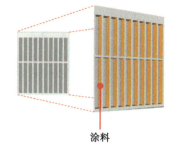

图3-36　丰台站站区房屋立面分析图3

太子城站区房屋规划设计首先在区位选择上尽量远离古太子城遗址，将现代建筑与历史文物的冲突降到最低；其次，在建筑形制上考虑了小体量、分散式布局，一方面呼应了周边赛区建筑小体量组团式构成，另一方面也可以在太子城赛区优良的自然环境下和谐处理（图3-37）。

图3-37　太子城站区总图

站区房屋组团天际线设计依山就势，屋顶连绵，与背景群山辉映契合；房屋在造型和立面设计上呼应赛场文化，以倾斜、曲线等元素突出动感，彰显活力（图3-38，图3-39）。

图3-38　太子城站区房屋天际线设计

图 3-39 太子城站区房屋设计效果图

**3. 站区房屋整合发展方向**

通过上述设计案例，可以总结分析得出铁路站区房屋"一站一景"发展方向和设计要点。

（1）站区房屋设计过程中应在充分满足地方城市规划对容积率基本要求的前提下，向组团化、生态化、单元化、立体化等更为高效可持续性的方向发展。

（2）设计前期应充分调研当地城市风貌与周边地块功能特点，房屋的功能布局应与之相呼应，协调发展。利用多种设计手法改变铁路沿线建筑、景观，提高场区与城市的融合度，构建具有规律性、节奏感、丰富的建筑体系。

（3）建筑风格应遵循城市风貌导则，与城市周边建筑立面协调，与单元街区立面呼应统一，体现城市文化内涵。运用多维度分析的研究手法，从站场对乘客和城市的影响、不同城市高度层面的视觉系统分析，使站区房屋建筑达成服务于城市、融入城市的设计理念。

（4）针对城市配套管线、地下空间等多种环境条件，应充分做好调研，合理利用既有城市基础设施及其接口。

（5）针对周边自然环境较有特色的车站，应充分考虑其景观特点和历史文脉。通过材料、造型等设计手段使站区房屋与周边环境融为一体。以八达岭长城站为例，通过建筑体块的错落堆叠，呼应了错落有致的长城形式；建筑立面材料选用米黄色砂岩石，并做表面处理，与长城城墙的质感达到一致；采用种植屋面、生态挡墙设计，与背景群山植被共枯荣（图 3-40）。

图 3-40 八达岭长城站效果图

## 3.2.7 创新与启示

在客站建设新理念的引领下,京津冀地区重点客站在站城关系、站区房屋整合下的"一站一景"设计等方面进行了新的探索和实践,这些实践案例及其创新,对后续铁路客站的规划设计具有重要的借鉴和参考价值。

### 1. 创新

雄安站突破传统的空间布局形式,本着"站城融合"的设计目标,依托路地双方建立的工作营机制,在项目前期,将枢纽片区约 4 km² 和枢纽核心区约 1.0 km² 的区域,均纳入研究范围,确定了交通功能与城市功能一体的布局理念和土地利用指标,铁路客站方案、城市设计方案、轨道交通线站位方案、交通规划专项方案均同步开展工作，铁路客站、枢纽周边空间与城市空间同步规划、同步设计、协同建设，形成了铁路客站与城市配套功能及周边城市业态的高度融合。枢纽内，国铁与市政工程统一标准、统一系统、一体化设计与建设，公用设备与空间协同管理，形成了国内首个实现站城全融合的铁路综合交通枢纽实践案例。

北京朝阳站是在既有城区进行车站建设的案例。为了缓解北京朝阳站周边城市交通压力，车站车流组织以周边城市交通骨架为依托，本着高效、便捷、节约用地的原则，采用"南进南出、北进北出、局部互通、分块循环"的交通组织方式，在远期与城市交通采用高接高的方式互联互通，极大的缓解车站周边交通压力。在枢纽内部的地下一层设置地下交通环路，将国铁、站前市政配套和周边商业开发的地下车场进行串联，并与城市市政道路相连，在一定程度上缓解地上交通压力。

铁路站区房屋在"一站一景"设计方面，也取得了新进展：

雄安站将站区房屋整合与城市规划密切结合，将传统的小而散的建筑个体，整合形成了一栋高层建筑综合体，容积率由小于1.0提高至2.7，不仅节约了城市用地，而且建筑形态也与城市更加协调，使铁路与城市的关系更为融洽。

太子城站的车站与站区房屋在规划之初，就与北京冬奥会紧密结合，站区空间不仅与自然环境高度契合，同时也与冬奥会冰雪小镇的功能紧密衔接，在实现为冬奥会提供运行保障服务使命的同时，也为正常出行的铁路旅客提供了较好的出行体验。

丰台站站区在"一站一景"设计中，着重将房屋整合与城市景观有机结合。建筑景观设计以统一手法对站场区域内的房屋建筑、景观及设施进行整体设计，建立联系城市和丰台站场区的景观与场地体系，建立沿厂区外围延展的城市慢行及活动景观缓冲区，构建有节律的铁路客流进京绿色视廊和完整连续的城市界面，给旅客带来更为和谐流畅的进站视觉体验。

2. 启示

站城关系的研究、思考与实践，一直受到铁路客站建设者和社会各界的高度重要，京津冀客站的建设实践，既有多年来我国铁路客站规划设计的经验积累，也有客站建设新理念营造的创新热土，随着立体综合交通体系的发展，综合交通枢纽建设必将不断创新发展。总结京津冀客站的设计创新及实践，期望对后续客站建设具有借鉴和参考。

（1）铁路客站建设应契合国家的发展战略

近几年的京津冀精品客站建设，均积极融入并贯彻落实国家和区域发展战略。雄安站的设计积极响应了雄安新区"世界眼光、高点定位"的发展理念；北京朝阳站、丰台站的设计，贯彻落实京津冀协调发展战略，积极融入北京城市规划建设的总体布局；清河、太子城等车站的建设，是北京冬奥会基础设施建设的重要组成部分，客站设计将奥运需求与铁路旅客运输需求有机结合。这些案例的创新实践，正是国家重大决策和区域发展战略带来的契机。

（2）管理模式改变为站城关系营造创新环境

雄安站之所以能够在站城融和方面进行了大胆创新，将铁路站房与城市配套工程整合在一个空间内，共用空间、共用系统、一体建设、协同管理，得益于雄安新区新的建设理念和陆地双方构建新的管理模式。在方案阶段和规划设计初期依托陆地双方建立的工作营机制，给站城融合营造了良好创新环境；将枢纽片区整体纳入研究范围，陆地共同确定铁路客站方案、城市设计方案、轨道交通线站位方案、交通规划方案等前期工作，为站城融和方案的实施打下了坚实的基础；陆地双方共同投资，统一设计、统一审批、统一建设，为站城融合的枢纽建设提供了程序和资金保障。

（3）站城融合是一个动态发展长期课题

结合我国的国情特点，走发展之路，以动态的思维来处理站与城的关系，给车站与城市空间适度留有弹性，让站城融合的理念长期动态在项目中得到实践。同时，也需要各级管理者和建设者以高定位、宽视野、大格局的思维来探索创新共赢机制，将各部门的利益更好的平衡、统筹与协调，也是站城融合更好发展的重要保障措施。

## 3.3 以人为本塑造空间与细节

以人为本是指通过对人的行为习惯、生理结构、心理状况和思维方式的分析，对旅客情感需求进行全方位解读，在此基础上，运用技术、色彩、形态、尺度、构造等不同的处理方式，加强对客站室内视觉环境、心理环境、物理环境的营造。对不同人群采用差别化服务环境和服务设施的建设，以及加强细节处理，创造出既满足旅客使用又温馨舒适，且使旅客更具获得感的高铁客站空间。

"以人为本"一直以来都是铁路建设和铁路服务的重要理念，是对不同时代社会需求的响应和反馈。对于高铁客站而言，以人为本不仅是建设和服务宗旨，更具体体现在站内温馨环境营造、差异化服务提供、无障碍设施环境以及人性化细节等诸多方面。

### 3.3.1 客站建设以旅客需求为导向

服务旅客需求是客站设计的核心目标之一。随着时代的发展和科技的进步，旅客的出行方式和出行需求都产生了一定的变化，进而影响到高铁客站的进出站模式、购票模式、候车模式和使用方式等。"以人为本"的设计理念，其内涵和外延随着不同时代一直在进化、发展和演变，具有鲜明的时代特色。

#### 1. 从"一票难求"到"走得了"

改革开放初期，社会发展提速，不同地域之间的沟通愈发强烈。到1980年底，我国铁路运营里程53 300 km，列车平均开行速度60~80 km/h。铁路旅客的出行模式主要以普速铁路为主，机动性较差、周期性较长，大多旅客到达车站时间较早且候车时间较长，主要地区的火车票可以说是一票难求。此外，社会大众对铁路运输的基本要求就是买到票且"走得了"，但由于路网规模和列车开行能力制约，一票难求的局面很长一段时间没有得到改善。因此，为应对大量购票人群和提前候车人群，需要建设较大的候车空间和规模较大的对外售票厅来满足旅客的需求，铁路客站内拥挤杂乱是当时留给社会的普遍印象。此外，购票方式单一，也是造成铁路客站人员拥挤的一个原因。

#### 2. 从"走得了"到"走得好"

经过改革开放几十年的发展，随着高速铁路的快速延展，路网规模不断扩大，一票难求的局面得到初步改善，旅客出行所需时间大幅减少，人民的出行趋于自由灵活。经济的快速发展、物质精神水平的逐渐提高，使得旅客对于车站候车品质和配套设施服务水平都有了更高的要求，商务候车厅、冠名候车厅等针对部分旅客的服务空间也应运而生。同时，随着城市轨道交通的快速发展，不同交通工具之间的接驳换乘方式也成了大型综合交通枢纽着重考虑的重要因素。国铁和地铁、国铁和公交、国铁和小汽车的换乘便捷程度成了评价一个车站建设成功与否的重要指标，广大旅客也从不断新增的现代化铁路客站的出行中体会到了"走得好"

#### 3. 从"走得好"到收获幸福感、获得感

进入新时代，高速铁路网主骨架基本建成，客货运分离，路网客运能力大幅

提升，高铁已成为百姓出行的首选交通方式。同时，随着科技的发展，人们的生活习惯有了较大的变化，数字客户端、手机 App 和移动支付等智能化服务设施相继问世，影响着旅客对车站需求的转变，也催生了客站功能的不断递进，主要体现在四个层面：一是空间功能的变化，根据不同旅客需求，候车空间变得丰富多样，设置单独的军人候车区、母婴候车区、儿童娱乐区和重点旅客候车区等多种功能空间。12306 网络客户端及手机 App 的出现逐渐削弱传统大规模的人工售票厅，取而代之的是集查询、退换票、自动取票等多功能为一体的综合服务中心。二是建筑环境的变化，更加注重建筑声、光、热、空气等不同公共空间物理环境的控制，采用分区分单元控制，为旅客提供舒适温馨的室内感受。三是服务设施的变化，随着网络购票的增多，无纸化乘车成为一种趋势，仅靠刷身份证或刷脸进出站成为常态，实现了票证人一体。四是人性化细节的变化，公共空间增加绿化和小品等软装设施，美化空间环境，座椅灵活摆放增加旅客交互，建筑细节设计更具人性化。高铁发展和客站建设带来的这些变化，让广大旅客有了更多的幸福感和获得感。

### 3.3.2 站型及流线的新发展

铁路客站是一个复杂的交通建筑，在解决枢纽内部多种交通方式换乘问题的同时，要保证旅客进出站的快速便捷，使旅客能够以最短的时间以及最优的路线实现快速进出，达到车站快速集疏设计目标。

在以往的客站设计中，按照无缝衔接"零换乘"的设计理念，因地制宜地创造出上进下出、下进下出、上进上出、全地下、半地下等多种平面布局模式和旅客流线，积累了丰富的设计经验。京津冀客站设计中，针对不同的站型，在平面布局和流线组织上进行了创新设计和探索实践，创造了多进多出流线组织模式、基于双层车场流线组织模式、服务冬奥会流线组织模式以及深埋地下站流线组织模式，进一步丰富了铁路客站的客流组织模式，为旅客营造了更为便捷的进出站环境。

**1. 多进多出的流线组织模式**

大型综合交通枢纽客站，占地面积大，人流、车流量大，交通流线复杂，如何营造顺畅便捷的流线，给旅客提供更为方便的进出站条件，提供更好的进站乘车体验，是客站设计初期需要解决的问题。雄安站、北京朝阳站根据车站以及枢纽布局特点，经多方案比选，最终确定采用多进多出的流线组织模式，分散旅客进出站节点压力,缩短进出站走行距离,提高枢纽换乘效率,是大型客站旅客流线的一种新尝试。

(1)雄安站

雄安站采用双层立体候车布局,主体共五层,其中地上三层,地下两层,且地面候车厅两侧利用地面层和站台层之间的空间设置出站夹层。旅客流线以地面层进站为主,高架层进站为辅,利用地面层和站台层之间的空间设置出站夹层,形成多进多出的进出站流线格局,实现旅客"进出分层,到发分离",旅客进出畅通,提高了枢纽的换乘效率(图3-41)。

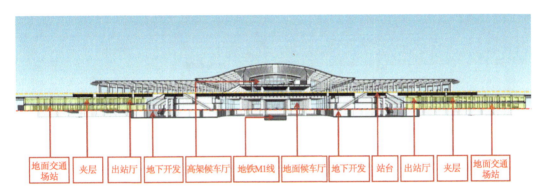

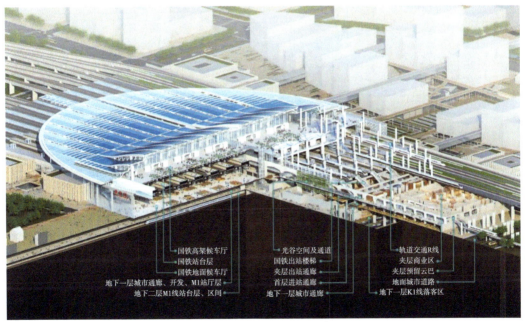

图3-41 雄安站剖透视

首层为地面层,中央为进站与候车厅,两侧为连通城市东西的城市通廊,外侧为配套交通场站。地面夹层为出站层,两侧为城市通廊和配套交通场站及商业服务设施。地上二层为国铁站台层及城市轨道交通 R1、R2 线站台层，地上三层为高架候车厅，地下一层结合地铁和地面城市通廊设置地下开发空间，地下二层为地铁 M1 线站台层和区间。

①地面层（0 m）

地面层中间由西至东分别为铁路候车大厅及城市轨道交通站厅，南北两侧分别为公交车、社会车、出租车、大巴车等道路交通场站及配套商业，两者之间设有两条城市通廊，贯穿枢纽东西广场。铁路站场及轨道交通站台下四角设有四幢辅楼，西侧两幢为铁路办公设备用房，东侧辅楼为枢纽配套办公设备用房（图 3-42）。

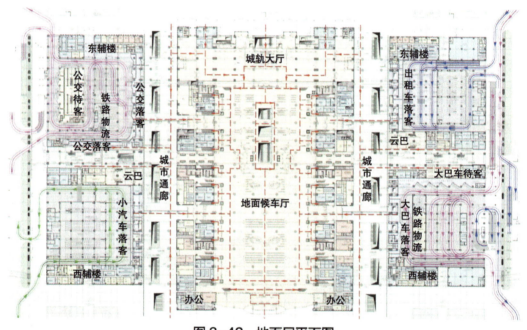

图 3-42　地面层平面图

②地面夹层（6.5 m）

地面层与站台层之间在铁路候车厅南北两侧利用高大空间设置地面夹层（6.5 m），紧靠铁路候车厅的区域主要为商业设备用房及铁路出站厅，南北两端主要布置市政配套交通场站及商业。京雄场铁路物流通道布置在南侧，津雄场铁路物流通道布置在北侧（图 3-43）。

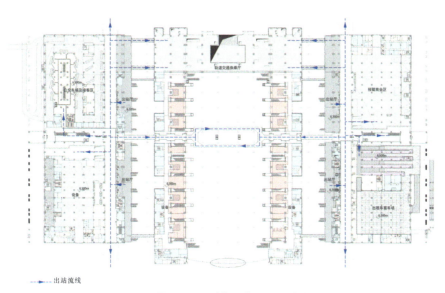

→ 出站流线

图 3-43　地面夹层平面图

③站台层（16.4 m）

站台层为铁路站台层及城市轨道交通 R1/R1 机场支线站台层，西侧布置两处贵宾室。由西至东依次为京雄城际铁路站场、津雄城际铁路站场、城市轨道交通 R1、R2 线线路及站台（图 3-44）。

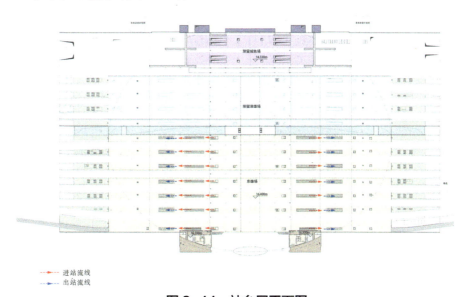

→ 进站流线
→ 出站流线

图 3-44　站台层平面图

④高架层（25.4 m）

高架层为铁路高架候车大厅，高架候车大厅北侧设置进站楼扶梯及电梯。由城市轨道交通 R1、R1 支线站台至高架候车大厅设有天桥。铁路站场及城市轨道交通R1、R1支线站台上方设有椭圆形屋盖（站台雨棚）(图3-45)。

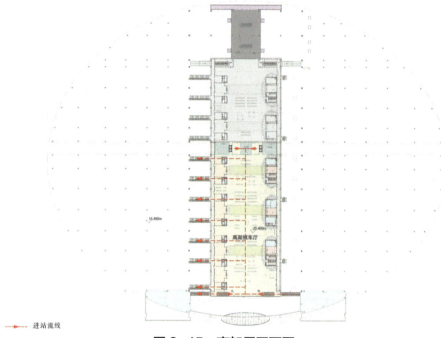

图3-45 高架层平面图

⑤地下一层（-8.5 m）

地下层中间区域为地铁M1线站厅，南北两侧进行地下空间商业开发，地下商业空间通廊与外围城市空间连通（图3-46）。

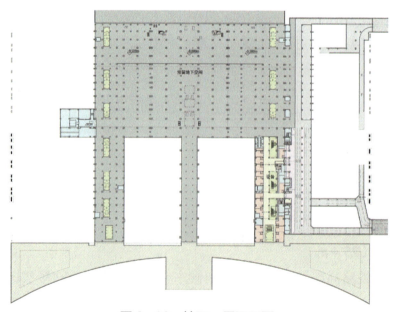

图3-46 地下一层平面图

⑥地下二层（-14.5 m）

地下二层为地铁 M1 线站台层（图 3-47）。

图 3-47　地下二层平面图

⑦剖面图（图 3-48）

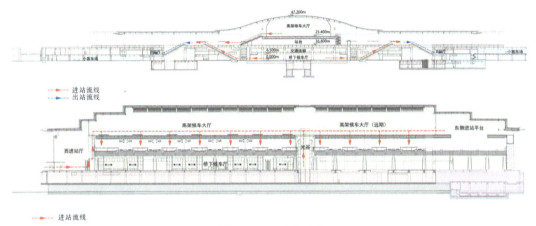

图 3-48　剖面图

（2）北京朝阳站

通过竖向空间设计，打造分层次的竖向功能组合。站台雨棚屋面停车场结合高架进站车道服务于高架层进站，并在地下层设置快速进站厅服务地铁客流，形成"上进下出"结合"下进下出"的多进多出旅客流线组织模式（图 3-49）。

图 3-49　北京朝阳站剖透视

车站主体共三层，其中地上两层，地下一层。地上二层是高架候车厅（标高 10 m），满足 10 m 层高架车道落客进站和候车功能；地上一层为站台层

（标高 0.12 m），主要为地面层进站厅、综合服务中心；地下层为出站层（标高 –11.75 m），本层与市政区域相连，主要为出站通廊和换乘大厅，同时设置地下快速进站厅，满足乘地铁到达的旅客快速进站上车的需求。

①地下出站层（–11.75 m）

主要由铁路旅客出站、快速进站、出租上客区、社会车辆停车场以及交通换乘大厅等组成。

中央两跨（24 m+18 m）为快速进站厅，其北侧为东西向城市通廊，结合通廊两侧布置商业旅服用房。通廊西接市政地下地铁换乘大厅，可接驳换乘地铁 M3、R4 线和公交枢纽，及上行至广场地面。

站房西侧大厅内设有楼扶梯可竖向连通站房地上各层。大厅两侧为售票及旅服，南北两侧集中布置设备用房。

中央站房外部南北两侧为旅客出站通廊及出站厅，确保为旅客提供较为舒适的出站、接客空间，结合检票口的位置放大中央通廊宽度。局部设置少量必需的办公、设备用房和卫生间，以划分空间。

出站通廊外侧设有东西走向的地下出租车上客车道，采用的是西进东出、东进西出的车流组织方式，乘客出站后可便捷的搭乘出租车离开，出租车车道外侧为小汽车停车库。

本层出站的旅客可以方便地选择换乘地铁、出租车、公交车或者进入社会车库，换乘流线清晰便捷（图 3-50）。

②地下夹层（–5.00 m/–7.30 m）

本层为铁路车站办公设备夹层及地下车库夹层。在西侧站房地下夹层两侧布置办公及设备用房，标高为 –5.00 m。中央站房范围布置小汽车停车库，车库部分标高为 –7.30 m，范围与地下一层相同，南北各设坡道与地下一层车库连通（图 3-51）。

③地面层（0.12 m）

本层西侧为子站房，面宽 264 m（轴线距离），进深 66 m（轴线距离），为广场层步行旅客地面进站使用。西侧的广厅上下贯通，旅客可以在这里实现与高架层、地下层的转换。

站房中央为进站集散大厅，与南侧综合服务中心相连通。进站厅内主要布置进站扶梯及必要的交通核。大厅南北两侧各有一个通高中庭，围绕中庭布置各种车站办公及设备用房。南侧中庭旁边，邻近站台区域布置贵宾厅及其配套房屋（图 3-52）。

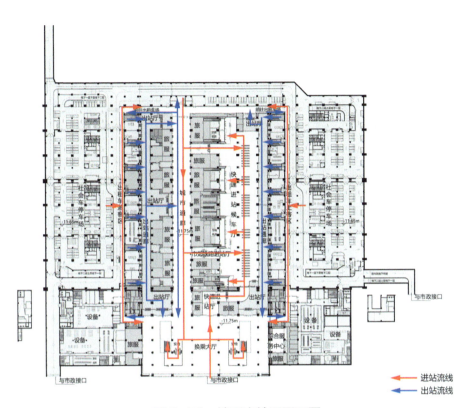

图 3-50　地下出站层平面图

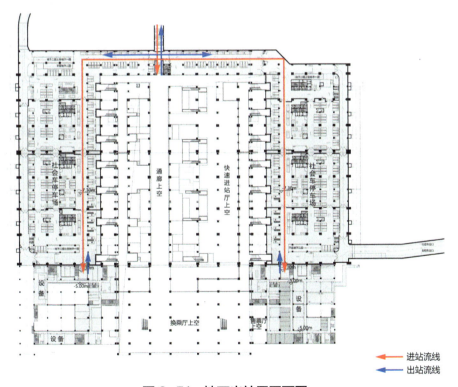

图 3-51　地下出站层平面图

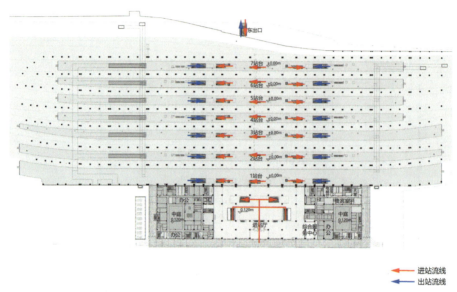

图 3-52　站台层平面图

④高架层及高架夹层（10.00 m/17.00 m）

高架层（10.00 m）为铁路旅客高架候车层。结合高架车道，站房南北两侧设置小型车落客区，下车后旅客可进入南北高架落客平台，直接进站候车。

高架层中央为候车大厅，大厅呈不对称布局，北立面以玻璃幕墙为主，开敞通透；南立面为玻璃和实墙体块韵律排布，虚实相间。结合进站口位置，候车大厅北部靠幕墙布置四区一室及商务候车室，南部布置商务候车室，西部布置旅客服务用房及设备，并结合进站楼扶梯设置闸机及旅服用房组团，于四角对称布置卫生间。

高架夹层（17.00 m）主要功能为站内旅服配套。该层布局结合高架层的非对称布局呈 L 形，北面、东面开敞不布置房间，南面、西面布置为站内商业旅服用房及配套用房，满足旅客餐饮、休闲及购物需求（图 3-53）。

⑤剖面图（图 3-54）

（3）清河站

站房工程主体共四层，其中地上两层（局部设夹层），地下两层。地上二层夹层（标高 13.50 m）为商业夹层；地上二层（标高 9.00 m）为候车层；地上一层（标高 0 m）为西进站大厅及站台层；地下一层（标高 –9.50 m）为城市换乘通廊、铁路快速进站厅及出站厅、地铁付费区、地铁设备用房、地下车库及其设备用房、公交及慢行通道层；地下二层（标高 –17.90 m）为地铁昌平线南延及 19 号线支线站台层（图 3-55）。

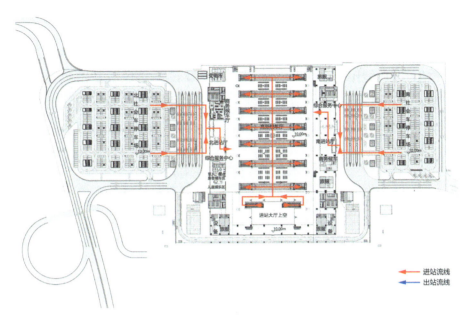

图 3-53　高架层平面图

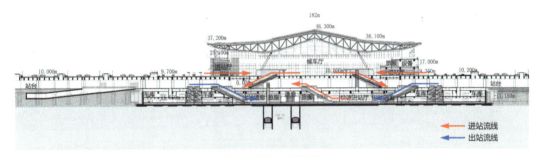

图 3-54　剖面图

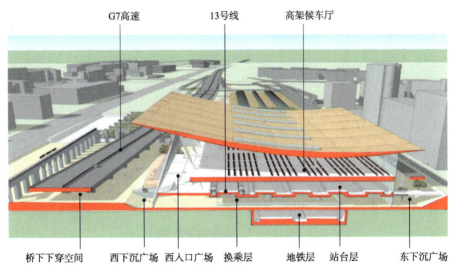

图 3-55　清河站剖透视

①地下出站层（-9.50 m）

本层主要功能为地下出站层，同时还包含城市换乘通廊、地铁付费区及非付费区、大铁售票厅、出站通道、出站厅、车库及设备用房以及市政下穿通道等功能分区。在本层可实现国铁的地下出站、国铁与地铁的换乘，以及城市通廊等多种流线组织功能（图3-56）。

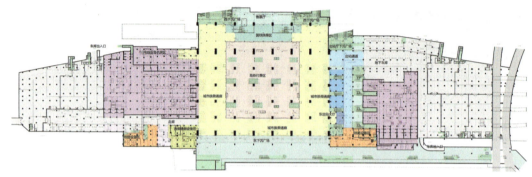

图 3-56　地下层平面图（单位：m）

②地面站台层（0 m）

本层主要功能为国铁地面进站，在本层设置地面进站入口，以及与地下出站层以及高架进站层空间连通（图3-57）。

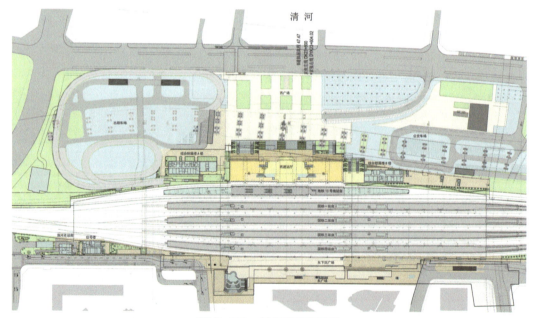

图 3-57　地面层平面图

③高架候车层（9.00 m）

本层主要功能为高架进站，在本层设置高架候车大厅、vip及商务候车厅、综合服务中心及办公用房，同时在站房的两侧设置了局部的停车场，满足腰部落客及临时停车的需求（图3-58）。

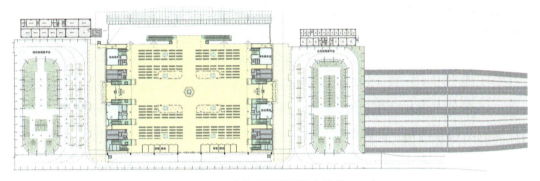

图3-58　高架层平面图（单位：m）

④剖面图（图3-59）

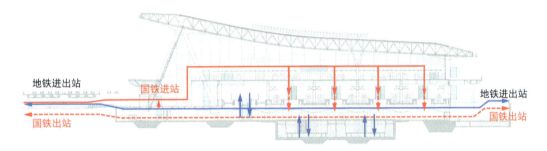

图3-59　剖面图

**2. 基于双层车场的流线组织模式**

北京丰台站首次采用了双层铁路车场重叠布置的设计方式，将站场功能进行竖向叠加，在最大程度节约用地的基础上，也催生出了新的候车空间和旅客流线组织模式（图3-60）。

图3-60　剖透视图

北京丰台站为尽端式高架站，车站设计规模为 17 台 32 线，采用双层车场布置，其中普速车场规模为 11 台 20 线，位于下层，高速车场规模为 6 台 12 线，位于上层。车站共四层，地上三层，地下一层，局部设有夹层。地上三层为高速站台层（标高 23 m），局部东端高速出站层（标高 19 m）；地上二层是高架候车厅（标高 10 m），局部设有商业及设备夹层（标高 14.5 m）；地上一层为普速站台层（标高 0.12 m），局部设有办公及设备夹层（标高 5 m）；地下一层为换乘大厅、快速进站厅、出站通廊、城市通廊、出租车上客区、社会车库以及设备用房（标高 –11.5 m），局部设有社会车库夹层（标高 –7.55 m）。地铁 10 号线、16 号线在站房地下层东南侧进行换乘，16 号线车站位于国铁车场下方，平行于国铁股道方向，10 号线为运营线路，斜穿国铁站房东南角，地铁换乘厅位于站房地下一层东南角，与站房形成平层换乘（图 3-61）。

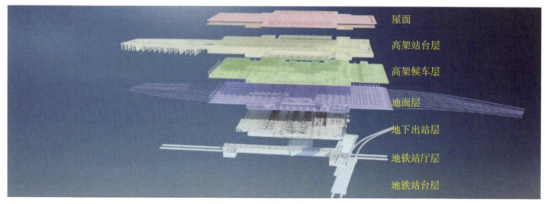

图 3-61　分层布局图

（1）普速进站流线

乘出租车和小汽车来的普速旅客可以直接上到高架层进站，乘公交车、大巴车来的旅客通过地面层南北进站厅进站，乘地铁来的旅客可以从地下南北集散空间至高架层。旅客到达高架候车空间后，在候车大厅的普速候车区候车，并通过 11 组普速进站楼扶梯下至每个普速站台上车。

同时在地下出站层配备了普速快速进站功能，乘地铁来的旅客可以快速通过西地下城市通廊旁的快速进站厅，通过对应每个站台的进站闸机快速上至普速站台上车。

（2）高架车场进站流线

高架车场旅客的进入高架候车厅的方式与普速旅客基本相同。旅客到达高架候车空间后，在候车大厅的高架候车区候车，并通过6组高架进站楼扶梯上至每个高架站台。

同时在地下出站层设置高架快速进站流线，在西侧地下快速进站厅内，配置直通23 m层高架站台的直梯，乘地铁来的旅客可以通过地下快速进站厅，乘直梯快速上至高架站台上车。

（3）普速出站流线

普速旅客下车后，通过每个站台的楼扶梯下至地下普速出站通道，检票后到达城市通廊可换乘各种交通工具。去往地铁的旅客可直接到大厅东南角或地下中间部位换乘地铁10号、16号线；换乘出租车的旅客可以到东西两侧出租车候车平台乘车离开；换乘公交车的旅客可以出站房到南北地下广场，再通过广场上的垂直交通设施上到地面公交车场；乘坐私家车的旅客可以到东西地下停车场，乘车离开。

（4）高架车场出站流线

高架车场旅客下车后，旅客可通过每个站台东行进至23 m层东侧集散厅，通过集散厅下行至19 m层，南北向行进至中央站房辅楼，通过楼扶梯下至地面层高架车场出站厅。去往城市方向的旅客可在此层直接去往广场换乘其他交通工具，去往地下的旅客可继续通过设置在地面层的楼扶梯下行，下至地下出站层，换乘社会车、出租车及地铁。

（5）高普换乘流线组织

旅客通过设置在高架层候车厅内的反向电扶梯完成换乘功能，普速的旅客可通过普速站台东侧的上行电扶梯返回高架候车空间，高架车场旅客可通过位于高架站台东侧的下行电扶梯返回高架候车空间，并在候车厅内候车再次进行乘车。

（6）特殊旅客流线组织

特殊旅客流线组织在西侧特殊旅客集散厅内完成。乘小汽车来的旅客通过西侧高架环路进入临时高架停车区域，下车后通过门厅进入集散厅候车，集散厅内设置了通往每个普速及高架站台的电扶梯和直梯，方便旅客进站。

同时特殊旅客出站时，可利用设置于站台西侧的直梯返回西侧特殊旅客集散空间，乘小汽车离开（图3-62~图3-66）。

图 3-62　地下一层旅客流线图

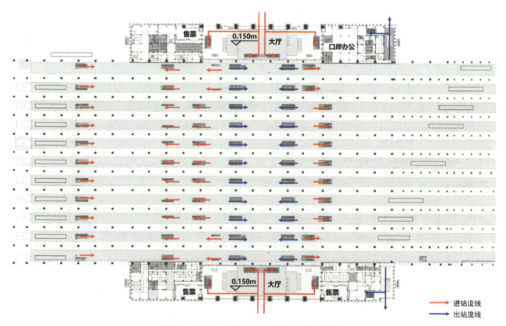

图 3-63　地面一层旅客流线图

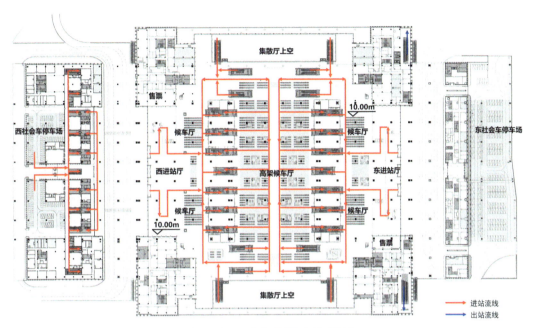

图 3-64　高架层旅客流线图

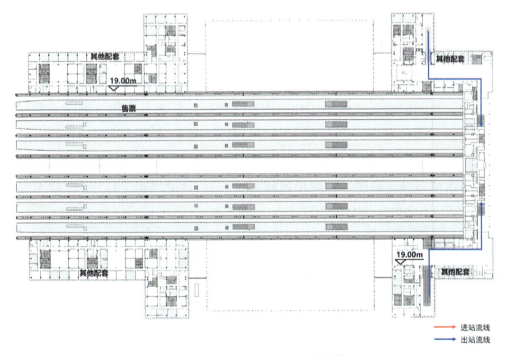

图 3-65　高架车场旅客出站流线图

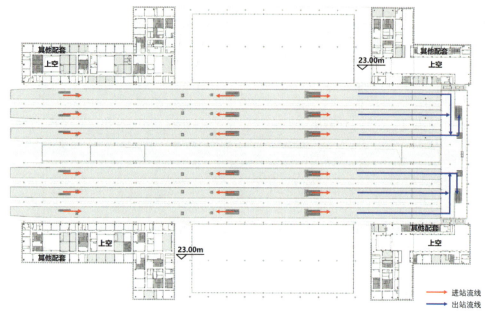

图 3-66　高架车场旅客流线图

3. 平奥结合的流线组织模式

太子城站是设于冬季奥运会主赛场的高铁站，按照平奥结合的方式，进行旅客流线和客流组织的设计。

太子城站站房共分三层，包括地下一层，地面层及夹层。地下一层标高 −6.0 m，平面中部设置候车厅和铁路文化展厅，两侧分别设置临时售票厅、旅客服务及相关设备用房，旅客可通过进站通道的楼扶梯到达地面层进站。地面层平面标高 0 m，平面中部设置候车厅，可直接与旅客进站地道连通，候车厅两侧分别设置售票厅及设备用房。夹层平面标高 7.5 m，建筑面积 1 712 $m^2$，候车区面积 972 $m^2$，平面中部设置商务候车厅（图 3-67~图 3-70）。

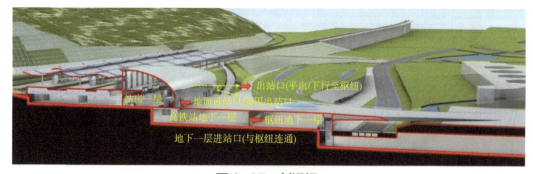

图 3-67　剖透视

图 3-68　地下一层流线图

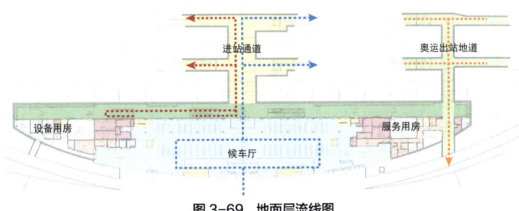

图 3-69　地面层流线图

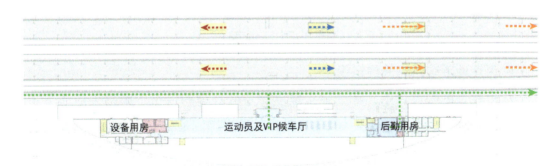

图 3-70　夹层流线图

地下一层作为奥运期间普通旅客的进站层，一层与站前广场直接连通作为媒体及注册人员的进站层，一层夹层与基本站台直接连通，作为运动员及贵宾的进站层，赛后地下一层作为出站厅使用，一层作为进站厅使用，一层夹层作为旅客服务区使用,实现了赛时赛后流线的自然转换。太子城站在地下一层与市政交通枢纽可实现无风雨换乘,并可同时实现流线的平奥转换,实现了不同工况下便捷高效的交通换乘。

功能布局结合站房的地形,呈台阶状布置功能空间。充分考虑赛时赛后的转化,由于赛时客流量较大,将赛后出站厅作为赛时临时候车厅使用。利用出站厅与主要候车厅位于不同楼层这一因素,将奥运赛时不同类型的人群分开进出站,充分利用了站房现有条件,满足了奥运需求(图3-71)。

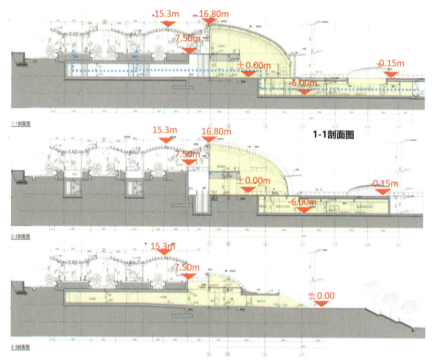

图 3-71　剖面图

### 4. 深埋地下车站的流线组织模式

八达岭长城站设计中,考虑最大限度对景区环境的保护,车站采用地下式站型,站场规模2台4线,埋深102 m,是目前世界埋深最大、旅客提升高度最大的高速铁路地下车站。

车站采用立体3层级空间布局。地面层主要设置进站厅、出站厅和必要的管理办公房屋,建筑面积约2 000 m$^2$;地下一层设置旅客候车厅和机电设备房屋,建筑面积约7 000 m$^2$;站场地下埋深102 m,通过长大通道与地面站房连接,建筑面积约40 000 m$^2$(图3-72~图3-77)。

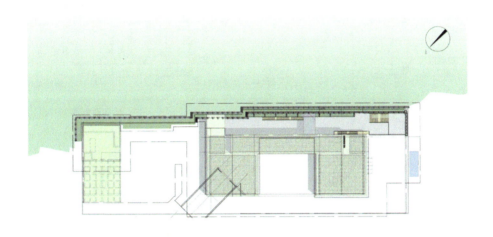

图 3-72　总平面图

图 3-73　首层平面图

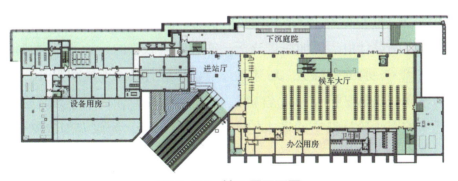

图 3-74　地下层平面图

上述车站的平面布局和旅客流线组织模式，是根据站型的不同进行的创新探索，相信，随着铁路客站建设的不断发展，还将会涌现出更多不同类型的客流组织方式，旅客的乘降体验也会越来越好。

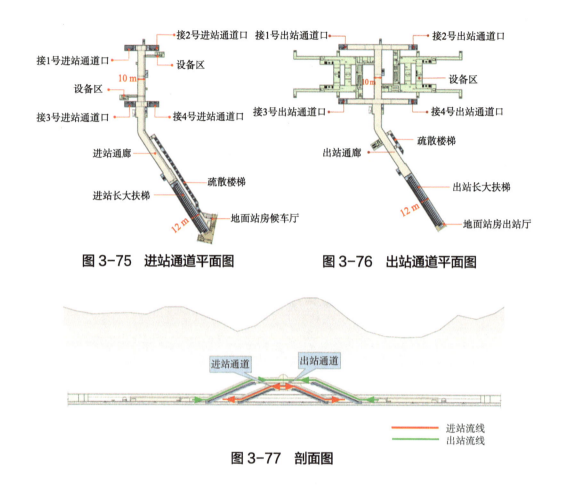

图 3-75　进站通道平面图　　　图 3-76　出站通道平面图

图 3-77　剖面图

## 3.3.3　温馨舒适环境的新体验

高速铁路快速、安全、舒适和绿色的优势，已使其成为城市间沟通的首选交通工具。在客站设计中，更加注重分析高铁客站内旅客的行为和心理特征，在传承以往客站优秀经验的基础上，对建筑环境设计进行不断发展和提升。加强建筑空间、物理环境、温馨照明、减震降噪、标识引导和商业广告等方面的系统性设计，实现从旅客体验反馈空间需求的人性化建设思路，为旅客创造安全、易读、舒适和便捷的空间环境。

（1）空间形态

交通建筑一个非常重要而又明显区别于其他类型建筑的特点，就是需要从空间布局和形式上尽量做到快速有序地组织和集散人流，对空间的易识别性要求非常高。要想达到这个目的，也必须从空间整体形态上加以考虑，让旅客能够以最短的时间，获得最全面空间信息，从而能够快而有序地在空间内按照设计者的预设进行移动。

京津冀客站设计实践中，针对客站空间的易识别性和动静分区的使用特性进行空间形态的整体规划，塑造兼具空间完整性和差异性的室内环境。

客站空间公共区可分为候车区、出站区、集散区、商业区和交通配套区。主候车空间往往是客站建筑中规模最大且旅客停留时间最长的区域，为提高旅客候车的舒适度，建筑空间开敞、明亮且文化气息浓郁，并采用大跨度结构增加空间可视性，在增加空间通透性便于旅客快速提取信息的同时，让旅客置身于静谧、舒适和艺术的客厅之中，同时，要注重控制空间高度、宽度等尺度设计，不必一味追求过高过大的候车空间，从而造成资源和能源的浪费，适宜的空间高度往往会拉近建筑与人之间的关系，增添一份亲切感。

出站通道往往连接多个站台的多组出站楼扶梯，有着在短时间内易汇集大量人流的特点。为避免区域旅客长时间逗留造成人流混乱及安全性问题，需要及时和快速的引导旅客通过，因此，连接出站楼扶梯的出站空间往往采用规整、方正和笔直的通道型空间形态，无须采用过高的空间尺度，但应具有较强的引导性，同时尽量减少障碍物设置，便于旅客快速通过。而位于尽端闸机处的区域，针对短时大量旅客排队等候的特点，可适当加大空间高度和广度来应对此问题，增加空间的舒适性以及应对特殊状况下的调控能力。

集散区是客站各种流线转换的核心区域，承担着国铁进出站集散及与其他交通方式转换的功能。为了便于与其他功能空间的紧密联系，集散厅中部宜布置成通高、共享的公共空间，便于旅客在此区域观察到建筑空间的分层布置功能，可以快速、准确地到达目的地。

商业配套等服务空间应结合建筑主体形态适当增加空间氛围感，往往采用近人尺度，空间造型可适当丰富变化，增加旅客感观亲切度，为疲劳的旅客提供一段惬意时光。此外，结合建筑空间的功能特点、结构形式和旅客体验感受等，可通过采用局部变化的设计手法，例如增加光廊、采光中庭等公共共享空间，来增强空间的舒适性和丰富空间的趣味性，避免空间过于呆板、单调和冷淡，为旅客提供绿色、温馨、健康和舒适的空间体验感受。

雄安站地面候车区为桥下空间，顶部为"建桥合一"的钢筋混凝土结构高架站场轨道层，结构构件尺寸较大且整体采光较差。为了避免候车空间的空旷、单调和昏冷，设计中采用具有美感线条及合适比例的曲线清水混凝土梁柱结构，将候车区空间分为多个单元，每个单元空间比例适当，增加了空间的柔和、亲切和温馨气氛，也呼应了雄安站水文化的设计概念主题。同时在两个站场之间拉开一定空间，形成光廊，将日照和光线引入到桥下空间，营造出了开敞、明亮、秀美的桥下候车空间（图3-78~图3-80）。

图3-78　雄安站候车室

图3-79　雄安站候车室

图3-80　雄安站光廊

北京朝阳站高架层中间区域为主候车区，南北两侧为进站区及商业区（夹层）。考虑到空间的形态整体性和使用差异性，南北两侧进站区及商业区（夹层）分两层设置，下层为进站和服务空间，上层为商业空间，同时控制适宜的空间高度，增加了商业空间的趣味性和亲切性。中间主候车区面积较大，为塑造适宜的空间比例和候车体验，屋面由两侧商业夹层位置向建筑中轴线逐渐升高，形成完整的建筑空间形态，同时实现了对不同使用空间差异化设计，温馨亲切、灵活多变、节约资源（图3-81~图3-83）。

图 3-81 北京朝阳站高架候车室

图 3-82 北京朝阳站出站通道图

图 3-83 北京朝阳站商业通廊

（2）环境色彩

色彩是建筑设计中最重要的语言之一，不同色彩赋予建筑不同的性格表达。对旅客车站，建筑色彩体现其所在城市的形象和文化内涵，因不同地区和文化的差异，赋予色彩不同的抽象意义和精神内涵。建筑色彩也直接影响到旅客的心理和生理感受，在建筑中的作用不言而喻。

①色彩可以调节空间氛围

色彩是人们情感表达的有效手段，在一定程度上对旅客的心理和情绪等进行调节，并对旅客情绪放大。建筑中采用暖色等色彩，可以调节人们焦虑的情绪，建筑中采用冷色的色彩，可以削弱燥热天气下人们的焦虑感受。

②色彩可以区分空间功能

相同空间的不同色彩会增强人们的方位感，使得人们更加清晰的对建筑空间进行辨别和快速准确的定位，同时也给人们留下一定的空间印象，通过色彩传递更多的信息（图3-84）。

图3-84　北京朝阳站北立面

车站建筑的色彩是城市历史的色彩、自然的色彩和人文的色彩，也是个体感受的主观色彩。在车站建筑设计中，从当地历史、自然、人文中汲取灵感并规划建筑设计理念，塑造车站独有的建筑色彩。同时，结合建筑使用功能和进出流线，对建筑空间色彩进行整体规划，结合不同建筑功能空间运用一定体系建筑色彩，加强色彩对进出站流线的提示和引导作用，实现交通建筑快进快出的特性。

主候车空间色彩一般为色彩柔和，静谧温馨，给旅客舒适感。进出站等重要转换空间可适当加强色彩，提高标识性，起到色彩对重要转换空间的人行流线引导作用，同时丰富建筑空间。北京朝阳站设计中着重对"灰、黄、红、蓝"几种主色彩进行重点研究，考虑到北京这座城市的厚重与活力，同时设计出独特的北京朝阳站建筑风格和色彩，最终确定采用"灰砖金瓦"传统建筑色彩，并将建筑主色调突出为稳重的暖灰色和现代的香槟色两种。主公共空间主要采用暖灰色，在进出站区域采用香槟色建筑色彩，用于引导和提示作用。高架候车室内的7组进站盒子的门头采用香槟色，每组盒子相对之间的地面区域采用与香槟色相近色系的石材铺地，共同构成排队进站单元，清晰醒目，便于找寻目标点。同时出站区域的出站楼梯两侧墙面也采用香槟色进行装修，使出站旅客也能够快速发现出站口，在呼应城市文化色彩的同时，也兼具交通建筑的人性化特点，实现建筑装修和流线引导的恰当结合，塑造温馨气氛（图3-85，图3-86）。

图3-85　北京朝阳站进站盒子　　　图3-86　北京朝阳站出站通道

雄安站地面候车厅装修设计通过"古淀鼎新，澄碧凝珠"的概念、结合荷花等元素，提取灰、蓝、绿作为室内空间的主色调，营造清新淡雅的风格。雄安站候车区两侧墙面采用棕黄色陶板幕墙，并结合进站交通核进行整体设计，加强空间指引，使旅客第一时间注意到进站区域，便于旅客的快速到达目标点，同时黄色陶板增加了建筑文化气息，丰富高大单调的建筑空间，在清新的候车厅空间中呼应城市元素，将室内外空间有机的过渡与延续，给旅客温馨舒适的感官感受。在光廊区域，结合两个车场拉开形成的空间进行绿植墙设计，意在通过种植光廊，将阳光和绿色引入室内，铺满整个车站（图3-87）。

图3-87　雄安站进站口

（3）物理环境

高铁客站的室内物理环境一般包括室内声环境、光环境、热环境和空气质量等。物理环境的品质可对旅客产生直接影响和间接影响。直接影响是指物理环境对旅客的身体健康的直接作用，如室内良好的照明，特别是利用自然光可以促进旅客的健康；室内适宜的温度、湿度和清新的空气能提高旅客的身体舒适度等。

间接影响指物理环境间接地对旅客产生积极或消极作用,适宜的环境使人精神舒适,情绪低落时,不适宜的环境使人更加焦虑烦躁。因此,提高客站室内环境品质可以为旅客创造更为舒适及健康的候车环境,使旅客获得更美好的候车体验。

雄安站高架候车厅吊顶采用渐变穿孔板,利用渐变穿孔板的特性,从功能需求及空间整体效果角度出发,结合采光、功能布局等多个方面综合考虑,力争让自然光线均匀照入高架候车厅,同时机电专业与建筑、装修专业紧密配合,实现丰富的灯光效果,让高架厅呈现出高品质的候车环境,也兼顾对线下空间的采光与空间品质需求。通过光环境模拟软件进行动态天然光模拟,将高架层天窗面积占比从 38.9% 缩小至 30%,在满足采光的同时减少了太阳辐射进入室内的热量,平均温度降低 0.61℃,PMV 平均值降低 0.28,夏季更为节能,空间舒适自然(图 3-88~图 3-90)。

图 3-88 雄安站高架候车厅室内效果图

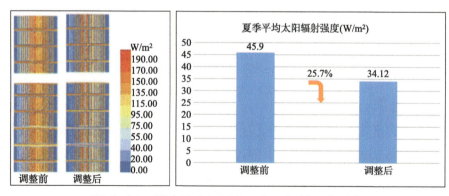

图 3-89 雄安站高架候车厅太阳辐射强度对比

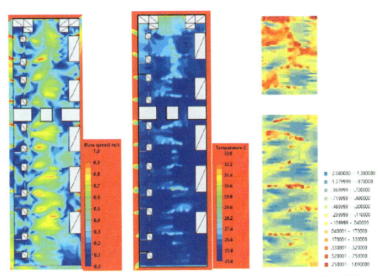

图 3-90　雄安站高架候车厅风速、温度及舒适度分布图

雄安站地面候车厅为高大空间，容积达 43 万 $m^3$，由于墙面主要采用了玻璃、陶板等不易吸音的材料，混响时间控制成为雄安站的技术难点。通过理论计算和模拟分析，雄安站在吊顶、风柱等部位，结合装饰装修设置了吸音材料。吊顶采用渐变式穿孔板，内部铺设 50 mm 厚玻璃丝棉吸音层。风柱设置了一定数量的穿孔板，背衬吸音纸。开通运营后，候车厅内广播清晰，环境温馨实现了声学设计与装饰效果的有机统一（图 3-91，图 3-92）。

图 3-91　雄安站地面候车厅风柱

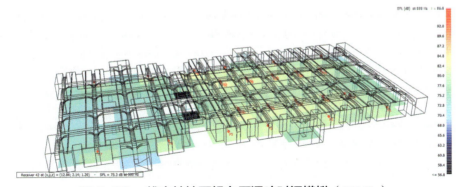

图 3-92　雄安站地面候车厅混响时间模拟（500 Hz）

在北京朝阳站的设计中，注重建筑空间内热舒适性控制，在满足旅客舒适性的前提下，要最大限度地节约能源。高大空间采用末端分布式空调，地板辐射供暖、供冷，分层空调，过渡季节采用自然通风等措施，在满足建筑空间内舒适性的同时，能达到很好的节能效果（图3-93）。

图3-93 北京朝阳站候车大厅

（4）温馨照明

对于传统铁路站房来说，室内空间的照明一般为顶棚嵌入式照明，灯具与顶棚结合设置，灯具的高度较高，照度衰减较大，也给检修维护带来困难，同时采用白色冷光源较多，温馨感不足。

北京朝阳站设计中，突破了传统客站的照明方式，进行了新的探索。第一，在灯具高度布置方式方面，将室内空间由传统的吊顶一体照明方案调整为吊灯、灯柱和壁灯结合的照明方案，降低灯具高度，便于运营维护，并实现整体节能。第二，在灯具水平布置方面，对不同建筑空间进行照度分级和使用分类。在主候车区，区域照度要求最高，落地灯一般结合旅客座椅区布置，形成候车单元，塑造了温馨客厅的气氛，同时落地灯的照度应覆盖座椅区，满足旅客阅读等使用需求。在进出站等快速通过区域，照度可略低于主候车区，会通过吊灯和壁灯结合的方式进行照明，避免对旅客行走造成障碍。第三，在灯具照度方面，光源采用暖色系，加强公共空间的照度和色温控制。第四，在灯具造型的样式方面，结合建筑主题及空间形式，对灯具的样式进行统一设计，与建筑整体协调统一。第五，在照明系统的控制方面，根据不同时段及不同区域的使用需求特点，实现分区组合控制，更加绿色节能。

在北京朝阳站的主候车区范围内，取消顶棚的灯具，并用落地灯照明的方式进行取代，更加便于后期灯具维修维护，同时灯具高度降低之后，照度衰减较小，灯杆间距为22 m，高度6.4 m，14座落地灯足以照亮整个候车空间，更加节能，全年可减少20%电量能耗，也保证了吊顶的简洁连续。此外，为了提亮顶棚位置的背景亮度，在进站盒子的上方设置洗顶灯，将整体候车区域的顶棚提亮。在细节方面，落地灯灯冠为圆形纯发光体，寓意朝阳，灯具采用暖色系，灯身为香槟色铝合金型材，与整个建筑空间色彩和谐呼应，并集广播多种功能为一体，形成终端集成。同时，落地灯结合旅客座椅统一布置，拉近与旅客的距离，营造出绿色节能、温馨宜人的室内空间环境。

在南北进站入口大厅范围内，将灯具高度降低，选用定制造型的吊灯进行照明，形式为三角造型，呼应折线形空间元素。在地下集散厅和西站房集散厅等位置运用壁灯补充空间照明，增加照度（图3-94）。

（5）减振降噪

图3-94　落地灯

与一般建筑不同，鉴于铁路客站的特殊性，需要着重研究和解决列车通过时带来的振动和噪声影响。声源有着突发性与持续性并存的特点，声波经空气、建筑结构等多路径传播，相互混叠，形成站房内部庞大而复杂的声学系统。对多声源、多荷载作用下的立体站房，需要采用噪声振动检测、评估、控制综合技术进行专门的减振降噪设计，降低站内噪声、振动幅度，改善大型候车厅内的音质，使站内广播及近距离交谈都有较好的清晰度和信噪比，从而提升旅客候车时的身心舒适感。

雄安站，站房采用"建桥合一"式框架结构，有四条设计速度120 km/h的正线和两条设计速度80 km/h的正线通过，采用无砟轨道，轨道层的正上方及正下方两层均设置旅客候车空间。这些不利因素给站房减振降噪提出了新的挑战，由于正线轨道层未采用相对独立的桥梁式设计，而是将轨道层与线下候车厅的楼面连成一体，列车通过时产生的振动与噪声更容易对线下候车厅产生直接影响，站房建筑除了进行常规的吸、隔声设计以外，还需针对正线列车通过时的噪声采取专门应对措施。

针对雄安站的减振降噪设计，基于车辆—轨道动力学理论、结构声辐射理论、空气声传播衰减理论，建立了站房振动与空间声场联合预测方法，并利用大量实测数据对预测模型进行验证，解析出正线列车通过时，噪声与振动的主要源头与传播路径：一是以轮轨区噪声为主的行车噪声，由站台层经空气途径向站房内部其他区域传播，二是行车引起的轨道振动，可传递至楼板引起振动辐射噪声（也称二次结构噪声）。

针对行车噪声，雄安站研发了兼具安全性和吸声性的预制装配式站台吸声墙板。吸声墙板为空腔式构造，朝向铁路的面板由 C40 配筋混凝土制成，开有透声孔，空腔厚度 80 mm，腔内填充多孔性吸声材料。噪声透过面板，射入多孔性吸声材料内部，使材料内部孔隙中的空气来回振荡，与固体材料纤维发生摩擦，从而将声能转化为热能消耗掉（图 3-95~图 3-97）。

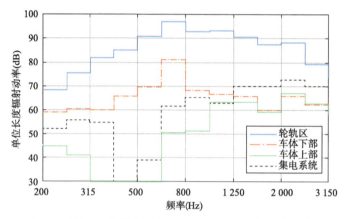

图 3-95　高速铁路车速 120 km/h 时的噪声源频谱

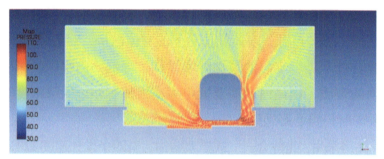

图 3-96　基于实测声源的站台层空间声场仿真分析

图 3-97　吸声式的站台墙板

轨道隔振采用了减振 CRTS Ⅲ型板式无砟轨道，为了实现刚度均匀过渡，减振区段两端分别设置过渡段,并分三级过渡。列车通过减振轨道时楼面振动幅度相对于列车通过普通无砟轨道路段时可下降约50%,轨道振动向建筑的传播形成明显的衰减,从而在一定程度上抑制了振动辐射噪声的形成。雄安站采用突破常规的减振降噪设计,针对性地开发应用了隔振、吸声创新技术,一定程度上解决了正线列车通过"建桥合一"站房时的减振降噪难题,创造了更优质的室内声学环境,给旅客带来更舒适的候车体验。

(6)标识引导

标识系统一直是高铁客站的重要组成部分,通过合理布置导向标识系统,为旅客快速准确的指引方向,实现快进快出、畅通便捷的出行体验,打造秩序枢纽和效率枢纽。京津冀客站,在标识系统方面也进行了创新实践。

①造型设计融合

在满足高识别性的基础上,导向标识与客站的空间环境协调融合。在雄安站导向标识设计中,通过提取建筑设计元素,借鉴雄安站一层候车厅开花柱的造型理念,对一层候车厅检票口处标识外观造型进行创新设计(图3-98)。

图3-98 雄安站进站标识

②色彩体系设计

导向标识的整体色彩搭配是导向标识本身可辨识性的重要影响因素之一。从旅客角度出发,达到醒目清晰、视力可见且易于辨识、色彩感亲切。北京丰台站整体建筑装修色彩以银白色为主,为与之相融合,导向标识的主体色彩创新性的采用灰色,将传统的"进站蓝色、出站绿色"的色彩体系在图形符号中得以保留。为突出导向标识系统中需要旅客快速识别的重要信息，将此类信息的颜色创新使用金黄色，与版面的灰色或白色形成强烈的色彩对比，不仅起到了信息凸显的作用，而且与北京丰台站黄色的墙面装修色彩相融合（图3-99）。

图3-99　雄安站标识

③点位布置设计

行走在客站中的旅客对标识的认知过程，本质上是对信息的加工。认知始于感觉输入，进入认知过程后，信息的连续性是确保认知过程高效进行的非常重要的关键因素，因此，在点位布置前，要确保信息的连续性，保证旅客寻路过程中的认知行为顺利进行。在雄安站、北京丰台站导向标识设计中，首次在标识布置点位上做"减法"，设计深度参与工程全过程，在最优点位布置标识，使标识布置点位"少而精"。在建筑构件上显示标识关键信息，即突出了重要标识信息，又与建筑与装修紧密结合（图3-100）。

图3-100　丰台站标识

④信息分级设计创新

首次引入标识版面信息的维度分析，将标识版面信息基于渐进式方法分为语义维度、句法维度和用户维度等三个信息维度。针对旅客对单一标识内信息的接收次序，将单一标识单层信息内分为主要信息、次要信息、辅助信息三级，使标识信息的重要性明确化，旅客能迅速识别到最需要了解的信息内容。对功能区域进行分析得出主要引导信息，并对信息命名进行统一规范，确保每块标识信息名称的一致性，标识信息尺寸大小根据分级及视距关系最为恰当，同时根据信息量的多少规划出各个板块标识最为合适的尺寸，确保各区域标识尺寸最为恰当（图3-101）。

图3-101　雄安站标识

（7）商业广告

商业广告是高铁客站不可或缺的一部分。针对商业服务特点及交通建筑的特性，需要将商业布局结合旅客流线进行统一规划，实现动静结合，根据不同区域的旅客需求特点设置相应类型的广告，同时形式应与车站建筑功能统一、融合。

商业方面，在旅客进出车站的过程中，由于旅客的行为特征以及人流的组织方面等因素的存在，不同空间的人流密集程度及人流流速呈现不同变化趋势。商业空间作为客站空间辅助节点，是车站公共区域的"慢"行区域，因此，在客站设计布局中，商业空间以微观的角度贴近旅客，作为进出站流线上的分支节点，积极服务旅客，方便旅客。

根据旅客活动多样化、差异化的特点，对候车空间功能及相关服务配套进行适当调整及优化，满足不同乘客群体的活动需要，有效提升候车空间服务质量。针对平均候车时间较长的候车空间，站内应加强与消费活动、休闲活动相关的商业以及信息服务配套设施，以满足长时间候车乘客更加多元的需求。针对休闲出行比例较高的候车空间，可以适当增加休闲娱乐、综合购物等商业服务空间的比例，贴合乘客休闲出行的心理需求，促进乘客消费活动的开展（图3-102）。

图 3-102　北京朝阳站地下商业通廊

广告方面，分为全彩 LED 广告屏和静态广告灯箱两种类型。各类型广告针对不同旅客特点进行分别设置，其中全彩 LED 屏幕设置于进站厅、高架候车厅、地下出站厅等人流较为密集的高大等候空间，并结合票务信息等进行设置，该空间特点为空间高大、等候旅客较多，动态屏幕信息不会对旅客流线造成拥堵影响。静态灯箱主要设置于进站通廊、出站通廊等人流快速通过区域，人员流动性较强，采用静态灯箱的设置，便于旅客尽快了解信息。

### 3.3.4　差异化服务的新思考

近年来，随着社会进步和铁路客站建设标准和服务水平的不断提高，为更好地提升服务水平，铁路运营部门针对不同人群提出差异化服务措施。根据铁路客流分析，主要分为普通类、重点类、军人类、儿童类、母婴类和商务类六大类旅客。在设计中，根据不同的人群提供差别化的服务环境，注重旅客服务设施的布置和应用，完善客站客运功能，提升服务旅客的水平和能力，创造以人为本的友好型建筑空间，是为旅客提供更好出行体验的一种尝试。

**1. 重点旅客候车区**

重点旅客是指老、幼、病、残、孕等旅客，部分旅客需依靠辅助器具才能行动及需特殊照顾的旅客。设置重点旅客候车区是便于为这些旅客提供更有针对性的服务。设计中，从旅客的使用需求、身体特点和心理感受角度出发，为重点旅客提供安全舒适的候车环境和便捷的服务关照。

在功能布局方面，考虑到重点旅客人群的特殊性，需结合进出站及旅客服务流线设置专用的候车空间。专用候车区宜设置在候车室内较为安静的区域，位置宜临近进站大厅及进站入口处，同时尽量靠近无障碍电梯和第三卫生间等服务性空间，减少旅客步行距离，在保证为重点旅客人群提供快速进站流线的前提下，也实现了温馨便捷的人性化服务。

在建筑规模方面，根据客站的最高聚集人数进行综合考量，建议区域内空间开敞，采用绿化和活动隔断等方式与其他区域进行物理分隔，座椅采用活动方式进行布置，便于空间的灵活调控及舒适使用。

在空间环境方面，采用绿化和活动隔断的空间分隔方式可增强视野及视线的舒适度，并应尽量加强自然采光设计。候车空间贴近玻璃外幕墙或设置顶棚天窗，充足的自然光线能调节重点旅客人群的心理和情绪，使其身心舒适健康，同时结合建筑设备对空间内环境进行悉心调控，为旅客创造温馨舒适的候车体验。

在装饰装修方面，采用开敞布置方式的重点旅客候车区，建筑材料宜与大空间协调、色彩统一。同时，为增强旅客候车的安全及舒适性，地面可适当铺设地毯，并增加圆角等细部细节处理。此外，针对区域内人群分类，采用重点旅客及陪同人员使用的两种座椅，每种座椅均采用工业化设计，并选用柔软舒适以及色彩温馨的座椅材料，更符合特定人群需求。在区域内局部也应设置轮椅停放区，满足特殊需要。

雄安站重点旅客候车区设置了专门的轮椅停放区，可以解决乘坐轮椅的特殊旅客的候车问题，同时还设置了可供其他重点旅客以及陪同人员休息的座椅，在区域中心位置设置了可供特殊人群使用的查询设施，配合专门的标识，保证重点人群的使用便捷性（图3-103，图3-104）。

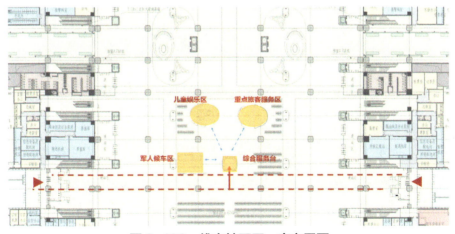

图3-103　雄安站四区一室布置图

图 3-104　雄安站重点旅客候车区

北京朝阳站重点旅客候车区临近进站门厅和下站台入口,便于重点旅客候车及快速进站上车,同时候车区域采用独立分区,与普通候车区实现动静分离。此外,区域内装修采用黄色座椅,温馨舒适,座椅旁边为轮椅停放区,整体空间融入高架候车室内,与建筑浑然一体(图 3-105)。

图 3-105　北京朝阳站重点旅客候车区效果图

2. 军人候车区

为推动实现军人成为社会尊崇职业,在路内已开展军人依法优先出行的权益保障工作,包括购票、安检、候车和乘车等环节对军人提供依法优先服务。

在功能布局方面,考虑到军人人群的特殊性,提高对军人的服务水平,设置了专用的候车空间。专用候车区通常设置在大候车区内较为安静的区域,可临近重点旅客候车区等其他特殊类旅客候车区,便于服务人员集中提供站内服务。

在建筑规模方面,根据客站的最高聚集人数进行综合考量,同时建议区域内采用与重点旅客候车区一样形式的开敞空间。用绿化和活动隔断等方式与其他区域进行物理分隔,增强空间使用的灵活性。

在装饰装修方面,作为为军人提供专用的候车区,军人候车区在整体候车区域内应具有很高辨识度,融入于整个建筑空间且有别于其他候车区域。座椅形式采用工业化设计,符合军人人体及行为特征,外形规整方正,彰显军人无时无刻纪律严明、沉着冷静的群体风范。材料舒适并采用军绿色彩,提供军人候车空间标识度。座椅可采用围合式或矩阵式排布,满足群体及个人使用需求,塑造军人强烈的团结性和纪律性,以及自由活跃的气氛。

在北京朝阳站的设计中,军人候车区位于北侧高架进站入口西部,与普通候车区实现功能分区明确和进站流线分离,区域空间温馨安静,装修风格采用绿色座椅,并按军人候车习惯对座椅进行人性化布置和设计,体现时代感、人性化。在雄安站的设计中,采用与蓝色普通连排座椅色度一致的绿色座椅为主色调,既体现军人的专属色,又在一定程度上与普通座椅区进行区分(图3-106,图3-107)。

图3-106　北京朝阳站军人候车区

图3-107　雄安站军人候车区

**3. 儿童娱乐区**

儿童娱乐区的设置是社会发展和进步以及对各个群体无微不至、关怀照顾的一种体现。儿童娱乐区设置需要结合车站整体的功能布局、进站流线、动静分区以及安全性等方面进行统筹考虑,在保证孩童愉快玩耍的同时,加强对其安全保护,且不影响其他旅客休憩。

在功能布局方面,儿童娱乐区位置宜临近进站大厅及下站台入口处,同时尽量靠近母婴室区域,便于特殊群体对不同空间的关联使用需求。

在装饰装修方面,结合儿童娱乐区所处空间形态,座椅采用曲线柔和的造型,增加圆角等细部细节处理，并围合成半封闭空间，同时采用柔软以及色彩温馨的座椅材料，保证儿童的安全。区域内地面采用柔软材料，避免坚硬，防止意外伤害的发生。座椅围合中心可设置儿童娱乐设施，增加童趣性。

在雄安站的设计中，儿童娱乐区的四周为环形有机形态座椅，模仿海豚式的半围合座椅靠背，仅保留两个出入口，保证儿童的安全。中部设置鹅卵石形态座椅，增强趣味性，同时配合木质积木区和玻璃钢材质的娱乐攀爬区，让儿童在候车的同时能够进行一定的娱乐活动，提升空间吸引力。考虑到儿童的游乐活动及看护家长的候车需求，在满足趣味性同时保证儿童安全，同时为家长提供舒适休息环境（图3-108）。

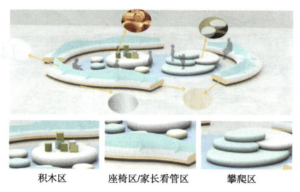

积木区　　　座椅区/家长看管区　　　攀爬区

图3-108　雄安站儿童娱乐区

此外，在北京朝阳站的设计中，儿童娱乐区临近母婴室，位于四区一室区域的远端，减小儿童嬉戏对其他候车旅客造成影响，座椅采用围合式并使用柔软、健康和舒适的装修材料，便于看管儿童，同时，中间采用柔性地面装修材料，并配以童趣性较强的游乐玩具，色彩丰富和鲜明，增加儿童区域的趣味性（图3-109）。

图3-109　北京朝阳站儿童娱乐区实景图

### 4. 母婴候车区

近年来，母婴类人群得到社会广泛关注，客站母婴室建设也正在逐步完善。母婴候车区是为婴儿及其同行人提供休息服务的区域，应具备携婴父母照料哺乳期婴儿，并进行护理、哺乳、集乳、喂食、备餐的功能，同时具有一定的私密性。除保证私密性外，还在内部空间布局、室内装修和设备设施上进一步优化和创新，突出母婴的空间氛围，加强便捷服务设施。

在功能布局方面，母婴室可结合儿童娱乐区进行统一布置，实现不同空间的功能互补，增强了使用的便捷性。母婴室内部设置了哺乳区和护理区，哺乳区可进行哺乳和喂食，空间独立并具有私密性，护理区设置了护理板、洗手台等多种服务设施，为母婴人群提供便捷的服务。

在室内装修方面，室内采用童趣的装饰主题、丰富的装修色彩、温馨的室内灯光以及安全舒适的装修材料，并注重细节之处的人性化设计，采用圆角防护、避免直角凸起物，保障旅客人身安全。

雄安站还设置了专门的母婴哺乳室，在母婴室内设置了折叠式婴儿床、温水供应、折叠护理板、自动抽纸机及免按压洗手液等设备，在哺乳室内设置了呼救按钮及婴儿挂斗等设备，保证母亲携带婴儿候车时的方便舒适。母婴室的装修运用主题色系，营造一种舒适、温柔、安逸的视觉氛围感受。背景墙壁画以现场手绘的方式，通过柔和、雅致的色彩，营造出一个具有梦幻感和故事性的空间。

北京朝阳站的设计中，母婴候车区采用温馨装饰，布置各项功能设施，满足使用需求。室内装修画面搭配墙面装修风格，利用墙面异形的特点，隐约含蓄的展现建筑与朝阳，画面偏向简洁，与墙面相对复杂的结构形成繁简对照（图3-110，图3-111）。

图3-110　雄安站母婴候车室效果图　　图3-111　北京朝阳站母婴区

## 5. 商务候车区

随着社会的发展和人民物质生活水平的提高，人群需求更加多样化。商务候车区是指为高端商务出行旅客提供的专用候车区，专注高端服务，致力于打造高铁品牌。

在功能布局方面，为实现高端便捷的服务目标，结合旅客进站流线，设置专用的商务候车区，在候车区数量上，与以往客站有所区别。为了更好地服务商务旅客，商务候车区数量一般与进站流线及建筑入口相匹配，具有直接对外的独立流线便于为不同方式进站的旅客都能提供快速便捷的进站服务。在商务候车区内部设置独立的安检、实名验证设施，同时配备服务吧台、卫生间、盥洗室和备品室等服务空间，更好的服务旅客。

在装饰装修方面，商务候车区可采用封闭空间或半开敞空间，同时，内部设置LCD显示屏发布车次信息，并采用软隔断对候车区内部进行空间分隔，便于商务旅客交谈的私密性。室内装修风格可偏向于商务风，并结合车站文化主题进行打造，突出空间温馨化。旅客座椅均采用工业化设计，座椅形体符合人体工程学，配以柔软舒适、色彩温馨的材料，增加候车舒适性。

雄安站在南北入口及西侧入口的附近设置三个商务座候车专区，分别设有单独且直接对外的出入口和安检流线，保证进站流线的独立性，方便商务座旅客使用。在商务候车室内独立的卫生间和服务吧台，可以为旅客提供温馨的服务，同时设有LCD显示屏、综合票务机及人工实名制验票设备，为旅客的候车及进站、取票提供便捷。商务候车厅的装修以暖色系为主，地面采用仿木纹地砖、墙面采用壁布、顶部采用艺术石膏板吊顶，同时采用木质或软质半高隔断将整个候车区分隔成若干半开敞空间，在一定程度上保证候车的私密性，在节约装修造价的前提下营造舒适温馨的候车环境（图3-112）。

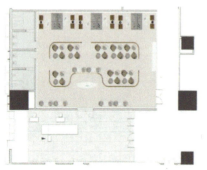

图3-112　雄安站商务候车区

丰台站商务候车厅设置于 10 m 层高架候车厅的东北角及西南角各一处。商务候车厅具备独立从站外进入的功能，具有独立的安检、实名验证等功能。商务候车室内部装修采用木材、墙布、地毯等极具触感的天然材料，在柔和灯光的照射下散发出温暖的气息，在巨大的交通枢纽中营造了高端舒适的小环境（图 3-113）。

图 3-113　丰台站商务候车区

#### 6. 综合服务中心

传统售票厅，为了保障交易安全，售票工作人员与旅客之间通常需要进行物理分隔。随着 12306 功能的不断完善，逐渐削弱了传统大规模的人工售票厅，取而代之的是集合了查询、退换票、自动取票、延伸服务等多功能为一体的综合服务中心，同时布置旅客休息区，更加人性、舒适、方便和快捷。

雄安站结合旅客进出站流线，在首层候车厅的南北入口处设置综合服务（售票）中心。综合服务（售票）中心为开敞式布局，布置了等候座椅、叫号机等为旅客服务的功能性设施，主要开展售票、会员办理、服务咨询、综合票务、汽车租赁、旅游预订等相关服务。同时为了丰富综合服务（售票）中心的地面设计，加入了深色跳块的设计元素，与检票口设计相呼应。雄安站还优化了综合服务（售票）中心细部设计，增加了专门服务于重点人群的服务台。保证乘轮椅人员可以将轮椅推进服务台，能够近距离的购票或咨询，同时在服务台上设置了双面屏，方便旅客（图 3-114）。

图 3-114　雄安站综合服务中心

## 7. 综合服务岛

在候车厅核心位置，结合旅客进出站流线，合理设置了新型综合服务岛，集问询、寄存、进站信息屏以及文化传播等多功能于一身。旅客不必东奔西走，一站问询即可满足所需所求。

雄安站在首层候车厅的南北入口与中间 30 m 跨相交处东侧设置 12306 服务台，此位置能够兼顾京雄场和津雄场旅客的使用。服务台考虑到服务人员对隐私保护的需求，通过向上延伸的立面形态对工作空间进行有效遮挡，顶部平面还可以载物和书写，实用又不失美观。同时服务台的咨询窗口根据不同需求设定为不同的高度，服务台配备轮椅收纳和停放的空间，以便于为乘客提供无障碍服务（图 3-115）。

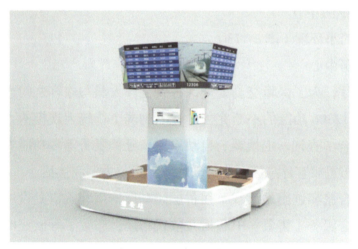

图 3-115　雄安站综合服务岛

在进行服务台显示信息的设计时，一个合适的显示位置对于信息的获取是十分重要的。设计中充分考虑到服务台的建筑可行性，结合显示内容进行人因分析，对屏幕的高度、位置、倾斜角度、字体及颜色进行设计，解决候车室的车次显示问题。从人视角度分析，屏幕位置不宜过低避免乘客行人互相遮挡视线，同时也不应过高，当人的视角高于 60° 时，人们不能舒适有效的获取信息。字体的大小显示的内容也应因视距的不同以不同的形式呈现。大部分旅客从南北入口进入候车厅后，会驻足于距离服务台 10 m 左右的距离观看客运屏幕信息，所以服务台信息显示屏高度在 5.8 m 左右是比较适宜的。

北京朝阳站的综合服务台的设计中，也是将进站信息大屏、综合服务台、广播和区域照明等多种功能进行集成布置，并关注了无障碍和私密化空间设计（图 3-116）。

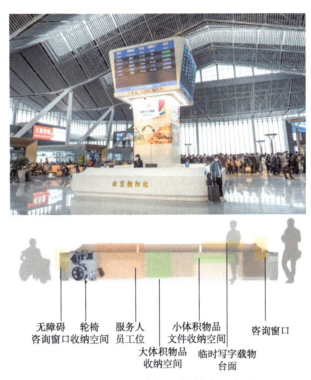

图 3-116 北京朝阳站综合服务岛

## 3.3.5 无障碍设计的系统提升

为更加契合雄安新区的历史定位,雄安站无障碍设计在中国无障碍环境建设办公室指导下,在规范标准基础上进行了全面提升和优化。以有爱无碍为原则,以无障碍需求为导向,以无障碍尺度为标准,对无障碍系统进行了全面优化提升,为特殊人士、妇幼家庭群体等提供了更好的服务条件。更具有人文情怀,使车站成为能够覆盖老、弱、病、残(肢体障碍、视觉障碍、听觉障碍等)、孕的全龄友好型客站。

**1. 实施高标准建设,更符人体工程学**

在满足专业规程规范的前提下,充分吸纳了国内外先进理念,有针对性地根据不同特殊群体与大众群体融合共享的需求进行研究设计。注重设施设备的设计细节与细化,在平面布局、空间定位、分类层级、产品样式、部品选用、材质色彩等方面精细设计,力求为特殊人士、妇幼家庭群体等提供更好的服务设施。

(1)功能布局,便捷无碍

雄安站无障碍卫生间是融合了成人无障碍、儿童、家庭等需求的综合通用型无障碍卫生间。针对服务对象的差异,进行了分区,为同一类旅客服务的设施集中布置，旅客可在较短的距离范围内完成设施使用。以无障碍尺度控制设施间距，设施空间，自由舒适。

（2）有爱设施，共享文明

无障碍卫生间内除了设有规范要求的设施以外，还设置了无障碍专用电动推拉门、智能大便器、花洒、双卷纸取纸器、便器软背垫、感应式垃圾桶、感应式皂液器、感应式纸巾机、置物台、拐杖架、新型安全抓杆等，设施丰富，主辅匹配，丰富的智能设施更加贴合了残障者的需求。置物台与装修有机结合，儿童洁具充分考虑儿童的心理特点。在普通候车区设置优先座席，并配置行李凳和充电插座（图3-117，图3-118）。

图 3-117 无障碍卫生间效果图

图 3-118 无障碍卫生间布置图

（3）注重细节，传递关爱

建筑装修采用圆角处理。例如，门洞口采用八字口或圆口。卫生间门底部设置铝护板，防止磕碰。采用带拉绳的呼叫按钮，便于跌倒后的求助。

（4）绿色温馨，共享文化

在室内装修中尽量采用温馨色系及环保材料，保证旅客舒适及安全，同时结合客站的文化主题进行适度艺术装饰，塑造空间的文化性。

**2. 细化无障碍系统，规划提升七大系统**

按照客站无障碍设施内容，对无障碍系统进行细致规划和分类，形成无障碍卫生间、竖向交通、停车及通道、服务设施、安检及验票、标识、人员服务等七大系统，并按照此分类进行各系统的全面优化提升。

在设计中，七大系统统一规划、独立分区且互相衔接，形成闭环，保证无障碍系统的完整性和准确性，实现以人为本的关怀关照。

**3. 全人群友好理念，共追求有爱无碍**

树立全人群友好型无障碍设计理念，对不同人群实现共同关注，把设计细节的温度传递给每一位旅客，并使其感受到如家一样的温馨，最终实现有爱无碍的客站服务新目标。

例如，规划无障碍电梯空间使用，对残疾旅客和普通旅客的使用区域统一规划布置，电梯的脚踢式按钮可为上肢障碍者或携带大件行李的普通旅客提供便利。电梯内的折叠式座椅，可以为老人、儿童、孕妇、使用拐杖者等旅客提供便利。清晰的标识和显示屏，周到细致的人员服务建议，绿色温馨的装修配饰，装修的圆角处理等等，无不渗透着对残障者和普通旅客的共同关爱。

**4. 运用 BIM 新表达，增强施工准确性**

创新了无障碍设计手段，采用平面设计、BIM 三维设计以及虚拟现实的方式，在设计阶段即为使用者提供了一个可视、可体验、可感知的三维立体空间，用于指导设计优化和精确施工。

### 3.3.6 人性化细节的新实践

随着时代的变化，在一代又一代的站房设计中，有经典的传承，也有不断的创新。"以人为本"不仅作为客站建设的重要理念，也是设计指南，从进站到出站，每一个细节都应体现出对乘客考量入微和关爱，努力为乘客创造精细化的细节空间和提供人性化的服务环境。

**1. 出租等候区的环境改善**

在传统的站房设计中,往往把更多的关注集中在站房候车区、出站区和集散区等公共空间,对配套交通等辅助空间的环境设计考虑较为简单。京津冀站房设计中,根据旅客使用特点出发,进一步关注出租车等候区等辅助空间的使用环境,并按照等候区和通过区将其进行空间细化,增加空间内旅客的舒适性。

雄安站为了提升旅客的交通换乘便捷感受及候车体验,采用出租车和上客人流立交的交通流线组织形式,保证出租车上客流线与出租车流线相互独立,互不影响。同时提升出租车上客区候车空间设计标准,按室内空间标准配备空调、座椅、行李支架等设备设施,采用玻璃幕墙对上客区进行围合,在空间封闭的前提下保证视觉的开敞通透。在玻璃幕墙上还采用UV打印技术,刻印芦苇等象征白洋淀风光特色的艺术纹样,提升出租车上客区整体空间品质(图3-119)。

图3-119 雄安站出租车上客区

北京朝阳站的设计中,进一步改善和提高辅助空间的使用环境,塑造舒适的空间环境。地下集散厅和城市通廊为旅客常活动空间,在以往的大多数客站中均为非采暖区域。考虑到地下人流的密集程度,部分旅客需长时间停留,因此在设计中将此区域调整为改善型采暖区域,适当提高空间温度,给旅客舒适感。此外,地下出租车等候区调整为封闭式,并增设空调系统,为排队的旅客提供舒适的等候环境(图3-120)。

图 3-120　北京朝阳站出租车上客区

**2. 座椅家具的布置优化**

常规客站建设，座椅由运营单位按需布置。在新理念的引领下，设计向服务端延伸，进行了座椅和公共家具的设计。在满足候车休息的基本前提下，需突破以往采用数量为先、固化不变的座椅布置方式，更多地融入旅客的使用方式和体验感受。在客站设计中，采用座椅家具专项设计，运用工业化设计手段，结合周围环境、落地灯、绿植等进行自由灵活摆放，增加旅客使用感受，便于旅客沟通交互，打造客厅化共享空间。

北京丰台站家具布置避开交通主要动线及站房轴线，在靠近检票口处进行集中布置。除此之外，结合地面地毯式铺装，在站房中部局部设计休闲座椅区域，布局采用围合式布局，增加旅客舒适性的同时，增加旅客的相互交流（图 3-121）。

图 3-121　北京丰台站候车厅座椅布置效果图

北京朝阳站结高架候车厅座椅区结合灯柱进行设计，以高效布置满足最大候车空间为原则。座椅颜色采用浅黄色，与整体建筑室内外的色彩相统一，给旅客提供温馨环境（图 3-122）。

图 3-122　北京朝阳站候车厅座椅布置实景照片

3. 室内绿植的统一规划

传统客站的绿植布置极少进行统一规划，布点不够系统且形式较为单一。新的客站建设理论，更注重细节设计和人性化设计，室内绿植设计已成为塑造客站温馨环境的一个重要元素。进行绿植专项设计，增强绿植设计的系统性及与建筑空间的融合性。不同空间和环境下的室内绿植设置应与整体空间环境相协调，并结合区域旅客人流形式及使用特点，分区且统一规划，使旅客获得更多温馨感（图 3-123）。

图 3-123　绿植设计

雄安站的花器造型设计结合"澄碧凝珠"的生态视觉意象，花器以流动的水波为意向设计形态。花器呈向上扭动的态势，大小组合使用。在植被的选择上，旨在表达雄安站"澄碧凝珠"的绿色生态视觉意象，以地域特色的生态元素为绿植景观氛围营造的核心，选择常绿类小型灌木为主，形态可与荷叶近似，局部可选择芦苇来造景，再现古淀场景，同时绿植的选择与雄安站室内设计的灰白基色和通透、简约的空间基调相融合，保证视觉效果的统一。

北京朝阳站结合折线的建筑空间造型，将特殊花器设计为折面几何体，同时结合候车区、出站厅等不同功能、不同环境（照度和温度）及不同空间尺度进行统一规划，不同花器搭配不同种类及高度绿植。绿化了室内色彩，温馨了空间环境，为旅客创造更高品质的服务体验（3-124）。

图 3-124　北京朝阳站花器设计

此外，在雄安站光廊范围内还引入了竖向绿植，形成南北连续的"绿廊"，机电、设备专业充分考虑绿植的生长环境及特点，保证绿植的生长和后期的维护便捷性。"绿廊"结合夹层的连接通道以及连接地面候车厅和高架候车厅的垂直电梯，增加旅客走行的空间引导性和"绿色温馨"的空间感受（图 3-125）。

图 3-125　雄安站光谷照片

### 4. 开水间的功能完善

开水间是旅客候车所需的设备设施之一。传统客站开水间大多只考虑满足旅客取水的基本功能，往往忽视了取水之外的其他相关需求。例如置物、茶漏、防溅及自流排水等功能，随着客站服务水平的日益提高，开水间使用的便捷性、相关功能的完善性、与空间的协调性已成为设计中重要思考的方面。

雄安站在设计之初在对开水间的形式进行了分析，分别针对"无开水间，仅设置壁挂式饮水机"和"内凹形成半开敞式开水间"两个方案进行了研究，最后结合雄安站具体客流情况，为了保证在旅客流线上不因为接水造成拥堵，选择了较为传统的内凹式开水间设计。每个公共卫生间处均设置2.5 m进深开水间，饮水机放置于饮水间内。接水旅客可在饮水间内排队，不影响上卫生间人流。同时在饮水间侧墙设置垃圾桶，满足新区垃圾分类要求；在饮水机之间设置专门倾倒茶叶的茶漏；在每台饮水机的出水口出设置置物平台，方便旅客放置茶杯或者放置桶装泡面（图3-126）。

图3-126 雄安站开水间

在北京朝阳站的设计过程中，高架层共设置4处饮水处，便于旅客使用。饮水处布局采用嵌入式，围合装饰材料采用抗划、防水材料，色彩采用与建筑统一的香槟色。此外，考虑到旅客使用习惯，开水间设置置物台、茶漏和防喷溅措施，地面设置排水坡度和地漏，环境卫生，使旅客感受到细节的温度（图3-127）。

图 3-127　北京朝阳站开水间

**5. 更多细节的持续提升**

铁路客站空间较大，细部细节较多，每个细节都应体现建筑人性化设计的思考与表达。本着对旅客互敬互重的设计理念，重视每个旅客的意见和建议，将客站人性化设计精益求精和不断创新，让旅客感受到更多细节温度。

为了保证人员安全，雄安站、丰台站和北京朝阳站在自动扶梯扶手外侧又增加了加高的玻璃栏板，在保证整体效果的同时满足运营部门对于安全的需求。在公共区内的柱子、墙角、座椅、栏杆等边角处采用圆弧处理，体现旅客关怀。室内垃圾箱结合花器形式进行特殊化、系统化设计，突破传统单调的垃圾箱，与室内空间协调呼应。卫生间每个洗手盆位置设置取纸口和投纸口，方便旅客就近使用。诸如此类，人性化的设计融入客站建筑的每一处细节中，更加温馨、更加亲切，传递着铁路客站对旅客的关怀与温度（图 3-128，图 3-129）。

　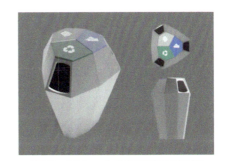

图 3-128　北京朝阳站栏杆　　　　图 3-129　北京朝阳站垃圾箱

## 3.3.7　创新推动空间和细节设计不断进步

京津冀地区客站建设，在既有客站设计经验的基础上，对建筑空间塑造、站房平面布局、旅客流线组织、温馨环境营造、差异化服务设施、无障碍环境构建、人性化细节处理等方面进行了多维度的创新探索和实践，这些创新都是基于从以人为本的理念出发，力求为旅客营造更好的候车环境，给旅客更好的出行体验。

**1. 以平面布局和旅客流线创新，促进车站与城市更深融合**

以雄安站、北京朝阳站和清河站为代表的多进多出的平面布局及交通流线组织模式，更加适应于交通情况复杂的车站，通过竖向分层、多点落客、局部互通、分块循环等方式实现多进多出，最终达到畅通便捷、快进快出的交通组织目的，促进车站与城市更深层次的融合，为今后相关车站设计提供一定参考。同时，以丰台站为代表的基于双层车场的平面布局及交通流线组织模式，适应于竖向两个车场叠加的旅客候车模式及旅客进出站流线，也可为多个车场叠加提供了一个参考方向。此外，以太子城站为代表的平临结合的平面布局及交通流线组织模式，适应于不同的时间段内有着不同应用场景需求的车站，通过对空间及流线进行合理规划，考虑平时、临时的流线转换，增强车站的空间弹性设计，以及空间的再开发和充分利用，来满足不同时间段内的使用需求。

**2. "以人为本"是客站空间环境创新的基础**

以雄安站、北京朝阳站为代表的京津冀重点客站设计中，在空间、环境、流线、细节等方面进行了多项创新，这些创新的出发点都是基于为旅客提供更好的服务，基于"以人为本"的建设理念。具体体现在以下一些方面：一是，提出了站内不同使用功能的空间形态塑造方式，满足多种空间应用表达；二是，提出了与流线结合的色彩分区规划方式，加强色彩对进出流线的指引作用；三是，提出了室内声环境、光环境、热环境和空气质量等物理环境的温馨塑造方式，为旅客营造温馨舒适的空间环境；四是，提出了适应于高大空间照明的节能艺术落地灯设计，实现温馨照明并便于检修维护；五是，提出了二次结构噪声控制参数和站台、轨道下方候车厅减振、隔振、吸声等措施，并同步研发了预制站台吸声挡墙，能够有效降低列车通过时产生的轮轨噪音和振动，为旅客营造温馨舒适的候车环境；六是，提出了与建筑空间高度契合的标识引导系统，便于旅客快速识读环境；七是，提出了适用于不同站型的四区一室布局和设计方式，为特殊群体提供差别化服务；八是，提出了取代传统售票厅适用于新需求的综合服务中心，集合了查询、退换票、自动取票、延伸服务等多功能为一体的综合服务中心，为旅客提供一站式服务；九是，提出了集旅客服务、信息显示和文化艺术于一体的综合服务台，方便旅客；十是，提出了铁路客站无障碍设施的七大系统并进行了全面优化提升，构建了覆盖老、弱、病、残（肢体障碍、视觉障碍、听觉障碍等）、孕的全龄友好型无障碍客站。十一是，加强了座椅、绿植和开水间等等细节性方面设计，让旅客感受到每一处细节的设计温度。

**3. 不断提升旅客的出行体验**

基于以往经验进行再创新，是客站建设不断推进的基础，目前所进行的创新实践，也将为后续铁路客站建设提供有益的借鉴和参考，贯彻落实客站建设新理念，以人为本，积极呼应旅客需求，从旅客乘降反馈中寻找创新视点，不断提高客站室内环境品质，使旅客获得更美好的出行体验。

## 3.4 绿色发展推动客站设计创新

当前，绿色发展已成为人类可持续发展的共识，低碳节能绿色建筑，成为建筑行业发展的重要目标之一。铁路客站作为交通建筑的一个分支，功能复杂建筑体量大，人员密集，其运行能耗也一直受到铁路建设和运输管理部门的高度关注。在铁路客站建设中，全面践行创新、绿色、共享的发展理念，采用绿色建筑技术，实现在建筑的全寿命周期内，最大限度地节能、节地、节水、节材、保护环境和减少污染的目标，进而为人们提供健康、适用和高效使用空间，打造与自然和谐共生的客站建筑，成为铁路客站建设和不断创新的重要方向之一。

### 3.4.1 客站绿色设计的发展历程

绿色建筑是国家绿色发展理念的重要体现，在客站绿色设计中，始终坚持贯彻可持续发展理念，强化绿色发展推动技术创新，打造全寿命周期内绿色客站。

我国自改革开放后就开始关注并探索具有中国特色的绿色建筑之路，1986年颁布了《民用建筑节能设计标准（采暖居住建筑部分）》，这是中国第一部建筑节能标准。1999年，中国颁布了第一部部门规章《民用建筑节能管理规定》建设部令第76号，第一次把建筑节能工作纳入政府监管当中，也表明，建筑节能得到了政府主管部门高度关注。

2006年，国内第一版《绿色建筑评价标准》发布，这是在学习和借鉴国外先进发展经验基础上，总结国内绿色建筑实践和研究成果，颁布的我国第一部多目标、多层次的绿色建筑综合评价标准，也确立了中国绿色建筑的发展目标和方向。

其后，随着绿色建筑技术的不断发展，和国家可持续发展战略的推进，绿色建筑评价标准不断调整更新，目前已发布的最新2019版绿色建筑评价标准中，已经将建筑全生命周期作为一个完整的评价阶段，进行评价考察。在国标基础上，各省市根据自身经济发展水平，制定了各自的绿色建筑标准，推广绿色建筑和建筑节能得到了全社会的共识和高度重视。据统计，截至2016年底，全国累计有8 000个建筑项目获得绿色建筑评价标识，建筑面积超过12亿$m^2$，其中，绿色建筑设计标识占比95%。

铁路行业也不例外，于2010年就开展了对绿色铁路客站标准及评价体系的研究，提出绿色铁路客站在设计阶段、施工阶段和运行阶段的评价要求，确定了适合绿色铁路客站的评价标准，形成一套适用于绿色铁路客站的定量评价指标体系。为了验证该评价标准的适用性，在研究过程中选择了42座既有铁路客站进行了试评估，选择了5座铁路客站进行绿色建筑设计指导和改造实践。通过试评估、设计指导和改造实践，完成了"绿色铁路客站技术研究报告""绿色铁路客站评价标准""效益分析报告""典型铁路客站测试报告""评价标准应用研究报告""科技查新报告""用户使用报告""等效铁路客站能耗计算模型"等技术研究文件。

2014年5月，发布了《绿色铁路客站评价标准》，这个标准综合考虑了与其他标准的衔接，以及铁路客站使用功能的特殊性。以保留共性、突出特性为原则，将评价指标系统化，并针对设计、施工和运行3个阶段的评价要求和要点提出了具体和明确的要求，在铁路客站全寿命周期内的绿色客站建设中具有重要的指导意义。

在国家标准、铁路行业标准和铁路客站所在地方标准的多重指导下，铁路客站绿色建筑实践也得到了快速的发展。客站建设已经将绿色建筑技术和节能减排的理念贯彻在设计中，天津站采用了温湿度独立控制的溶液空调，提高了室内空调的制冷效率，节约了电能。大空间地板辐射采暖和夏季辐射供冷技术应用，大大改善了高大空间的采暖效果并辅助夏季制冷，提高了能源利用率。北京南站采用了复合太阳能板，对利用客站大屋面进行太阳能发电进行了探索；上海虹桥站采用了地源热泵技术，建设了太阳能屋面发电站，拓展了客站新能源应用渠道；天津西站进行全生命周期绿色建筑设计、施工和运维的探索，采用了冷热电三联供技术、太阳能发电技术，选择可重复利用的建筑材料，注重对客站运行能耗的管理等节能减排措施，并对标国际国内标准，绿色建筑达到了国际先进水平，并于 2012 年获得了美国绿色建筑评价 LEED 标准的金级认证。

进入新时代以来，铁路客站贯彻五大发展理念，推动高质量发展，将建设绿色温馨的客站，作为铁路客站建设理念之一，也是精品客站的主要目标之一。客站设计以绿色三星建筑为目标，在节地、节水、节能、节材以及环境保护、环保新技术应用等方面，进行了新的实践，以求通过节能减排技术的应用，降低客站能耗，实现全生命周期的能源消耗最少，实现铁路客站的绿色发展。

### 3.4.2 建设用地的集约利用

大多数高铁客站都位于城市建成区内，与城市依存度高，由于大型客站场站规模大，占用土地资源多，再叠加周边道路改造等配套设施，车站周边用地紧张的问题会更加突显。因此，土地资源的合理、有效地利用以及可持续发展的措施成为铁路客站枢纽规划设计的关键技术之一。在进行规划设计时，必须强调土地利用的集约化，通过加大土地开发强度，实现土地利用的立体化和功能复合化，提高土地的利用效率。

在针对客站范围内土地多重利用的研究探索中，枢纽中占地规模大、以往空间利用率较低的站场区域，成为研究和创新的切入点，加强站场范围的竖向、立体设计，提高土地利用效率，实现节地要求。

**1. 双层车场设计提高土地利用率**

丰台站位于北京市丰台区，是一座多功能立体交通枢纽，车场总规模为 17 台 32 线。由于车站地处城市建成区，周边现状条件较为复杂，若像传统客站一样将所有站台和线路均布置在同层，则车场占地规模较大，旅客进出站流线较长，同时对城市的割裂较为明显。经过研究结合专家意见，丰台站首次采用了双层铁路车场重叠布置的设计理念，将站场功能进行竖向叠加，普速车场位于地面层，规模为 11 台 20 线，采用上进下出的流线方式，高架车场位于 23 m 标高，规模为 6 台 12 线，采用下进下出的流线方式，同时地下设置快速进站厅，满足两层车场的旅客快速进站需求。双层车场的布置，在 11 台 20 线的站场范围内，实现了 17 台 32 线的车场布置，大幅提高了旅客的接发能力，最大程度地整合、完善了铁路站场设施和站房建筑功能，有效节约了 35% 的车站用地，实现了土地节约和功能复合的目标，在寸土寸金的首都核心区，创造了巨大的经济价值，是铁路客站土地高效利用的重要探索实践（图 3-130）。

图 3-130　丰台站双层车场

**2. 雨棚屋面停车场加强上盖空间开发**

站台雨棚作为站房最重要的配套设施,是旅客进出站必经的过渡空间。大型客站雨棚结构连续,覆盖整个车场,造价较高,但其功能却较为单一,仅起到遮雨雪作用,站台雨棚上方空间没有得到充分利用,没有更深层次的研究雨棚的其他复合功能。同时,随着国内经济的高速发展,大城市建设发展用地紧张,停车泊位数量不足的问题愈加突出,特别是大型铁路站房作为城市交通的重点集散区,表现出来的问题尤为严重。因此,在铁路客站设计中,探索开发利用站台雨棚上部空间成为主要研究方向之一。通过研究,解决雨棚屋面作为室外停车场在流线、消防、排水和结构安全性等方面的问题,实现雨棚屋面上盖空间的综合利用,节约土地资源(图 3-131)。

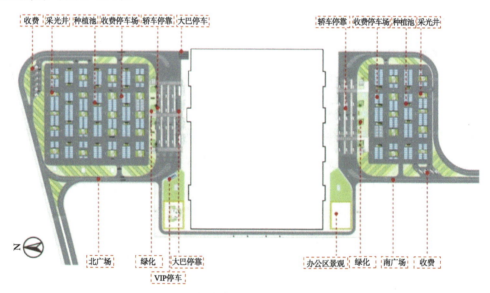

图 3-131　北京朝阳站雨棚屋面平面图

北京朝阳站是国内首个采用全覆盖雨棚屋面停车场的铁路客站。在设计中重点对平面布局流线、消防策略、屋面排水以及站台层节能进行了专题研究,为创新实践提供了技术支撑。

(1)雨棚停车场平面布局研究

雨棚屋面停车场功能分为高架送客通道、落客区、景观带、社会车停车场等四部分。功能分区及平面布局的紧密衔接，实现动静分区，交通流线简洁明确。平台为公交车、社会车、出租车提供送客通道。通过客流模拟仿真方法进行铁路客站客流集散分析，研究高架平台通过各种交通方式分担的进站客流比例，提出高架层合理的落客区和停车场的规模，通过机动车落客仿真分析高架落客需求、落客形式、落客能力、通行能力，确定合理的设计标准。

(2)全覆盖雨棚屋面消防策略

车站采用全覆盖上盖停车场，覆盖总长度543 m，造成站台上方覆盖面积过大，没有传统站场轨间的露天开敞空间。由于站台层作为高架候车厅及地下通廊人员疏散的安全区域，为了保证该区域的安全性，应对大面积雨棚屋面采取特定防火加强措施，满足消防设计要求。基于《汽车库、修车库、停车场设计放火规范》和铁路行业内相关规范进行研究确定，将地面停车场与高架落客平台保持6 m距离开敞空间，开敞面积不得小于地面面积的25%，停车场地面均匀设置开启率不得小于地面面积的2%的消防联动窗，满足排烟面积要求，并通过特殊消防设计（性能化报告）进行评定检测，确保消防安全。

(3)全覆盖雨棚屋面停车场的排水策略

雨棚上盖停车屋面采用半有压流排水系统，对于超大面积平屋面按照不同功能分区采用不同的排水策略，落客区采用暗沟排水，车行区域采用明沟排水、停车场区域采用单元式防水，采用明沟和雨水口相结合排水，种植池采用散排和明沟排水相结合，雨水通过排水竖管沿雨棚柱汇至站场排水沟接市政管网，解决了超大面积雨棚屋面排水策略，并兼顾停车坡度要求。

(4)站台层节能策略研究

全覆盖雨棚带来站台层通风和采光条件差，能耗大等问题，通过对屋面采光天窗和光导等设施的研究，优化站台空间环境，提高旅客乘车舒适度，并达到建筑节能效果。雨棚屋面设置消防联动的采光天窗，并设有通风百叶，能够对站台起到一定的自然采光和通风作用，然而，单纯依靠天窗依然无法满足站台白天的照度要求，需要辅助照明灯具，因此在雨棚屋面引入导光管日光照明系统（光导），提高自然采光效率，实现绿色节能。

通过的工程实践验证，雨棚屋面停车场能够集约用地，实现区域市政交通布局及交通流线的一体化设计，减少地面交通压力，实现快进快出和畅通便捷，同时可解决客站的停车需求，并进一步创造更大的经济效益（图3-132）。

**图 3-132　北京朝阳站雨棚屋面停车场**

建设成本效益。利用雨棚屋面作为室外停车场，可以节约大量的土地资源，实现土地的集约化利用，带来更大的经济效益与社会效益，此外，由于合理利用了雨棚屋面，相比单独再建设停车场站，也大幅减少了工程投资。

旅客节时效益。雨棚屋面停车场的设置，能极大方便城市交通与高铁客站之间的换乘，旅客换乘距离大大降低，从而节约旅客的进出站时间，为社会创造更多价值，该价值即为旅客的节时效益。

运营维护效益。雨棚屋面停车场打破了传统地下停车场模式，室外停车场在消防要求、空气调节、景观环境等方面有着地下停车场无法比拟的优势，相应节约土建、设备等运营和维护成本，易于维修维护，并创造了绿色、舒适的景观平台。

技术创新效益。雨棚屋面停车场作为一项技术创新，在功能上实现了土地的节约利用，在技术上实现了创新，为未来大型枢纽站房起到相应的借鉴作用，带来了技术创新效益。

**3. 整合站区生产生活房屋实现土地高效利用**

铁路生产生活房屋的整合，是铁路客站建设的重要环节，通过整合传统零、散、小的房屋布局和生产用房规模，生产生活房屋逐渐向整合集中布局以及尊重城市规划和城市景观的方向发展。集中化、集约化建设铁路生产生活房屋，可达到节约建设土地、提高设施利用率、提高城市环境品质和降低铁路运营成本等目的，雄安站、北京丰台站等站房屋整合方面所做的探索实践内容可见本书3.2.6节。通过房屋整合，土地容积率大幅提高，不仅提高了铁路场站周边的土地利用率，也通过"一站一景"的设计，创造了与城市环境协调的优美景观。

## 3.4.3 节水技术的发展创新

以往客站设计中，节水技术作为绿色建筑的一个重要指标，在工程实践中取得了一定成果，但仍不够全面。京津冀客站给排水系统设计中，采用了大量铁路和市政建设的最新科技成果、先进的绿色节能环保技术及材料，在确保满足铁路运输、生产生活、消防等需要的同时，充分利用市政基础设施能力、与城市规划建设有机衔接，建成功能完善、设备先进、安全高效的给排水系统。既能保证水资源的节约利用，又便于运营管理，也预留了远期发展的条件，为实现客站绿色发展提供了保障。

**1. 节水技术应用**

节水技术在工程中的研究与应用是降低消耗，实现可持续发展的关键。北京朝阳站给排水系统在设计中各用水点均设置远传水表，在二次供水系统中应用了变频调速技术，变频器在使用过程中可以调节电压的输出频率，从而可以降低能耗和运行成本。在变频器上安装PLC自动控制系统，实现了变频技术的自动化和人机互动。

此外，站台雨棚屋面停车场采用节能微喷灌溉系统，并可实现分区控制，极大降低雨棚绿化灌溉用水量，绿色环保、美观经济。

**2. 雨水收集及利用技术**

围绕绿色三星要求，北京朝阳站设置了雨水调蓄利用系统。在站区新建道路下埋设集雨水设施，收集形成径流的地表雨水；同时，结合植被景观绿化设计，建设下沉式绿地、植草沟、雨水花园等设施，共同构建雨水调蓄利用系统。3座总容积达1 800 $m^3$的雨水调蓄池可将雨水径流的高峰流量暂存其内，既能规避雨水洪峰，实现雨水的循环利用，又能避免初期雨水对承受水体的污染，有力地保证了极端降雨出现时的排水安全。

**3. 中水资源利用**

设置中水系统，将中水引入旅客卫生间进行冲厕，同时，绿化景观的灌溉系统也采用中水进行绿植浇灌，大大节约水资源。中水系统与主体工程同步建成完成，合理规划给水、排水和中水系统，实现系统的互补和融合。

**4. 智能化管理技术应用**

设置给排水集控系统，不仅能对加压泵站各设备、设施进行状态监测、能耗统计分析等运行管理，还可以监测客车上水系统的全部信息。设计中创新性的将客车上水、卸污计量与控制纳入客站旅客服务与生产管控平台进行管控，加压泵站集控系统通过网络纳入客站建筑设备监控及能源管理平台进行管理，既方便了运营管理，又提升了客站智能化水平。

### 3.4.4 能源及自然资源的高效利用

能源短缺是一个共性问题，常规能源利用率不高，污染物排放量过大，造成了不可再生资源消耗大和环境污染的双重问题。在客站建设中，十分重视能源的高效利用以及自然采光和通风等自然条件的利用。设计中利用自然条件，细化地上和地下空间分区。通过对声、光、热、自然通风的合理利用以及新技术的采用，科学有效地降低建筑物的能耗，实现节约能源。

#### 1. 温馨舒适的自然采光

雄安站将京港台京雄车场和津雄车场拉开 15 m 形成车站南北 606 m 的连续光廊空间。结合屋面采光、室内绿植与建筑空间变化，改善高架车场桥式站房的桥下候车厅采光问题，引入自然光，在改善白天室内采光效果的同时，节约了电能，光廊形成的空间，也丰富旅客候车的体验（图 3-133~图 3-135）。

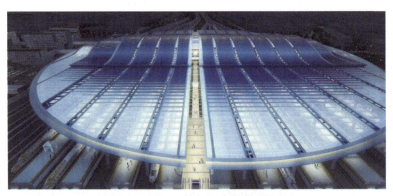

图 3-133 雄安站光谷效果图

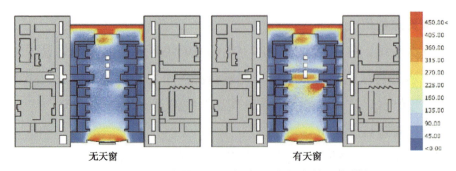

图 3-134 雄安站地面层候车厅光谷自然采光模拟

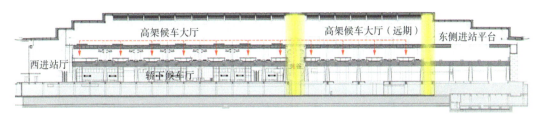

图 3-135　雄安站地面层候车厅光谷自然采光剖面示意图

北京朝阳站对自然采光进行了良好的应用，结合身为京沈高铁起点站遥望北方的建筑设计理念，创新建筑平面布局，高架夹层采用 L 形非对称式建筑平面布局。北侧和东侧采用通高玻璃幕墙，视野通透契合建筑理念，南侧和西侧设置商业夹层，对车站夏季遮阳起到一定效果，实现建筑节能。此外运用 ECOTECT 建筑天然采光模拟分析软件进行建模和室内采光计算，合理布置高架候车室采光天窗及侧高窗，对在阴天状态下候车室进行采光模拟，10 m 层公共区采光系数全部达标，候车厅白天无须灯具照明既可满足日常使用（图 3-136）。

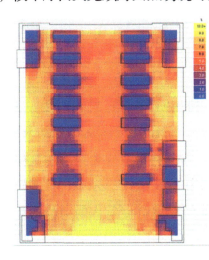
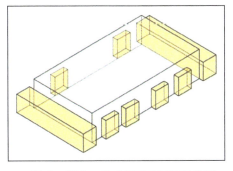

图 3-136　北京朝阳站采光分析

在关注旅客公共区之外，还应加强办公区自然采光的设计。北京朝阳站西站房的南、北两侧各设置一个办公中庭共享空间,内部设置活动、休憩区,并将自然光线引入,节能环保,改善室内办公空间环境,营造温馨舒适空间(图3-137)。

图3-137 北京朝阳办公区域采光中庭

## 2. 高效节能的通风系统

自然通风在节能以及保证室内空气品质、排出污染物等方面有着巨大的优势,是一种高效的自然冷源利用方式。它利用风压、热压及风压热压相结合的作用,一方面引入室外空气提升室内空气品质,另一方面利用室外免费冷源解决过渡季或夏季的室内热舒适性问题。高架站房开窗面积大、进出口较多、且需要较长时间开启,自然通风的有效利用可在空调通风系统中发挥更巨大的节能效果,应用潜力巨大。

在设计初期,需做好自然通风规划设计。在综合考虑建筑朝向、门窗布置、气候条件等情况下,可以实现过渡季充分利用自然通风,既满足室内环境要求,又减少了通风系统的运行能耗。此外,自然通风系统还可在空调季的低温时段采用,一定程度上延长"过渡季"时间,进一步减少空调能耗。

丰台站基于站房双层车场的结构特性以及高架候车厅出入口较多且开启时间较长的使用特性,在设计初期通过反复的模拟仿真,优化并确定了满足自然通风设计要求的门、窗、楼扶梯等开口方案,提出了过渡季自然通风系统的运行策略,最终实现了采用自然通风的方式满足该区域过渡季舒适性要求(图3-138)。

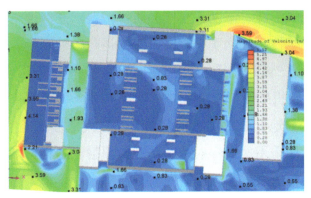

图 3-138　丰台站候车厅自然通风模拟温度云图

北京朝阳站采用 CFD 手段对北京朝阳站站房室内主要功能房间的自然通风效果进行模拟，综合考虑流场、风速、空气龄、通风量对北京朝阳站站房室内自然通风状况进行分析评价。通风换气次数达到 2 次 /h 的面积比例为 61.0%，室内整体通风效果很好，能够保证室内空气质量。候车大厅、售票厅等高大空间过渡季充分利用自然通风进行降温，节约能源（图 3-139，图 3-140）。

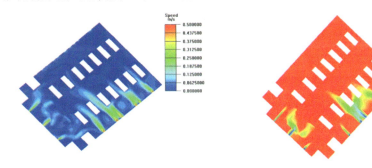

图 3-139　北京朝阳站风速分布　　　图 3-140　北京朝阳站空气龄分布

### 3. 贴附射流新技术

雄安站的设计中，采用贴附射流技术，将空调风最大限度地输送到乘客区，达到提高通风效率的目的，节约能源。雄安站首层候车厅属于典型的高大空间，空间形式复杂。采用传统的在辅助用房设置机房的全空气系统送风半径大，能耗高，且不满足清水混凝土的装修风格，故设计采用分散的送风单元系统，并采用贴附射流结合侧送喷口的末端方式进行送风。气流沿柱体附面层流动扩散至地面，冲击地面后形成空气湖，将空调风最大限度地输送到乘客区，大大地提高了通风效率和空气品质。这种对大空间的空调系统的优化设计，不仅节约能源，还能实现灵活调节，满足人员对不同温度需要的要求。

此外，暖通设计采用中央空调节能控制系统，极大地提高能源利用效率。在满足空调区室内空气温度、湿度、空气品质等级要求并保证空调系统正常运行的基础上，根据负荷特性，优化现有空调系统的运行、控制模式，对空调循环水系统进行负载跟踪调节，实现水系统的供需平衡，提高能源利用效率。

**4. 分区可控的地板采暖和供冷系统**

地板辐射采暖与地板辐射供冷相互结合，极大地提高了室内环境的舒适度。雄安站西侧进站大厅采用地板辐射采暖与地板辐射供冷相互结合，相互切换的方式。冬季采用地板辐射供暖，满足室内的采暖需求。夏季采用地板辐射供冷，直接收辐射热源表面释放的热量。地板辐射供冷与冷风末端不同，冷辐射末端可具有较大的蓄热能力，这样就可能用其直接接收或吸收短时间内出现的高密度热量，而不会造成对冷源的瞬态冲击。这对于应对透过玻璃幕墙的太阳辐射尤为重要。与风口送风方式相比，地板辐射供冷更有可能营造局部的冷环境，避免高耗能的全空间空调冷却，这就可以使得无人区域维持自然的高温状况，而仅营造人员活动区域的热环境。这对几十米高的高大空间环境的空调冷却节能尤为重要，同时，地板辐射供冷还可以避免吹风感造成的不适。

**5. 太阳能光伏发电系统**

铁路站房屋面大，非常适合光伏发电系统的应用，是合理利用新能源的绝佳场所。虽很多新技术存在前期投资较高的缺点，但是从长远来看，在长期运营中产生的效益可以较快地弥补初投资偏高的不足。

雄安站光伏发电系统位于椭圆形屋顶部分，突破了以往在建筑屋顶单调使用的方式，而是以"光伏建筑一体化"的方式作为建筑屋顶和外幕墙系统的重要组成。光伏组件排布方式也突破固有的满布阵列形式，兼顾建筑形象采用渐变的排列方式，与屋面构造系统有机结合。光伏组件犹如水波泛起的涟漪波光，展现出"清莲滴露"的建筑形象，体现了雄安地方的水文化。项目采用"自发自用，余量上网"的并网方式，优化发电效率，有效平衡投资与收益。

光伏发电系统由光伏组件、组串式逆变器、升压变、10 kV 开关柜等设备及电缆组成。安装总面积约 3.5 万 $m^2$，总容量为 5.997 6 MWp。固定式安装光伏发电区域首年发电量为 643.3 万 kW·h。根据光伏组件电池组件 25 年衰减率，计算得出 25 年平均年发电量约 583.0 万 kW·h。

光伏组件表面整体呈不透明的深蓝色效果，在候车厅屋面采光天窗与聚碳酸酯板站台雨棚上方敷设时，能够起到良好的遮阳效果，等同于设置了屋面外遮阳系统。采用的晶硅组件长期服役性能稳定，能源回收周期短，发电系统在运行过程中无噪声、无污染排放、无光污染，减少碳排放量。光伏屋面充分利用建筑物屋顶空间，不额外占用土地，适合在大型公共建筑的项目中推广应用（图 3-141）。

图 3-141　雄安站屋面光伏组件施工现场

光伏组件的排布方式增强了建筑"第五立面"的表现力，组件串联方案通过不断优化适应分组数量的变化，满足配电系统的要求。屋顶光伏组件基础形式根据屋面结构形式，结合受力、施工、维护等需要进行选择。光伏组件连接方式具有施工方便、安全可靠且不破坏屋顶防水等优点，可最大限度地保护屋面完整性。结合屋面金属板或阳光板的尺寸布置光伏组件，配合夹持夹具，形成直立锁边金属屋面+光伏组件、阳光板+光伏组件的屋面系统（图 3-142）。

图 3-142　金属屋面部分典型光伏组件安装局部图

### 3.4.5　建构一体的传承创新

京津冀客站建设将一体化设计作为设计创新的重要方面之一，通过对建筑技术、经济、文化、艺术、运营维护等多方面的整合与兼顾，以一体化的设计成果，产生更为纯粹的建筑空间效果。

另一方面，结合客站建筑设备末端复杂、功能多、接口多的特点，设计从上位进行一体化整合，可以更好地将功能末端、设备末端等内容结合新材料、新工艺、新技术进行突破，让设计更为精细化。

**1. "建构一体"的表达**

"建构一体"的设计理念，是将建筑"外在艺术形式"与结构"本质真实构件"两者关系进行充分结合的表达，是建筑师与结构师进行协同工作组织的逻辑方式。结合火车站及交通枢纽建筑大空间、大尺度的特点，具有较好的适应性。

京津冀客站设计中，广泛采用了"建构一体"的设计理念，通过空间与形式的大美，反应建筑设计的艺术性。同时，由于减少了装饰装修，对于车站建设、后期运营维护也带来了较好的经济性和耐久性。

（1）雄安站清水混凝土

随着社会的发展，人们的审美要求不断提高，建筑发展经历了一个浮华藻饰的过程，开始回归返璞归真的时代。清水混凝土，是指直接利用混凝土成型后的自然质感作为饰面效果的混凝土，其自然质朴的肌理，表现了建筑简约、沉稳、内敛的特征，同时，混凝土结构表面除保护剂外，不再需要附加装饰构造，也减少了工程投资。

雄安站为高架桥式站，候车厅位于轨道层下，为改善桥下昏暗压抑的环境，方案设计阶段，确定了拉开车场设置光廊，将自然光引入地下候车厅的方案，同时，经过多方案必选，确定了抛弃多余的装饰，候车厅采用混凝土建构一体的方案，以纯粹的手法，着力塑造挺拔秀美的站内空间效果，这也是雄安站的创新目标之一。

雄安站站房线下主体结构采用建桥一体的混凝土结构，由于需要按照 8.5 度抗震设防考虑地震作用，再叠加上部轨道层荷载，结构梁柱断面尺寸都比较大，为此，将清水混凝土梁柱设计为曲线造型，其结构柱形态为上部收分，在柱梁交接处进行曲线双向加掖，使其整体呈现规则变化的曲线，既符合结构力学要求，又强化了整体感和韵律感，表达出开放包容、兼容并蓄的建筑气质。

柱中设置的凹槽和收角，也缩小了柱截面的视觉效果。设计图纸中给出了模板配置方案，明确了蝉缝和明缝的位置，以便控制混凝土脱模后的效果。地面候车厅充分利用清水梁格空间，梁格内局部设置吊顶，增加了净高，吊顶与清水混凝土相得益彰，用建构一体的设计方法，营造了开敞、通透富有韵律和建筑美感的候车空间（图 3-143~图 3-146）。

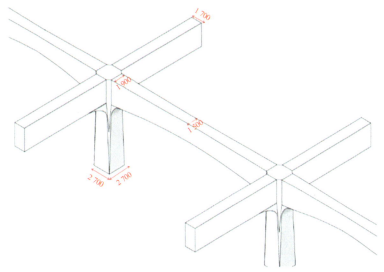

图 3-143　雄安站清水混凝土梁柱细节（单位：mm）

图 3-144　雄安站清水混凝土梁柱节点

图 3-145　雄安站候车厅

图 3-146　雄安站首层城市通廊

（2）朝阳站钢结构 V 柱及屋盖系统

北京朝阳站高架候车室 V 柱支撑屋盖钢结构，挺拔连续，简洁有力。吊顶设计与结构布置结合，局部暴露屋盖及柱顶的主体结构，现代简约、自然流畅，以 V 柱屋及支撑屋盖钢结构的整体美感，展现了建构一体的建筑美（图 3-147）。

图 3-147　北京朝阳站候车厅

客站屋盖结构由中部的屋脊拱起部分与两侧的平屋面部分构成。屋脊拱起部分横向主结构由交错布置的桁架、钢主梁及其连接结构构成，成"鱼腹"式造型，基本跨度为 18 m（悬挑）+36 m+72 m+36 m+18 m（悬挑），主结构纵向间距 22～27 m 不等（图 3-148，图 3-149）。

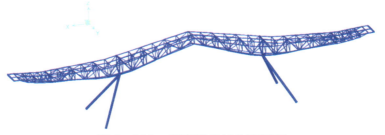

图 3-148　屋脊拱起部分桁架图

图 3-149　屋脊拱起部分钢主梁图

桁架与主梁之间沿结构纵向以三角形桁架进行连接，组成富有韵律的"波浪"形式（图 3-150）。

图 3-150　屋盖结构纵向连接桁架图

屋盖两侧的平屋面部分主受力为两榀主桁架，与中部拱起部分通过钢主梁进行连接（图 3-151，图 3-152）。

图 3-151　屋盖边榀桁架图

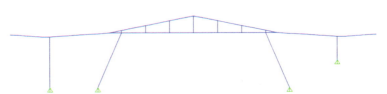

图 3-152　屋盖拱起部分与平屋面交界处钢主梁图

屋盖支撑结构由两侧的直立柱和向内倾斜的 V 形斜柱组成，为屋盖结构提供了有效的支撑，提高了屋盖结构的空间整体性。并且，V 形斜柱的两向斜度与屋盖的横向"鱼腹"和纵向"波浪"交相呼应，配以开缝的吊顶方案，给古典的重檐庑殿增添了丰富的现代气息。

**2. 土建、装修一体化**

（1）北京朝阳站

①高架层吊顶装修

候车厅大吊顶贴近屋盖钢结构且平行布置，高架候车厅V柱支撑屋盖结构，简洁有力。吊顶设计顺应结构形式与结构杆件布置方式，并裸露下弦杆，以屋盖钢结构之美，展现建筑空间之美（图3-153~图3-155）。

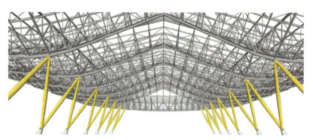

图3-153　北京朝阳站高架候车厅结构效果图

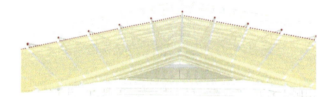

图3-154　吊顶与钢桁架的关系

图3-155　北京朝阳站高架候车厅吊顶室内实景照片

②地下空间装修

站内独立柱采用清水混凝土简化装饰，结合设备末端仅做双侧硅酸钙板装修，两侧暴露结构，节约材料，简洁挺拔（图3-156）。

图 3-156　北京朝阳站地下集散厅独立柱效果图

③幕墙系统

玻璃外幕墙采用角点支撑代替横向龙骨支撑，在满足安全性的同时，减少龙骨用钢量，节约造价，提升建筑艺术和品质，塑造建筑简洁干练的气质（图 3-157）。

图 3-157　无横梁明框玻璃幕墙

北京朝阳站采用无肋板玻璃幕墙系统，玻璃互相支撑，面板顶部吊挂，玻璃板块间采用结构胶连接，整体受力合理且视野开阔通透（图 3-158）。

图 3-158　折线形全玻幕墙

(2)北京丰台站

南北进站大厅十字钢柱支撑屋盖结构,简洁有力,吊顶设计与结构布置结合,仅局部暴露主结构,体现屋盖钢结构之美的同时,也避免了繁复装修。

此外,普速站台吊顶采用局部吊顶形式,仅在进站楼梯间采用铝垂片吊顶,其余部位采用横向灯杆形式,简洁有序(图3-159)。

图3-159 北京丰台站吊顶

(3)清河站

清河站地下换乘大厅内桥柱、盖梁均采用了清水混凝土一次浇筑成型、不做二次装饰,直接利用现浇混凝土的自然表面效果作为饰面。另外在东西两侧下沉广场及地下一层西侧安检大厅等区域亦采用清水混凝土的处理方式,整个空间现代自然、绿色环保,体现材料的质感美(图3-160)。

图3-160 清河站案例

(4)八达岭长城站

八达岭长城站地下工程暗挖洞室面积40500 m²,设计各类洞室78个,断面型式88种,是目前国内最复杂的暗挖洞群车站和埋深及提升高度最大地下高铁站。

为让旅客真实体验到工程本身的宏大,设计采用了土建装修一体化的设计手法。在满足声环境和光环境功能需求的前提下,尽量减少室内装修包裹。通过裸露的清水混凝土结构与吸音砂岩板、石材这些天然材料形成冷暖色调的强烈对比，通过科技与自然的和谐对话，达到经济与艺术的有机结合（图3-161）。

地下站房

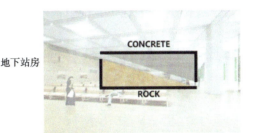

地下站房

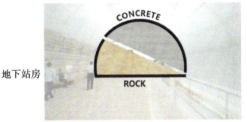

图 3-161　八达岭长城站装饰

**3. 设备设施一体化**

结合建筑空间及装修效果，针对铁路客站空间内部设备末端种类多、功能多、数量多的特点，精品客站对于设备设施的末端，在建筑、装修的把控下，结合设备功能特点及工艺需求，进行一体化整合和效果控制，实现了功能与艺术的有效统一。

同时，将设备设施的复杂条件进行梳理、整合及布置，并结合造型或表皮空间赋予其文化艺术性，通过一体化设计，助力实现投资、施工、运维等多方面系统控制与管理，也是实现铁路客站建筑"经济艺术"目标的重要手段之一。

**（1）雄安站风机单元体**

雄安站候车厅为清水混凝土的装修风格，采用顶部送风形式会对装修风格造成破坏，且不利于节能，若采用喷口侧送风的形式，送风距离较远，达不到送风效果且噪声大。因此，设计方案将空调机组分散化布置，采用风柱单元的送风方式，同时风柱内还可以把消火栓、信息屏、水炮、分集水器等末端设备集合起来，形成一体化的设备单元（图3-162）。

图 3-162　地面层候车厅风柱设置现场图

（2）照明设施一体化表达

北京朝阳站从旅客感受出发，采用落地灯柱、吊顶、壁灯相结合的方式，降低灯具高度，灯柱集合了喇叭音箱等其他设备末端，形成了一体化的复合照明设施（图3-163）。

图3-163　北京朝阳站高架候车厅灯柱室内实景照片

## 3.4.6　中空站台的集成利用

在常规站房设计中，在站台范围内，轨道层结构与站台面之间有约2.5 m左右的高差，通常采用填土处理，主要为轨顶到站台面的高度以及轨道下道砟、轨道板及垫层的厚度。在北京丰台站设计中，结合双层车场的设计理念，普速车场与高速车场均采用了中空站台的设计，合理利用了中空站台空间（图3-164）。

图3-164　北京丰台站中空站台

车场的中空站台设计中，将各专业作业通道高效整合成综合管廊，解决了上水、卸污、维修操作人员的安全问题。上水泄污工作人员不再跨线也不再在股道间操作，彻底解决了行车安全隐患，同时，改善了上水、卸污、维修操作人员的工作条件和环境，工作人员只在廊道里走行，安全、隐蔽，与行车互不影响。此外，相关管道布置在廊道里，方便检修、维护，及时发现问题，及时处理，管理模式更加人性化，人员检修及维护可采用上人孔、站台端部入口进入站台内部进行维修维护。同时，将上水、卸污管从线路中间的水沟中取出，移至站台下，较大幅度地提高了线间水沟的过水能力，为安全运营提供了更可靠的保障性（图3-165）。

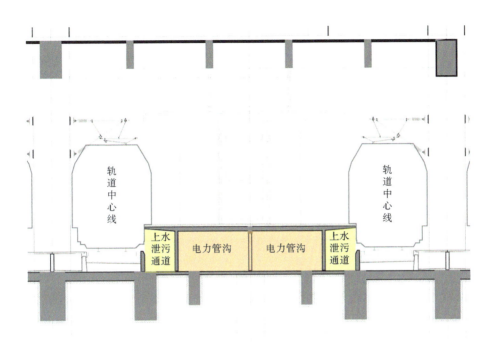

图 3-165 中空站台剖面图

双层车场站台设备、管线复杂，体量庞大。中空站台将通信、信号、电力、信息、雨水沟、污水沟、室外消火栓、通风、排烟、上水、卸污、作业通道等高效综合，形成系统的管路通道，达到了综合管廊的效果，是新的设计思路和方向。

在雄安站的设计中也采用了中空站台设计。为有效利用站台面距轨道结构底部的空间，并有效解决雄安站桥下候车厅清水混凝土结构管线敷设的问题。设计中将桥下候车厅的通风、排烟、照明等管线上移，置入站台空间内，结合 BIM 技术，整合管廊内布置，设置强电、弱电、其他管线等不同舱室，并预留了检修人员通行通道，这样，相比传统的管线综合方式，既有效利用了站台空间，又改善了检修人员的作业条件。

### 3.4.7 客站绿色技术的创新和推广

绿色发展是国家战略，在铁路客站建设中贯彻绿色发展理念是客站建设的应有之义。京津冀客站所做的探索实践，正是在绿色发展理念引领下，以客站"绿色温馨"建设理念为抓手，以建设绿色客站为目标进行，开展绿色技术的创新及实践，以期在后续客站建设中不断应用与发展。

#### 1. 绿色技术的创新

总结京津冀客站的绿色技术应用和创新，主要有以下几个方面：

（1）地处城市核心区域客站，建设用地寸土寸金，面对车场布置横向空间不足的条件，以丰台站为代表的双层车场设计，在创新传统铁路车场布局模式同时，大幅节约了建设用地，土地利用率提高了35%。

（2）以北京朝阳站、清河站为代表的客站，对利用雨棚屋面设置停车场进行了探索实践。全覆盖雨棚屋面设置停车场，适用于腰部落客的线上式站型，结合腰部落客匝道将雨棚屋面设置为停车场，实现交通配套和高架站房的紧密联系，在解决枢纽停车功能的同时，节约土地资源并提高了利用率，也践行了绿色可持续发展的理念。

（3）站区生产生活房屋高度整合的模式，向集中式布局以及一体化设计方向发展，达到节约建设土地、集约利用设备设施、提高环境品质和降低运营成本的目的。

（4）以雄安站为代表的客站，践行绿色低碳交通设计理念，依托《河北雄安新区规划纲要》，将绿色出行理念作为设计原则之一，以绿色出行比例不低于90%为目标，构建以绿色出行为绝对主体，各种方式无缝衔接的综合交通体系。

（5）基于雨水中水的综合调控及利用技术，注重对雨水中水的综合利用，设有给排水集控系统、中水系统、雨水调蓄系统、节能低灌系统等分系统，通过收集雨水和城市中水，进行综合调控，大幅度减少清洁水资源的利用，节约水资源。

（6）通过完善的高大空间空调通风系统节能策略、大空间贴附射流送风新方式，改善客站空间环境并大幅降低能源消耗。

（7）以雄安站为代表的拉开站场形成光廊的设计方式，塑造阳光下生长的车站，让阳光透过承轨层的天窗，直接投射在桥下候车厅内，为旅客营造了丰富多彩、明亮通透、温馨怡人的室内候车环境，同时也节约了能源。

（8）以"建构一体"以及"土建和装饰一体"为代表的一体化创新设计，对建筑技术、经济、文化、艺术、运营维护等多方面的整合与兼顾，营造绿色温馨、经济艺术的空间环境。

（9）以雄安站风机单元体、北京朝阳站落地灯杆为代表的多种设备设施集成技术，将多种设备末端从上位进行一体化整合，实现空间集约化、设施精细化和运维简易化，且绿色环保。

（10）站台空间综合利用技术，将站台设置为中空站台，将各专业管线和作业通道高效整合成综合管廊，解决了管线布置及上水、卸污、维修操作人员的安全问题。

**2. 推广和发展**

以推进绿色三星客站建设为目标，以雄安站、北京朝阳站、北京丰台站为代表的京津冀客站，在探索利用绿色技术方面进行了诸多创新实践，这些创新也必将为后续客站建设提供更多有益的借鉴。

随着绿色发展理念的不断深入人心和绿色技术的不断发展，以及国家"双碳目标"的提出，绿色建筑的发展也跃升上了一个新的台阶。国标《绿色建筑评价标准》2019版的发布，对绿色客站建设，也提出了新的要求。这一版相对2014版重新构建了绿色评价技术指标体系，这就需要从设计到施工到运维各阶段统筹协调绿色技术的应用和落地，以实现全生命周期的绿色建筑。

2021年上半年，国家标准《零碳建筑技术标准》编制的启动，这一标准将从气候变化和碳中和整体要求出发，更加快速的推动绿色建筑技术的发展，向着零碳建筑的方向发展。这是建筑行业的发展方向，也将是铁路客站绿色发展的方向。

## 3.5　客站的艺术表达彰显文化自信

习近平总书记指出，体现一个国家综合实力最核心的、最高层的，还是文化软实力，这事关一个民族精气神的凝聚。以铁路客站为代表的公共出行空间所具备的流量属性决定了该类枢纽客站具有传播国家、城市人文价值，体现民族文化自信和国家文化软实力方面的窗口作用。

新时代的铁路客站建设中，如何在体现"文化软实力"的同时，落实"经济艺术"的建设理念，是需要深入思考并采取积极措施的重要命题。近年来我国的铁路客站在承载人流疏散的主要功能的同时，不断丰富的文化传播途径、多样化的业态及服务也让其更好地融入城市，因此城市、铁路客站（空间）、媒体、人之间形成了新的互动关系及传播路径，空间本身功能边界得到了极大的延展。建筑、装修的设计方法、造型元素在保证建筑工程经济性的前提下，能够充分反映地域文化特点和时代特色，彰显高铁沿线区域风貌，同时，创造更具人文体验的导向空间，也需要车站在建筑文化、装饰装修的艺术性以及多元艺术等多个方面进行创新尝试与探索，让铁路客站成为传播文化的窗口。

### 3.5.1　以建筑设计概念传递文化性

不同的建筑形态，向人们传递着不同的文化意境。铁路客站由于其独特的功能和属性，成为传递中国文化、地域文化、铁路文化、时代文化的载体，作为重要的公共建筑及服务空间，其大尺度、大空间的建筑体量特点，可以使其拥有更多更好的表达建筑文化艺术的途径和方式。

### 1. 雄安站

雄安站的建筑造型设计紧紧呼应"古淀鼎新，澄碧凝珠"的文化主题：以"古淀"为意，铁路线路如活力之源，将人员带入到车站之中，流动与空间之内，激发出新的活力。同时，雄安站充分结合雄安新区生态环境优良，拥有华北平原最大的淡水湖白洋淀，水资源丰富等特点，遵循"荷叶上一滴露珠"的概念，形成椭圆形的屋顶造型，屋盖轮廓如清泉源头，结合屋面太阳能板塑造波光粼粼的形态，契合雄安水文化。以"鼎新"为形，建筑立面三段式的布局构图，汲取传统中式造型的比例关系，在融合历史的基础上，通过现代材料与技术的应用创新建筑造型。同时车站外立面选用浅黄色石材作为立面材料，结合"鼎"的概念，充分表达千年大计应有的历史性，且通过构图在表达力量感时，兼具灵动。

平整的建筑屋顶在中部高架候车厅处向上抬起，边缘向内层层收进，形体自然如同湖泊中被风吹起的涟漪（图3-166，图3-167）。

图3-166　雄安站航拍图

图3-167　雄安站立面效果图

文化意境上，基于雄安新区的城市规划定位与区域客群提出雄安站的定位：展现雄安价值、雄安故事的重要门户。文化形象识别表达的核心原则：中国文化、现代表达、地域文脉、世界眼光。从区域地缘特色、历史传承中提取文化符号；依据城市规划观念、传统哲学智慧中提取生态理念；从建筑特点中提取视觉意象，梳理出雄安站的文化意象——古淀鼎新，澄碧凝珠。

同时，将文化意向贯彻到相应视觉形象系统的设计中，主要体现于色、形、观三个维度。色彩体系以澄碧之色——蓝绿交织的"青"色调为主，局部功能性应用对比色，借国人尚青审美传统中天人合一的哲学寓意表达雄安站的生态观和历史观，体现澄碧所代表的地域生态特色。视觉元素围绕古淀之形和凝珠之形两大核心进行拓展，以地域特色的生态元素为核心进行创新设计，由地域生态特色源发，突出雄安新区"天蓝、地绿、水清"的绿色生态观和有"形"有"色"的中国时空观，结合空间进行主题性表达（图3-168~图3-170）。

图3-168 雄安站色彩配置（高饱和色系/低饱和色系）

图 3-169　雄安站城市通廊

图 3-170　雄安站航拍

### 2. 北京朝阳站

交通建筑应具有鲜明的地域特点，设计中提取适宜、恰当的城市建筑色彩，运用现代技术和材料加以实现，焕发独特的建筑气质。

北京朝阳站设计中着重对"灰、黄、红、蓝"北京几种主色彩进行重点研究，考虑到北京这座城市的厚重与活力，同时创造出独特的北京朝阳站建筑风格和色彩，最终确定采用"灰砖金瓦"传统建筑色彩，并将建筑主色调突出为稳重的灰色和现代的香槟色两种，应用于建筑站房内外装修、站台雨棚装修和家具配饰等各方面，呼应城市色彩，且兼具内外统一。

同时北京朝阳站为凸显城市风貌，结合灰色和香槟色两种建筑主色彩，确定北京朝阳站用铝板、陶板和硅酸钙板等现代建筑材料来展现传统建筑文化内涵。

考虑到站房顶部的"庑殿顶"的坡度实现及屋面防水的整体性，采用铝镁锰金属屋面板实现屋面造型。建筑下部为中国古建的"驻台台基"，为尽量还原"台基"的厚重感和表面纹理，最终确定采用灰色陶板材料，同时为凸显出城市的文化积淀，更加丰富建筑细节，陶板采用深中浅三种灰色调无规则排布，城市文化自然流露。建筑中部采用486块超大玻璃幕墙组成一座巨型中式屏风，若隐若现、现代典雅（图3-171~图3-173）。

图3-171　北京朝阳站夜景图

图3-172　北京朝阳站立面

图3-173　北京朝阳站效果图

### 3. 北京丰台站

丰台站是北京接入线路最多的铁路枢纽，是以北京为中心，联通八方的铁路客站。设计理念引"丰泽"喻义丰台区生态文化蓬勃发展的态势，丰台站作为交通枢纽能够辐射区域及周边经济，推动文化发展，惠泽八方。因此以"丰泽八方"作为文化主题，也体现出了北京丰台站在铁路网和城市中的定位（图3-174）。

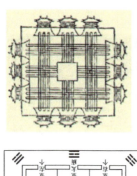

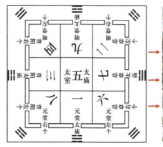
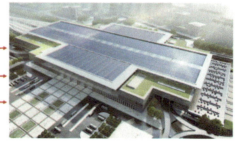

图 3-174　丰台站建筑概念分析图

丰台地区古为金朝的拜郊台，位于金国都城丰宜门外。建筑方案取"筑台建城"之意。车站平面布局以"九宫城"为理念，既延续了中华传统文化，又符合现代车站的功能需求。

同时，方形建筑形体坐落于方形台基之上，整体中轴对称，采用两侧裙房建筑略低、中央建筑高起、屋檐出挑深远的建筑形态。立面设计利用现代的设计手法与中国古建三段式相契合（图3-175）。

图 3-175　丰台站立面概念分析图

丰台站建筑造型汲取中国古典建筑三段式设计手法，建筑底层裙房即台基，中间为玻璃幕墙与钢结构廊柱的组合，顶部采用出挑深远的金属屋面，利用现代建筑技术与建筑材料，诠释了建筑的整体造型（图3-176）。

图3-176 丰台站建筑概念分析图

立面幕墙材质采用深浅不一的陶土板效仿北京传统建筑的砖墙，体现建筑的历史感和厚重感。陶板表面加工成不同的质感和纹理，体现建筑的历史感和厚重感。

**4. 八达岭长城站**

长城是中华民族自强不息的精神图腾，是中华民族文明史的丰碑。途经八达岭长城的老京张线人字形铁路是中国现代工业文明丰碑，新京张铁路八达岭长城站与长城、与老京张铁路之间都有着强烈的文化映射，八达岭长城站作为世界埋深最深的高铁车站，也是新中国伟大复兴，新工业文明的见证。

文化是建筑的灵魂也是城市的灵魂。在构思八达岭长城站这座地下超级工程的过程中，设计紧扣长城历史文脉与新工业文明两大主题，通过建筑艺术的寓意，实现八达岭长城站古与今、老与新、科技与自然的对话。

车站外立面造型采用简洁、质朴的体块"磊"砌组合，与山势相容，与自然相容，也抽象地表达了"筑起中华民族新长城"的设计寓意。车站外围护模仿砖砌长城的工艺，采用肌理粗糙的天然石材直接砌筑，彰显了八达岭长城的历史厚重与文化沉淀。通过夜景照明的烘托，粗糙的立面石材显现出"龙鳞"般的艺术肌理，与中华民族龙文化相契合。为彰显百年老京张的铁路精神，石墙间还嵌入了表达京张文化主题的"人字纹""苏州码子""铁路重要历史时间"的艺术石雕，表达对百年老京张铁路的致敬（图3-177，图3-178）。

图 3-177　八达岭站夜景图

图 3-178　八达岭站立面分析图

### 3.5.2　用装饰装修展现客站的文化艺术性

建筑的装饰装修审美，在不同的历史阶段背景及生产技术水平发展环境下，有着显著的变化。现代主义艺术风格的流行，铁路客站对于空间及维护条件的需求，促使客站建筑逐渐摆脱繁复的装修形式，而是更多利用建筑构件、装饰构件材料本身的特质来完成装饰装修的效果。同时，装修装饰不是存在于建筑设计之上的独立语言，而是对建筑设计概念、文化性、艺术性的延续与再塑造，二者应该是高度契合的关系，不可分割。装修、装饰是与建筑、结构等并列的建筑基本要素，这些元素相互渗透与包容，融于一体的逻辑与内容，是建筑师设计意图的重要表达。

**1. 装饰装修的空间表达**

建筑的装饰装修应充分结合建筑设计的上位理念和原则，是建筑内部及细节空间对外部及宏观概念的传承与延续，应充分考虑建筑的文化性、艺术性。

同时，结合铁路客站的空间特点，其装饰装修需要考虑不同空间的特点及需求，并注重功能性，展现新时代铁路客站的文化艺术美及功能细节特点。

（1）候车厅空间

雄安站的装修设计以凸显建筑语言的自然表达性为目标，以延续建筑设计创意为原则，尊重历史传承，重点改善线下站的空间感受，通过提亮空间、引入生态元素、突出人性化设计，打造具有中国风格的现代建筑。

室内装修设计时，呼应文化主题及建筑语言，采用清水混凝土梁柱体系，以建筑结构原始之美展现自由舒展的生长姿态、坚韧奋进的意志、清廉朴素的寓意。清水混凝土梁柱空间，是建筑室内设计的表达载体，是整体环境的底色和基调。雄安站设计之初将自然、朴素的建构之美作为理念与特色，一以贯之。通过内装设计，有机的结合原有设计理念，表达开放包容、兼容并蓄、勇于担当的精神品格。

地面候车厅装修设计通过"古淀鼎新，澄碧凝珠"的概念、结合荷花等元素，提取灰、蓝、绿作为室内空间的主色调，营造清新淡雅的风格（图3-179，图3-180）。

图3-179 雄安站室内空间

图3-180 雄安站室内空间

北京朝阳站室内装修设计以"活力之都、蓬勃之路"为文化主题,室内外建筑语言协调统一。

以"室外多黄、室内少黄"为前提,在建筑语言、空间形式和材料色彩方面进行室内空间与室外空间的延续,保证建筑整体性和文化性(图3-181)。

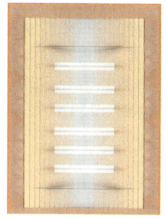 

图3-181 高架候车厅吊顶图

高架候车厅顺应鱼腹式三角桁架屋盖结构呈现折线形、通过装修适当保留结构,体现建构一体的设计理念(图3-182)。

图3-182 北京朝阳站高架候车厅吊顶室内实景照片

北京丰台站是我国首座采用高速、普速客运车场重叠布置的双层车场结构的大型客站。装修手法采用简化装饰装修、展现结构之美,以严谨的结构逻辑处理双层车场丰富的建筑空间形态与功能的复合特征。暴露结构的处理方式,使得丰富的空间形态具有统一的视觉感受,做到建筑空间的变化与统一。

候车大厅独立柱面简化装饰，结合设备末端仅做双侧装修，两侧暴露结构，节约材料，简洁挺拔（图3-183）。

图3-183　丰台站候车厅空间

在清河站文化元素的设计中，首先考虑建筑地域性，反映北京古都的风貌特点，展现出海淀区的区域文化特征，同时，清河站作为京张高铁的重要节点，又因老清河站的平移保护，新老车站的对话，构筑了一幅百年铁路建设成就的历史图画。

清河站主站房候车厅采用的金属圆管吊顶，由室内延伸到室外挑檐，连续流畅，随结构曲线安装，简洁而不单调，引导性强且于无形中扩充了空间。悬挑屋檐下方的简化斗拱造型更是一体设计，室内外造型一致且延续，增加了空间的完整性（图3-184）。

图3-184　清河站候车厅空间

（2）进站厅空间

北京丰台站南北进站大厅十字钢柱支撑屋盖结构，简洁有力，吊顶设计与结构布置结合，局部暴露主结构，体现屋盖钢结构之美（图3-186）。

图3-185　丰台站进站厅空间

清河站造型及文化内涵不仅要体现古都北京的传统文化，展现海淀区的地域特点，反映现代科技，同时还要展现"百年京张"的铁路建设成就。为此，清河站建筑空间造型以"海纳百川、动感雪道、玉带清河"为意向，以塑造"舒展轻盈、简约现代、明亮通透、尺度宜人"的空间为理念。

其进站空间，结合A型柱廊、抬梁式悬挑屋檐等创新性结构造型，用现代设计手法传承历史文脉。站房整体简洁的轮廓搭配四周出挑的灵动飞檐，结合A柱阵列顶部的现代斗栱，呼应传统中式庑殿顶凸现古都古韵的同时，为车站周边复杂的城市环境带来新貌新颜。

设计中结合清河站站房立面及内装修效果，建立了一种由多种形式钢结构支撑柱（A柱、Y柱、直柱）和悬链型屋面梁组合的新型站房结构，实现了"建筑造型、内部空间、结构受力"的高度统一。

A形柱巧妙分解既有高速公路的不利因素，与建筑造型、功能需求、结构受力相结合，形成站房竖向联系空间。解决了建筑西侧立面斜倾、檐口大悬挑，以达到更好建筑视野及遮光要求的同时，为结构体系提供了有效的抗侧力支撑及竖向支撑。Y柱为120 m进深的候车厅争取了更宽敞舒适的使用空间，丰富了室内视觉效果，同时减小了屋面两跨主桁架的结构跨度，为屋面结构提供竖向支撑；依托建筑屋面曲线造型，结构主桁架采用的悬链型主桁架梁，与建筑的室内外造型相呼应，同时避免二次结构找型带来的造价增加及施工难度。通过三种柱型的结合,使车站造型、内部空间与结构形成一致,简洁、明快而富有特色(图 3-186)。

图 3-186　清河站进站厅空间

(3)光廊空间

随着绿色发展理念的不断推进,绿色客站的建设不断提升,越来越多的枢纽客站更加注重站内生态环境的营造,将自然通风、采光引入站房内部,形成了光廊空间,则是一种创新尝试

雄安站通过拉开车场,形成 15 m 宽的光廊,为地面候车厅创造了自然通风、采光的条件。同时,结合流线,将光廊空间向市政配套区域延伸,并结合换乘流线,与城市地块进行衔接(图 3-187)。

图 3-187　雄安站光廊空间外景

国铁候车厅中的光廊区域，结合两个车场拉开形成的空间进行绿植墙设计，意在通过种植光廊，将阳光和绿色引入室内，铺满整个车站（图3-188）。

图 3-188　雄安站光廊室内空间

丰台站通过设置中央光廊，解决了双层车场带来的候车厅采光不足问题，高速车场中央光廊两侧及屋面暴露钢结构，简洁有序，将更多的阳光引入室内（图3-189）。

图 3-189　丰台站光庭空间

（4）进站口处空间

雄安站的进站口处空间结合进站楼扶梯，利用玻璃幕墙包裹楼扶梯，形成具有一定采光效果的进站单元幕墙。同时，尽量拉大站台层的楼梯口部空间，将更多的光线引入地面候车厅。建筑材料和体量上,也都通过虚实对比,阐述空间特性,通过光线的利用,引导进站客流的流线(图3-190)。

图3-190　雄安站进站口处空间

北京朝阳站的候车大厅中部为候车区和进站区,大厅两侧布局14组进站口。将不同颜色的古建色彩应用于进站盒子,在满足功能标识性的同时,突破传统车站空间色彩,丰富室内空间效果。香槟色门头采用镂空雕刻铝板,背衬乳白色透光灯片,后置灯箱,形成光芒的艺术效果。进站侧面采用展示和座椅结合的布置方式,满足休息和展示双重功能。每组进站盒子中间区域的地面,采用抛光20度花岗岩人字铺地,两侧采用金钻麻花岗岩装饰,石材铺装严格对缝关系,丰富地面装修效果。地面装修与进站流线结合。人字铺正对进站口,以传统手法致敬北京城市的历史文脉(图3-191)。

图3-191　北京朝阳站进站口处空间

(5)卫生间

雄安站的卫生间的装修设计,整体上延续了候车厅曲面造型的清水混凝土开花梁柱体系。材质上采用了 GRG 吊顶及背漆玻璃墙面,形式上吊顶的弧形呼应了清水混凝土的梁柱节点弧形元素。同时,背漆玻璃的墙面上,采用了以白洋淀芦苇为原型的文化艺术图案,提升装修的艺术性(图 3-192)。

图 3-192　雄安站卫生间

北京朝阳站卫生间墙面采用大块通高铝板幕墙,加强空间的整体、简洁及现代感。卫生间吊顶采用遇水可释放负氧离子,并且可以除味,除臭,除甲醛的高强蛭石硅酸钙板,健康、卫生和环保。台面增设垃圾投掷孔洞方便旅客使用,台面下方增设抽拉式垃圾收集箱,干净美观又方便管理。踢脚做圆弧处理方便清洁,针对卫生间等使用频率较高的功能部位,采用艺术性较强的导引标识,强化标识引导功能,提高人文感受(图 3-193)。

图 3-193　北京朝阳站卫生间

**2. 装饰装修的细节表达**

(1)陶板材料的选用

陶板的原材料都是纯天然的,经过高压成型、低温干燥和高温煅烧三个程序制作而成。纯天然的材质加上无添加的制作工序,使得陶土板成为一种绿色环保无污染的外墙材料,同时,陶板的表面色泽温和,不反光,对旅客更具有亲和力。

雄安站候车厅两侧,结合进站口布置陶土板墙面,有效缓冲玻璃材质的冷硬气质,营造清新与温暖并存的候车厅空间(图 3-194)。

图 3-194　雄安站进站口陶板

北京朝阳站为了体现老北京灰色砖墙的城市风貌，结合材料色彩、质感及可塑性进行深度探寻，最终确定采用陶板作为灰砖风貌的主要建筑表达元素。在表达形式方面，由于北京朝阳站灰色幕墙的高度较高，范围较大。若以传统北京灰砖的统一模数及色彩来进行表达，会造成威严、单调和冷漠的氛围，与交通建筑的近人感落差较大，因此，在站房的设计中，陶板颜色及模数均采用3种，模数宽度统一为50 cm，高度为9 cm、16 cm 和 25 cm 分 3 种尺寸，同时结合三种不同高度的尺寸采用三种相近暖灰进行搭配，以2 m 高度为一单元进行混拼式排布，避免呆板单调，又增强了自由活跃、艺术自然的空间氛围，且便于施工。在工艺控制方面，材料样品经过数次筛选和样板制作，克服了陶板色差和加工烧制精度问题，并通过研发新型鱼刺装配式幕墙龙骨安装，提高安装契合精度。鱼刺龙骨前期采用焊接形式较容易变形，施工过程中采取措施对龙骨加工进行纠正，后期又通过工艺改进调整为在主龙骨上铆钉固定角钢横龙骨，大大提高了施工效率，节省大量劳动力（图 3-195）。

图 3-195　北京朝阳站陶板

（2）地砖的铺贴与选材

传统铁路客站的地面通常会采用天然石材作为装修材料，但随着近年来环保要求的提高，绿色理念的贯彻，建筑师逐渐开始选择天然石材之外的建筑材料。

与此同时，人造地砖的制作工艺日趋成熟，其耐酸碱性能、耐磨性能、切割加工及尺寸定制、图案光泽度的选择及色差控制、后期维修替换等，较天然石材逐渐体现出了优势。

雄安站的地面铺装设计呼应"古淀鼎新，澄碧凝珠"的文化概念，候车厅座椅区地面选用浅色大理石纹瓷砖铺地。结合岛式服务台及特殊座椅区家具设计，局部选用蓝、绿、灰色地面构图，普通座椅区采用与进站检票口相同的调色铺装样式，增强候车区活力与生机，营造清新淡雅的风格。进站口铺装通过地面由浅渐深的渐变式铺地，候车厅白色石材逐渐演变至站台灰色石材，城市客厅的空间体验逐渐过渡到站台空间，增强了方向指引性（图3-196）。

图3-196　雄安站地面候车厅地砖区域

雄安站候车厅地面铺装的材质选择，也结合了车站的功能区域及客流流线，通过材质的变化对不同空间的范围进行划分，装修与功能做到了更好的结合（图3-197）。

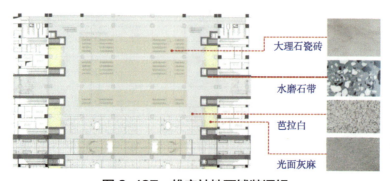

图3-197　雄安站地面铺装逻辑

(3) 栏杆

北京朝阳站的室内栏杆应与建筑空间形式及建筑色彩进行统一融合，并考虑旅客使用时的安全及舒适性。玻璃栏板采用不锈钢加实木木扶手，呼应建筑主题香槟色调，实木扶手独特的肌理与质感，赋予栏杆传统美感，与整体建筑风格统一。从旅客需求出发，注重圆弧倒边等细节处理，让扶手触感细腻，提升空间品质，以达到温馨的体验感受（图3-198）。

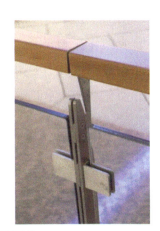

图3-198　北京朝阳站楼梯扶手细节

(4) 柱角及柱础

北京朝阳站屋面采用空间钢桁架结构体系，Y形柱形式简洁挺拔，柱础采用清水混凝土结构与钢结构结合，柱墩与钢结构交接处采用古铜色不锈钢向内收处理，柱墩与地面交接处采用15 cm高古铜色不锈钢踢脚过渡处理，与结构巧妙结合，文化艺术融入建筑与结构之中，注重结构设计逻辑性和秩序感，简化装修，体现了结构之美（图3-199）。

图3-199　北京朝阳站柱脚

（5）地面变形缝

传统候车厅地面变形缝虽结实耐久，但与空间融合性不强，不够美观。在北京朝阳站的设计中，将变形缝嵌入地面高度范围内，顶部运用装修盖板进行艺术装饰，采用铝合金蚀刻图案把北京天际线结合朝阳站形成文化符号图案，间隔布置，呈现了地域文化，实现了构造与装修艺术的巧妙融合（图3-200）。

图3-200　北京朝阳站变形缝细节

### 3.5.3　文化主题及公共艺术的引入与实践

铁路客站作为城市生活中重要的公共服务载体，密集的人流使其成为传播社会文明、彰显城市乃至国家形象的重要窗口。在人民的基本物质需求得到满足之后，进一步增强文化软实力，彰显大国的文化自信已成为新时代发展的重要目标之一。当下，将铁路客站视作空间媒介，建立与城市的文化联结，为旅客提供具有独特性的美学体验，传递新时代社会主义精神文明，不仅是对新时代铁路客站建设提出的新挑战，也是衡量铁路客站是否可以作为优秀公共建筑，成为地域标志的关键。

进入新时代以来，国铁集团提出了铁路客站建设新理念，将"经济艺术"作为客站建设的重要理念之一，并应用于铁路客站规划设计中，就铁路客站文化定位及设计表达工作展开了一系列实践。京张高铁建设过程中，引入了"文化性艺术性表达"专项设计研究项目，就铁路客站建设而言，文化性是人文价值观和文明成就的呈现，艺术性是创造力和美学观念的呈现。京张高铁的文化定位工作基于此展开。全线文化理念"天地合德，百年京张"源自对老京张铁路特殊的历史意义、中国哲学思想和时代精神的分析——无论是老京张铁路标志物"人字形"铁路，还是沿线地缘性标志物"长城"，都折射出中华民族伟大复兴的精神内核："天地合德之为人""天行健君子自强不息，地势坤君子厚德载物"。围绕线路文化理念，在具体设计工作中提出了四大核心视觉元素：人字形、中国山水画意象、苏州码子（老京张铁路的里程标志）、中国五行五色。京张高铁全线依据上述文化理念及视觉核心元素进行了系统性的优化设计，在铁路客站设计创新上进行了有益的实践。

汲取京张高铁的建设经验，京津冀地区重点客站设计工作中随即设立了"文化形象识别研究与创新设计"专项，进一步尝试新的突破。北京朝阳站、丰台站、雄安站均为区域大型枢纽客站，其文化定位分析需紧密围绕区域特点及相关发展规划展开。如北京朝阳站，依据所在地朝阳区作为北京"活力中心"的历史、文化及产业特点，和北京朝阳站始发京哈高铁，助力中国老工业区东三省发展焕新的意义，提出了"蓬勃之路"的文化理念，并以之为核心进行站房空间的色彩及设计元素规划。

雄安站的文化定位工作是基于对京津冀地区协同发展战略、雄安新区规划及相关客群的研究进行展开。以区域规划中提出的"世界眼光、国际标准、中国特色、高点定位"为指导思想，就雄安新区的地缘特色、建设发展意义及客站建筑设计特点进行分析，最终确定"澄碧凝珠，古淀鼎新"这一文化理念，及"中国色""中国形""中国观"三大美学原则，并将之贯彻于雄安站的各专项设计工作中，从室内环境、公共艺术到公共设施等各环节均呈现出有别于传统铁路客站的创新性风貌。丰台站的文化理念为"丰泽八方"，在文化定位工作中首先从"丰台"的语源考据入手，确定其区域历史风貌特色，并结合其区域发展成果及最新规划，确立了"丰"为核心概念。再结合丰台站在中国铁路网规划及建设发展中的意义，延伸概念为"丰泽八方"，涵盖了铁路文化及地域文化。

综上所述，在铁路客站的文化定位和设计表达中需要基于历史、当下和未来的时间维度。从铁路文化、地域文化、中华民族的优秀传统文化和时代精神等四大视角，梳理文化脉络，提炼出能够彰显客站独特性的精神符号，突出各线路或站点的差异化表达，强化记忆点，建立视觉秩序，营造出和谐统一的空间美学氛围，提升用户体验。

**1. 公共艺术观念的引入与实践**

公共艺术的定义来自公共性、艺术性及在地性，这一定义也明确了艺术创作之于特定公共空间的文化关系和不可复制性。公共艺术在公共空间中的介入往往代言了一个设计者、一座城市乃至一个民族，一个国家的人文追求、文化态度。公共艺术与公共空间的并存与共融是当下国内外公共空间较为普遍的文化现象。从国际交通空间的发展来看，作为城市枢纽和区域中心的综合交通空间和旅客、市民、城市的文化联结越来越紧密，更以其特有的网格化窗口作用，成为一处天然的、亲民的、开放式的、日常化的文化、艺术的精神共享场所。从国际交通空间中的公共艺术发展来看，交通空间的艺术"博物馆"化是一种流行趋势，公共艺术的介入已成为交通空间建设中的一种系统化常规动作。

以下是21世纪相关交通空间公共艺术发展中比较典型性、类型化的代表案例。现有通用工艺、地缘文化和艺术相结合的现代性表达（图3-201）。

图3-201 荷兰代尔夫特火车站

2015年建成的荷兰代尔夫特新火车站以其独特的110 m×70 m的天花板设计让人耳目一新，城市的历史地图经过艺术家Johannes Vermeer的抽象创作，通过数码印刷与现代工艺的铝制吊装格栅相结合，自然生长于现代风格的建筑中。这一设计方式，以现有可通用技术的手法，实现了兼具文化性和艺术性的表达。

（1）文化遗产的艺术再现

澳大利亚悉尼的Wynyard火车站建成于1931年，随着城市发展的变化，老火车站已很难满足当代生活的需求。在该火车站的翻新改造中，市民提出希望保留一定的历史特色，为了更好地保留这一公共空间的历史性和市民的情感记忆，新火车站设计中邀请艺术家Chris Fox将老站曾经使用的244级古董级木质扶手电梯阶梯再造成了大型艺术装置Interloop。这一艺术装置以现代性的艺术语言将古老的工业文化遗产进行了再生，如手风琴丝带般悬挂于天花板，萦绕于旅客的必经之路，给人留下了仿若时空交错的心灵震撼，也赋予了新火车站空间不朽的灵魂，Wynyard火车站80年的历史借此与新空间水乳交融，续存于日常（图3-202）。

图 3-202　澳大利亚悉尼 Wynyard 火车站

（2）建筑空间的视觉聚焦——地下的"光之穹顶"

台湾地区高雄市的美丽岛地铁站邀请了世界知名意大利玻璃艺术大师 Narcissus Quagliata 以地铁站厅顶部为界面，创作了全球最大的单体玻璃艺术作品"光之穹顶"，穹顶直径 30 m，总体面积 660 m²。这件以水、土、光、火为创意元素讲述阴阳相合与重生的大型公共艺术品，是美丽岛地铁站地下建筑空间的有机组合部分，也是地下建筑形态的主视觉。它的存在让常规的地铁建筑空间变得生动而富有激情。因为这件美轮美奂的"光之穹顶"，高雄市美丽岛站成为市民和国际观光者的瞩目之地（图 3-203）。

图 3-203　台湾地区高雄市美丽岛地铁站

（3）建筑空间中具有叙事性的趣味公共艺术

纽约曼哈顿地铁 E 线车八大道 / 十四街站，乘客经常在不经意间瞥见某个角落中一个或多个憨态可掬的迷你青铜小人。这些在角落里为乘客上演情景喜剧的迷你青铜小人是艺术家 Tom Otterness 的作品。艺术家将小人物的生活以喜剧的荒诞手法再现，并结合地铁空间的建筑细节进行情景化处理。这一系列作品不仅给乘客带来了会心一笑的趣味体验，也引发了关于生活的思考。

（4）作为公共艺术本身的交通空间

从建筑本身来说，其相对民众、社区、区域环境的天然公共性使其等于一件大型公共艺术作品。建筑艺术有别于其他艺术形式的特殊艺术属性，在很多交通空间的建设上被彰显得淋漓尽致。

被誉为"地下艺术殿堂"的瑞典斯德哥尔摩地铁系统主要修建于20世纪50~80年代，斯德哥尔摩交通管理部门在地铁官网上意味深长地留言："艺术让地铁站变得更加漂亮有趣，也让人们更容易识别道路方向"。这一享誉全球的"地下艺术殿堂"最大的特征就是将整个地铁空间视作艺术创作的媒介。人们视线所及的一切：空间、装饰、展示、设备设施、导视等等，无论是宏观的视觉效果，还是微观的小细节都形成了一个有机联系的艺术整体。在各个不同的地铁站，围绕不同的文化主题，建设者和艺术家们为民众创造出了丰富而多元的美学体验，走入斯德哥尔摩地铁就像一场爱丽丝梦游仙境之旅（图3-204）。

图3-204 瑞典斯德哥尔摩地铁

在铁路客站建设领域，除了世界铁路大规模建设阶段遗留下来的诸多经典建筑艺术作品，还可以看到不少在20世纪末和进入21世纪后出现的具有时代风格和艺术价值的代表性案例。如葡萄牙里斯本东站的结构之美、法国斯特拉斯堡中央火车站（老站改造）带来的凝固的诗意、奥地利茵斯布鲁克亨格堡车站参数化设计的超现实质感……这些火车站建筑本身足以成为点亮城市的公共艺术品（图3-205）。

（a）葡萄牙里斯本车站1　　　　　　（b）葡萄牙里斯本车站2

图 3-205　20 世纪末至 21 世纪初国外铁路客站代表性案例

（5）沉浸式的新媒体艺术

新媒体艺术的介入常常会给旅客带来意想不到的惊喜，始建于 1984 年的美国洛杉矶的托马斯布拉德利国际航站楼于 2013 年完成了翻新改造，站内以新媒体艺术为核心，设计了"综合环境媒体系统"（IEMS）——从建筑空间的整体性出发，通过 7 种新媒体手法在候机厅内打造出了全沉浸式的候机体验。新媒体作品中每个屏幕之间的互动无缝衔接，整体空间视效以其规模、复杂性和美感震撼人心，多重的动态视觉冲击带领旅客快速融入画面所提供的情景之中，引发旅客与城市间的情感共鸣。这种技术与艺术的完美结合让这座陈旧的机场焕发了新的生命力，为旅客创造了前所未有的体验（图 3-206）。

新加坡樟宜机场被誉为"全球最佳的机场"，也是"最好玩"的机场，无处不在的小惊喜让旅客流连忘返。建于 1979 年的 T1 航站楼是樟宜机场历史最悠久的机场，定期的翻新使其在体验上并不会显得

图 3-206　美国洛杉矶的托马斯布拉德利国际航站楼

陈旧，在 2016 年的翻新中 T1 航站楼内诞生了世界上最大的动态艺术雕塑——"雨之舞"。雕塑内每一个"雨滴"都连接至一个发动机，发动机被安置在离境大厅的天花板中且都含有一个极度精密的编码器，追踪记录着水滴所处的准确位置，通过电脑编程让雕塑的形态时时变幻，从抽象的艺术造型，到栩栩如生的飞机、热

气球、风筝，每一次变化都令人惊叹，让旅客如同置身于一场无与伦比的金色梦境之中（图3-207）。

图3-207　新加坡樟宜机场"雨之舞"

（图片来源：新加坡樟宜机场官网）

**2. 铁路客站中的公共艺术规划**

铁路客站中的公共艺术依托于环境空间存在，起到了传递场所精神，提升用户体验的作用。客站空间中的公共艺术不仅仅从视觉语言出发，而是更多地考虑到公众如何阅读空间，如何理解空间，并参与到空间中，这是一个复杂的动态过程，是以视觉为主导的五感联觉的综合体验。公共艺术通过其独特的表达语言让公众参与到场所精神的交互中来，此时，公共艺术的关键不在于其完美性，而在于其传递的信息与意义。

基于铁路客站的空间特性，公共艺术的专项规划首先要服从铁路客站的功能性需求，在用户研究的基础上，依据空间结构、人流动线、用户视觉及行为习惯等要素条件进行整体布局布点，并适当地考虑与空间功能或产品功能的融合。其次，公共艺术作品的主题和形式需满足铁路客站文化定位的需求，结合所在站房空间特点，就铁路文化、地域文化、中国优秀传统文化和时代精神确定创作方向，以求更好地抓取相关文化诉求的精神内核，引发公众在精神层面的共鸣。再者，从公共艺术自身的创作规律来看，优秀的公共艺术作品的诞生，依托于艺术创作者多年积累的审美素养、创作经验以及洞察力，对于艺术创作者需要予以充分的创作空间和话语权，减少不必要的禁锢，激发创造力，让铁路客站中的公共艺术作品百花齐放，留下时代精品。

从铁路客站中公共艺术作品的规划、创作、决策、评估整体来看，需注意到公共艺术是引导大众审美的艺术形式。无论是创作者，还是决策者都不能单一地、片面地通过个体自由的审美去衡量作品的"美感"或"价值"，需要在关注公众视角的基础上，依托铁路客站文化定位及相应美学诉求进行多维度的专业化评估。

**3. 京津冀地区重点客站中的公共艺术实践**

铁路客站中的公共艺术作品首先需要满足客站的文化定位和空间功能规划需求，并基于历史、当下和未来的时间维度，围绕铁路文化、城市文化、中华民族优秀传统文化和时代精神四大视角进行创作。通过在京津冀地区重点客站中的相关实践，公共艺术作品规划和创作有以下经验：

（1）融合

铁路客站的公共艺术是置于特定的公共空间之中的创作，并非孤立存在，因此需考虑作品与环境空间以及文化背景之间的关系。在尊重艺术创作规律，及艺术表达风格化的基础上，侧重体现与多元文化视角、建筑语言的融合。

①内容的融合——多元文化视角的透视

一些特定环境中的艺术作品需要侧重宏大叙事，呈现出多元文化元素的融合，比较典型的如贵宾厅。

清河站1号贵宾厅的主题壁画《百年清河》通过对地标性建筑与铁路元素的蒙太奇式特写，叙述了首都和铁路的共同发展的时代故事，也通过标志性文化符号的时空线索，折射出中华民族百年复兴的辉煌成就（图3-208）。

图3-208　清河站贵宾厅壁画《百年清河》

②形式的融合——艺术与建筑语言的呼应

铁路客站的设计过程中，建筑设计师往往在建筑色彩和结构上有独具匠心的思考和设计。因此，公共艺术的介入需要在形式上与环境做到适度融合，避免与建筑语言和空间美学产生冲突。

以八达岭长城站地下站台的《新老京张》设计为例,作品材质以砂岩和混凝土为主,运用天然的砂岩色彩与肌理营造出自然岩层的视觉体验,在创作上延续了站房与山体相融合,提倡"消隐"于环境的建筑设计理念。该作品在色彩与材料质感上与建筑语言保持和谐统一的同时,讲述老京张铁路的故事,既与建筑空间相辅相成,丰富了站台的视觉体验,又促进了铁路品牌传播(图3-209,图3-210)。

图3-209　八达岭长城站地下站台壁画《新老京张》

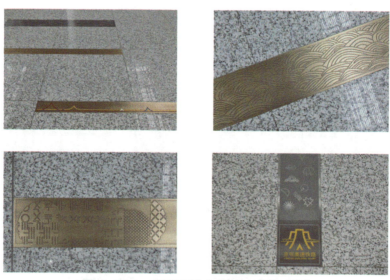

图3-210　京张高铁全线地面艺术小品

③功能的融合——艺术与功能的融合

京张高铁全线站房地面均以金属镶嵌条带形式置入了文化主题概念的艺术小品。该系列作品以简约的象征性符号——苏州码子、人字纹、京张logo、京张铁路纪年以及各站点文化主题视觉图形,组合呈现出新老京张铁路文化的特色。同时，在作品布点上依据候车厅、进站集散厅等人行流线特征，通过条带的布局序列走向和图像的特点，辅助进行人流引导。

④技术的融合——科学与艺术的共鸣

铁路客站的建设需要创新驱动，公共艺术的创作同样需要吐故纳新，与时俱进地吸纳新技术、新形式，为站房空间提供切合时代发展的艺术语言，为观者提供更切合时代发展的互动体验。新媒体艺术是一种以光学媒介和电子媒介为基本语言的新艺术学科门类，智能化数字化是其技术核心。在智能客站的建设背景下，铁路客站中的公共艺术需适时适度地引入新媒体艺术形式，将科技与艺术相融合。

以雄安站的《千年轮》动态艺术装置为例，作品由两部分构成：其一是"数字轮盘"，由秒、分、时三个嵌套的环组成。从雄安站第一天运营开始用动态捕捉技术获取旅客、雄安建设、四季生态景观的每秒、每分、每日的视觉元素，时间越长久，画面内容越丰富，形成雄安站、雄安、中国——独一无二的时间纪年。时钟的不同圈层捕捉不同的内容，结合App可下载到用户终端，形成中国高铁、雄安站独特的互动媒介。其二是"实体轮盘"，由日轮、月轮和年轮三个部分嵌套而成，数字轮盘的每一秒的旋转，都通过齿轮组合的层层传导驱动着实体轮盘旋转，最外围的"年轮"转完一圈需要整整一千年，寓意雄安城是"千年大计"，从国家和历史的角度要有定力和耐心。雄安人需"只争朝夕"，从个人和当下的角度要有速度与激情，装置寓意深远，视觉效果简洁大气，且作品的叙事与城市建设相关联，易引起观者的思考与共鸣（图3-211）。

图3-211 雄安站千年轮数字艺术装置

（2）可识别性

公共艺术的视觉效果通常都具有比较强的艺术化特征，与装饰化表达较少、视觉效果简洁大气的站房环境空间会形成较为鲜明的对比，自然而然地会更为吸引观者的注意力，并给其留下深刻的印象。因此，无论是宏观视角下的铁路客站品牌及文化识别、中观视角下的站内空间识别,还是微观视角下乘车体验中的功能识别与引导,都可以将公共艺术作品视作功能载体,以加强铁路客站在物理意义和精神意义上的识别性。

①品牌及文化识别

公共艺术作品可以结合铁路文化和地域文化,形成独特的品牌文化标识,促进观者对铁路及城市的认知。

a. 京津冀地区客站的品牌符号——匾额专项

京津冀地区是首都城市圈,也是中国打造世界城市群的代表性区域,其首都所在地的特征,决定了该地区铁路客站的公共艺术作品需突出中国优秀传统文化,打造具有中国特色的文化标识。同时,该区域铁路客站具有规模效应,不仅是城市枢纽,也是国家级枢纽,因此,通过《匾额》系列作品的介入为京津冀地区铁路客站创建了一组具有鲜明特征的文化标识,既突出了首都背景的中国文化特色,又形成了独特的区域性铁路客站品牌识别符号(图3-212,图3-213)。

图3-212　北京丰台站牌匾

图3-213　八达岭长城站匾额

b. 铁路文化形象识别——清河站机电单元装饰壁画《中国速度》

清河站二层候车大厅，在八个机电单元的设计中置入了 32 幅连续的铁路主题壁画，自 2008 年以来建设的铁路客站收录其中，以壮观的陈列和古今融合的艺术化的语言向旅客展示中国铁路的成就（图 3-214）。

图 3-214　清河站机电单元装饰壁画

c. 城市文化形象识别——丰台站地下出站通道壁画《这就是北京》

铁路客站是城市门户，对地域文化和城市精神的展现是公共艺术创作中重要的视角，公共艺术作品创作需考虑城市传播，提升旅客对城市的认知和口碑。

以丰台站出站通道为例，各站台出站口楼梯的一侧墙面以具有传统民间美术意味的笔墨勾勒出北京民俗生活场景，从出站通道整体动线视角来看，一步一景的趣味画幅如折页般渐次展开，既向抵达旅客传播了京味特色，又优化了空间氛围和步行体验（图 3-215）。

图 3-215　丰台站出站通道《这就是北京》

②空间识别

公共艺术往往会具有一定的视觉冲击力，成为空间中的视觉聚焦点。具有独特记忆点的公共艺术会给观者留下深刻的第一印象，形成具有较高识别度的空间识别符号。

丰台站的东西进站口，以立线彩绘彩晶玻璃艺术形式与大型玻璃幕墙相结合，分别创作了《光荣列车—毛泽东号》和《世界领跑—中国高铁》两幅作品。东侧画面主体为象征着启动新中国铁路建设辉煌征程的毛泽东号机车，西侧画面主体为代表"中国制造"国家品牌的中国高铁。东西两侧进站口玻璃艺术作品以其鲜明的色彩体系和符号化叙事增强了进站口空间识别性，传播铁路文化的同时，营造了环境氛围，优化了旅客的寻路体验。

（3）文化传承

2017年国务院即发布了《关于实施中华优秀传统文化传承发展工程的意见》，提出要将中华优秀传统文化传承发展融入生产生活。铁路客站中的公共艺术其公共性和在地性也决定了其需在创作中适当地传承和传播优秀传统文化，尤其是具有属地背景的优秀传统文化。

①中国美学意象

在中国近现代发展中，西学东渐的影响一直占文化主导地位，甚至一度形成审美上与中国传统文化割裂之风。但随着国家和民族的复兴，脱胎于传统文化的"中国美"已逐渐脱离西方的猎奇视角，以其深厚的底蕴、宏大的格局及之于当下的积极意义融入中国重构文化自信的大潮中。铁路客站中的公共艺术创作不能忽略中国美学意象的构建和传播，需要结合站房建筑特点，有意识地通过适宜的内容或形式导入中国美学意象。

a. 太子城站进站厅《山水无界》

以崇礼太子城站为例，其站房文化定位的理念为"无界"，无界来源于三个层面。第一是基于中国传统哲学思想，"天人合一""天地合德"讲述的人与自然相通、空间与自然相通、人与天地相通、心性与天地相通的"无界"之境，是中国美学的至高追求，在世界美术史中独树一帜的中国山水画即承继于这一哲学思想；第二层面是基于高铁的特点，中国山川地理之大却之于高铁无界；第三层面是基于京张高铁作为冬奥会专线的定位，奥林匹克之于人类无界，无论民族、国家，"每一个人都应享有从事体育运动的可能性，而不受任何形式的歧视，并体现相互理解、友谊、团结和公平竞争"（奥林匹克精神），共同分享自然资源、文化和精神。因此，太子城站的公共艺术的创作以具有中国哲学思想的"无界"为主题,以中国山水画为形式语言母体,以太子城站所在地北国风光的磅礴气韵,贯穿于空间的主视觉墙面和立柱的界面中,构筑中国意味强烈的"无界"空间(图3-216,图3-217)。

图3-216　太子城站进站厅壁画

图3-217　太子城站进站厅立柱

b. 北京朝阳站出站通道《北京印象》

北京朝阳站出站通道以"北京印象"为内容创作了12副主题壁画,以艺术马赛克结合传统嵌铜的手法展现北京最为典型的古今城市景观。基于朝阳站建筑语言中的中国建筑意象,该系列作品以古典园林中圆窗式构图融入站房的矩形空间格局中,为室内封闭空间开启了"城市窗口",展示了具有国风意味的"窗外景致"(图3-218)。

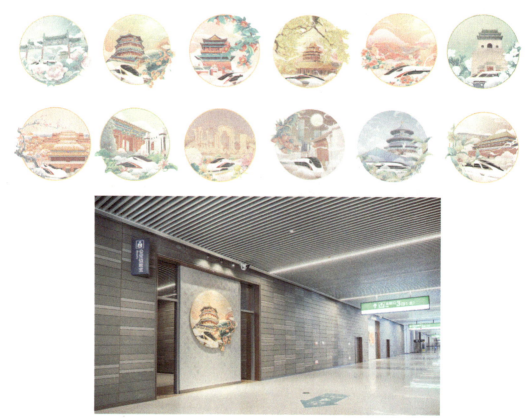

图 3-218　北京朝阳站出站通道《北京印象》壁画

②非物质文化遗产

根据联合国教科文组织的《保护非物质文化遗产公约》定义，"'非物质文化遗产'是指被各社区群体，有时为个人视为其文化遗产组成部分的各种社会实践、观念表达、表现形式、知识、技能及相关的工具、实物、手工艺品和文化场所。"非物质文化遗产是中国优秀传统文化中重要的组成部分，是地域文化中的历史积淀，铁路客站的公共艺术创作中需要积极地引入相关内容和工艺，传承传播具有地域性的文化 DNA。

a. 雄安站候车厅风柱《二十四节气》

雄安站文化理念为"澄碧凝珠，古淀鼎新"，其属地突出的生态资源与城市规划中对生态文明建设的目标，为公共艺术创作提出了基于中国传统文化，呈现人与自然和谐共生的命题，《二十四节气》系列作品由此产生。二十四节气是中国非物质文化遗产，体现了中国人对宇宙、自然的独特认识。该组作品中，将二十四节气为描述对象的诗词名篇为内容主体，并采用同为非物质文化遗产的掐丝珐琅工艺来进行表现（图 3-219）。

图 3-219　雄安站候车厅风柱《二十四节气》艺术装置

b. 北京朝阳站西进站厅《朝阳》

朝阳站西进站大厅的主题艺术作品《朝阳》，运用了非物质文化遗产名录中的中国传统大漆工艺，并结合了具有现代感、工业感的铜材质镶嵌工艺，呈现出古今融合的工艺特点（图 3-220）。

图 3-220　北京朝阳站西进站厅《朝阳》

## 3.5.4　客站艺术表达的创新与展望

京津冀铁路客站设计，从建筑方案创意、建筑装饰装修设计以及公共艺术表达三个维度，将落实铁路客站建设新理念与设计实践相结合，注重客站对艺术和文化的传播，以建筑语言表达时代精神；注重旅客对于车站细部、细节的感受，以增强旅客的美好体验；注重中国文化、地域文化、铁路文化、时代特色的表达，以传递更为丰富的精神情感。

在建筑设计语言的表达中，将建筑创意与空间塑造及装饰装修有机结合。雄安站紧扣"水"文化主题，侧重"形"的打造，以露珠的曲线来柔化大尺度的梁柱，通过三维曲面清水混凝土梁柱造型，展现客站空间的恢宏秀美气质及结构艺术之大美；通过延展至城市通廊的曲线梁柱，呈现出有亲和力的秩序之美。北京朝阳站注重"色"的运用，从当地历史、自然、人文中汲取灵感并应用于建筑设计，塑造车站独有的建筑色彩；结合建筑使用功能和进出流线，对建筑空间色彩进行整体规划，加强色彩对进出站流线的提示和引导作用。丰台站注重"神"的塑造，以源自古"拜交台"的建筑造型灵感，对话工业风的室内装修，用从古至今的文化变迁，展现铁路客站传承与创新的精神风貌。京张高铁以"天地合德 百年京张"作为全线文化主题，致敬铁路百年的发展，系统规划沿线各站的建筑表达。

在客站公共艺术表达及实践中，通过拓展设计深度，将室内软装设计和绿化设计与装修设计同步开展，为旅客呈现了系统且的视觉界面；通过壁画、绘画、马赛克、大漆、镶嵌等多种工艺，以匾额、互动装置、雕塑等不同方式，向旅客传递客站的文化追求，通过宏观大美和微观细节的呼应，使铁路客站成为传递铁路文化、地域文化和时代精神的窗口，并彰显文化自信。

京津冀客站通过"文化性艺术性表达专项设计"的方式，对落实国铁集团"经济艺术"的建设理念，进行了探索实践，这一实践，与习总书记指出的"把更多美术元素、艺术元素应用到城乡规划建设中，增强城乡审美韵味、文化品位，把美术成果更好服务于人民群众的高品质生活需求"相契合，恰于实践中回应着新时代的要求。

同时，也应该看到，铁路客站文化艺术表达还是一个新事物，客站的设计和建设者，对此还将有一个不断提高认识和不断创新的过程，文化和艺术的引入不是浮于表面的装饰性工作，而是要深刻理解"美术、艺术、科学、技术相辅相成、相互促进、相得益彰"，深入思考如何真正做到"增强文化自信，以美为媒"，深化落实新理念新要求，才能打造出"服务于人民群众的高品质生活需求"的铁路客站经典之作。

## 3.6 客站设计结构创新

结构设计是客站设计的重要组成部分。结构构件是站房的骨架，形成了站房基本的形体美，更是对站房的安全性、耐久性起着决定性作用。随着站型的不断变化和建筑空间的不断丰富，客站结构也在不断的创新、发展和进步，如京津冀客站建设中，丰台站的双层车场布局、雄安站的 8 度（0.30g）高烈度设防要求、八达岭长城站深达百米的洞群建筑等，都对客站结构设计提出了新的挑战，也催生了更多的结构创新实践。

## 3.6.1 站房结构的发展及特点

铁路站房结构设计受列车限界、车场布置的制约，同时又有城市轨道交通或市政工程规划等因素的限制，有其自身的结构特征，具有与民用建筑大不相同的特殊性。同时也受车站建造年代的影响，每座车站的结构反映了当时我国建筑结构的主流设计理念和建筑行业的发展水平，是我国铁路事业和建筑行业发展的缩影。在多年的发展历程中，铁路站房经过长期的工程实践，形成了跃升效应。

### 1. 从站台立柱到线间立柱结构

为了提升站台的通透性和视觉效果，提高为旅客服务的质量，线间立柱结构开始出现。受站台宽度、列车限界的影响，线间立柱结构相对站台立柱结构跨度更大。结构垂直轨道方向通常跨越一个站台或两个站台，跨度在 22 m 或 44 m 左右。如 2008 年建成的北京南站，高架候车层采用钢框架结构形式，垂直轨道方向跨度达到了 40.5 m，实现了高架站站台无柱结构。2004 年首批建成的北京站、北京西站线间立柱雨棚，采用了大跨钢桁架结构，实现了无站台柱雨棚结构。

### 2. 从常规跨度到大跨屋面结构

随着高速铁路的建设和国家经济实力的不断提升，客站建筑形态逐渐多样化，为实现高速铁路站房候车厅舒适开敞的高大空间，大跨度屋盖钢结构逐步得到应用和发展。新型空间结构的迅速发展，有效地解决了大跨度建筑空间的覆盖问题，同时也创造出了丰富多彩的建筑形态。如滨海站屋盖采用了大跨度空间曲线网格结构，东西向跨度 144 m，南北向跨度 81 m，天津西站采用了编织拱的钢结构屋盖造型，跨度为 114 m，济南东站采用双曲面落地拱钢结构屋盖，高架候车厅内无柱，跨度更是达到了 156 m。

### 3. 从非超规长度到超长结构

当建筑物长度超过规范要求时，结构通常会设置结构缝，实现对温度力的释放，但在结构缝防水处理以及使用功能的布置方面，给建筑设计带来了一定的困难。在此背景下，超长站房结构得到了研究和应用。如上海虹桥站地下结构最长温度区块长度为 118 m，天津西站屋盖垂轨方向达到了 398 m，大连北站雨棚垂直轨道方向总长为 227.6 m，采用了连续拱的造型，实现了超长室外钢结构。

### 4. 从单一结构到组合结构

站房规模的扩大、结构跨度的增加、结构长度超长，都导致结构内力增大，梁柱断面增加。组合结构充分发挥了钢和混凝土的材料优势，其刚度大、承载力高，逐步在铁路站房中得到应用。如北京南站采用了钢管混凝土柱，承轨层采用了带型钢牛腿的钢筋混凝土梁；雄安站采用了型钢混凝土柱，承轨层采用了型钢混凝土梁。

### 5. 从规则结构到超限结构

随着铁路建设的发展和进步，对站房建筑有了更高的要求。建筑空间形态复杂、功能布局多样，使得结构设计需要突破规范的限制，形成了不规则的超限结构。如建筑平面布置不均使结构形成扭转不规则，高大的公共空间与办公、商业空间混合布置形成结构的竖向不规则、结构不连续，同一结构下部采用钢筋混凝土结构、上部采用大跨钢结构屋盖使结构形成刚度突变等等。这些超限结构，通常需要采用时程分析、弹塑性分析、动力分析、多维多点地震分析、防连续倒塌分析等更为复杂的计算分析手段，甚至采用模型试验，来实现结构可靠的安全控制目标。

### 6. 从简单结构到复杂结构

站房建筑设计的不断创新，给结构设计提出了更高的要求。同时，结构技术的进步，也给站房建筑的设计提供了更大的发挥空间。站房设计逐步呈现了建构一体的美学。如北京南站雨棚采用了悬垂梁的结构形式，跨度从 10 m 到 64 m 不等。悬垂梁的受力机理与常规的钢梁不同。在某种意义上，悬垂梁是抗弯刚度较大的劲性索。在恒载和活载作用下，悬垂梁内力大部分为沿其轴线方向的拉力。在风吸力等向上荷载作用下，悬垂梁的受力机理类似于倒放的拱结构，其内力大部分为沿轴线方向的压力。滨海站以海洋文化为灵感设计，灵感来源于鹦鹉螺和向日葵的螺旋线，从圆形双向螺旋网格拉伸出初始平面形态，通过竖直"悬挂"形成初始形体，再反转得到贝壳形壳体，最后经与建筑结合对平面尺寸、高度进行调整，形成通透、开敞、明亮、新颖的建筑空间，达到了结构与建筑的统一。

### 7. 从"建—桥"分离到"建—桥"合一结构

随着铁路客站向着综合立体交通枢纽的发展，综合交通枢纽一体化、多元化和复合化的空间要求使得结构体系融合成为铁路枢纽站房的重要结构特征，"建—桥"合一结构体系应运而生。"建—桥"合一结构体系是将铁路桥梁结构与房屋建筑结构组合为一个整体的综合结构体，是一种新型混合结构体系，具有结构领域跨越性、结构形式复杂性、动力激励多元性等特点，对结构的减振降噪及沉降的要求相对严格。

"建—桥"合一结构体系包括梁桥式的"建—桥"合一结构和框架式的"建—桥"合一结构。梁桥式的"建—桥"合一结构的显著特点是在桥梁上建房屋，以武汉站和广州南站为代表。框架式的"建—桥"合一结构的显著特点是列车从站房中穿过，以北京南站、上海虹桥站为代表。

### 8. 从常规检查到健康监测

大型铁路站房、综合交通枢纽属于交通系统网络的关键节点，公众关注度高。其结构体系复杂，体量大，跨度大，确保结构安全是最为重要的。与常规的人工检查相比，健康监测具有精准度高，并可实时检查和预警。随着站房结构健康监测技术的不断发展，其已成为保证重要结构安全的有效手段。

### 9. 从单一基坑到组合基坑

随着高速铁路的发展，铁路站房与城市轨道交通、市政配套结合的综合交通枢纽越来越普遍，如上海虹桥站、北京南站、杭州东站等。高铁与地铁零换乘，高铁出站厅设置于地下一层，轨道交通设置于地下二层、三层甚至四层，铁路站房基坑也从单一基坑发展到组合式基坑支护体系。综合交通枢纽内基坑边界条件复杂，深浅基坑之间构成复杂的空间关系，由多种支护体系组合构成。

### 10. 从封闭地下结构到开放地下结构

随着城市土地资源日益紧张，城市中心地带寸土寸金，高铁站房地下化是一个新的发展方向，如目前正在实施中的北京城市副中心站、雄安城际站均为地下站。为了克服地下车站空间和光线的局限，现代地下车站在概念设计时就有了阳光引入站台、开敞大空间等建筑设计理念，这样给地下车站结构带来了机遇和挑战，出现了地下车站结构楼板超大开洞、高悬臂挡土结构、地下结构抗震不规则等新课题，地下车站从传统的封闭结构发展到开放地下结构，促进了地下结构的发展。

### 11. 形成特有的行业标准

随着高速铁路的快速发展，我国已建成了上千座高铁站房。部分高铁站房建筑形态多样，结构体系复杂，多种结构新技术、新材料得到应用。客站结构设计不断发展进步的过程中总结了大量的设计成果，形成了部分行业设计标准，如2018年颁布的《铁路旅客车站设计规范》，专门增加了站房结构的章节。2021年颁布了《铁路客站结构健康监测技术标准》，拟颁布《铁路站桥一体结构设计规范》。

### 3.6.2 丰台站双层车场结构

北京丰台站为尽端式高架站，采用双层车场布置，其中地面普速车场规模为 11 台 20 线，高架高速车场规模为 6 台 12 线。车站共四层，地上三层，地下一层。其中地下一层，车库区设有夹层，局部设有位于地下二、三层的地铁车站。地上部分，高速场区为三层，其余区域主要为五层。公共区结构主要檐口高度 36.5 m，配套区檐口高度 28 m。结构抗震设防烈度为 8 度（0.2$g$），高架层基本柱网为 20.5 m×21.5 m，南北站房部分基本柱网为 40 m×20.5 m。站房结构主要采用了组合结构形式（图 3-221）。

图 3-221　丰台站剖透效果图

丰台站空间多样，功能复杂，其结构涉及房屋建筑、人防工程、铁路桥梁、公路桥梁、地铁结构等多个设计标准体系，设计重点对以下几方面进行了研究：

**1. 双层列车荷载对建筑结构的影响分析**

丰台站地面普速车场设有 20 条股道线，高架高速车场设有 12 条股道线。经过充分研究双层车场的列车分布以及结构的受力特点，提出了考虑双层列车与站房结构相互作用的分析方法和计算模式，解决了双层车场结构设计的核心难点问题，为后续双层车场结构设计提供了借鉴，推动了此新型结构形式在其他站房中的应用。

**2. 双层车场结构复杂空间的温度作用分析**

丰台站属于超长结构，温度作用为仅次于地震作用的结构设计控制因素。站房功能空间多样，构件的温度场分布复杂。设计通过考虑热传导、热对流、热辐射以及日照对站房结构的影响，采用了有限元软件对结构进行了构件温度场和结构温度效应的分析，得出了复杂温度场对结构的影响，形成了一套复杂结构温度分析方法。

## 3. 新型抗震滑移缝的设计

丰台站的结构缝采用了单柱设牛腿的构造方案，较双柱设缝的方案，减小了线间距，节约了铁路征地。在牛腿上设置"单向钢支座+速度相关型阻尼器"，将两侧结构连接，其受力特征不同于两侧结构只有竖向力传递的传统滑移缝。此结构缝在升降温的作用下，结构可以发生相对位移，释放温度力，起到了滑移缝的作用；在地震情况下，结构通过"速度相关型阻尼器"又能组成整体，共同工作。此做法使结构在不同受力模式下产生了不同的传力路径，有效解决了超长结构温度力和地震作用的"放"与"抗"的平衡问题，最大程度地保证了结构的合理受力和安全可靠。

## 4. 对既有工程保护

结合现行设计标准，结构设计通过有限元计算与分析，采用了型钢混凝土单向基础转换梁，对后期工程从基础开始进行了大范围结构转换，实现了在线间布置基础、站台设行包通道的高效空间利用模式。从空间、时间的四维角度分析，考虑土体开挖卸载、结构受荷加载的工程实施全过程对地铁盾构区间的影响。采用计算、监测、验证的高保障性的控制模式，实现了对既有地铁区间的跨越，控制了地铁上浮和下沉量，保证了地铁运营的安全性和轨道的平顺性，实现了大型复杂工程在地铁盾构区间上的实施（图3-222）。

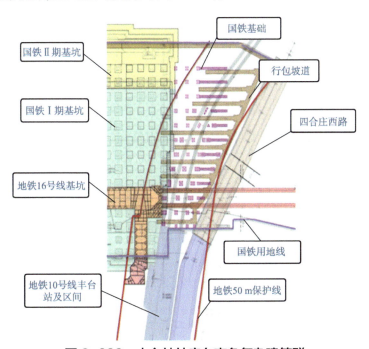

图3-222 丰台站站房东南角复杂建筑群

### 3.6.3 雄安站高烈度区结构

雄安站为"建—桥"合一高架式车站,主体结构为5层,其中地上3层,地下2层。雄安站线下主体结构站房区域柱网较大[标准柱网(20~23)m×24 m],采用型钢混凝土框架结构,枢纽配套区域柱网较小[标准柱网(10~11.5)m×15 m],采用普通钢筋混凝土框架结构。高架层楼盖采用钢梁—钢筋桁架楼承板组合结构,结合建筑方案,高架候车厅屋盖与站台雨棚均采用钢框架结构体系。

根据2018年4月国务院批复的《河北雄安新区区划纲要》中的要求,提高城市抗震防灾标准,雄安站基本抗震设防烈度按8度(0.30g)执行。高烈度下结构抗震设计是雄安站结构设计的重点和难点。雄安站主体结构采用抗震性能化设计,重点在型钢柱脚设计,屋盖薄壁箱型钢梁设计和大跨度屋盖双向大位移支座,无砟轨道站-桥连接过渡区接口设计等方面进行了创新。

**1. 新型半埋入型钢柱脚设计**

雄安站线下主体结构由于柱距大、地震烈度高、柱底内力巨大,型钢混凝土柱截面和内部型钢截面尺度大。如果采用传统的埋入式型钢柱脚,柱型钢埋入深度较大(至少为2倍型钢截面高度),相应柱下承台厚度巨大(承台厚5~6 m),增加施工难度和工期。针对以上问题,本工程提出一种新型的半埋入式型钢柱脚,通过设置双向靴梁的方式解决柱脚弯矩传递的问题,型钢埋入深度约为1.35倍截面高度,柱下承台厚度减小为4 m。对该半埋入式型钢柱脚进行了有限元仿真分析及柱脚节点缩尺试验研究,研究表明该半埋入式型钢柱脚在设计荷载作用下,抗弯承载力满足设计要求,具有足够的安全储备。该新型柱脚在雄安站型钢混凝土结构中的实际应用表明,本工程提出的柱脚形式对于类似结构的铁路枢纽站房具有很好的适用性和广泛的应用前景(图3-223~图3-225)。

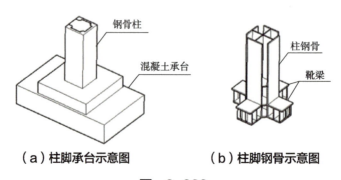

(a)柱脚承台示意图　　(b)柱脚钢骨示意图

图 3-223

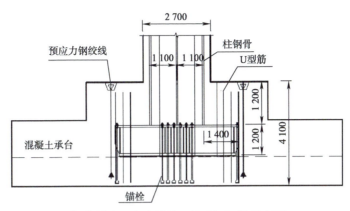

（c）柱脚承台内锚栓及抗冲切钢筋示意图

图 3-224 型钢柱脚节点示意图（单位：mm）

图 3-225 型钢柱脚现场照片

**2. 钢管柱变形能力与层间位移角限值**

本工程地震烈度 8 度（0.3g），如果要满足钢结构层间位移角限值会导致用钢量巨大。由于雄安站雨棚为单层钢结构，雨棚柱轴压比较小（轴压比仅 0.2 左右），钢构件延性好，并且无围护结构，可对地震作用下层间位移角限值进行适当放松。考虑雄安站工程场地地震安评报告中给出的场地地震动参数为 8 度（0.2g），在雄安站钢结构设计专项评审中，与会的国内知名钢结构专家认为可按 8 度（0.2g）控制钢柱多遇地震下层间位移角，既可满足结构安全，又可以减少钢材用量。该设计思路可为高烈度地区雨棚钢结构设计提供参考。

**3. 带肋薄壁箱型钢梁设计**

为了保证箱型钢梁在地震作用下的塑性变形能力，现行《建筑抗震设计规范》（GB 50011）对板件宽厚比的限值做出明确规定。高架候车厅屋盖 78m 大跨度箱型钢梁以承受弯矩为主，根据受力分析得到腹板的厚度较小。为满足抗震构造要求，需要增大钢板厚度，导致用钢量与结构自重显著增加。为了减轻结构自重、节约钢材，大跨度箱型钢梁采用了带肋薄壁箱形构件，采用较薄的腹板厚度，通过在腹板设置纵向槽形加劲肋、横向加劲肋以及缀板的方式，保证构件具有较高的稳定承载力，如图3-226所示。考虑大跨钢梁根部为塑性耗能区，需要与柱相连等因素，仅在78 m大跨度箱型钢梁的跨中部分采用了带肋薄壁箱形构件。研究表明与腹板宽厚比满足规范限值的普通箱型钢梁相比，带肋薄壁箱型钢梁在具有相同变形能力的同时，可节省钢材20%~30%。本工程采用的带肋薄壁箱型钢梁具有较高的稳定承载力和抗震性能且节省用钢量，对铁路枢纽站房大跨度钢结构具有很好的适用性和应用前景。

图3-226　带肋薄壁箱型钢梁

### 4. 大跨度屋盖双向大位移转动支座研究

大跨度屋盖支承在多个混凝土结构单元之上，屋盖的抗震缝位置与下部混凝土结构抗震缝位置不对应。根据本工程地震烈度高、相邻屋盖变形相差很大的特点，研发了一种可双向大位移的球形支座，实现相邻大跨度屋面之间的可滑动搭接，如图3-227所示。双向大位移支座最大滑移量可达 ±650 mm。该连接方式在保证结构竖向可靠传力的同时，可以避免相邻屋盖在水平方向的相互影响，具有防撞、防跌落措施，解决了高烈度区屋盖抗震缝宽度过大的难题。

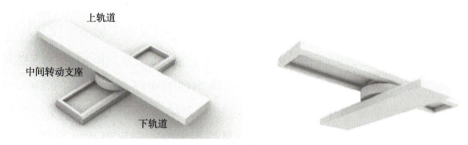

图3-227　双向大位移球形支座示意

### 5. 站—桥连接过渡区接口设计

雄安站高架车场采用无砟轨道，承轨层与咽喉区桥梁结构在1轴和38轴对接，轨行区承轨梁通过支座搁置在1轴和38轴桥墩上。根据《铁路桥涵设计规范》（TB 10002—2017）第5.2.3条：在温度的作用下无砟轨道桥梁相邻梁端两侧的钢轨支点处横向相对位移不应大于 1 mm。为满足这一要求，在 1 轴和 38 轴桥墩上搁置房建承轨梁的支座采用垂轨向固定铰支座，桥梁结构箱梁在 1 轴和 38 轴桥墩上也采用垂轨向固定铰支座，从而保证站房承轨梁与桥梁箱梁不产生横向相对变形，通过转角变形方式，满足轨道扣件变形要求。又由于雄安站承轨层温度区段较大，温度作用下支座垂轨向反力较大，为进一步减少温度作用影响，雄安站承轨层在 1~2 轴和 37~38 轴范围，承轨层轨行区以外区域开洞。雄安站承轨层通过上述接口设计，率先实现无砟轨道在"建—桥合一"综合交通枢纽站房中的应用，为今后无砟轨道在"建—桥合一"枢纽站房的广泛应用提供工程借鉴（图 3-228，图 3-229）。

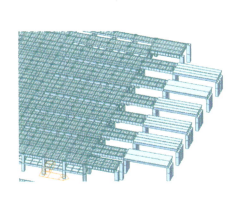 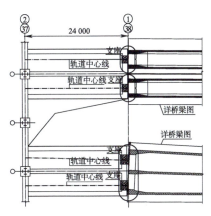

图 3-228　承轨层与桥梁对接模型示意　　图 3-229　承轨层与桥梁对接平面示意（单位：mm）

### 3.6.4　八达岭地下工程技术

八达岭长城车站集隧道和地下车站于一体，隧道多处穿越长城及其他重点文物保护工程。车站最大埋深 102 m，地下建筑面积 3.98 万 m²，车站主洞数量多、洞型复杂、交叉节点密集，是目前国内埋深大且复杂的暗挖洞群车站。车站共设置洞室 78 个，断面形式 88 种，车站及洞室累计长度 4 754 m。

地下车站设计为"三纵三层"。三纵，指并行的三个小间距相联隧道。三层，分别为站台层、进站通道层和出站通道及设备层。其中，站台层结构形式按四线三洞设置。车站两端 36 m 为三连拱结构，中间 398 m 为三洞分离。车站两端渡线段单洞开挖跨度达 32.7 m，开挖面积达 508 m²，是目前国内单拱跨度最大的暗挖铁路隧道。

**1. 大型地下车站洞群建筑设计技术**

车站总体采用了三纵三层的群洞结构，相互间完全独立，避免了灾害、气动效应、噪声等对相邻线路和洞室的影响，为防灾救援疏散提供了分区条件，同时有效利用岩墙承载，缩小洞室跨度，降低施工风险和减小工程投资。

进出站采用了叠层结构设计，实现了进出站客流完全分离，避免人流交叉带来的拥堵和迟滞，同时实现了站台进出站口均衡布置（图2-230，图3-231）。

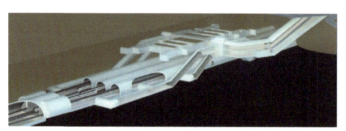

图3-230　三层三纵的群洞结构

图3-231　叠层进出站通道

### 2. 地下大空间自稳定结构设计技术

研究并采用了超大跨隧道围岩自承载理论、超大跨隧道围岩承载拱构件化设计方法、超大跨隧道预应力锚网支岩壳自承载支护措施、超大跨隧道"品"字形开挖工法工艺、超大跨隧道结构安全智能监测系统。形成了"理论、方法、措施、工艺、监测、反馈"六位一体的综合修建技术，确保了超大跨隧道的施工安全（图3-232）。

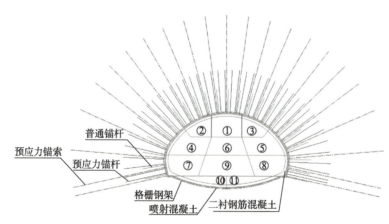

图3-232　超大跨隧道锚索锚杆布置

为了解决八达岭长城站超大跨隧道开挖的稳定性问题，设计研究提出了品字形开挖工法，该工法具有以下五个优点：（1）通过导洞超前，提前探明地质条件；（2）对拱顶围岩（关键围岩）采用锚索锚杆提前支护；（3）预留核心土，提供安全保障和补强平台；（4）分部分步开挖，减小一次开挖跨度，减小一次开挖方量，便捷安全；（5）工法简洁，工序转换少，实现了大跨隧道的安全快速施工。

八达岭长城站是一个复杂的洞室群车站，群洞效应对围岩和支护结构受力和变形的影响非常大，支护结构设计和施工如何考虑群洞效应是本工程的关键技术问题。设计研究提出了隧道围岩应力流守恒原理及洞室群隧道支护结构设计方法，解决了复杂洞室群岩墙和岩板的受力计算和稳定性控制问题（图3-233，图3-234）。

图3-233　复杂洞室群布置

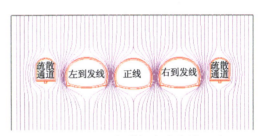

图3-234　洞室群竖向应力流示意图

### 3. 长寿命地下岩体工程构造技术

八达岭长城站位于地下恒温恒湿环境，围岩为耐久性优良的花岗岩，具备建设超长耐久性工程的客观基础条件，因此，八达岭长城站主体工程关键部位提出了设计使用年限300年的耐久性设计目标。八达岭长城站是铁路行业第一次进行长寿命混凝土工程的探索和实践，从结构设计、材料选择和配比、浇筑和养护措施、监测反馈分析等方面着手，初步形成了长耐久性混凝土衬砌结构技术体系（图3-235～图3-237）。

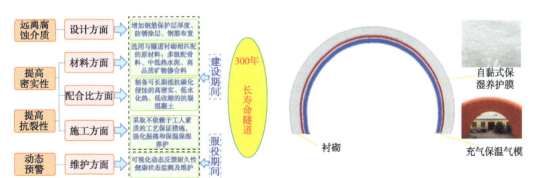

图3-235　长寿命隧道设计思路　　图3-236　隧道衬砌保温保湿养护

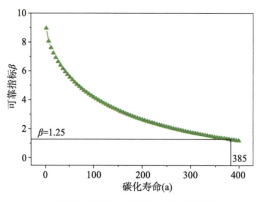

图 3-237　混凝土寿命预测

**4. 微震微损伤精准爆破技术**

为满足八达岭长城站洞室群施工对开挖爆破的控制要求，设计提出了微震微损伤精准爆破技术。利用电子雷管的起爆时差，使爆破药量分散逐个起爆，减小单次爆破的炸药量，从而降低爆破振动，减小围岩和支护结构损伤，精准控制爆破边界（图 3-238，图 3-239）。

 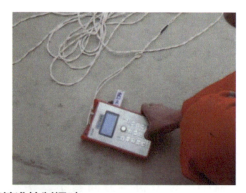

图 3-238　雷管精准控制爆破

图 3-239　损伤爆破效果

伴随着我国高速铁路的快速发展，铁路客站结构设计有了长足的进步，从结构体系、结构跨度、结构复杂程度、结构标准等方面都有了显著的跨越，从功能化结构逐步发展成为智能化结构。近期建设的铁路站房，是在多年铁路客站设计建设成果的基础上，结合最新设计理念的创新成果。如双层车场站房、高烈度区站房、深埋地下站房，代表了当前站房结构设计的几种典型特征，以丰台站、雄安站、八达岭站为代表，开拓性地解决了此类站房的突出重难点问题，为站房结构设计的进一步发展提供了新的平台和基础。

## 3.7　BIM协同设计与创新

BIM技术在铁路中的应用起步较晚，经历了一个短暂的适应阶段之后，近年来在铁路客站的建设中得到广泛应用。随着BIM技术应用范围的扩展和应用技术的深入，在铁路客站建设方面探索出了一条应用实践的道路。在清河站、雄安站、北京丰台站的应用中取得了一定的成就，也为铁路客站建设未来BIM技术的发展指明了方向。

### 3.7.1　铁路客站BIM的发展与现状

铁路客站工程属于建筑工程范畴，其BIM技术研究与发展与国内建筑行业的BIM技术发展进度有着一定的关联，但也同样结合了铁路行业的发展特点。

铁路客站BIM技术的发展及应用主要有四个阶段。

**1. 起步摸索阶段**

和许多建筑设计企业一样，铁路客站工程的BIM技术起步基本是铁路设计院的信息技术研究部门承担的。信息技术人员以敏锐的专业直觉，认为应用BIM技术后，不仅可以获得准确的三维表达，还可以获得相关联的信息数据。可以对这些数据进行价值挖掘，从而实现某种工程信息系统的应用，对于是作为建设管理信息系统的基础还是作为运营管理信息系统的基础，并没有太明晰的目标，处于探索阶段。

起步摸索，首先是BIM技术体系的初步选择。铁路设计企业BIM技术研究的起步时期大致在2009年—2010年，当时建筑行业的典型BIM项目案例是2008年奥运会场馆水立方和鸟巢的设计，采用了参数化的技术进行，从而带动了BIM这项创新型技术的国内推广。但当时大部分的设计企业依然还是使用传统的Sketchup草图大师进行构造方案的推敲，采用CAD软件进行平立剖的绘制。参数化设计的思想太过先进，设计人员不仅要掌握建筑设计能力，还要能熟练掌握参数化软件的使用，需要一定的空间几何和阵列数学的功底，因此参数化设计技术并没能广泛的发展起来。此外，参数化设计对于异形复杂的建筑设计是核心技术，在一些大型、造型异形的建筑物上可以大大降低设计的难度，提升设计转化为 CAD 图纸的效率，提升二维表达的准确性。同时结合铁路客站的设计特点，虽然一些大型站房体量庞大，但其外观造型通常都较为庄重，对称性特点，不规则的曲面元素使用也较少，因此，应用参数化技术进行站房方案设计的必要性不高，该项技术在铁路建筑设计行业没有得到推广发展。

  BIM 技术体系的选择。由于早期建筑工程 BIM 设计软件是由欧特克公司引入，其主要的 BIM 设计建模软件 Revit 更接近建筑设计人员的习惯，在设计人员中使用率较高。作为三维设计的另外一个软件体系，Bentely 软件，其主要的三维设计工具 Microstation 在城市土木工程、道路、机械等行业应用广泛，但在建筑工程方面应用较少，软件的掌握也需要一定的投入和基础。因此，当时采用该软件体系开展建筑 BIM 设计应用的项目较少，但 Bentely 软件针对建筑工程也在不断适应和调整。由于其软件体系架构较为完整，且所有软件基于同一数据格式 dgn，近年逐渐得到推广，部分设计企业开始使用 Bentely 软件来开展建筑 BIM 的设计及应用。此外，还有使用 Graphisoft 软件公司下的软件 Archicad 进行 BIM 设计及建模的企业，但该软件更多的适合建筑专业，并没有建立起多专业都可开展 BIM 的软件体系，因此该软件使用的群体较少。从目前建筑行业的 BIM 现状来看，欧特克的 BIM 软件体系占据了主要市场，部分使用 Bentely 软件。

  起步摸索，主要的是学习掌握建筑构件如何使用 BIM 软件建模实现的技术方法。以 Revit 软件为例，其核心是掌握族单元的构建方法。结构专业以掌握混凝土及钢制梁、板、柱构件模型的制作方法，并依据设计图拼装单元构件，形成完整的结构体。建筑专业，主要是研究探索性能分析软件是如何分析建筑的采光、热辐射计算等绿色建筑设计相关技术，以及建筑主要构件墙、门、窗、建筑楼板、楼梯、栏杆、扶手、屋面等构件的建模方法。暖通专业，主要是掌握风管、管道、管件、附件的建模方法，并初步尝试管线冲突的发现和局部调整的方法。电气专业，主要是电缆拆架、电气设备的建模方法。

**2. 建模及应用阶段**

  2011 年—2014 年期间，设计单位在基本掌握建筑构件的建模方法后，一些新建或在建的铁路客站工程开始在主要专业的施工图阶段利用 BIM 进行站房设计的三维建模表达，以及利用模型进行碰撞检查及三维管综的设计。并尝试开展了施工进度模拟、构件数量统计、平剖面二维表达、轻量化模型平板应用、VR虚拟可视化等技术的研究与应用，但总体来说对于铁路客站的设计发挥重要作用的还是BIM建模进行设计复核优化，以及三维管综设计。而目前铁路客站工程设计阶段实际实施项目主要的实施内容还是土建建模设计复核、三维管综设计、复杂节点三维表达、可视化展现等。

在此阶段，部分铁路设计单位信息化部门在掌握BIM数据的前提下，开展了研发基于BIM数据的站房工程运维管理系统的初步尝试，主要是研究BIM模型与三维图形引擎数据转换的技术，以及站房运维管理基本业务在三维信息系统中表达的一些关键技术。

**3. 协同设计及标准、施工深化应用研究阶段**

从2014年铁路BIM联盟成立以来，铁路BIM技术发展实现了大的飞跃，尤其是铁路工程，通过几年的集中研发，编制了铁路行业数个BIM标准，实现了铁路工程主要专业的BIM建模，掌握了基于协同平台的多专业协同设计技术。

同时，站房工程也进入到设计、施工一体化应用的阶段，站房BIM设计也开始应用协同平台进行多专业BIM设计协作，以解决各专业BIM设计相互参照有效性的问题，更好地提升各专业间设计沟通效率，逐步向实现BIM正向设计的道路前行。部分站房工程成为国铁集团BIM试点项目，在BIM模型的IFC数据转换标准的实践，以及设计、施工一体化应用实践上进行了大量的研究尝试。尤其是施工阶段的节点深化、管综深化、安装指导、工厂制造等方面获得了有益的经验，激发了施工企业应用BIM的热情，伴随着这些实践项目的开展，设计及施工阶段BIM的实施标准制定也得到了深入。

**4. 管理应用阶段**

经过前期应用成果和经验的积累，铁路站房建设的管理者开始深入思考，如何应用BIM成果开展建设管理和运营管理，实现管理模式的变革，并对此提出了实际应用需求。铁路行业科研单位和设计单位深入研究和探索如何利用BIM成果支撑建设管理和运营管理系统的研发，解决其中的关键难题。从2019年开始，基于BIM模型基础上的管理系统已经初步成型，其中建设管理BIM系统已经发展到2.0版，站房房建运维管理系统也开始在雄安站这样的大型客站中进行实践应用。随着研发的不断迭代优化，BIM贯穿站房全生命周期的应用将成为常态。

## 3.7.2 铁路客站与民用建筑在 BIM 技术应用中的差异

### 1. 建模技术深度的差异

铁路客站作为铁路运输系统的重要窗口，主要面对旅客的出行，建筑设计的特点以符合当地的文化特色为主，建筑造型以大气、宏伟、庄重、规整为主。而民用建筑，尤其机场类建筑，大都是地方标志性建筑以异形曲面造型、复杂室内外幕墙及吊顶为特点。铁路客站 BIM 设计无需太过复杂的 BIM 建模技术即可满足规整的幕墙、简单的曲面屋面的模型构建。而异形的民用建筑则需要熟练地使用到参数化建模的工具。因此，在 BIM 建模技术的使用深度方面，民用建筑设计企业会更深厚一些。

### 2. 系统复杂度的差异

铁路客站和民用建筑在专业系统的复杂度上是不同的，铁路客站既涉及站房建筑、还涉及铁路通信信号等专业。除了建筑、结构专业外，暖通风和水专业就细分了十数个小系统、如新风、送风、排烟、生活给水、雨水、污水、废水、压力污水、油污水、通气、冷冻供水、冷冻回水、冷凝水、冷却供水、冷却回水、地暖供水、消火栓系统、自动喷淋系统、水炮系统、防护冷却、水幕系统、空调冷热供、空调冷热回、一次热供回、二次热供回、冷媒系统、中水系统等，而民用建筑相对要简单许多。因此，铁路客站在 BIM 三维管综技术的应用方面更为复杂和重要。

### 3. 应用目标的差异

铁路客站 BIM 设计更多的是用于发现和解决众多专业设计间的冲突协调问题，开展三维管综，解决施工安装时的返工问题，三维直观表达开展设计交底等。而民用建筑由于工程项目的特点，BIM 设计和施工会更多地考虑如何应用 BIM 技术实现更为复杂的造型设计，进而形成施工图纸，辅助施工降低成本，以及管理施工进度为主。

## 3.7.3 雄安站 BIM 设计实践

雄安站作为亚洲最大的高铁站房，构造复杂，专业设计需要大量的综合协调，必须引入 BIM 技术才能完善各专业的设计。此外，紧张的工期，高质量建造的要求，使得施工组织和施工质量的控制成为关键，BIM 技术可以辅助解决这些难题。现代化客站需要创新的技术手段运营管理，实现高可视性三维客站管理系统是维管单位的迫切需求。

因此，雄安站在 BIM 实施策划中确定了全生命周期 BIM 应用的目标，覆盖建筑、结构、暖通、给排水、电力、信息、装修、标识等多个专业，涵盖了设计、施工等阶段，并向运维阶段递延（图3-240）。

图3-240 雄安站BIM模型

## 1. 雄安站 BIM 协同设计

雄安站工程 BIM 设计工作，是基于协同设计平台开展的。

项目组在雄安站房 BIM 设计中搭建了协同设计平台测试研究环境，整体掌握了平台的部署及业务实现功能。

参加协同设计的人员情况较为复杂，既有主设计企业的设计人员，也有分包的外地设计企业，还有 BIM 外包单位。考虑网络数据安全，协同设计平台独立构建局域网络，通过搭建的协同平台，向参加协同的人员提供服务（图 3-241）。

在雄安站项目中实践，开展了建筑、结构、暖通、给排水、通信、电力、管综等多专业、多系统的协同设计，通过网络平台保存供全专业协同工作，有效发挥了平台管控设计过程的作用（图 3-242，图 3-243）。

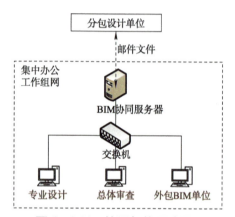

图 3-241　协同架构示意图

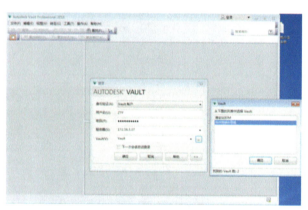

图 3-242　设计协同平台账号登录

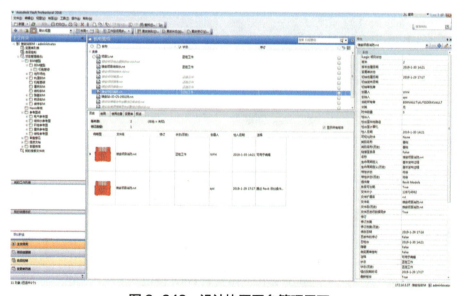

图 3-243　设计协同平台管理界面

雄安站项目 BIM 设计工作采用协同平台后，发挥了重要的作用，主要有以下几点：

（1）设计文件可控

传统的基于局域网络的文件链接模式，BIM 设计过程由于不同的文件版本变化，给参与 BIM 设计人员造成极大困扰，引用设计文件经常搞错版本，进而造成 BIM 设计与设计者的意图不相符。

在使用协同平台后，设计文件与 BIM 文件共同保存在平台中，通过文件夹进行管理，并通过设计说明文件关联，让 BIM 设计人员清晰了解引用文件的信息，避免文件传输造成版本引用错误。

（2）设计成果系统集成

所有的设计及 BIM 设计成果都在平台进行管控，避免设计人员审查 BIM 成果时使用错误版本文件。

（3）设计流程清晰

使用生命周期管理，使文件通过流程设置在不同角色权限中流转，完成设计文件的绘制、审核、发布等流程。

（4）多用户权限管理

构建局域网中的协同平台，为项目中不同角色的人员提供了解 BIM 设计情况的账户，既可利用文件的检入、检出查看，也可以通过 Web 网页下载查看，方便了设计审核者。

**2. BIM 在设计工作中充分应用**

雄安站 BIM 应用采用欧特克 BIM 体系开展 BIM 设计工作，使用 Rhino+Grasshopper 和 Revit+Dynamo 进行参数化节点编程，共计开发了 11 个参数化程序包，探索了参数化辅助正向设计，并将设计阶段的 BIM 成果递延至施工阶段。

基于雄安站站房功能及接口复杂、清水混凝土技术要求高、管线复杂、幕墙、装修及整体屋盖施工难度高、钢结构施工精度要求高、参建协作要求高的特点，开展了工作策划，制订了《BIM 应用（设计阶段）实施方案》和《施工图设计阶段 BIM 设计实施标准》。在管线综合、Dynamo 参数化、智能钢筋加工、站房幕墙、装饰装修、钢结构工程、智能放样机器人、智能全站仪、三维激光扫描、管线工厂预制化、BIM+GIS 施工管理、VR/AR 虚拟化、全景视图、焊接机器人、混凝土自动测温、高支模数据监控、自动化基坑检测、清水混凝土工程、IoT 施工材料管理等方面进行了应用。

（1）标准体系

从初步设计阶段开始，共制定4册标准并发布实施。涵盖设计、施工、运维各阶段的模型精度、数据要求、流程等内容，为雄安站枢纽BIM的全生命周期应用提供技术支撑。制定了符合雄安站枢纽具体工程要求的EBS工程实体结构分解编码及WBS工程项目管理分解结构编码，为施工阶段传递模型，运行工程管理平台，及运维阶段应用，提供统一的BIM体系。

（2）基于BIM技术的管线综合

形成了《基于BIM技术的设计优化报告》，各专业根据报告优化调整相关设计，利用BIM，进行了综合管线出图。协助建筑、结构解决了复杂空间问题。通过BIM模型，建筑、结构专业优化了光谷、城市通廊、市政车场等区域的空间效果及细部设计。同时辅助各专业优化了地下综合管沟的尺寸，减少投资。

雄安站站房的BIM应用，解决了雄安站站房大型空间综合管线排布问题。通过BIM模型，优化了国铁区域首层和夹层走廊内管线的排布及吊顶高度；优化了市政车场的管线排布及净空高度，优化了架空站台内的管线排布，解决了清水混凝土空间效果带来的管线空间紧张的技术难题，提出了地面与高架管线的联系路径，解决了地面与高架交接面较少带来的难以确定管线路由的技术难题（图3-244）。

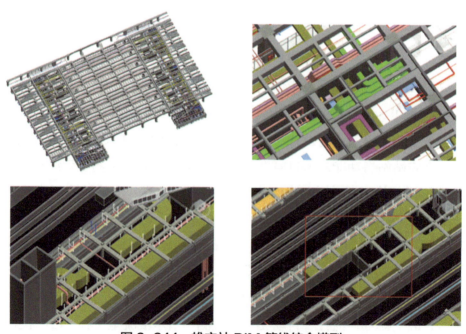

图3-244 雄安站BIM管线综合模型

（3）基于BIM技术的清水混凝土应用

雄安站清水混凝土结构因为突破了欧式几何框架，形成了折面或流线曲面特征。在作为主流的二维施工图纸表达形式下，需要重点考虑空间重叠、面域凹凸等形变，充分提取形体数据，既为其他专业提供作图依据，又便于将来施工单位对建筑空间的理解和认知，最大程度实现方案设想。

首先，BIM技术应用在清水混凝土柱结构模型中。

构建清水混凝土柱混凝土结构部分的深化模型，详细精确表达柱与梁之间的空间几何关系。同一尺寸柱只需构建一个详细模型。根据清水混凝土柱形体特征（流线性）、结构计算要求（整体性）、局部构件考量（柔性过渡弧面）等因素，在连续剖面、平面等高线、平面标高网3种表达形式中，选择了连续剖面的表达形式。连续剖面的数据提取需要借助Rhino软件及相关插件，在提取数据时考虑施工模板的精度及建筑体量，根据曲面的折曲形态进行连续剖面，并单独采集折曲转折线、沟槽线、俯视轮廓线等的标高数据，并借由三维表达进行参数化标注（图3-245）。

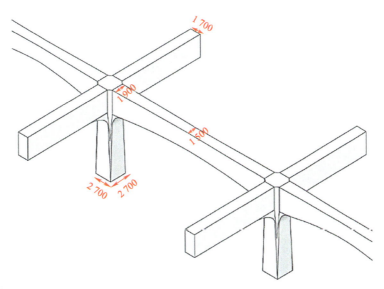

图3-245 雄安站清水混凝土梁柱BIM模型（单位：mm）

同时，BIM技术应用在清水混凝土柱钢筋模型中。

清水混凝土施工中经常出现箍筋、构造钢筋外露锈污清水混凝土表面，过多箍筋外露还会引起钢筋锈蚀进而影响柱抗剪和污染清水混凝土表面，为此构建清水混凝土柱内部三维钢筋布局，详细表达各钢筋的尺寸和功能。改进传统的平面放样技术，利用三维技术，实现钢筋精确定位放样，分析和模拟钢筋整体安装顺序、工艺。利用连续剖面及参数化标注，保证空间线型和特殊部位的钢筋定位准确。同时将清水混凝土设计模型移交施工企业技术人员，将问题消灭于萌芽状态。

同样，BIM 技术在清水混凝土柱机电管线接口预留预埋中也发挥了很大的作用。

一般建筑中，设备管线的施工可以在建筑结构浇筑完成后开始排布设计，但在清水混凝土建筑中，开孔或开槽会影响清水混凝土的完整性，因此雄安站设备管线槽预埋在清水混凝土中，开关、插座、灯具、管线均在设计中定位。同时各专业施工图配合的重点在于相互之间快速反馈碰撞信息，避免局部碰撞难以合理解决时，造成建筑形体的调整或某专业的布局思路发生大的变动，最后影响设计进度。因此在施工图设计整个配合过程中，运用 Rhino、Grasshopper 等参数化设计软件全面、准确地提供形体数据，构建机电管线在混凝土柱中的预埋管线位置及空间尺寸，详细表达预埋件与钢筋间的关系。构建混凝土柱预留孔洞，详细表达设备末端与混凝土柱之间的关系。设备专业应根据经验确定各专业管道的上下层或上翻、下翻的避让原则，尽可能提前预知难点、交叉点的部位，实现早发现、早解决（图 3-246）。

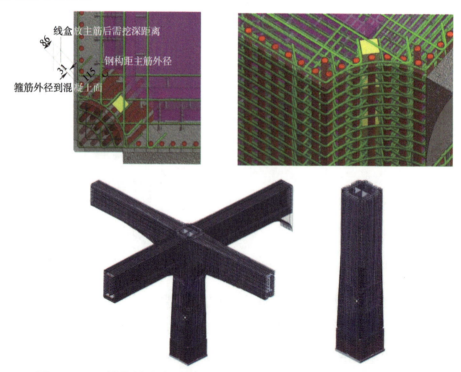

图 3-246　雄安站清水混凝土柱钢筋及管线 BIM 模型（单位：mm）

## 3. BIM+VR 技术在设计审查中的应用

雄安站 BIM 设计采用了 VR 技术对 BIM 模型进行审查。在 VR 环境下，设计成果审核检查主要有以下几方面的应用。

（1）VR 可视化空间设计效果审查

无立体眼镜条件下的虚拟可视化是大多数设计审查人员所处的环境。通过将 BIM 模型导出到专业 BIMVR 软件中，审查人员通过键盘和鼠标的操作，就可以实现任意路径、任意视点的全方位的浏览，查看设计信息，量测。

可视化审核可以有多项应用，如任意视点的 720° 全景查看，更好地体验建筑穿梭感，提高全面认知。

图 3-247 雄安站 VR 浏览

第一人称视角模式，行走在建筑内外部，感受建筑设计空间效果。

图 3-248 雄安站第一人称视角 VR 浏览

在 VR 眼镜协助下，审查者将获得更真实的空间感，如同置身于实际建筑体内。

图 3-249　雄安站 VR 设置

可视化漫游浏览，可以帮助审核者深刻理解二维设计图纸所表达的空间几何关系，依此来判断二维设计上是否有遗漏和错误。

（2）构件信息查询

构件信息查询是 VR 设计审查重要的工作。

在传统设计中，通常是通过协同标准定义，图层名的设置，设计元素通过图层的配置，颜色、线型、标记等，向设计者传递信息，通常为图形元素表达专业构件类型、通过尺寸标注获得平面几何信息，信息量少。

在采用 BIM 技术后，可以在三维环境中通过点击构件获得该构件的所有相关专业设计信息，不仅是空间尺寸信息，还有专业参数和分析用数据等众多信息。

图 3-250　雄安站 VR 浏览构件信息获取

在 VR 环境下，也可以通过手柄的操作获得更强体验。

图 3-251　雄安站手柄操作模式

第一人称视角的行走漫游可定位到不同楼层平面开始漫游。

图 3-252　雄安站手柄操作楼层定位

可在 VR 环境下关闭和开启不必要的模型文件，提升显示效率。

（3）专业冲突审查

多专业完成本专业设计后，形成各自的 BIM 模型并整合，由于各种因素，专业冲突成为影响设计成果质量的重要因素，需要快速查找和定位出来。在传统设计中，由于二维设计无法直观表达空间关系，冲突关系很隐蔽，设计审核者很难判断出各专业构件间的冲突问题。在可视化的环境中，利用软件提供的冲突查找工具，可以快速地生成不同构件集间的冲突报告，告知审查者碰撞的数量、冲突构件的 ID 号等。并可以快速定位到冲突位置，观察冲突发生的情况。

图　3-253

图 3-253　雄安站 VR 环境下构件冲突信息查询

（4）剖切查看

剖切检查是一种辅助观察构件间的空间关系的方法，尤其是构件密集，或者封闭空间内，通常的可视化浏览无法查看到内部的情况时使用。

使用剖切工具，可以获得垂直和平面多个方向的剖切，可以同时生成多个方向的剖切，用于观察局部空间的布局情况，极大地方便设计审核者关注重点区域的设计情况（图 3-254）。

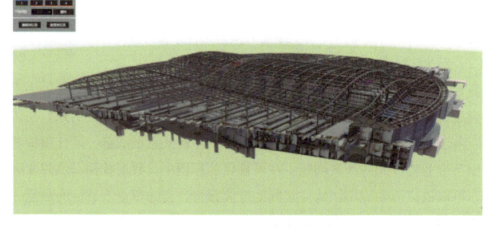

图 3-254　雄安站模型剖切检查

（5）净高分析检查

通过净高分析检查工具，设置最低净高值，可以全面获取检查房间内净高低于该值的管线、设备、结构底部等构件，并生成列表，并在检查结果列表中获得构件的 ID 号，该 ID 号与 BIM 设计模型的 ID 号一致，该信息反馈给设计人员进行设计优化和修订（图 3-255）。

图 3-255　雄安站构件净高数据查询

例如图中标记出的数据表示，管线距地面 1.655 m，低于设定的 2.5 m 净高要求，此处管道设计存在缺陷，需要修订，管线 ID 号为 2674049。

（6）量测

利用间距测量工具，可以对关注的构件进行量测，例如两点间距测量，判断是否满足设计特定要求。净距测量可以对关注的管线标记出净距值，并对有设计问题的管线进行注释。测量结果都将形成一条记录。

测量工具中还有周长、面积、角度等测量模式。

图 3-256　雄安站模型量测功能设置

VR 环境下的测量，可实现两点测量和净距测量。

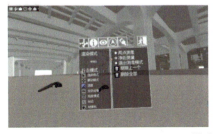

图 3-257　雄安站模型距离测量示例

最后，应用在了审查意见注释功能上。

设计审查中最常见的就是审查意见注释了。在传统的 cad 文件审查中，常用的是采用云线标记的方式，意见文字直接标注在图形中，审查完成后，将审查文件发给相关设计人员进行反馈。该模式下，注释标注需要一个一个的查看过滤，再进行处理。

而在 BIM 技术条件下，在三维 VR 的环境下，注释信息被结构化。

图 3-258　雄安站构件审查信息标记

同时，注释管理器中就增加一条审查记录，当审查完成后，所有的注释记录都可以保存为 bcfzip 格式文件，可以仅发送该文件给所有相关人员，而不用传送庞大的三维文件。设计人员只需在 BIM 设计软件中通过同步工具装入注释工具就可以加载注释 bcf 文件。

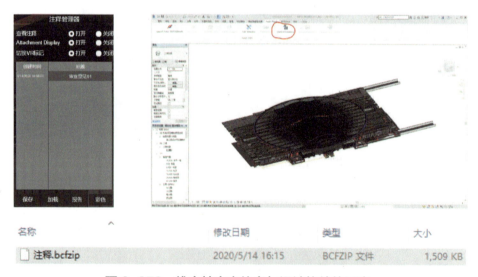

图 3-259　雄安站审查信息与设计软件的同步

保存的注释对应了相应的模型构件，可通过高亮显示快速定位构件。

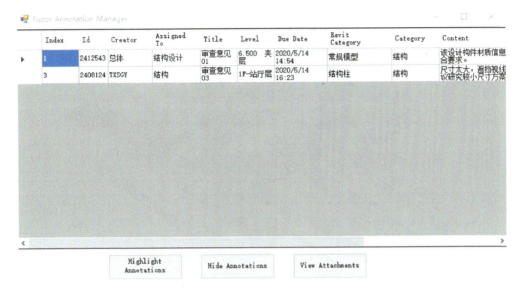

图 3-260 雄安站审查信息设计端的查阅

**4. 设计工作思考**

结合雄安站项目应用 BIM 技术开展设计阶段的相关工作，发挥了重要的作用和价值。主要体现在几个方面。

（1）探索和研究了协同设计平台在 BIM 设计和传统设计中的管理和使用方法，解决设计过程中的文件管控，保障设计成果的可靠性。

（2）利用 BIM 技术解决了重要复杂节点的表达，例如清水混凝土柱的构造及与相关各专业构件的关系表达，保障了清水混凝土柱的美观。

（3）实现了基于 BIM 的三维管综设计，并完成了全部管综 BIM 成图，提升了设计成果的质量，做到了"图模一致"。

（4）基于 BIM 模型的三维 VR 设计审核，大大提升了设计师对站房设计效果的认知和感受。

（5）探索了大型站房 BIM 设计模式、团队组织及管理方法。

## 3.7.4 京张高铁站房 BIM 设计实践

京张高铁作为我国第一条智能高速铁路，是 2022 年北京冬奥会的重要交通保障设施，全线共有清河站、八达岭长城站、宣化北站、张家口站等 10 个车站。全线车站采用 BIM 技术贯穿设计、施工及运维阶段，以提升客站的建设质量，打造智慧化的现代客站（图 3-261~图 3-263）。

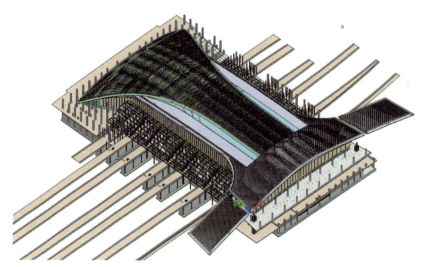

图 3-261　张家口南站模型

图 3-262　清河站结构模型

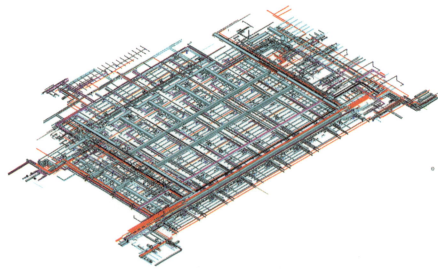

图 3-263　清河站四电管线模型

**1. 标准建设**

（1）标准落地

京张高铁站房在开展 BIM 实施时，设计及建设企业根据自己的设计习惯和设计特点在继承行业标准的基础上进行重新定制和扩展，涉及数据存储与交互标准的统一。在京张 BIM 站房实施过程中，对铁路 BIM 标准的 IFC4.1 标准进行了一定程度的验证和扩展。数据表达方式的统一，为实现站房相关专业数据层面的协同，从全局制定语义表达标准，准确描述各专业各层级信息及逻辑关系。

（2）标准应用

在协同平台的建设过程中集成标准，涉及模型建设及交付的文件命名与编码、设计单元划分与命名等相关需求，依据 IDM 的各专业数据交互的流程优化等（图 2-264）。

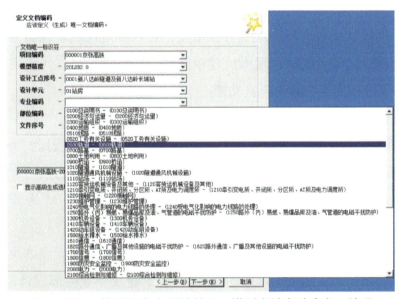

图 3-264　协同平台上设计单元、模型文件自动命名、编码

在设计软件中集成铁路 BIM 标准。制定了信息附加标准、编码标准等，路基廊道模板特征定义标准等。依据这些标准，实现三维信息模型的建设，规定了各专业所需信息的交换模板，并在软件中固化了这些内容的输入和输出方式。

**2. 铁路站房全专业协同设计体系建设**

针对铁路协同设计工作开展的难点，在项目推进过程中主要研究如何在 BIM 标准体系框架内，充分考虑铁路车站参与专业多的特点，通过建设协同设计平台，研发各专业协同设计软件及多源数据融合分析平台来建设铁路站房协同设计体系。为工程数字化建设提供数据结构组织有序、易于维护的数字孪生工程，同时也为勘察设计企业拓展工程全生命周期业务提供可靠的技术基础。

京张铁路设计企业在提高设计效率，加强模型的全生命周期应用方面开展探索，从 BIM 三维深化设计发展到 BIM 协同设计。通过完成京张站房 BIM 实施工作，总结了从 BIM 项目管理，项目协同设计标准化流程制定，模型成果应用拓展等协同设计模式建设的宝贵经验。

通过协同设计，约定专业内和专业间的协同工作方式，以及操作上的工作流程，凭借协同设计的并行工作优势，保证专业间的信息传递及时有效。各专业的设计信息均呈现在一个平台上，打破信息壁垒，避免因信息不对称造成的滞后，专业设计过程中需要其他专业的设计参数可以进行实时抓取，并产生关联关系记录。

铁路 BIM 联盟的标准也为设计模式的变革提供了技术体系的支持。对 BIM 设计软件和协同设计平台进行深度整合和研发，融入本地化的设计需求。实现简单易用的操作体验，并可提供快速设计建模插件、构件管理、工作流定制及深入到数据级的多专业协同等全新的丰富功能。

### 3. 方法创新

在京张站房 BIM 设计过程中，首先对 BIM 相关标准进行验证，补充完善，使铁路 BIM 相关标准可落地执行。再通过 BIM 数据与 GIS 系统相结合的方式，开展站房全专业协同设计，为智能京张站房打造了一条使用 BIM 为基础建成的数字站房。

同时利用 BIM+GIS 的创新模式，解决了二维设计中诸多无法解决的问题，如在同一坐标体系下如何通过协同开展设计、多专业及专业内部设计缺失及碰撞、变更设计应用及管理等问题。经过多元方式探索与实践，最终总结出了基于京张站房 BIM 设计的三大创新亮点，其内容如下：

方法创新：

（1）利用 BIM 数据，结合相关分析软件，对设计方案进行有效优化，在复杂节点设计中进行多专业可视化研讨，打破传统平面图纸表达局限性。

（2）在京张站房 BIM 设计过程中使用了协同设计平台，全专业在同一平台、同一工作环境下开展协同设计，形成了一套创新性的设计体系。

理论创新：

（1）从设计系统研究、设计协同体系建设、设计协同同一表达，最终将数据传输给建造阶段使用。京张站房 BIM 设计进行了整个系统的探索，完整了一套全新的技术体系。

（2）BIM 设计有别于传统二维设计，在设计过程中从方法的实现性、专业的协同顺序、单元划分的结构逻辑、交付的内容及方法都遇到了诸多困难。通过研讨与实践，形成了一套切实可行的解决方案，为未来 BIM 设计排除了众多阻碍。

管理创新：

（1）在京张站房 BIM 设计中，打破了传统工程项目中的管理模型，使建设单位作为管理核心，将设计单位与施工单位通过平台的方式进行融合，也使设计单位在设计时已将施工阶段需求进行整合，将传统工程中大量的变更设计最大限度地解决在设计及设计交底阶段。

（2）原有施工流程中，竣工验收需要大量人力在现场通过肉眼与图纸进行工程核对，这种方法并不准确，容易产生错误遗漏。在本项目中，通过 BIM 系统的数据与施工现场现状进行比对分析，可快速、精准定位工程问题，基于 BIM 系统的竣工验收为智能京张打造了坚实的基础。

京张站房 BIM 设计的成功完成的同时，通过研究、归纳、总结，形成了多套技术体系、完成了多项创新内容、完善了现有 BIM 相关技术标准、解决了众多难点。在同一载体下开展的协同设计开启了智能化设计、建设、运维的新篇章。

### 3.7.5 BIM 设计管理

（1）站房 BIM 设计工作总体架构

雄安站及京张高铁站房作为国铁集团重点建设项目，建筑体量大，工程意义重大，在项目各阶段应用 BIM 技术，提升整个项目设计和建设的质量，需要对 BIM 项目本身进行科学合理的把控，管控住 BIM 实施的过程、实施的质量和实施的效果。因此，铁路站房 BIM 设计工作，主要从软硬件、团队、技术标准、管理规范、应用功能、成果输出等方面构建了 BIM 设计技术的总体架构（图 3-265）。

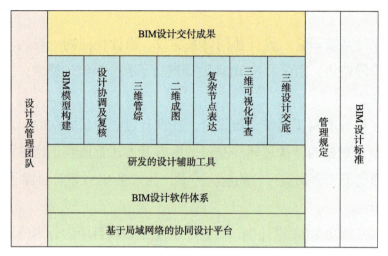

图 3-265　雄安站 BIM 设计总体技术架构

在设计过程中，依据架构完成各个部分的建设和实施，使得整个 BIM 设计过程有序执行，专业设计的配合更加紧密，BIM 的成果也能发挥相应作用。

（2）站房 BIM 设计软硬件平台

作为建筑工程的站房，其 BIM 设计软件体系的选择非常重要。根据行业及 BIM 技术掌握的成熟度，建筑领域 BIM 设计工作主流软件体系是欧特克的 BIM 软件，因此雄安站项目 BIM 设计，建模工作也采用了欧特克的 Revit 软件，并配合相应的可视化展示软件及制图软件。同时在京张高铁站房 BIM 设计中也探索和应用了 Bentely 体系的 BIM 设计工具及协同平台，丰富了铁路站房 BIM 设计的技术路线和方法。

在项目实施过程中，创新地探索应用了协同设计平台，构建了多机联网的局域网络环境，将参与 BIM 设计工作的计算机设备连接在一起，将 BIM 设计过程文件进行了有效的管控和分享，同时避免了设备连接外网的安全问题。

在项目实施之前，站房 BIM 设计过程由于没有协同平台的管控，并且设计过程的变化快，BIM 与设计同步开展时经常出现 BIM 设计依据过期的设计文件，从而造成 BIM 与设计不符的情况发生，进而影响 BIM 成果的可用性，其价值大打折扣，主要用来展示一下设计的总体效果。在采用协同平台环境后，BIM 设计人员与专业设计人员都可以掌握参照文件使用的情况，文件会自动更新，旧的版本也得以保存可查阅。

（3）站房 BIM 设计工作管理规定

站房工程 BIM 设计工作由于涉及多个专业，管理团队以及 BIM 咨询团队等众多的人员。BIM设计工作需要管控的是设计质量及过程沟通，因此，站房BIM设计工作需要制定严格的管理规定，并在过程中认真执行，才能保障BIM设计成果的质量，并发挥相应的作用和价值。

首先是设计团队的管理

BIM设计在目前阶段虽然不是作为站房设计的主要环节，但它是重要环节，BIM设计已经开始融入设计主体工作之中，并且发挥着重要的作用。按照目前采用专业设计+BIM设计双团队的模式开展，需要将专业设计人员与BIM设计人员紧密结合起来，同时要考虑BIM成果应用及数据管控的需求，涉及设计、研发、信息技术支持等方方面面的相关人员。要使BIM工作能够顺利，需要构建一个相对完善的团队，才能使BIM工作能够正常开展。

在雄安站项目中，作为一个重要的工程设计项目，得到了总体设计单位的重视，总体设计组织部门构建了涉及设计方、分包设计、BIM咨询、信息化的一个专业团队，并将建设管理单位纳入了相关方，成立了BIM工作室，制定了工作室管理规定，规范了各方的工作职责（图3-266）。

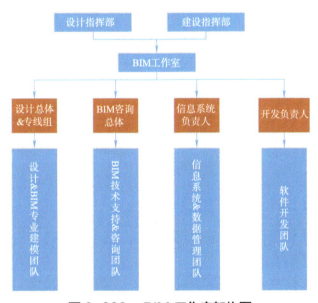

图3-266　BIM工作室架构图

设计指挥部负责整体工作的成果把控和决策及资源的支持，建设指挥部负责对BIM设计成果的审查，共同对BIM工作室进行管理。

BIM工作室负责全部的BIM设计过程，以及与专业设计团队间的协调工作。例如BIM设计复核发现的问题向专业设计人员提供，并获得反馈意见，BIM设计过程中对设计的理解与专业人员间的沟通，BIM 设计成果转化为专业设计成果等等。BIM 工作室还需承担 BIM 设计成果的展示及汇报工作。

在雄安站项目中，成立专职的 BIM 工作室，而不是松散的团队管理，是保障 BIM 设计工作发挥作用的一项重要措施。

其次是设计软硬件环境的管控。

通常的工程，BIM 工作主要是由 BIM 设计人员根据需要选择 BIM 的技术体系，并组建一个松散的兼职团队开展工作。这些 BIM 人员可能集中，也可能按照分配的任务在各自工作岗位开展工作，所使用的软件版本、硬件环境、网络环境可能都不一样，这将造成 BIM 成果的统一性，以及设计过程的文件共享有效性都会出问题。

在雄安站 BIM 设计项目中，BIM 工作室制定了统一的规定，在信息技术人员的支持下，搭建了协同设计平台，并统一了 BIM 设计软件环境，辅导和培训了 BIM 设计人员使用协同平台开展设计工作。该措施使得 BIM 成果得到了有效的管控，尤其是设计参照依据、发布的阶段性 BIM 成果都在协同平台中进行了管控，审查的设计成果也可以通过平台上直接获取，避免了 BIM 团队依靠文件拷贝方式进行信息传递的问题。

第三是设计流程的管控。

在雄安站 BIM 设计过程中，做好 BIM 设计与专业设计间的融合，避免双团队间产生信息沟通上的屏障，需要严格的流程管控，充分利用协同平台的有效机制，管控了 BIM 协同设计过程（图 3-267）。

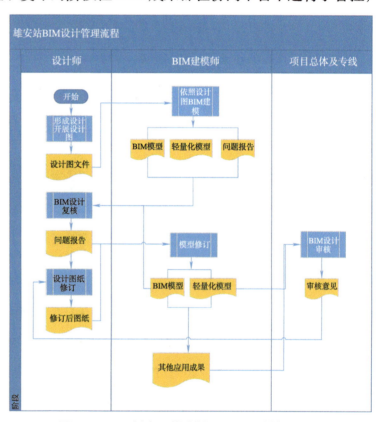

图 3-267　制定了雄安站 BIM 设计管理流程

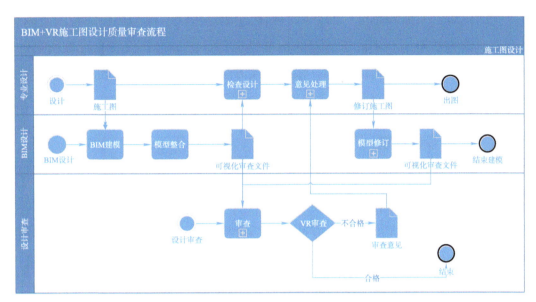

图 3-268　制定了 BIM 设计质量审查管理流程

雄安站项目 BIM 设计工作采用协同设计平台后，发挥了重要的作用，主要有以下几点：

设计文件可控：传统的基于局域网络的文件链接模式，BIM 设计过程由于不同的文件版本变化，给参与 BIM 设计人员造成极大困扰，引用设计文件经常搞错版本，进而造成 BIM 设计与设计者的意图不相符。在使用协同平台后，设计文件与 BIM 文件共同保存在平台中，通过文件夹进行管理，并通过设计说明文件关联，让 BIM 设计人员清晰了解引用文件的信息，避免文件传输造成版本引用错误。

设计成果集中管理：所有的设计及 BIM 设计成果都在平台进行管控，避免设计人员审查 BIM 成果时使用错误版本文件。

设计流程清晰：使用生命周期管理，使文件通过流程设置在不同角色权限中流转，完成设计文件的绘制、审核、发布等流程。

多用户权限管理：构建局域网中的协同平台，为项目中不同角色的人员提供了解 BIM 设计情况的账户，既可利用文件的检入、检出查看，也可以通过 Web 网页下载查看，方便了设计审核者。

（4）站房 BIM 设计实施标准

在雄安站 BIM 设计工作开展前，参考了《设计企业 BIM 实施标准指南》以及部分企业 BIM 项目实施标准。基于项目级 BIM 设计实施标准原理及框架进行制定《雄安站 BIM 设计标准》，在标准中规定了站房过程 BIM 设计的相关技术要求，例如，设计环境、模型颗粒度、部分模型的构建策略方法、模型构建的范围及内容、平面表达的方法等等。不同于普遍的标准性文件，该标准不仅含有标准所需的信息规定要求，还含有达到目标的一些操作性方法和步骤，可以作为 BIM 设计工作的操作指导。

### 3.7.6 BIM 设计展望

BIM 设计工作，由于目前 BIM 技术成熟度尚未达到完全基于 BIM 设计工具开展设计的程度，所以依然采用的是专业设计 +BIM 设计双团队的模式。但在设计过程中，已经开始在进行部分专业、部分过程利用 BIM 软件开展。例如，机电专业三维管综设计工作，全站数十公里长的管线全部在 BIM 软件中完成布置设计，冲突的避让，二维平剖面的生成，形成相应的 CAD 二维图作为设计交付物。同时，开发了 BIM 设计软件下的一些参数化建模、检查的插件工具，探索了 BIM 软件下的设计方法。

虽然目前 BIM 技术还只是作为建筑设计的一项辅助性工作，但其产生的作用和价值已经得到了行业的认可。实现基于 BIM 软件环境下的建筑各专业的设计，是 BIM 技术发展的目标，行业中 BIM 软件的开发商、设计企业开发部门等都已经开始在研究完善 BIM 软件，推动设计模式的 BIM 化。其解决的方法有几种，一是在现有的 BIM 软件三维环境中，通过完善功能，实现三维建模后的二维化输出；一种是，利用二维设计过程实现参数的同步转移，进而实现三维模型的参数化自动生成，提升 BIM 建模的效率。而各专业实现 BIM 设计尚存在各种技术鸿沟，例如，目前结构专业已经是三维设计的模式，只是其设计软件体系与主流 BIM 软件需要开发接口实现数据互通。机电专业的 BIM 设计最大问题是机械设备参数的专业计算在 BIM 软件中没有符合要求，无法使用，只能起到建模解决冲突的作用。建筑专业虽然建模表达已经比二维设计有很大的优势，但在二维表达的输出上依然不满足设计人员的习惯和技术要求。例如，BIM 只能准确地表现裁切和投影的构件线条，但无法选择哪些显示，哪些不显示，造成图面的表达不如人工绘制的清晰。

只有在解决了这些需求之后，或者重新建立三维模式下的设计规范，摈弃传统二维设计的一些技术要求，培养起建筑设计上下游整个行业的三维化使用的环境，建筑工程走向完全的 BIM 设计模式这个目标就一定能够实现。

本章从铁路客站规划设计方法与技术创新入手，主要描述了在精品客站建设中，京津冀地区客站所做的规划设计创新实践。设计创新源于新理念的引领、设计观念的更新和多年铁路客站建设的技术积累。作为客站建设的源头，规划设计观念的更新是客站建设创新的前提，在京津冀地区精品客站建设实践中，由"畅通融合、绿色温馨、经济艺术、智能便捷"客站建设理念，催生的设计观念更新。使得客站设计对于站城融合有了新的认识，对 TOD 模式下的站城同步设计，铁路客站引导城市更新和"一站一景"背景下的站区房屋整合进行了新的实践，更为关注旅客的行为和需求。以旅客的视角，对客站空间及物理环境营造、差异化服务改善、无障碍设计提升、人性化细节完善、绿植家具的布设等进行了研判与更新，将设计向服务端延伸。系统的整合绿色建筑技术，以国标绿色三星认证为目标，在土地高效利用、雨棚上盖停车及上盖光伏发电、充分利用自然采光与通风、能源高效利用以及节能环保新技术方面进行了新的探索。将建筑设计、装修设计与客站文化艺术表达有机结合，将经济与艺术协调互动，用清水混凝土、建构一体、公共艺术呈现等不同的设计语言，传递设计情感、中国文化和时代声音。以概念创新、结构体系创新和节点构造创新，助力丰台站双层车场实现，构建了 8.5 度高烈度区的百年结构，建造了深达百米的地下车站。开展 BIM 辅助正向设计，创新 BIM 工作流程，以设计施工运维递延的方式，延续 BIM 模式从设计端向运维端的有效传递，力求实现数字孪生客站和全生命周期 BIM 应用的目标。新的客站建设理念，京津冀精品客站建设实践，给了设计创新的机会与舞台，面对新时代高质量发展的国家战略，未来构建低碳可持续发展的社会生态和人民对美好生活的期待，铁路客站设计还将继续前行，贡献设计智慧、设计创造和设计力量。

# 第4章

# 铁路客站施工创新

施工阶段是形成工程实体，精致呈现设计意图，实现铁路客站建设目标的关键阶段。通过项目特点分析，开展关键技术研究和施工技术创新，为工程实施提供可靠支撑，是铁路客站高质量建设的保障。本章结合工程案例，介绍铁路客站在绿色材料选用、"建构一体"建造技术与精细化施工、工业化施工技术创新应用、数字信息化施工技术创新、复杂站型及特殊结构施工技术创新、绿色施工示范工程实践等方面的内容。

## 4.1 铁路客站绿色材料选用

铁路客站建设贯彻"畅通融合、绿色温馨、经济艺术、智能便捷"新理念，围绕绿色客站建设目标，按照经济合理的原则，从安全环保性能、温馨健康需求以及精致艺术效果等角度出发，对绿色建筑材料及产品选用进行专门研究。在实施过程中，铁路客站重视生产工艺和构造做法研究，严控出厂标准和加工细节，严控施工质量和施工精细度，实现精品质量效果。

### 4.1.1 绿色材料选用

材料是客站建筑的物质基础，其绿色化水平直接决定了铁路客站的"绿色"程度。作为绿色客站的重要"载体"，铁路客站十分重视绿色建材的选用工作，在建设过程中最大限度发挥绿色建材的效能，实现铁路客站安全耐久和经济美观，降低建造全过程的能源消耗水平和资源消耗水平，减少环境污染的负面影响，推动铁路客站绿色建造的发展。

绿色建材是指在全寿命期内可减少对资源的消耗和对生态环境的影响，具有节能、减排、安全、健康、便利、可循环等特点的建材产品。相比于传统建筑材料，绿色建材的特征可以概括为以下几点：

（1）生产过程的环保性。采用低能耗制造工艺和无污染环境的生产技术，避免使用会释放污染物的材料，生产出高性能的产品，实现生产过程的绿色环保。

（2）原料的循环利用性。生产所用原料尽可能少用天然资源，大量使用废渣、垃圾等工业或城市废弃物为原料，达到循环利用的目的。

（3）材料产品的健康性。在产品配制或生产过程中，不使用甲醛、卤化物溶剂、芳香族碳氢化合物、汞及其化合物等有害物质，有利于环境保护和人体健康。

（4）材料产品的功能性。产品具有高强、耐久、阻燃、消磁、防射线、抗静电等性能，能有效改善生产环境，提高生活质量。

（5）材料产品的低能耗性。产品可大幅度减少建筑的能耗，如具有轻质、高强、防水、保温、隔热、隔声等功能的新型墙体材料等。

（6）材料产品的可回收利用性。产品使用后的废弃物可重复使用或回收利用，不对环境造成污染。

在对绿色建材研究的基础上，铁路客站按照功能性、经济性、易施工性、环保性的原则，对各建筑部位的材料进行了综合研究与比选，充分考虑交通建筑的建筑特性、功能需求、结构性能与空间效果，合理选用具有"节能、减排、安全、便利和可循环"特征的材料，从根本上保证精品绿色客站建设目标的实现。

1. 建筑结构材料选用

结构材料构成建筑的"骨骼"，选用时首先重视其力学性能，首选高强材料。铁路客站在结构跨度大、承载要求高的部位选取高强度混凝土和高强钢材，减小构件截面尺寸，减轻结构自重。在提高结构性能的同时，减少材料的应用，进而减少水泥、钢材、钢筋等主材对资源的消耗。

其次，选用时注重材料的耐久性，方便养护维修，增强建筑使用寿命。铁路站房选用了高耐久性混凝土、耐候钢等结构材料。高强混凝土自身就具有高耐久性能，在建设中，铁路客站加强原材料管控，改良混凝土制备工艺，在雄安站等站应用了清水混凝土，改善结构外观的同时，减少后期维护。同时，加强耐候结构钢在客站建筑中的应用研究，减少钢结构防腐涂装及其造成的环境污染，在保证结构安全耐久的同时，节约维护成本，具有良好的综合经济效益。

此外，选用时还关注材料的循环利用性。铁路客站对在混凝土制备中应用机制砂代替河沙进行专门研究，减少对天然资源使用。同时，在临设路基垫层等部位研究应用再生骨料混凝土，将废弃混凝土垃圾破碎小块作为混凝土骨料重新使用，达到循环利用的目的。

2. 围护材料选用

围护材料首先根据功能性进行选择。对建筑幕墙、门窗等考虑风压气密水密性、力学性能、热工性能、透光性等指标，对保温材料考虑其导热系数、燃烧性能、结构连接性等进行控制，保证围护结构安全的同时，提高建筑围护节能率。铁路客站大面积玻璃幕墙综合中空、低辐射、热反射镀膜等绿色玻璃性能，应用了钢化夹层中空双银 Low-E 镀膜玻璃，拥有良好的自然采光性能、保温隔热性能，减少了建筑的能耗。

围护材料还要注意其耐久性。关注材料耐腐蚀性和后期的易维护性。太子城站对钛锌板的应用进行了研究与实践，利用了钛锌板天然的抗腐蚀性能，减轻后期清洗、涂层维护等工作，减少生产和施工过程中的污染。北京丰台站采用 ETFE 膜屋面系统，利用了透明膜材重量轻、韧性好、抗拉强度高、耐候性和耐化学腐蚀性强的特点，便于清洗养护。

此外，围护材料和产品还应关注其可装配性。围护结构需注意施工的简便程度，推荐选用工厂加工的成品，现场快速安装，减少现场的砌筑等工作，降低施工过程中的能耗和环境污染。雄安站、北京丰台站对一体化装配式墙板的应用进行了研究。装配式墙板无毒无害材料在工厂预制成型，通过连接件现场安装固定，具有轻质、高强、吸音、防腐蚀等诸多特点，体现了绿色建造工业化的特征。

3. 装修材料选择

装修材料首先根据建筑效果进行选择。外饰面材料，室内吊顶、墙面、地面等材料等要从艺术效果角度出发，关注材料本身的色彩、质感、肌理，严控材料出厂的质量控制，满足建设精品客站的需求。在北京朝阳、北京丰台等铁路客站应用了陶土板幕墙，通过陶土板自然质感及丰富的色彩，保持墙面整体色调均匀的情况下富有变化，体现客站建筑的设计风格和文化意象，实现了良好的建筑艺术效果。

装修材料选用要注意经济性。选择便于结构连接的材料，简便施工，节约工期。选择耐久性好、易清洁的装修材料，方便养护维护，节约全寿命周期内的综合成本。北京丰台站对装配式卫生间进行了应用研究，选用工业化集成部品部件现场装配，减少大量的现浇作业，提高施工效率，具有明显的综合效益。

此外，还要根据健康性、环保性能对材料进行比选。选取无毒害、无污染室内装修材料，对甲醛、苯、氡、放射性等有害物质进行控制，从根本上保证绿色温馨候车环境的实现，保证旅客和工作人员的健康。选取环境友好型材料，减少对环境的污染，实现资源的有效利用，保证铁路客站的绿色环保。在雄安站地面铺装材料中用地砖替代了石材，地砖具有生产过程环保、安全经济、可循环利用等绿色属性，可有效解决石材资源日渐枯竭的问题，减少石材开采带来的环境破坏与环境污染。

4. 其他

对设备管材、管线、管件，应按照耐腐蚀、抗老化、耐久性等指标进行选择，在下吊管廊等不便于维修的位置，优选耐候钢构件产品。在施工中优选预拌砂浆、预拌混凝土等，充分发挥其性能好、产品质量稳定、施工方便、健康环保等优势，促进铁路客站建设的资源节约与节能减排。

## 4.1.2 钛锌板应用实例

钛锌板作为建筑材料其应用已有将近两百年的历史，在欧美等国家的建筑工程中使用已经非常普遍，近年来在国内的一些大型公共建筑，如国家大剧院、张大千博物馆等也有所运用，在铁路客站中京张高铁太子城站首先进行了尝试。

钛锌板是一种高级金属合金板，是由钛锌合金经过辊轧成片、条或板状的建材板。钛锌板采用高纯度金属锌与少量的钛和铜熔炼而成，其中锌是一种卓越耐久的金属材料，具有天然的抗腐蚀性。钛锌板是一种优良的绿色建材，在生产过程中低污染、低排放，有着卓越的耐腐蚀性，坚固耐久，可回收利用；钛锌板有着优秀的自洁能力，雨水冲刷即可实现表面自洁，无需清洗、无需涂层保护就可长期保持雅致外观，用于建筑材料可节省大量的检修维护成本。

太子城站房建筑外形呈月牙形，双曲面屋面直接落地，从中部逐渐向两侧端部对称自然收敛，屋面为银白色钛锌复合板，在国内高铁站房是首次应用。钛锌板覆盖面积 5 912 $m^2$，由 4 980 块外形尺寸均不相同的面板组成，表面曲率各异（图 4-1，图 4-2）。

图 4-1　太子城站整体效果图一

图 4-2　太子城站整体效果图二

在太子城站屋面的设计研究过程中，重点对钛锌板的物理参数、金属屋面与钢结构的连接系统、钛锌板屋面对周围环境的影响、钛锌板屋面反光效果等方面进行了系统性的研究。为达到钛锌板屋面的整体光滑、平整的效果，设计者对屋面钛锌板及钢结构连接系统进行了详细的研究，在满足连接节点受力和变形的情况下，使其能够调节钛锌板角度，以适应屋面曲率的变化。

另外，太子城站处于北京冬奥会主要赛区，周边有着优美的自然环境，设计主旨将建筑更协调的融入环境当中，所以，对双曲面钛锌板屋面对周边环境的影响进行了系统性的分析。建立区域多维耦合分析模型，分析双曲面钛锌板屋面在热环境、光照等多方面对周围环境的影响。综合对比屋面影响周围环境的关键因素，进行系统分析提出减小影响的方法。建立包括周边环境的大尺度分析模型，分析周边环境资源，将钛锌屋面结构在多领域融入周边自然生态系统。

太子城站选用的钛锌板属于高反射率的表皮材料。在设计过程中，对屋面的反光特性进行了专项的分析研究，建立屋面反光特征分析模型，研究影响反光特性的关键因素；基于不同角度和强度的光照，形成完善的钛锌板屋面反光能力测量体系，并结合研究成果，对屋面曲率做了精细化的调整。

施工过程中采用 Rhino 软件进行建模，并利用软件中的 Grasshopper 插件用参数化程序为主导进行参数化建模。借助 BIM 技术手段，通过对结构弧形梁、铰支座等重要构件深化设计，并进行施工模拟，研究制定可行性施工方案。采用 Revit 和 MagiCAD 软件，对有特殊要求的部位管线进行校核和碰撞试验，降低屋面水、电等工程与装饰面层施工过程中的冲突，同时利用模型对钛锌板屋面进行分块编码划分（图 4-3，图 4-4）。

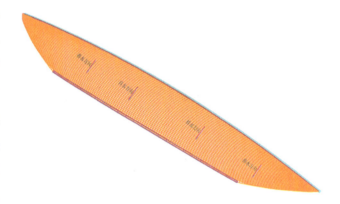

图 4-3　双曲屋面钛锌板深化设计分格图

图 4-4　屋面曲率分析图

太子城站作为 2022 年冬奥会配套工程，是颁奖仪式的主要背景建筑，工程建设的建筑效果和施工质量具有重要的意义。双曲屋面钛锌板材料的应用，保证了屋盖系统的通风降噪、隔热保温、吸音等功能的要求，提高了屋面的整体防水性能。该技术是国内高铁客站的首例实践，填补了我国铁路站房工程技术空白，实现了太子城站钛锌屋面板结构的建设理念和设计要求，高标准地保障2022年冬奥会的使用，为类似工程施工提供了借鉴，应用前景广阔（图4-5）。

图4-5　太子城站建成实景图

### 4.1.3　陶土板的应用实例

陶土板是以天然陶土为主要原料，通过粉碎和精细加工制备，添加少量石英、浮石、长石及色料等其他成分，经过高压挤出成型、低温干燥及1 200 ℃的高温烧制而成的一种板材建筑材料。因其绿色的属性、独有的自然质感及丰富的色彩，越来越受到建筑师的青睐。

北京朝阳站旨在打造一座古今融合的综合枢纽建筑，援引了中国古建筑当中的大屋顶造型以及北京传统民居四合院的灰色砖墙元素，通过钢结构、金属屋面的现代化表现手法诠释了大屋檐的深远悬挑形式，而厚重、斑驳的实体基座，则由陶土板幕墙来表现最合适不过。北京朝阳站陶土板幕墙采用宽度均为1 000 mm，高度分别为250 mm、160 mm、90 mm三种规格，颜色以深灰色为主，加入中灰和浅灰的跳色，形成区块单元重复的规律变化，最终形成了斑驳、生动的变化，又不失整体感的厚重基座（图4-6，图4-7）。

图4-6　北京朝阳站局部实景图

（a）老北京砖墙

（b）北京朝阳站陶土板幕墙特写

图 4-7　北京朝阳站陶土板应用实例

北京丰台站整体色彩以暖色调为主，以整体色彩体现"丰收""喜庆""辉煌"为目标，设计通过提取成熟麦穗中的色彩元素，通过交错排列，形成了陶土板配色系统。各陶土板宽度一致，高度采用 200 mm、400 mm、600 mm 三种不同尺寸对应不同色彩进行搭配，使墙面整体色调均匀且富有变化（图 4-8，图 4-9）。

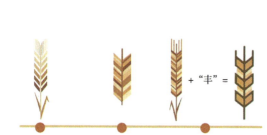

图 4-8　北京丰台站根据麦穗意象提取陶土板色彩

图 4-9　北京丰台站陶土板墙面特写

当然，陶土板作为建筑材料，由于其特殊的生产工艺原因，也有其典型缺点。比如陶土板采用烧结成型，泥料在烧制过程中会产生一定程度的收缩，导致成品尺寸会出现偏差，这就需要设计对陶土板材料出厂标准作出明确要求。根据行业标准《建筑幕墙用陶板》（JG/T 324—2011）规定，陶土板的尺寸偏差由供需双方协商确定，在雄安站、北京朝阳站和北京丰台站的设计中，均对陶土板的尺寸偏差做出了不大于 1 mm 的要求，其中北京丰台站要求更加严格，允许偏差为 –1，0。设计的高要求为陶土板幕墙的精致施工提供了基础。

另外，由于陶土板特有的挤出、切割生产工艺，导致每块陶土板四个边有两条是挤出产生的企口边，较为平滑，另外两条边是切割产生的，比较锐利。这就导致了陶土板在拼接的时候，企口间拼接贴合较好，形成自然平滑的缝隙，而在切割边进行拼接时，陶土板的加工误差就会非常明显。为了克服这一缺陷，通过探索实践，对细部构造进行研究，对工艺样板反复比选，最终形成了一些能弥补陶土板本身缺陷，提高陶土板幕墙工程质量的详细构造做法。北京丰台站、北京朝阳站采取在陶土板之间设置金属嵌条的方式，通过嵌条对陶土板的分割、打断，消除了陶土板不平整在视觉上的表现，同时也避免了大面积的陶土板施工误差积累。雄安站面对同样的问题，提出了不同的解决方法，参考了地面石材铺装完成后用切缝机切缝的方式，在陶土板幕墙安装完毕后，通过对陶土板幕墙的竖缝进行打磨切割，最终形成类似于陶土板企口边的光滑缝隙。避免了陶土板之间的硬拼，达到了消除陶土板不平整、竖缝不顺直的目的。另外，陶土板幕墙的阳角构造，各站也给出了不同的解决方案（图4-10）。

（a）陶土板块材　　（b）竖缝处理　　（c）阳角构造

图4-10　陶土板细节处理

### 4.1.4　地砖的应用实例

传统的铁路客站一般采用石材作为公共区，尤其是候车厅地面的材质，主要是因为石材耐磨性好，且满足耐火性需求。但是随着时代的发展，越来越多的矿场由于资源枯竭亦或是当地开采政策的影响导致石材的供给越来越少。现在一个矿场已经很难满足一个大型铁路客站的需求，而采用不同矿场的石材，色差是难以避免的问题。与石材相比，人工烧制的地砖在图案、色差方面能很好地得到控制，在大型客站建设中，雄安站首先尝试了大面积的地砖运用。

地砖是指以黏土和（或）其他无机原料经成型、烧制等工序制成，用于装饰或保护墙面和地面的板状不燃材料制品。地砖的绿色属性主要体现在生产过程污染排放少、可循环利用、安全价廉三个方面。地砖与石材相比耐磨性、耐火性较为接近，但有着更加优良的吸水率与耐腐蚀性，价格也更具有优势。另外，在一些需要控制色差或者营造图案的部位应用，效果大大优于天然石材，能够更好地成为设计理念和文化艺术表达载体。

雄安站在地砖应用过程中,注重对其物理指标的控制,尽量放大优势,规避缺点。首先需要解决的便是地砖的耐久性、牢固程度的问题,其主要控制指标便是抗冲击性与破坏强度。雄安站的地砖要求吸水率≤5%,抗冲击性0.85,破坏强度≥1 300 N,断裂模数35 MPa,传统工程中采用的天然石材,其主要控制指标为抗弯强度与抗剪强度,一般数值分别为8.0 MPa和4.0 MPa。传统铺装用石材厚度采用30 mm,地砖地面强度要想达到传统石材铺装地面强度,经换算需要控制地砖厚度为7 mm以上,雄安站控制地砖厚度为12~15 mm,在抗冲击性方面达到了传统石材的强度。雄安站室内整体装修效果以清新淡雅为主,对地面铺装做了光泽度的要求,经对比实验,确定地面石材抛光度30%,为了让大面积的地砖铺装达到与石材统一的哑光效果,对地砖的光泽度、防滑系数提出了要求,其中光泽度为60%,静摩擦系数为0.55~0.6。

在地面层候车厅及高架候车厅的座椅区都采用了地砖地面,呼应"古淀鼎新,澄碧凝珠"的文化主题、候车厅座椅区地面选用浅色大理石纹瓷砖铺地。结合岛式服务台及特殊座椅区家具设计,局部选用蓝、绿、灰色地面构图,普通座椅区采用与进站检票口相同的调色铺装样式,增强候车区活力与生机,营造清新淡雅的"城市客厅"效果(图4-11,图4-12)。

图4-11 雄安站地面候车厅地面铺装效果

图4-12 雄安站高架候车厅地面铺装效果

## 4.2 "建构一体"建造技术与精细化施工

为落实铁路客站建造绿色化、集约化、精细化,针对装修工程中存在的构造设计繁琐、施工工艺粗放、养护维修困难等问题。"建构一体"思想得到重视,即以裸露结构的方式展示结构自身之美代替复杂繁琐的附加装饰,力求集成、经济、集约、简约的工业之美。同时，注重施工过程中细部细节的深化与处理，坚持精细化控制与施作，保证"建构一体"建造的精致效果，实现建筑、结构技术与艺术的完美统一。在雄安站、北京朝阳站、京张高铁清河站等客站建设中，清水混凝土、大跨度拉锁幕墙、外露钢结构站台雨棚，钢结构V形柱与屋盖系统、超大板块折现幕墙玻璃等施工精致，建造技术达到新的水平。

## 4.2.1 清水混凝土技术

清水混凝土（Fair-faced Concrete）是一种直接利用混凝土成型后的自然纹理作为最终装饰效果的混凝土，又被称为装饰混凝土。因为其装饰效果好，清水混凝土入模后一次成型即可直接作为混凝土自然表面的饰面，不再需要刷涂装饰材料和装饰的程序。清水混凝土结构与普通混凝土结构相比，表面完整、无凿毛和损伤，颜色均匀。这是一种不仅环保，而且很美观的新型结构混凝土。

清水混凝土以其独特的魅力，独特的艺术表现形式，受到了越来越多建筑师的青睐。从开始的粗犷到现在的精细，经过一代又一代建筑师的完善，逐渐地体现出自己的优越性和独特性。随着各种先进施工技术的出现，清水混凝土会将被开发出更多的功能，应用到更广泛的领域。20世纪90年代末期，在国内相继颁发了一系列的模板标准，在出现了专业的清水混凝土团队、专业的模板公司后，国内的清水混凝土技术得到了极大的发展。随着国内经济的发展和综合国力的提高，人们逐渐认识到清水混凝土的巨大优势，开始对清水混凝土的应用重视了起来。

随着清水混凝土施工技术和经验的不断累积，铁路旅客车站中开始更多的尝试清水混凝土技术的应用，在广州南站、重庆西站、雄安站、北京朝阳站、东花园站等收到了较好的效果。

**1. 关键技术与质量控制**

清水混凝土关键技术主要体现在施工阶段的模板工程以及混凝土工程，其中模板工程包含模板的设计、材料选用、脱模剂选用；混凝土工程包括原材料、外加剂、过程控制、养护等。

模板要根据设计的清水混凝土造型和饰面要求合理设计尺寸，且尽量规格统一；单块模板的面板分割设计应与蝉缝、明缝等清水混凝土饰面效果一致。面板宜采用胶合板、钢板、塑料板、铝板、玻璃钢板等，应满足强度、刚度和周转使用要求，且加工性能好。脱模剂应结合模板种类、混凝土表面效果和现场施工条件选用，不得引起混凝土表面起粉和产生气泡，不改变混凝土表面的颜色，且不污染和锈蚀模板。

混凝土工程中的原料选择除应满足设计要求外，还应注意采用同一厂家、同一批次产品，以保证混凝土外观效果的一致性；水泥标准稠度用水量不宜大于28%，比表面积宜控制在320~350 m²/kg范围内，烧失量不宜大于3.0%，碱含量不宜大于0.6%。清水混凝土外加剂的使用应符合现行《混凝土外加剂》（GB 8076）和现行《混凝土外加剂应用技术规范》（GB 50119）的规定，严禁使用含有氯盐、硫酸盐的早强剂；外加剂不应影响混凝土颜色，不应促进泛碱现象的发生。混凝土配合比应考虑工程所处环境，根据抗碳化、抗冻害、抗硫酸盐、抗盐害、抑制碱—骨料反应等对清水混凝土耐久性和长期外观美学产生影响的因素进行配合比设计，施工过程中应加强振捣。清水混凝土应严格控制拆模时间，拆模后应立即对新暴露的混凝土表面采用自动喷淋水雾、土工布覆盖喷淋洒水、覆贴节水保湿养护膜、严密包裹塑料薄膜等措施进行补水或保湿养护。不宜采用喷涂养护剂养护，对同一视觉范围内的清水混凝土应采用相同的养护措施，养护用水应洁净、养护用覆盖物不得掉色。

2. 主要应用效果

京雄、京张、京沈等重点客站在站房、雨棚清水混凝土技术的应用和推广方面效果显著，展现了精细化的施工水平。雄安站地面候车厅采用异形大截面清水混凝土梁柱体系，通过"开花十字"造型，营造出了震撼、充满力量感的宏大空间，清水混凝土的天然色彩和质感给人以庄重、清新素雅的感受。

北京朝阳站无站台柱雨棚全部采用清水混凝土，规模宏大，色彩淡雅，配合半室外的空间属性，营造出了朴实庄重的氛围，结构体系整齐划一、阵列有序，充满序列感。

京张高铁沿线中间站大力推广清水混凝土雨棚，管线集中布置，雨棚结构简单明快，为运营维护带来极大便利。施工针对标准雨棚形式加工制作了异形钢结构模板，清水混凝土表面色泽均匀，光滑，气泡少，明缝与禅缝线条竖向顺直、水平交圈，整体质量上乘，成为京张高铁沿线一道特色风景（图4-13~图4-15）。

图4-13 雄安站地面候车厅清水混凝土梁柱

图 4-14　北京朝阳站清水混凝土雨棚

图 4-15　京张高铁东花园站清水混凝土雨棚

清水混凝土技术在国内铁路客站乃至大型建筑中的应用起步较晚,有关技术规程、施工规范、费用定额标准尚在逐步建立和完善。尤其在大截面、曲线形、劲性清水混凝土的施工方面,处于试验阶段。随着技术标准和施工工艺工法的日渐成熟,会得到更广泛的应用。

### 4.2.2 大跨度拉索幕墙施工技术

现代建筑的自由立面与大面积的玻璃窗离不开玻璃幕墙技术，随着建筑技术的不断进步，各种结构的玻璃幕墙陆续出现在建筑当中。雄安站作为雄安新区首个重要交通枢纽工程，设计师通过大跨度拉索玻璃幕墙建构一体的设计，展现通透的外立面，表达开放、包容、共享的新区发展理念。

雄安站西立面玻璃幕墙为竖向单索拉索幕墙系统，玻璃呈曲面布置。拉索与玻璃之间采用不锈钢夹具连接，竖向拉索下端固定在地面混凝土梁或钢结构门斗上，上端拉索固定在曲形钢梁上。幕墙最大竖向直线距离为25.4 m，最大水平直线跨度为126 m。

由于该工程跨度大，玻璃均为曲面造型，并且为竖向单索受力，体量大，工期紧，对拉索的受力、夹具与拉索的连接、夹具与玻璃的安装提出较高的要求，并且由于风的作用对玻璃的间隙和胶缝的弹性提出较高的要求。因此开展了大跨度弧形拉索玻璃幕墙施工技术研究，根据研究结果设计了适用雄安站大跨度竖向承重索支承体系的新型拉索夹具。目前，这种新型结构在国内外尚没有完整的理论体系，即使是在应用案例较多的德国，也只有一些行业标准。

**1. 关键技术与质量控制**

在拉索安装时钢拉索必须进行预张拉处理，其张力宜为整绳破断力的50%，且持续张拉时间为2 h，作3次以上反复张拉以消除钢拉索的结构伸长量。通过拉索上下端调节装置对拉索进行预紧，使拉索处于绷直状态。

拉索实施张拉时，采用对称分批循环张拉法，张拉从中间向两端对称进行，每完成一级张拉进行临时锚固。每步张拉分为3级，各级张拉间隔时间≥12 h。第一级张拉值为设定预应力值的50%，第二及张拉值为设定预应力值的75%，第三级张拉值为设定预应力值的100%。循环重复进行，直至达到设计的索网成型并锚固。

张拉完毕后进行7天循环校核，钢拉索张拉完毕后在长度上会产生一定量的形变，拉力值也会随之下降。所以竖向拉索采用7天循环校核、张拉，即7天后再次对拉索测力，所测数值超出设计范围的应及时予以张拉调整，一般进行两次7天循环校核以保证拉力值稳定在设计范围内。

**2. 应用效果**

雄安站关于大跨度拉索玻璃幕墙的技术探索实现了诸多工艺创新，为施工质量、安全性、观感等方面提供了保证。探索出的新工艺操作流畅、步骤分明，精度提升极高，从而降低人工材料成本，同时优化驳接爪外形，保证了拉索的耐久性和安全性，社会效益明显。该项施工技术在国内外均属于研究领域前沿，对同行业有着指导和示范作用。其中采用玻璃对称安装的施工方法，可操作性强、措施得当、施工精度高，能够保证工程的质量、工期，并节约了施工成本，取得了良好的经济效益（图4-16，图4-17）。

图4-16　雄安站大跨度拉锁幕墙外立面效果

图4-17　雄安站大跨度拉锁幕墙内部效果

## 4.2.3　无横梁明框玻璃幕墙施工技术

北京朝阳站采用大面积的无横梁明框玻璃幕墙系统，通过玻璃和竖向龙骨营造出简洁、完整的外墙维护系统，没有多余的装饰，设计及施工充分体现"建构一体"思想。无横梁玻璃幕墙系统采用超白半钢化夹层中空双银Low-E镀膜玻璃。幕墙最大分格尺寸为2 m×3 m，幕墙玻璃自重通过钢托板传递到立柱上，风荷载由玻璃面板以单向板的形式传递到立柱上。无横梁明框玻璃幕墙主要应用在中央站房的南北东三个立面 10 m 以上及西站房的 24 m 以上部分。

传统的横隐框竖明框玻璃幕墙系统在室内设置横向支撑，室内外可以直接或透过玻璃看到横梁，通透效果较差。无横梁幕墙系统具有更好的通透效果，更能体现设计师意图，且用钢量大大降低，符合节能环保理念。与传统的幕墙相比，在安全性、美观性及经济适用性等多个方面无横梁明框幕墙系统简洁明快、线条流畅，通透效果好，更加节能环保，经济适用。

**1. 关键技术与质量控制**

无横梁明框幕墙系统的特征体现在由托板代替标准明框系统的横梁，承担玻璃自重，并传递给竖向龙骨。北京朝阳站幕墙在设计方案上采用 10 mm 厚 Q345B 钢托板，通过焊接的方式固定在竖向钢龙骨上，铝扣座通过打钉的方式与钢立柱连接，玻璃板块安装在相邻两个钢托板上，钢托板设置柔性垫片，并通过铝合金压板固定，最后外扣装饰扣盖（图 4-18）。

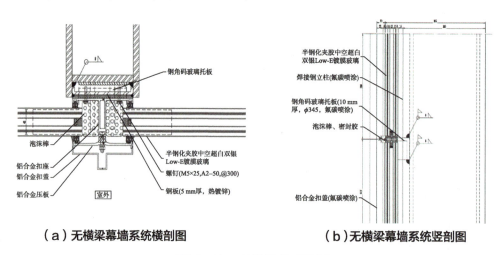

（a）无横梁幕墙系统横剖图　　（b）无横梁幕墙系统竖剖图

图 4-18　无横梁幕系统图

无横梁玻璃幕墙重难点在于钢托板支撑的两点受力体系能否满足受力需求，保证长期的稳定和安全性能。幕墙结构支撑采用无横梁的整体支撑受力体系，具有竖向承载构件受力集中，承受风荷载、地震荷载及自重荷载，结构受力复杂的特点，对玻璃及托板的应力变化影响较大。考虑到站房本身人流密集以及旅客的安全，既要保证幕墙结构的安全稳定，避免后期玻璃破损造成维修困难，又要保证室内良好的通透性。因此在钢托板的形式、焊接强度及玻璃的受力方式等成为影响结构安全与施工质量的重要因素（图 4-19）。

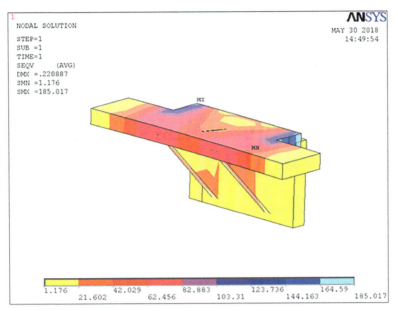

图 4-19 无横梁玻璃幕墙钢托板建模计算分析（ANSYS）

**2. 主要应用效果**

北京朝阳站采用无横梁明框玻璃幕墙技术不仅满足了建筑设计效果，而且安全经济、质量可控。在设计上取消了横梁，提高了幕墙的通透性及室内效果，既减少了玻璃安装难度，又能更好地控制质量问题，避免出现传统的幕墙质量通病。在经济性方面，无横梁明框玻璃幕墙系统在保证建筑外观及物理性能的基础上节约了材料，托板组件可方便玻璃幕墙的安装，针对局部玻璃面板实施快速有效的拆装工作，操作简单、稳定可靠，玻璃的安装及维修更换节约了大量时间。在安全性方面，相同面积的情况下，无横梁玻璃幕墙的重量约为粉刷砖墙的1/10~1/12，是大理石、花岗岩饰面湿工法墙的1/15，是混凝土挂板的1/5~1/7。无横梁玻璃幕墙取消了横梁，大大地减轻了墙体的重量。由于玻璃采用柔性设计，抗风、抗震能力更强。无横梁明框玻璃幕墙构造技术解决了玻璃在无横梁支撑条件下的受力稳定性问题，在站房中应用能降低玻璃破损风险。在环保方面，无横梁玻璃幕墙采用镀膜镜面玻璃，减少进入室内的太阳辐射，在夏季降低室内升温速度。镀膜镜面玻璃既能像镜子一样反射光线，又能像玻璃一样透过光线，使得室内不受强光照射，视觉柔和。另外，从不同角度观察，镀膜镜面玻璃呈现出不同的色调，随阳光、月色、灯光的变化展现出动态的美。同时，无横梁玻璃幕墙将建筑美学、建筑功能、建筑结构等要素有机地结合起来，造型简洁、现代感强，能映衬出周围的景观，较好地融入周边环境，具有很好的装饰效果（图4-20，图4-21）。

图 4-20　无横梁玻璃幕墙外部实景图

图 4-21　无横梁玻璃幕墙内部实景图

### 4.2.4　超大板块折线幕墙玻璃施工技术

北京朝阳站外立面局部以超大板块折线玻璃幕墙体现时尚现代、虚实兼备的风格。折线玻璃之间呈直角排列，形成棱镜效果。

超大板块折线幕墙玻璃位于西站房 17~24 m 层及中央站房高架层，总面积达 3 200 m²。折线幕墙最大部位玻璃总长 177 m，单块玻璃高度 5 995 mm，重量 760 kg。折线幕墙板块间阴角、阳角处均为 90° 夹角，竖向支撑采用结构胶连接，玻璃均采用半钢化夹胶中空超白 Low-E 镀膜玻璃，通过 BIM 技术对幕墙结构支撑采用的竖向无框架、整体支撑受力体系进行分析，该体系幕墙具有竖向承载构件规格大、跨度大、承受有荷载、地震荷载及自重荷载，结构受力复杂的特点，受玻璃及结构胶的应力变化影响较大，夹层玻璃外露边须进行密封处理。另外，因为折线幕墙高度和自重都比较大，需要考虑限制其水平位移和大跨度支撑变形，这增加了安装难度。

**1. 关键技术与质量控制**

出于限制折线幕墙玻璃水平位移和大跨度支撑变形的目的，通过上口使用特制钢构件与预埋件连接，使用根据玻璃规格定制的U形槽口与钢构件螺栓连接，既能很好的限制U形槽的后期位移，又能在玻璃安装时能够根据螺栓孔进行细微的误差调节。

在安装时，将折线玻璃的钢构件位置通过精准的测量放线，定位在对应的预埋件上。这样做，可以在安装玻璃时减少每个玻璃构件的放样时间，尽快地一次性得出每块玻璃的具体位置，控制误差 ±1 mm，从而减轻了累计误差的出现，保证玻璃在一条直线上。针对结构层间小、操作困难、玻璃自重大的问题，使用了简单、快捷，便于现场安装的"迷你小吊车安装"方案（图4-22）。

图4-22 "迷你小吊车"施工图

**2. 应用效果**

针对现场施工条件限制，高大、沉重的玻璃水平与垂直运输与安装难题，工程施工过程中，通过分析折线玻璃幕墙施工涉及的各步方法、材料、质量控制、环境影响等因素，开展超大板块折线玻璃幕墙安装工艺创新，形成了施工工艺工法。创新工艺大量减少了作业人员需求，节约大量人工、吊车、钢材以及脚手架等资源。解决了在现场施工条件及空间受限情况下，玻璃的水平与垂直运输无法在室外进行吊装的问题，从而提高了安装效率。提高了超大板块折线玻璃幕墙成型合格率，成型质量高，打造了北京朝阳站精彩亮点（图 4-23，图 4-24）。

图 4-23　朝阳站折线幕墙特写　　　　图 4-24　北京朝阳站折线幕墙室内效果

### 4.2.5　大型钢结构 V 形结构柱施工技术

北京朝阳站站房工程钢结构设计中采用钢管混凝土柱＋空间钢桁架结构体系，主要通过在屋盖桁架下弦的双耳铸钢件和地面的 V 形铸钢件中间设置斜向的梭形双倾斜柱作为支撑，梭形双倾斜柱在高架层混凝土柱顶生根，其斜度为 60°。若采用传统 V 形结构柱施工顺序将使用大量的支撑材料才能保证其安全可靠，并且斜柱施工完成后占据场地，影响斜柱位置的地面拼装。北京朝阳站站房工程在大截面重型梭形双倾斜柱施工中采用了"大截面重型 V 形结构柱逆作业"施工方案，有效解决了上述问题。

V 形结构柱逆作业施工方案，在保证质量、安全等基本要求的前提下，因地制宜，通过科学管理和技术进步，最大限度地节约资源，减少对环境负面影响的工程施工活动。

**1. 关键技术与质量控制**

根据现场屋盖在钢结构施工过程中"所有构件尽量采用地面拼装焊接"的原则，并结合现场场地、汽车吊先进行钢结构屋盖管桁架顶部施工，后进行 V 形结构柱与柱顶、柱底的铸钢件合拢安装。V 形结构柱连接上部带有关节轴承的异形铸钢件和下部的 V 形铸钢件，V 形结构柱采用临时支撑固定校正，进行铸钢件和 V 形结构柱的焊接，焊后对 V 形结构柱的焊缝进行探伤，待其合格后方可进行吊装。

大截面重型梭形双倾斜柱采用逆作法进行施工，屋盖桁架先在地面进行整体拼装、焊接完成后，采用整体同步提升的方式提升至设计标高，在斜柱吊装位置将两节斜柱根据设计的尺寸进行对接。在拼装的过程中通过水准仪、全站仪控制斜柱的安装精度，拼装完成后进行焊接、探伤工作，以减少斜柱吊装完成后的高空工作量。斜柱吊装之前先将上部连接点的异形可活动铸钢将通过全站仪进行角度调整至设计位置，斜柱吊装时采用一台80 t和一台50 t汽车吊配合进行抬吊。将V形结构柱安装至下部V形铸钢件与上部桁架异形可活动铸钢件之间，吊装过程中采用全站仪控制其吊装高度以及位置，安装技术人员及时指挥吊车司机进行变更，直至大截面重型梭形双倾斜柱安装到位进行加固（图4-25）。

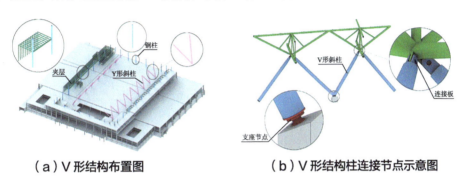

（a）V形结构布置图　　　　（b）V形结构柱连接节点示意图

图4-25　北京朝阳V形结构柱设计示意图

V形结构柱焊接预热处理采用气焊焰加热法，焊工在焊接前对V形结构柱与铸钢件严格控制预热温度及焊接层间温度，在距焊缝区两侧预热区域处进行烘烤，预热温度在钢材板厚方向的均匀性和在焊缝区域的均匀性，对降低焊接应力有着重要的影响，使热量慢慢地传递至焊缝本身的温度，整个预热过程中，焊工利用便携式红外测温仪复测构件和焊缝温度，直至焊缝温度稳定在焊接预热温度80~100 ℃之间。V形结构柱焊接完成后，经外观检查合格后的焊缝方能进行无损检测，无损检测在焊接24 h后进行，板厚大于40 mm的焊缝，在48 h后进行，对焊缝及周边进行打磨为超声波探伤提供条件。V形结构柱焊缝为一级焊缝，均需做100%UT探伤，其验收标准执行《钢结构工程施工质量验收标准》（GB 50205—2020）的规定。

**2. 主要应用效果**

北京朝阳站站房工程大截面V形结构柱逆作法施工与传统的先施工大截面V形结构柱相比，克服了场地狭小、高度受限等不利因素。相比于先施工大截面V形结构柱，逆作业施工具有施工效率高、安全性可靠、工装材料数量少、场地占用时间短等优点。节约了大量人工费、材料费和设备费，取得了良好的经济效益和社会效益（图4-26，图4-27）。

图 4-26　北京朝阳站 V 形结构柱施工现场　　图 4-27　北京朝阳站室内 V 形柱及"开缝露梁"屋盖实景

## 4.3　工业化施工创新

工业化施工是提升建筑品质的有效途径。铁路客站建设项目以标准化管理为基础，以"机械化、专业化、工厂化、信息化"为支撑，积极推广工业化施工技术。通过 BIM 技术与工业化技术集成融合，开展装配式站台及吸音板、装配式靴梁式十字柱结构、预制装配式锚杆挡墙、数字装配式机电机房、绿色装配式可回收边坡等站房工业化施工创新实践，取得良好实效，积累实践经验。

### 4.3.1　装配式站台及吸音板施工创新

传统现浇混凝土站台施工中存在施工过程中模板、木方等材料一次性投入量较大，造成材料浪费严重，产生大量建筑垃圾，带来环境污染等问题。站台现浇结构位置、尺寸不易保证，容易产生侵限和装修层脱落等问题，现场施工品质控制难以保障；工人用工成本持续走高，施工需要大量支模及现场浇筑混凝土，不利于提高站台的施工效率和缩短工期等一系列问题；不利于"绿色、环保、节能"的客站建设理念。

装配式站台及吸音板施工创新，既可以提高铁路客站站台施工效率，缩短施工工期，提升施工质量；又可以满足吸声降噪的要求，填补国内装配式站台设计施工领域的空白，为铁路客站工业化进程提供技术支撑。

**1. 关键技术及创新**

装配式站台及吸音板采用装配整体式混凝土框架结构体系，主要预制构件为 T 形梁柱、预制柱、叠合梁、SPD 预应力空心叠合板、钢筋桁架叠合板、帽檐板、吸音复合墙板。全过程采用标准化设计、工厂化生产、现场装配化施工和信息化管理。

装配式站台主要预制构件组成如图 4-28 所示。

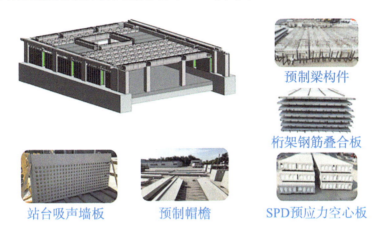

图 4-28　装配式站台主要预制构件

（1）SPD 预应力空心叠合板＋装配整体式框架结构体系

依据等同现浇设计原则，采用装配整体式框架结构，用预制 SPD 板/钢筋桁架叠合板＋叠合梁代替现浇方案中的梁、板现浇结构；同时优化框架布置，将梁、板、柱拆分成单体预制构件，进行工厂加工预制，现场拼装，最后进行接缝处理。该结构体系可将原 C20 细石混凝土找坡层，优化为板叠合层结构找坡，减小装修层荷载，降低成本并加快施工进度。

（2）装配式吸声降噪站台墙预制拼装技术

装配式站台吸音墙采用预制拼装技术，将吸声降噪的设计元素融入站台墙板设计之中，利用具有吸声功能的装配式复合构件取代传统现浇挡砟墙。在不改变原有挡砟墙整体造型的前提下，将离心玻璃棉复合于墙体中部，通过墙体正立面预留密排孔洞将列车通过时产生的噪音声波引入中间离心玻璃棉内；并通过可靠的连接方式与装配式站台形成一个整体，达到降低"建桥合一"体系候车厅噪声效果，实现吸声降噪目的；同时通过平口连接方式实现了装配式站台施工方便、观感质量好的效果。

（3）主要施工工序及质量控制

雄安站站台装配式施工范围包含 9~11 站台承轨层至站台层装配式站台主体结构、8~11 站台预制吸声站台墙站台框架结构（表 4-1）。

表 4-1 装配式站台部件组成

| 预制构件类型 | 使用范围 |
| --- | --- |
| 预制叠合梁构件 | 9~11 站台框架梁 |
| 复合吸声墙板 | 8~11 站台挡砟墙 |
| 桁架钢筋叠合板 | 9~11 站台楼板 |
| SPD 预应力空心板 | 9~10 站台楼板 |
| 预制帽檐 | 9~11 站台帽檐 |

浇筑 14.8 m 以下边墙柱，吊装 T 形柱、预制柱并与预留筋采用套筒灌浆连接。T 形梁柱间通过现浇混凝土组成框架结构，吊装 SPD 预应力空心叠合板和钢筋桁架叠合板，插入复合吸声墙板，安装预制站台帽檐，绑扎叠合层钢筋、浇筑叠合层混凝土。

单个站台施工流程如图 4-29 所示：

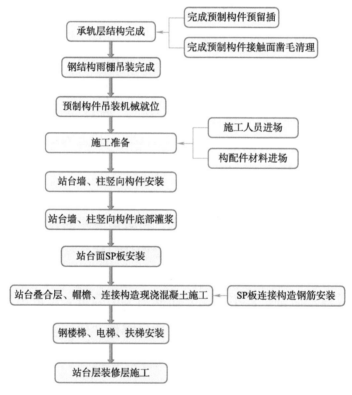

图 4-29 单个站台施工流程图

站台结构框架梁按边梁及中部梁预制施工，其中边梁为全预制梁，梁上皮外甩 U 形钢筋与叠合层一同浇筑，中部梁为预制叠合梁，梁顶剩余 150 mm 与叠合层一同浇筑。

站台层选用 SPD25A10510 预应力板，板顶面不小于 4 mm 人工粗糙面，以保证叠合面的抗剪强度大于 0.4 N/mm²。SPD 板上部叠合层厚度为 60 mm，用于实现大跨度楼面板的需求，减少中柱的设置，为站台内设备管线增加空间。

当板跨度小于 4.5 m 以及楼板开洞处理时，采用 60 mm 厚桁架钢筋混凝土叠合板。底板与后脚混凝土叠合层之间的结合面为凹凸深度 4 mm 的人工粗糙面，粗糙面面积不小于结合面 80%，叠合层现浇混凝土厚度为 90 mm。

预制吸声降噪站台墙采用三层夹心结构，包括混凝土浇筑正面层、混凝土浇筑背面层和吸声降噪层。正面层和背面层为 40 mm 厚细石混凝土，吸声降噪层采用 80 mm 厚离心玻璃棉板，外侧造型设置边长 55 mm 方形孔洞。

利用多孔吸声材料将噪声声波沿着这些孔隙可以深入材料内部，与材料发生摩擦作用将声能转化为热能，从而减少车辆进站不停车引起的噪声影响（图 4-30）。

图 4-30 现场施工实物照

2. 主要应用效果

装配式站台及吸音板降低了吸音降噪材料的费用，减少了塔吊等大型机械的使用，建造成本与现浇站台基本持平。装配式结构的应用，避免了现场大量现浇混凝土的支模与拆模，提高了施工效率，可缩短建设周期 20% 左右，保证了施工进度。同时，降低工人劳动强度，实现了预制生产、绿色施工、一体装修的目标。

装配式站台及吸音板中应用了大量的预制构件，有利于提高站台混凝土施工质量。预制帽檐板的应用，避免了现浇混凝土因施工质量易侵线的难题，站台墙、站台板系统预制，站台下设综合管廊，解决了站台沉降和管线综合布置难题。

装配式站台及吸音板可以显著提升材料利用率，降低建筑垃圾产量，现场基本无湿作业，减少建筑垃圾、粉尘、废水、废气和噪声污染。吸音复合墙板的使用，不仅使站台外观艺术性更丰富，而且极大削减了铁路车辆进站（不停车）时所产生的噪声，降噪系数可达到 0.5~0.7。

雄安站装配式站台及吸声板首次工程创新应用，充分发挥了工业化装配式技术在铁路客站建设中的综合优势，取得良好的应用效果。顺应了节能环保的发展需求，为装配式站台技术在铁路系统的推广奠定了坚实基础，对提升铁路装配式建筑的发展具有很强的示范与引导意义。

### 4.3.2 预制装配式锚杆挡墙施工创新

大体量房建工程基坑施工常形成大面积基坑边坡，对基坑边坡高效地进行支护，对工程安全和整体进度控制有着重大意义。在当前的基坑边坡支护施工中，常采用现浇方式施工边坡挡墙，其施工需要较大操作空间，增加开挖回填工作量且破坏山体原始地貌。与此同时，现浇施工还存在施工质量不稳定，施工工序繁琐、施工易对环境产生污染等问题。

预制装配式锚杆挡墙施工技术，解决了传统现浇挡墙施工中施工工期长、质量差、占地广及破坏环境等施工问题，在保证锚杆施工质量，降低锚杆施工污染等方面具有明显优势。

**1. 关键技术及创新**

（1）预制装配式挡墙及肋柱、槽板技术

挡墙采用预制装配式垂直挡墙，边坡开挖坡率可以视临时支护情况减小，降低施工成本同时节约土地使用，减少对原始山体及林地的破坏，保护环境。肋柱采用预制构件，内埋锚杆穿孔套管，下部预埋定位筋并同 U 形杯形槽基础连接，正面根据锚杆角度突出混凝土楔形块，使锚杆呈 90°，保证其受力合理。槽板采用预制构件，外立面呈凹槽结构，后期可在槽内挂绿植，即能与自然环境融为一体，又能降低对自然景观造成影响。

（2）一种锚杆钻孔降尘装置

为保证注入水泥砂浆形成全黏结锚杆与山体基岩的黏结力获得足够的抗拔力。

锚杆成孔采用干钻成孔，锚杆钻孔过程中采用自主研发的锚杆钻孔降尘装置进行扬尘集中处理，使用降尘装置集尘端扣于钻孔处，使锚杆孔完全被覆盖。开启动力设备，使钻孔产生的扬尘通过波纹软管到达洗尘端水洗下沉，防止扬尘污染。

（3）工艺流程及质量控制

工艺流程如图4-31所示。

基坑开挖工程中应严格控制好每层开挖的标高，严禁超挖。开挖应遵循"先四周，再中间，分层分块，对称开挖"的原则，各个施工段内合理划分开挖层次，每层开挖深度宜根据锚杆标高划分，以便于锚索或土钉施工。

施工直至挡墙基坑底标高处，机械开挖时应留置400~500 mm厚度土体，采用人工清底的方式进行施工，防止超挖。人工清底至柱底 –200 mm标高处，再用C30混凝土浇筑至柱底标高处，在混凝土基础面上测量放样定出肋柱位置，肋柱基脚底部设置100 mm高U形杯槽基础用于肋柱安装定位。

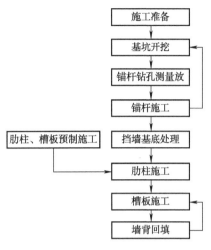

图4-31 施工工艺流程图

肋柱采用预制构件，内埋锚杆穿孔套管，下部预埋定位筋并同U形杯形槽基础连接，正面根据锚杆角度突出混凝土楔形块，使锚杆呈90°，保证其受力合理。槽板采用预制构件，外立面呈凹槽结构，后期可在槽内挂绿植，即能与自然环境融为一体，又能降低对自然景观造成影响。

2. 主要应用成效

八达岭长城站房工程采用预制装配式锚杆挡墙施工技术，对比常用的现浇桩板式挡墙拆模后采用原浆抹面修补，不需要装饰装修，节约材料、人工费用。对比现浇桩板式挡墙技术，其钢筋、混凝土分项工程直接费基本相同，区别在于模板制作安装及周转摊销和现场构件吊装费用，总体上获得了较好的经济效益。在满足边坡受力稳定的前提下，利用工厂化预制和现场装配式安装的方式，减少施工现场湿作业施工、混凝土爆模、漏浆导致的材料浪费及环境污染等问题。解决了常规基坑支护挡墙施工工期长，解决质量差、占地广及破坏环境等问题。挡墙施工完成后进行绿化回填就可达到美化效果，后期在槽板内进行绿化回填，使挡墙与原始林地融为一体，即展现了现代建筑的特点，又保护了人文历史和自然景观，获得较好的社会效益。

### 4.3.3 数字装配式机电机房施工创新

随着国家铁路客站建设的快速发展,机电安装工程功能要求日益提高,铁路客站机房等功能用房安装施工也愈发复杂。在传统机电安装工程施工过程中,施工场地狭小、通风差、环境湿度大、亮度差;多个专业同时开展施工,协调工作量大,导致现场施工存在诸多不便;客站机房往往管线密集、施工空间有限且各专业管道交叉布置,造成机房机电管线安装精度差,安装进度慢和安装效果差等诸多问题。

管道及机电设备工厂化预制和现场快速组装,以其施工周期短、劳动生产率高、安装精度高、施工质量高的优势,已受到国内同行业的充分重视,特别是在铁路站房领域,整体装配式施工越来越受到行业重视。

**1. 关键技术及创新**

(1)基于三维扫描+BIM融合应用

结合3D扫描技术建立机电设备机房BIM模型,对机房机电管线布置进行优化,避免安装过程中可能出现的碰撞问题,同时使安装成品效果更为美观。利用3D扫描技术对施工现场进行全方位的精确扫描测量,将测量数据导入软件中对BIM模型进行修正,保证模型的精度,防止实际施工与模型存在误差造成返工。把点位模型导入三维扫描机器人,机器人将BIM模型点位精准放样到现场,将BIM模型中的数据转化到现场,然后进行安装设备、支架、管道阀件,从而提高安装精度及效率。

结合3D扫描技术和BIM技术建立车站机房三维模型,出具拆分后管道构件及阀组构件生产加工图纸。图纸包含装配模块整体结构、管道构件系统编号、构件编号及名称索引、构件结构、规格、数量、加工工艺、技术要求等信息。导出加工参数后在工厂进行数字化生产,加工精度、质量及效率得到极大的提高,避免现场人工加工过程中造成的质量缺陷。同时,形成对应的施工流程,对施工和管道较差部位进行施工优化分析,确定有效施工方案,避免设备与结构的重叠、交叉以及碰撞问题。根据工程测量结果,确定设备接口与尺寸,形成设备管道与管件制作参数,最后完成现场预装。

(2)基于BIM的深化设计及数字加工、运输

依据机电设计图纸和技术资料,在图纸深化的基础上,结合结构、建筑和装饰等专业的BIM模型,建立机电专业的BIM模型,利用模型辅助策划。布局时要考虑设备运输通道的要求,检修空间符合设计规范;多台设备、管道(桥架)、附

件布置必须做到各自成排成线、统一、排列美观，管道（桥架）与设备接口也必须做到成排；机房管道的排列美观、管与管之间的间距要一致，各专业管线的布置层次分明，错落有致。整体布局还要节约机房空间，形成大空间，管线布置要尽量往高布置、间距一致、层次分明，但要减少管道交叉、返弯等现象，在一些管线较多的部位，采用共用支架。

管件在加工预制中的除锈、切割下料、组队、焊接、预装、气压试验等各个工序该如何把控做严格要求，保证预制加工的精确度。为了避免装配模块及构件在运输过程中的损坏与变形，根据模块的结构量身制作运输支架，支架采用槽钢，支架设置三角式吊装点。基于BIM技术进行预制装配单元和预制管组装车运输模拟，充分利用运输车的空间，最大限度提升运输效率。进行预制装配单元和预制管组的装车运输模拟，合理摆放预制成品构件，充分利用运输车的空间，最大限度提升运输效率。单个构件使用草绳缠绕防护，避免运输和转运过程中发生磕碰，损坏构件面漆，模块运输时用绳索将模块与车体固定，以防晃动。

BIM技术确定车站机房施工主要参数与工序，有效避免了施工部署中的不合理安排，基于BIM的二维码信息技术，实现搬运至安装位置进行安装，解决了误装，提高了安装效率（图4-32）。

（a）水管加工车间

（c）自动切割

（b）自动焊接

（d）制冷机房完成效果

图4-32 施工现场图

（3）工艺流程

施工工艺流程如图4-33所示。

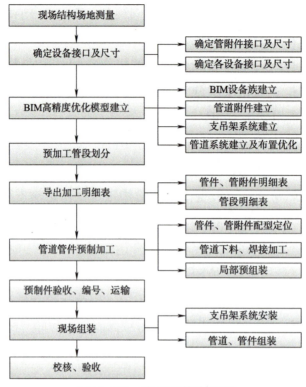

图 4-33 施工工艺流程图

### 2. 主要应用效果

采用 BIM 与装配式技术的有效融合,在保障施工效率的条件下,在统筹计划、精确施工、提升效益方面发挥了作用,做到材料合理使用和精确管理,确保设计和安装的准确性,提高安装成功率和施工质量。相比于传统方法,装配式机房施工技术降低了施工中的各种损耗,可使相关费用降低约 40%~60%。时间减少了返工,大幅度规避了施工组织上的不合理现象,可使总工期缩减 30% 以上。由于采用了可视化与装配化施工,有效避免了施工过程中可能存在人和物的不安全因素。将大量的焊接、防腐等作业均安排到工厂中,可大幅度缩减现场施工引起的污染和资源浪费。绿色施工,机房干净整洁,大大减少、烟尘、施工垃圾等产生的不利影响。结构构件工厂化集约加工,可进一步提高资源利用率,环保意义深远。

京张高铁八达岭长城站、北京朝阳站、雄安站等皆采用装配式机房施工技术,通过 BIM 等信息技术与装配式技术的完美融合,实现了施工组织优化和施工技术突破,显著提高了经济效益和环境效益,符合建筑领域装配式技术的发展趋势,具有显著的推广意义。

## 4.3.4 绿色装配式可回收边坡施工创新

传统的深基坑采用土钉墙支护，易对施工现场环境造成污染，且存在施工周期长、安全隐患大等弊病。"绿色装配式支护"施工技术，保证施工质量、安全等基本要求的前提下，最大限度地节约资源，减少对环境负面影响，并且材料可以周转使用，符合绿色可持续发展理念。

**1. 关键技术及创新**

（1）绿色可回收边坡支护体系施工技术

这是一种采用绿色装配式轻质复合材料取代传统土钉墙中的网喷混凝土的支护技术。在不改变传统土钉墙支护机理的基础下，采用符合绿色装配式可回收面层取代喷混面层，工厂加工预制，标准化生产，装配式现场施工，通过连接构件将锚钉（土钉）连接成一个整体的一种绿色装配式土钉墙支护结构。通过预制模块替代现场喷射混凝土施工工序，缩短施工周期，减轻现场施工作业劳动强度，提高护坡工程施工质量。并且在基坑回填作业过程中，还可将护坡面板逐层拆除回收循环利用，大大降低生产成本和环保压力。

（2）绿色装配式护坡材料

绿色装配式护坡材料由土工格栅罩面层（起加筋护面作用），高分子透水层（起滤水作用），防水层（起保护边坡作用），轻质混凝土板（起到与边坡结合作用）等构成。

绿色装配式面板剖面图如图4-34所示。

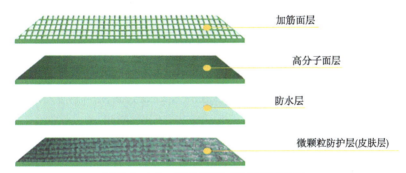

图4-34 绿色装配式面板剖面图

（3）施工工艺流程及质量控制

绿色装配式可回收边坡施工工艺流程如图4-35所示。

基本步骤与传统土钉墙类似，即首先至上而下分层开挖边坡，然后分层植入土钉并进行护坡面层施工。

由于开挖边坡并做坡面整理后就首先铺设装配式面板,然后再打入土钉进行分层固定。其与传统土钉墙施工相比,减少了边坡面裸露的时间,在自然降雨较多的季节或地区施工时,可更好的避免地表径流对坡面的冲刷影响,降低边坡坍塌的风险。

在施工铺设时要遵循从坡顶向下滚铺的原则,保证面层材料在边坡上不出现空鼓、翘边等缺陷。并用间距2 m土钉固定面层材料,通过特制U形构件连接成整体对边坡进行有效防护,复合高分子面层材料具有防雨水渗透功能,与混凝土压顶有机结合,最大限度地保护了基坑边坡土体的稳定性,大大提高了基坑边坡的安全系数。

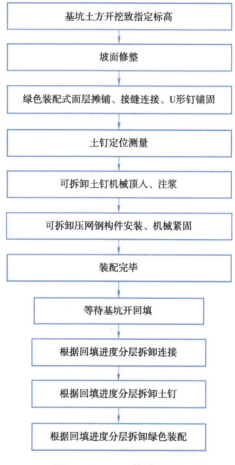

图4-35 工艺流程图

### 2. 主要应用效果

绿色装配式边坡支护技术采用新型装配式护坡材料,绿色节能环保,质量可靠、耐久性显著，施工工艺装配化，机具简单、施工便捷，可有效缩短施工工期。同时降低了传统喷锚工艺产生的环境污染问题，且使用的材料均为环保可回收材料，对施工环境有极大改善。

雄安站和北京朝阳站采用绿色装配式可回收边坡施工技术，边坡成型质量良好，能有效防止雨水冲刷，且施工简便快速，边坡支护完成后经历了数场暴雨的考验，极大程度保证了边坡的安全性。通过应用绿色装配式边坡支护技术，加快了施工进度、节约了成本，同时取得了良好的环保效益。解决了岩土边坡支护的关键问题，大大推动了边坡支护工程绿色施工的发展。同时，系统总结了绿色装配式护坡施工的工艺流程，掌握了绿色装配式面层安装、固定、面层内部土方排水等关键施工技术，为国内类似工程的施工积累了宝贵的经验，取得了良好的经济效益和社会效益。

## 4.4 数字信息化施工创新

我国"十四五"规划纲要明确提出，围绕强化数字转型、智能升级、融合创新支撑，布局建设信息基础设施、融合基础设施、创新基础设施等新型基础设施。铁路客站作为新型基础设施，积极探索实践 BIM、GIS、物联网、云计算、大数据等与铁路客站建造深度融合，开展客站建设施工数字化建模与仿真、三维深化设计、数字化工程加工生产、基于工程物联网的数字工地、基于工程数据的辅助决策支持、自动化和数字化工程机械等创新应用，实现铁路客站信息化、数字化施工，全面提升铁路客站数字信息化建造水平。

### 4.4.1 基于 BIM 客站深化设计

作为大型铁路客站，施工组织难度大，站房工艺复杂，施工质量要求高，因此需要采用 BIM 技术打破客站各专业间的技术壁垒，实现多专业的深化设计和专业协调，有效避免"错漏碰缺"等问题。对危险性较大和工序复杂的方案进行三维模拟和可视化交底，提升技术方案可行性，提高可视化交底效率及工程质量。结合加工、运输、安装方式和施工工艺要求，对工程重点、难点部位和复杂节点等进行深化设计，加强工程实体质量管控，最终有效提高施工组织协调，提高工程质量和效率，有效降低施工成本。

**1. 关键技术及创新**

（1）BIM 实施应用标准

参照铁路 BIM 联盟发布的《铁路工程信息模型交付精度标准》《铁路工程信息模型数据存储标准》《铁路工程信息模型分类和编码标准》等相关 BIM 技术和实施标准，以及建筑行业发布的《建筑信息模型施工应用标准》《建筑信息模型分类和编码标准》等 BIM 技术和实施标准，结合铁路客站自身专业特点和工程建造本身需求，制定了《铁路站房信息模型技术标准》《建设管理平台管理体系标准》《铁路站房信息模型深化应用标准》《铁路站房信息模型设计标准》《站房施工阶段 BIM 标准》等京津冀地区客站 BIM 实施应用标准，为实现设计向施工交付、施工向运维交付传递模型提供统一的 BIM 参考标准体系。

（2）三维可视化技术应用

通过改变传统的思路与做法，将纸质资料转化为 4D 虚拟动漫技术呈现施工技术方案，使施工重点、难点部位可视化、提前预见问题，给施工操作人员进行可视化交底，使施工难度降到最低，做到施工前的有的放矢，确保施工质量与安全，消除安全隐患。既能方便项目管理人员进行日常检查，也可将模型交给分包管理人员，能够给施工现场提供大力的技术支持，施工前提前预见可能发生的风险及失误，避免无谓的时间浪费，提升劳务效率。

综合运用 BIM 技术、3D 激光扫描技术和基于无人机倾斜摄影的逆向实景建模等技术手段，通过采集现场施工实际数据，对 BIM 设计及施工模型进行校核，消除设计与施工现场的误差，辅助机电、幕墙等专业施工，提高施工效率及质量。通过无人机航测获取工程项目主体影像数据，根据稠密三维点云逆向重构、辅助三维场地模型建立，将这两种技术进行融合，再进行三维建模，即可实现三维模型整体上的高精度，解决逆向实景建模的问题。

（3）土建及施工策划 BIM 应用

① BIM+GIS 一体化应用

采用基于图形引擎的多模合一技术，整合 BIM 模型、GIS 信息、倾斜摄影实景模型、CAD 图纸以及物联网设备信息形成电子沙盘，综合展示施工红线区域与外部环境的关系、项目进度、安全质量信息等，提供前期拆迁规划、场地布置策划、过程中施工现场三维动态管控、竣工后一体化数据交付的核心基础数据。

站房 BIM+GIS 征地拆迁应用如图 4-36 所示。

图 4-36 站房 BIM+GIS 征地拆迁应用

②重大施工方案模拟

针对深基坑开挖及支护、综合运输通道施工、钢结构施工等重大方案，建立 LOD400 高精度的 BIM 模型，以 BIM 模型为基础进行虚拟建造预演，确保主体结构稳定、支护体系可靠、机械使用安全，并在过程中有针对性的优化施工方案，最终形成动画、图片、CAD 等形式的成果指导现场施工。实现全部方案 BIM 化表达，对于节点的细部构造、空间位置和信息予以完整的模型展示，将施工操作规范与施工工艺融入施工作业模型中。进行复杂节点的施工模拟，并利用三维可视化的方案成果进行专家论证、评审，提前解决施工中发生的问题（图 4-37）。

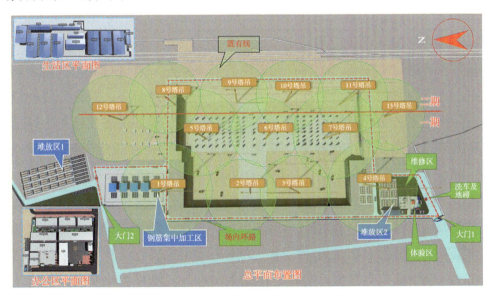

图 4-37 现场平面布置方案模拟

③清水混凝土 BIM 深化设计

构建清水混凝土柱混凝土结构部分的深化模型，详细精确表达柱与梁之间的空间几何关系，同一尺寸柱只需构建一个详细模型。构建清水混凝土柱内部三维钢筋布局，详细表达各钢筋的尺寸和功能，实现钢筋精确定位放样，分析和模拟钢筋整体安装顺序、工艺。构建混凝土柱预留孔洞，详细表达设备末端与混凝土柱之间的关系，深化后的清水混凝土柱节点的三维展示及二维剖切关系图，可以获得深化构件间的空间关系，尺寸、功能信息。采用 BIM 技术对模板进行排布设置和有限元受力验算，依靠参数化驱动，既保证了模板模型的准确性，也便于通过参数的修改进行模板设计的快速调整（图 4-38）。

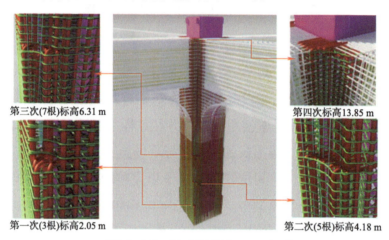

图 4-38 清水混凝土 BIM 深化

（4）钢结构 BIM 深化应用

根据客站钢结构特点，对具有代表性的复杂钢筋节点进行深化，对发现的钢筋排布、碰撞等问题，及时同技术人员、设计人员沟通解决。深化完成的模型可用于工程施工工艺对比及探讨、施工技术交底、施工模拟、碰撞检查、导出效果图、输出节点详图及节点验收等。避免了在施工过程中发现问题致使现场窝工、返工，为工程的进度和质量做出了很大的贡献。

例如，对于工程中的型钢梁，在钢筋施工中遇到横穿钢骨架，基于此施工特点，在施工前，利用 BIM 模型出具不同方案的模型，对于梁的拉筋横穿型钢腹板的不同施工工艺进行对比，为后续施工方案的确定提供直观有力的依据。利用深化完成的复杂钢筋节点模型，对施工技术人员进行三维可视化交底，使施工人员更加迅速且直观地掌握重点注意位置及施工工艺，避免施工考虑不周造成的窝工、返工，保障施工过程中的质量，以三维的模型代替现场实际样板，降低了工程成本（图4-39）。

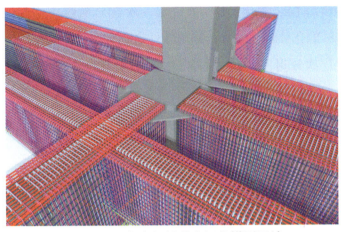

图4-39 复杂梁柱节点深化模型图片

（5）机电设备BIM深化应用

在考虑施工顺序、专业衔接和后期检修空间要求，直接基于BIM模型调整机电管线的空间位置，消除管线碰撞和安装困难问题，达到最大化地利用吊顶内空间、提高管线集约化水平的目的，避免设计错误传递到施工阶段，为机电的高水平安装奠定基础。利用综合支吊架减少施工现场各专业、各单位支吊架参差不齐现象，减少材料浪费，保障现场更加简约美观，节约吊顶空间。开展冷热源机房深化设计，保障机房施工精细化施工，助力精品工程目标实现。

①机电BIM建模及管综排布

根据铁路客站机电设备特点，制定机电专业三次管综标准。对客站的给排水、暖通、电气、信息等专业进行LOD400模型建立和管综排布，结合二次砌筑及装修方案，统筹规划机电管线位置及路由，出具指导施工现场的深化设计图纸及轻量化模型指导现场施工；同时开展深化管线综合支吊架，除考虑通队伍、同专业管线集中外，也根据系统原理最大化优化管线路由，出具相应的综合支吊架图纸指导现场施工（图4-40）。

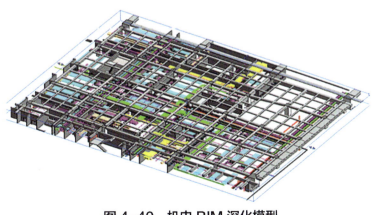

图4-40 机电BIM深化模型

②冷热源机房 BIM 深化设计

开展冷热源机房 BIM 深化设计，在完成三次 BIM 管综模型深化基础之上，采取在三维中对管线标准化分解、编号，利用软件自动导出管线加工图标，为装配式施工提供基础条件，层次分明，最下层为空调水管，彰显冷热源机房的重点（图 4-41）。

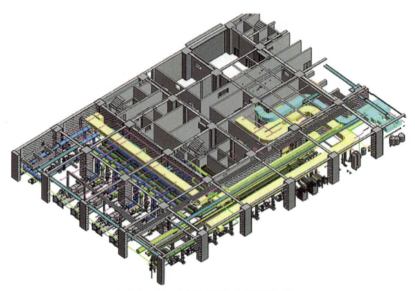

图 4-41　冷热源机房模型深化

③消防泵房 BIM 深化

根据原有的设计施工图开展消防泵房 BIM 深化，将消防泵房内的设备和管线重新布置，在满足适用功能的前提下，使其更美观，更有空间感，均匀对称（图 4-42）。

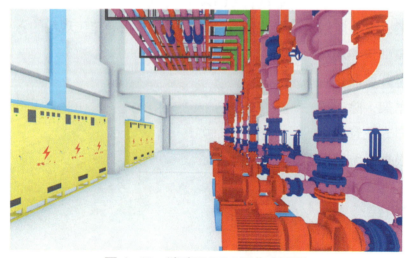

图 4-42　消防泵 BIM 深化成果图

④变电所 BIM 深化

根据原有的变电所施工图纸开展变电所 BIM 深化,保证安装质量稳固平稳。例如,将洞口尺寸往里收缩 10 cm,以便整个变压器和高压柜基础底座安装;将洞口位置调整至套管下方,以便安装桥架敷设电缆(图 4-43,图 4-44)。

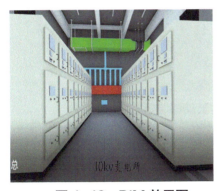 

图 4-43　BIM 效果图　　　　　图 4-44　现场实景图

⑤公共区域管线综合排布

针对候车厅、售票厅、出站通廊、城市通廊、办公区等公共区域,综合考虑土建、装饰、钢结构等多个专业,对管线进行综合排布,并根据最终的装饰完成面对末端设备定位进行调整(图 4-45)。

 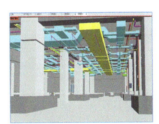 

图 4-45　公共区域 BIM 管线综合排布

(6)装饰 BIM 深化设计应用

①幕墙 BIM 深化

基于 BIM 技术创建幕墙 BIM 深化模型,包含龙骨、幕墙嵌板、连接件、门窗五金件、预埋件等,并与其他专业的 BIM 模型进行碰撞检查,提前发现当前方案可能带来的碰撞及不美观等问题。将装饰 BIM 深化与算量深度融合,提高了装饰深化设计效率,基于幕墙 BIM 深化模型提取各类构件工程量及加工图,同时对幕墙单元编号,追踪幕墙嵌板的生产、运输及安装工作。幕墙与结构交接处、不同材质幕墙交接处是重点深化部分,采用 BIM 模型对交接位置进行节点深化,并进行受力验算，确保方案合理（图4-46）。

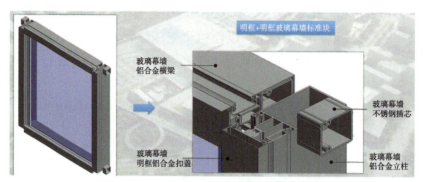

图4-46　明框+明框玻璃幕墙标准块

②内装对缝BIM优化

墙顶地对缝是保证装修效果的基本条件，为确保对缝效果以及面层合理排布，在BIM模型中，首次对地砖排布、二次结构门窗定位进行深化，之后对墙砖及吊顶排布进行深化，确保实现墙顶地对缝。同时支持从模型导出工程量，可对优化后的面层分楼层、分区域进行工程量统计，辅助项目材料下料及材料成本核算，提高项目成本控制管理水平（图4-47，图4-48）。

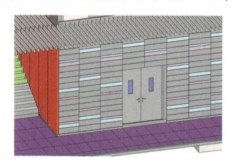

图4-47　陶土板、石材、铝方通对缝优化

图4-48　方通、铝单板、石材对缝优化

③装饰样板间深化

根据设计图纸创建装修样板模型，在施工前期进行装修选材对比、优化细部做法、展示施工工艺、确定虚拟预验收标准等，为大面积展开装修施工提供标准、依据。

2. 主要应用效果

雄安站、北京朝阳站、北京丰台站及京张高铁清河站等根据自身特点，积极探索从客站全专业、全过程、全方位全面应用BIM技术进行深化设计。同时初步制定完善铁路客站相关BIM应用标准并发布实施，涵盖设计、施工、交付各阶段的模型精度、数据要求、流程等内容。

基于 BIM 技术实现客站及配套设施精细化的建模，进行三维图纸会审和 BIM 优化设计，有效提前消除变更。通过合理优化场地布置方案，实现施工部署的科学合理化安排，最大化利用场地内土地资源，减少物料倒运次数，降低临时占地面积，保护环境。利用成果的可视化技术，进行可视化交底，实现对整体工程的宏观把控和重要节点的精细掌控，保证项目施工进度，提升施工质量。对布置困难、空间关系复杂的站房工程，传统设计存在设计困难、精细化程度不足等问题，基于 BIM 深化优化设计方案，通过与设计及施工共同讨论方案可实施性，提升设计与管理效率。基于 BIM 的虚拟建造，能提前规避在施工中发生的错、漏、碰、缺问题，减少原来实际施工中面临的返工导致材料浪费，节约工程材料，减少垃圾产生。利用 BIM 模型对站房地基基础、雨棚基础、普速站台及地下行包通道等多专业交叉施工进行施工优化部署，为项目部节约大量工期，节约现场机械能耗，优化施工部署及整体把控施工进度。通过对重点方案的仿真模拟实现能够及时管控风险提高效率，缩短工期的目标，提高更为安全可靠的施工环境。

### 4.4.2 数字工地管理系统

充分利用现代科技手段，构建以扫描、传感为信息感知手段，以 5G 和物联网等技术为信息传输媒介，以云计算和大数据为信息处理基础，以 BIM+GIS 为管理平台的铁路客站数字工地管理系统，实现对施工现场的人、机、料、法、环等资源进行集中管理，实现现场资源配置坐标化、施工过程监控可视化、监测数据自动化、任务分配信息化、工序衔接无缝化、问题会诊视频化。

**1. 关键技术及创新**

（1）精细化施组进度管理

创新研发电子施工日志，通过移动端或网页端进行填报，实现进度、质量、安全资料的"无纸化"填报与审批。通过工程实体树关联 BIM 模型，驱动模型进度以展示工程进度，通过获取所有标段作业工点及分布情况，提高对重点工程的微观把控能力。

针对进度管理，创新推出三级节点管理，对关键节点进行亮灯监管机制，通过进度计划三级分解，配合 BIM 模型进度关联绑定，将实际进度与计划进度在 BIM 模型上的进行对比（图 4-49）。

图 4-49　三维可视化进度管理

（2）数字化施工安全监测监控

①大体积混凝土温控监测

传统大体积混凝土通水冷却施工多采用人工监控温度，存在数据采集处理不及时、监测数据准确性差、温度控制效率低等问题。采用大体积混凝土测温系统，通过研发具有多测温线接口的一体化大体积混凝土测温装置，将大体积混凝土施工的不同点位、不同深度的测温线快速接入到设备中。管理人员通过扫描二维码定义监测点信息，实现温度信息的 24h 高频次不间断采集，各级相关管理人员可通过移动终端登录云端平台实时查看当前温度信息和历史温度变化曲线，对大体积混凝土的温度升高过程和温度偏差变化实时掌控。当大体积测量的温度值或温度差值超出预警值后，自动推送报警信息到管理人员手中，做好降温措施，保证大体积混凝土强度生长曲线正常。做到对整个工程大体积混凝土施工的全程管控，保证了大体积混凝土施工质量，也为本工程开展大体积混凝土施工技术研究积累了大量的原始数据。

②高支模动态监测预警

针对站房高支模系统可能出现的问题，采用 BIM+ 基于互联网、物联网和自动采集技术，结合在高支模架体上布设柔性二元体变形监控装置，利用高精度倾角传感器实时采集沉降、倾角、横向位移及空间曲线等各项参数，实现对高大模板支撑系统的模板沉降、支架变形和立杆轴力的实时监测，实现实时监测、超限预警、危险报警的监测目标。当监测值超过报警值时，监测设备发出报警信号的同时，安装在现场的警报器也会发出警报声，系统除了能感知高支模外围情况，还可以方便监测支模体系的变化，提高监控水平。

③深基坑安全风险监控预报

通过创建基坑及周边环境 BIM 模型,实现深基坑及周边构筑物专项方案模拟论证,风险预评估和风险源三维可视化识别管理。搭建深基坑风险 BIM 云管理平台,实现对新建基坑及周边环境的各监测数据实时采集、传输、处理、分析,进行基坑开挖变形历程和时程位移曲线三位空间分析。结合预报警阈值实时快速发布风险预报警信息,方便各级管理和技术人员形象直观、快速有效判断深基坑及周边环境安全状态,提高工程监测的管理水平与效率,提升监测技术含量,达到"快速辨识风险、及时预报风险、形象展示风险、有效控制风险"的目标(图 4-50)。

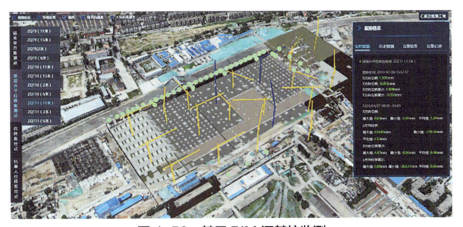

图 4-50　基于 BIM 深基坑监测

④数字化视频远程监控

为规范施工现场管理,提高管理效率,减少事故的发生而将电子视频监控系统运用到建设工程施工现场。对现场工人作业,机械进出场,材料加工厂等位置进行视频数据采集远程监控,促进并加强工程项目施工现场质量、安全与文明施工和环境卫生的管理,保障工人的生命安全。基于 BIM 技术对施工现场监控摄像头虚拟布置,并将每个摄像头记录的实时情况与 BIM 模型关联,实现现场视频三维可视化动态监控的目的。通过对工程项目施工现场重点环节和关键部位的监控,特别是对施工现场生产状况与施工操作过程中的施工质量、安全与现场文明施工和环境卫生管理等方面起到了监督和警示作用(图 4-51)。

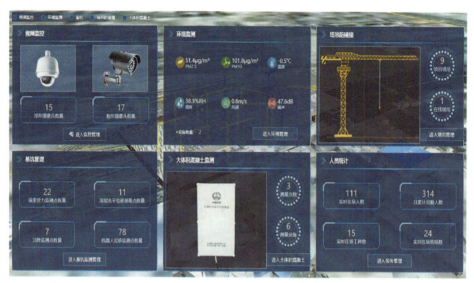

图 4-51　远程数字化视频监控

（3）数字化在线施工质量管理

①试验室监控系统

工地试验室的试验检测在铁路建设过程中发挥着非常重要的作用，是控制工程质量的重要手段。因此，作为试验检测基础的数据填写、处理的试验表格就显得尤为重要。而试验检测信息化管理不仅可以通过计算机技术对原材料技术指标、配合比等试验检测项目进行数据处理，而且可以对整个试验室的业务工作进行自动化管理，科学化决策，提高工作效率，体现试验检测数据的规范性、科学性、公正性、及时性，减少人为因素导致的失误。

试验室监控系统包括试验终端软件与数据分析处理平台两个部分。试验终端软件实现试验数据的自动采集和实时传输，具有龄期提醒、数据分析、试验统计和数据监控等功能。在试验数据的采集及数据上传过程中应确保数据的真实性、试验的规范性及试验结果的可追溯性，试验参数的自动计算和评判，按现行试验标准自动生成试验报告和试验记录，相关数据及时上传到信息化平台，一旦发现问题及时进行处理。

基于试验室监控系统，便于业主单位对现场试验室进行监控管理，解决传统方式试验室信息不透明的问题。对车站钢筋原材料、焊接试验、混凝土试件按照验标规定的试验频次进行自动采集和分析。通过移动终端实时掌握试验室情况，实现试验报告、记录自动生成，试验信息的实时传递、预警分析，并基于 BIM 技术实现试验数据、预警信息、相关处理等可视化管理。

②拌和站监控系统

针对铁路客站施工混凝土用量大，且铁标混凝土技术水平要求高的特点，研发拌和站信息管理系统，把拌和站的生产数据实时上传至该系统，实现生产数据的实时监控、统一管理、汇总分析。

该系统包含终端软件和服务端的数据接收软件、数据中心、接口程序、应用程序、监控程序。其中终端软件是拌和站的数据采集软件，通过socket上传的生产数据，然后通过服务的数据接收软件接收终端软件上传的生产数据并将数据存储在数据中心，实现数据的展示、统计、分析以及与其他系统的数据交互。

基于拌和站智能监控系统，能够对拌和机的每一盘拌和时间、材料配比偏差进行自动采集和分析报警，拌和站生产数据的实时采集在断网等极端条件下支持数据续传功能。通过移动终端实时掌握拌和站的生产情况和报警闭环处置，着力解决现场存在的操作不规范、管理不到位的现象。

③检验批信息化系统

针对目前现场检验批资料填报不及时、资料管理混乱的现状，采用检验批信息化系统代替原有的检验批报验程序，将检验批资料上传到平台，并与模型挂接，便于查看事后追溯。

依据铁路工程施工质量验收标准，与现行的工程实体挂接，可以精确到每个实体的检验批资料。利用规范统一的记录表格，简化了检验批的填报工作，提供了检验批收集、分析及跟踪功能，避免缺报漏报检验批，同时支持在工程实体分解和分项工程两种模式查看检验批，更清晰明了的统计检验批资料填报情况。通过使用资料管理前端软件，通过移动端或网页端进行填报，采用数据可视化与BIM模型相结合的形式，直观地展示出检验批资料完成情况。实现了施工过程中的质量控制、质量验收和资料管理，达到了强化质量管理、精细化控制施工过程的目的。

④影像资料管理系统

按照铁总建设（2017）151号文件《关于规范铁路工程建设项目隐蔽工程视频资料管理工作的通知》要求，对所有隐蔽工程在报验环节进行影像留存，平台端负责人员组织机构设置、项目基础信息录入、项目结构分解，采集终端负责影像资料上传、属性录入和资料整理，各施工单位负责手机拍照、各监理单位负责视频录像并实时上传。实现建设过程要素和关键环节留痕留档，规范施工行为，杜绝验收走过场、偷工减料、编造数据、补写记录等不良行为，也为参建单位信用评价体系的建立提供了直接依据。

（4）数字化施工人员管理

①劳务实名制信息化系统

通过数字工地的劳务实名制模块进行数据采集，包括进出口一体化闸机、安全教育信息系统和数字化一卡通等。对工资管理、考勤管理、劳务公司管理、入场安全教育、劳务实名制、人员信息筛选、人员信息动态更新等进行信息采集、数据统计，辅助施工单位进行劳务人员管理，为日常检查和纠纷调解提供凭证，同时保障农民工权益，稳定施工队伍（图4-52）。

图4-52　劳务实名制管理

②数字化安全帽人员监控

针对特种作业人员统一配发数字化安全帽。设备具有信息交互、定位功能，特种作业人员在现场经过设定的打卡点后，定位信息可通过设备上的传输模块实时上传至后台管理平台，并在区域设置现场信号接收器，自动生成轨迹图。便于安全管理人员通过移动平台实时监控特种作业人员在场情况，方便针对特种作业人员的无感管理，提高管理人员对现场的掌控水平。

③数字化安全门禁系统

针对不同出入口的功能要求和充分考虑对不同作业人员的安全控制，以及为了严格把控外来无关人员对施工现场的潜在干扰，客站施工现场设置了不同类型的门禁系统，如在关键主要出入口，为了严格控制出入人员，配置全封闭的全高闸，并且配备相应数量的安保人员，保证措施的实施，避免遭到破坏。通过出入门禁的网络化管理，可以随时发布通行权限，降低管理成本，提高项目响应水平。

（5）数字化施工环境动态监测

针对目前数字工地中环境监测数据应用不到位的问题，采用智能环保模块实现施工现场实时数据的在线监测，针对土石方、原材加工等扬尘、噪声污染较重的施工阶段或部位，试点设置扬尘、噪声监测点，实时采集施工现场区域噪声、颗粒物浓度（PM2.5、PM10）、风向、风速、湿度、温度、大气压等多项环境参数要素，进行全天候现场精确测量。按需采集监测点影像资料，并关联 BIM 模型，实现了实时、远程、自动监控颗粒物浓度以及现场视频、图像的采集，同时联动雾炮喷淋系统从而对施工现场进行有效的降尘处理，提高工地的施工环境，并开展大数据关联分析，为生态环境保护决策、管理和执法提供数据支持（图 4-53）。

图 4-53　施工环境数字化监控

### 2. 主要应用效果

北京朝阳站自主研发的 156 施工信息化系统，实现项目各方的协同管理，重点实现对北京朝阳站施工过程进度、质量、安全等方面进行信息化管控。雄安站自建"数字工地"信息化管理平台，集绿色施工信息互通共享、工作协同、风险预控等模块于一身，并积极尝试智能化识别、定位、跟踪、监管等功能。丰台站自研钢结构全过程信息化管理，准确的记录钢结构各项工作时间、人员、质量信息，提升了项目钢结构管理水平，保证了钢结构施工质量。

将 BIM 信息化技术集成应用，建立三维的数字工地管理系统，通过物联网技术将数字工地管理平台与各独立数字工地业务系统的数据打通，将视频监控系统、环境在线监测系统、群塔防碰撞系统、深基坑在线监测系统、大体积混凝土测温系统和人员系统等深度集成，解决了各个信息化系统独立建设、数据难以互通的难题，实现客站工程项目施工的信息化、数字化，为数字施工管理发挥重要作用。

### 4.4.3 施工设备数字化管理

铁路客站施工过程中，需要大量的施工设备，包括塔吊等危险性较大机械设备，现场塔吊和履带吊等大型吊装机械的运行是项目机械运行安全风险的主要来源。往往现场塔吊、履带吊、汽车吊等吊装作业交叉重合度高，传统的机械运行安全管理和效率提升主要依赖塔吊司机和信号工的人工指挥，不但效率低且容易因为人为因素产生意外事故。为保证安全的情况下多采用其中一台停止作业避让另外一台的措施，不但影响了吊装效率，而且增加了机械租赁成本，间接影响施工效率。需要采用数字信息化技术实现对塔吊等危险性较大设备的运行数据实时采集、安全运行监控和动态预警处置。

基于北斗+GPS的履带吊和塔吊防碰撞系统，分别对固定塔吊采用传感器采集塔吊状态信息，对移动的履带吊采用北斗+GPS双定位的方式定位履带吊中心位置。以本地局域网无线通信和主机处理为手段，基于防碰撞规则的机械实时状态分析与预警报警提醒，在特殊情况下的主动控制功能，实现了履带吊与群塔的安全作业和效率提升。

**1. 关键技术及创新**

采用多机种机械数据通信技术，解决塔吊防碰撞系统与履带吊防碰撞系统数据接口互通的难题。基于现有群塔防碰撞通信协议，将履带吊状态数据实时与群塔防碰撞系统交互，实现预警与报警碰撞规则的本地化计算，在设备运行即将发生碰撞时进行报警、截停，保障施工作业的安全有序推进。

（1）塔吊物联通信与自动制动

在每台塔吊安装一体式主机，主机通过采集各位置的传感器数据，实时计算位置关系，在操控界面上以图形化显示，能够为塔吊司机提供参考。同时当司机的操作触发预警和报警规则时，主机能够主动发出制动、断电等命令到塔吊控制柜，避免危险情况的发生，并引导司机正确操作，保证了塔吊运行以来的无安全事故产生。

（2）吊钩可视化管理

由于客站现场施工组织复杂，钢结构施工要远早于混凝土结构施工，而塔吊主要吊装的物资为混凝土结构施工物资,且钢结构自基础结构至顶部钢结构均有覆盖,钢结构密集,导致塔吊司机无法在驾驶室观察作业面情况,存在大量"隔山吊""盲吊"的作业场景,给塔司和信号工的操作带来极大挑战。通过在小车上安装吊钩可视化系统,塔司在驾驶舱内直接观察到吊钩的位置和吊物情况,给吊装的安全管理提供多一层的保障。

(3)履带吊与塔吊的防碰撞管理

通过研发基于北斗+GPS的履带吊防碰撞系统,能够利用高精度定位系统获取履带吊的准确坐标,从而计算出其与塔吊的位置关系。再基于角度传感器和扭转传感器获取履带吊的旋转角度和大臂仰角数值,计算出其影响范围,描述履带吊的实时作业状态。履带吊和塔吊司机均可在一体机屏幕上查看各自的位置关系,在触发预警和报警的场景下,自动制动,实现了行走式履带吊与塔吊的动态防碰撞安全管理,有效保证了塔吊和履带吊的不停机施工。解决了传统为防止碰撞而采取的一方停机导致的施工效率降低问题,提高了机械设备利用效率(图4-54)。

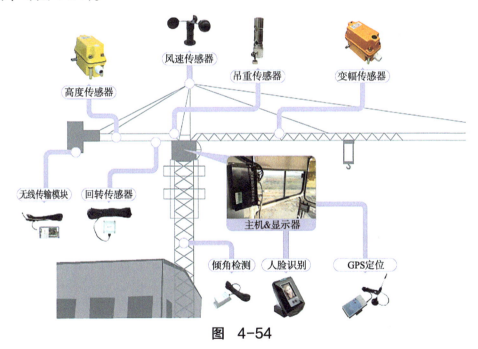

图 4-54

图 4-54　塔吊信息化防碰撞管理

**2. 主要应用效果**

雄安站、北京朝阳站和北京丰台站通过安装履带吊与塔吊防碰撞设备，自现场施工以来未发生一起履带吊与塔吊、塔吊与塔吊碰撞事故。通过不停机施工，提升履带吊吊装作业效率和塔吊作业效率，相较传统节约设备租期1个月。保障了工程安全，提高了塔吊的运行效率15%，为国内首个履带吊与塔吊混合作业防碰撞技术试点项目，积累了大量的经验和技术储备，为其他项目的防碰撞技术应用起到了引领作用。

### 4.4.4　结构施工数字化应用

随着站房规模的不断扩大，越来越多的高铁站房采用混凝土加钢结构的组合形式。钢结构总用钢量和钢筋使用量非常大，混凝土和钢结构构造节点和工艺复杂，施工过程安全风险高、质量要求高，急需采用数字信息化手段，实时掌握钢结构整体和任何一个构件的实时状态，统计分析钢结构和混凝土的进度和质量，实现结构工程建造过程数据可视化，提升生产效率和施工质量。

**1. 关键技术及创新**

（1）钢结构生产运输全流程自动化、信息化

随着站房规模的不断扩大，越来越多的高铁站房采用混凝土加钢结构的组合形式，钢结构的施工和质量管理在高铁站房中越来越大，钢结构总用钢量非常大，钢结构构造节点复杂。为了实时了解钢结构整体和任何一个构件的实时状态，统计分析钢结构的进度和质量，减少信息多次录入的弊端，实现数据的互联互通，

以三维模型实现数据可视化结果,提升生产效率和施工质量,特组织研发应用了钢结构全生命周期管理平台。

钢结构全生命周期管理平台,解决传统钢结构生产、安装过程中对管理文档、人员、时间数据等获取不便,获取信息不准确的弊端。通过以 BIM 模型为载体,建立数据接口和 App 录入等方式多源集成,实现了基于数据的进度自动分析和各 6 个阶段 16 个环节的成果集成,实时掌控施工进度,利用数据进行质量追溯。

①整体钢构件的质量信息追溯

通过对每个构件建立唯一编码,并创建焊缝子编码,平台以此为基础集成了构件的模型信息、工厂 ERP 信息、现场安装阶段信息。实现了各阶段信息在平台内统一查看。通过统一的 App 下沉至不同钢结构公司的管理人员和作业人员,通过扫码、拍照录入和人员、质量信息的自动抓取集成。关联至每道焊缝和每个构件,可以分析出现场有多少构件施工、哪些具备焊接条件,哪些具备探伤条件,以及探伤的构件中有多少首次验收合格。首次探伤不合格的构件处置情况等,做到钢结构的多要素信息溯源,提升管理效率和水平。解决传统管理中大量停留在纸质表单上的信息集成与复用,管理难度大和信息获取不及时的问题(图 4-55)。

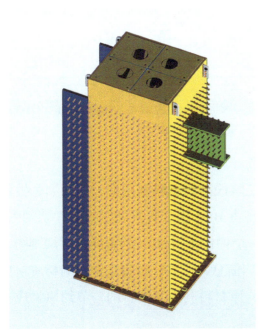

图 4-55 钢构件的质量信息追溯

②深化设计的进度和成果实时管理

钢结构的深化设计完成进度和深化设计成果是钢结构在加工生产前的重要管理内容，传统的管理主要为定期的会议和批量成果归集，时间跨度大，无法及时了解所需构件的最新深化设计状态，且管理人员获取最新的深化设计成果不便捷。通过平台集成每个构件的深化设计图纸和深化设计模型，以是否完成驱动整体钢结构模型颜色变换，既可以实时了解整体的深化设计进度分布宏观情况，也可以让管理人员获得每个构件的深化设计成果，提高对深化设计的管控能力（图4-56）。

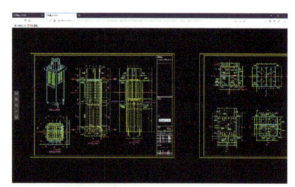

图4-56　钢构件深化设计

③工厂加工的原材料利用率管控

为了提升钢结构构件在工厂加工阶段的原材料利用率，追溯到每根构件所用的具体钢板号和钢板质量信息，实现由BIM模型直接到钢板零件切割图的目的。采用钢结构平台管控钢结构工厂每一个构件基于BIM的智能套料切割图，自动接入钢结构工厂ERP系统抓取钢材采购信息，通过分析每张钢板的材质信息和原材料利用率，实现汇总分析整体钢结构原材料利用率的目的，节约原材成本，提高企业社会环保效益（图4-57）。

 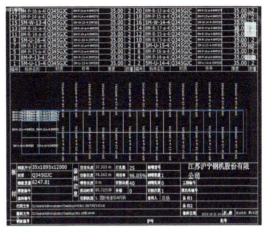

图 4-57　原材料加工数字信息

④构件的出厂管理

为了保证钢构件均为指定工厂生产，强化构件出厂报验的环节管控，保证每根构件出厂时工厂内的资料齐全，利用平台 App 管理出厂报验环节，每根构件必须经过驻场施工和监理在 App 上同意后才允许出厂，杜绝未报验构件出厂的现象（图 4-58）。

图 4-58　钢结构出厂信息

⑤构件的物流运输实时管理

为了实时掌握构件的物流状态，最大化减少构件现场堆积所占的场地，实现来料即吊的目的，需要加强对构件的物流阶段管理，传统的物流运输主要通过打电话等方式确认，信息反馈不及时，信息传递丢失多等特点。通过建立物流阶段管理模块，可以由平台自动收录构件自出厂后的每个位置信息，实时掌握构件当前位置和预计到场时间，减少重复沟通，为现场的生产安排打下基础，同时基于历史轨迹的追溯，可以确保每根构件均为指定工厂生产，杜绝构件委外加工的现象（图4-59）。

图4-59　构件物流运输实时监控

（2）钢筋数字加工、自动焊接、定位放样

铁路客站施工钢筋加工量大，钢结构焊接工作量和焊接工艺难度高，现场测量放线工作多。因此在工程建设过程中，建立钢筋集中加工厂房，开展钢筋的智能化加工，包括钢筋的锯切、弯曲等，针对钢结构采用智能焊接机器人进行自动焊接，提高焊接速度和焊接作业环境，应用智能放线机器人对站房主要构件实行三维驱动定位放样，提高BIM模型利用率，整体为工程的智能建造环节补足设备应用。

①基于BIM钢筋自动建模应用

传统的钢筋下料方式存在信息流通不对称、效率低、钢筋原材料计划不准、成品信息追踪难、各环节重复数据录入和分析等缺点，需要非常专业的工程师下料及技术交底。

而基于BIM技术的钢筋自动化建模技术，建模效率高、能自动输出料表、可追溯性强、并能与钢筋加工机器接口对接实现自动化加工、最关键的是还能实现余料的自动分类与再利用。精准、高效、简洁、自动化、绿色环保等正是基于BIM技术的钢筋自动化建模的亮点。

②自动钢筋剪切机器人应用

在大直径棒材钢筋的剪切弯曲生产加工中，将高强钢筋进行数控化的定尺剪切、输送、存储以及加工。该系统可进行编程并记录上百个工作订单，简化的工作程序可以使小型订单以特别简洁的方式执行，通过自我识别系统可以对工作循环中的每个单独的工作步骤进行检查和操作。

移动式斜面弯曲中心：在钢筋弯曲工作中可以正反向弯曲直径 12~50 mm 的冷轧、热轧三级带肋钢筋、圆钢、不锈钢钢筋、防腐涂层钢筋及各种高强度钢筋，用以将预先切断的钢筋进行各种方向的成型加工，是把钢筋弯曲成正方形、矩形、三角形等不同形状的设备。可实现双向同时弯曲钢筋，自动化程度高，操作简便易行，特殊配备的钢筋夹紧器，可使两个弯曲机的弯曲工作阶段独立完成。同时具备软件 MES 系统接入能力，可与生产管理软件进行网络连接，实现钢筋成型加工的网络化管理。

数控钢筋弯箍机：在钢筋弯箍工作中，可以自动加工直径 $\phi 8$~$\phi 16$ mm 的直条钢筋，也可以自动加工直径 $\phi 5$~$\phi 12$ mm 的盘条钢筋。采用直、盘条上料的模式，由于采用直条原料因此设备无需矫直功能，同时能够最大限度地实现钢筋成品的平整度，该设备具有钢筋矫直、测量、双方向弯曲及剪切功能，将盘条钢筋一次性加工成型，具有速度快、实用、可靠等显著特点，全程的图形界面操作管理模式极大地提升了设备使用的便捷性和灵活性。

③智能焊接技术应用

在钢结构厚长焊接过程中，现场应用智能机器人对焊缝进行焊接，通过设备定位、焊接工艺参数输入和过程监控等步骤。可由设备自主完成焊缝的多道焊道焊接，相比传统的人工焊接，应用智能焊接机器人技术可大幅提高施工作业效率，改善焊接作业条件，提升焊缝施工质量，为智能化时代做好铺垫。

④智能放线机器人应用

在工程测量放线中全面引入基于 BIM 模型的自动放线机器人，放线机器人采用高精度全站仪加三维数字驱动马达，除具有传统全站仪的基本功能外，能够实现与放样手簿的无线结合。空间位置数据来源于工程的 BIM 模型，具有高精度数字通信系统，可采集放样点的实际坐标信息，与设定值信息之间的比对，并上传至云端，大幅提高工程实体放线的精准度和效率，有效保证了工程在测量放样工作中的精度实现。

从 BIM 模型中设置现场控制点坐标和建筑物结构点坐标分量作为 BIM 模型复合对比依据，在 BIM 模型中创建放样控制点。在已通过审批的 BIM 模型中，设置点位布置，并将所有的放样点导入放线软件中，进入现场，使用 BIM 放样机器人对现场放样控制点进行数据采集,即刻定位放样机器人的现场坐标。通过平板电脑选取BIM模型中所需放样点,指挥机器人发射红外激光自动照准现实点位,实现"所见点即所得",从而将BIM模型精确的反映到施工现场。

⑤数控钢筋加工和配送

在场区内建设智能钢筋加工车间,自动化加工车间采用流水化布局的设计思路,按照功能区域对车间进行合理的划分。综合考虑原材料的到货卸装、原材料的用量存储以及加工生产工序对材料的周转衔接和最终成品、半成品的储存,考虑场地综合允许条件下,一般按通常直线布置,如提供位置空间有限,可折线布置。

通过BIM技术优化现场下料,并将下料单下发至智能钢筋加工车间。利用数控棒材剪切生产线、数控立式弯曲中心、数控钢筋多功能弯箍机等大型数控钢筋生产设备及小型辅助设备构建BIM模型中的各类构件,最终形成BIM模型预制效果(图4-60)。

图4-60 大截面箍筋加工辅助设备

**2. 主要应用效果**

北京丰台站基于BIM+GIS的钢结构全生命周期管理平台研发经验和成果,为新时代下施工总包企业如何构建基于BIM的信息化平台提供了路线参考,开创了融合、集成创新发展的新模式,对钢结构从设计到施工的全生命周期的管理上有示范引领的作用。

通过基于App的现场安装统一实施,使构件的安装节奏紧凑,减少现场构件堆放场地的占用。钢结构管理落实到每个构件以及其包含的每条焊缝,准确的记录各项工作时间、人员、质量信息,提升了项目钢结构管理水平,保证了钢结构施工质量,为企业基于钢结构施工信息数据挖掘奠定基础。

通过钢筋集中自动加工,节省了现场临时钢筋加工场地的建设费用,全自动化钢筋加工相较传统的人工控制加工,钢筋加工效率和质量大幅提升,为工程主体结构进度和质量提供保证。采用现场钢结构自动焊接机器人施工技术，解决了劳动力投入大的问题。由于自动焊接速度快，使每根钢柱的焊接时间节省了进50%的时间，从而对工期方面总体节约了近30天的时间，自动化焊接解决了人为因素影响焊接质量难题，焊接外观美观，焊缝质量总体可控，减少了焊接返修量。现场钢结构自动焊接机器人施工技术产生了可观的节能环保效益，对今后的自动焊接技术的发展带来了强有力的技术保障。

采用智能放线机器人对重要部位的测量放线，能够提高放线效率，增大BIM模型与现场的契合度，提高作业人员基于三维模型的操作水平，为工程重要部位的数据获取提供可靠手段。

## 4.5 复杂站型及特殊结构施工创新

复杂站型、特殊结构在现代化大型铁路枢纽客站设计中的应用越来越多，但其施工工艺复杂，安全风险点多，质量要求高，能否把握其施工关键技术，有效管控安全、质量和工期，事关工程建设成败。八达岭长城站、雄安站、北京丰台站等一批复杂站型及特殊结构客站建设，通过采用先进的建造理念和理论方法，应用先进的技术手段，创新客站施工工艺工法，加强施工过程关键技术研究，整体提高了施工工艺质量和综合施工效率，有效控制了施工成本，防范了安全风险。

### 4.5.1 八达岭长城大埋深暗挖地下车站施工创新

八达岭长城车站集隧道和地下车站于一体，隧道多处穿越长城及其他重点文物保护工程，具有多洞室大密度、多层叠大跨度、多联拱小间距、多岩性超浅埋、多交贯高风险等特点。其中，车站最大埋深102 m，地下建筑面积3.98万 $m^2$，是目前国内埋深最大的高速铁路地下车站。车站主洞数量多、洞型复杂，车站共设置洞室78个，断面形式88种，车站及洞室累计长度4 754 m，地下车站设计为"三纵三层"，是目前国内最复杂的暗挖洞群车站。八达岭长城站两端渡线段单洞开挖跨度达32.7 m，开挖面积达508 $m^2$，过渡段单拱跨度大、三洞并行段水平垂直间距小，是目前国内单拱跨度最大的暗挖铁路隧道。旅客进出站提升高度62 m，超长扶梯安装也是本工程的重难点工程之一，是目前国内旅客提升高度最大的高铁地下车站。叠层通道由于净空高，截面高宽比大，围岩横向变形大，开挖过程中安全风险大，同时叠层通道的双层衬砌结构比较复杂，施工难度大，国内没有成熟的类似工程经验可供借鉴（图4-61）。

图4-61　八达岭车站剖视效果图

**1. 空间复杂洞室群施工关键技术与创新**

复杂洞室群上下层施工顺序研究，确定了长城站复杂洞室群上下层施工顺序采用先下层后上层方案为最优。即"整体优化，通道布局；优化通风，信息协调；攻克大跨，解决小间；文保优先，绿色施工"的总体施工原则。提出上下层洞室群采用先施工下层、后施工上层的最优施工顺序。

复杂洞室群多向开洞立体交叉口施工顺序：即先开挖下层洞室，后开挖上层洞室，先开挖断面大的洞室，后开挖断面小的洞室，并提出复杂洞室群立体施工通道设置方法，即1个斜井口、2个主通道、8个分通道，2号、4号、6号、8号通下层，3号、5号、7号通上层，形成立体通道（图4-62）。

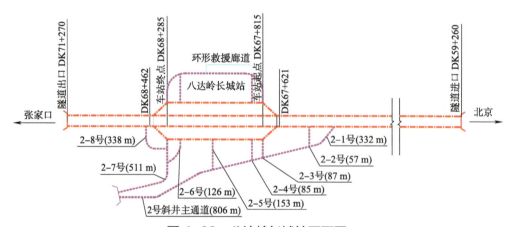

图4-62　八达岭长城站平面图

对大跨过渡段施工组织研究，提出了超大跨度隧道"品"字形施工技术，减少了对围岩的扰动和损伤以及对洞内交通和施工通风的影响。针对复杂洞室群进出站通道及设备层施工组织，通过 MIDAS-GTS 建模来模拟四条通道的不同开挖顺序对地层的影响，确定合理的洞室施工顺序。并根据实际情况，提出地面陡坡叠层进出站斜通逆挖法施工技术，利用地下车站隧道开辟空间形成反井钻头安装空间及出渣作业空间及通道。采用反井钻机成孔法施工通风竖井，解决了竖井口因位于八达岭长城风景区征拆困难、出渣场地小、易对景区环境造成污染、易对景区交通造成阻塞和对游客造成干扰等难题。通过设置集中的混凝土拌和站、钢结构加工厂和临时弃渣场，对资源进行集中加工、存放、运输和供应，既保证了混凝土和钢构件的加工质量，实现了资源的共享，确保了隧道施工物流组织和供应。

通过隧道人机定位及监控系统调度指挥系统，混凝土运输车辆定位系统、洞渣运输车辆定位系统的应用，保障了车辆运输安全。针对复杂洞室群爆破工作面多，通风线路长，通风死角多。根据施工进度和不同的工况，研究分阶段通风方案及施工组织。针对洞内粉尘问题，研究喷雾降尘设备和 DS 除尘设备降低粉尘浓度。针对长城站多种用电需求，研究施工用电高压进洞、供风排水施工文案，针对景区污水处理，研究污水处理措施工（图 4-63）。

图 4-63　八达岭长城站 DFHZ 工法示意图

## 2. 陡坡叠层进出站斜通道施工关键技术与创新

八达岭长城站采用浅埋软弱围岩隧道钢管对拉预注浆增强岩拱陡坡闸式仰挖工法。通过地表注浆的钢袖阀管将开挖初支的工字钢对拉加固，隧道纵向由下向上采用上山法施工，开挖按4层8部由上向下分层施工，二衬采取脚手架＋型钢＋模板的组合支架模板体系由下向上分层施工。

八达岭长城站进出站通道采用中隔壁法从上往下分四层八步进行开挖，即采用叠层通道四层开挖三层衬砌施工方法，由上向下的基本原则，将断面分成4层8部分。每一层由中隔壁分成左右2步，随开挖随支护，边墙设径向锚杆、钢架底部设锁脚锚杆。叠层通道衬砌从下往上分三层进行，第一层衬砌位置到底板上30 cm处，第二次衬砌位置到中板高50 cm处，第三次完成中板以上侧墙和顶拱的衬砌。分4层8步法开挖、分三层衬砌，开挖和衬砌均可以组织平行流水作业，施工进度快。首先开挖1部分，以超前探明地质并采取必要的加固措施，然后施作中隔墙，在中隔墙施作完成后开挖2部分，最后逐步开挖至底板，形成支护体系的封闭。

例如：第一层衬砌①部（底板及底板以上30 cm高侧墙），第二次衬砌②部（底层侧墙及中板），第三次完成上层侧墙及顶拱的衬砌施工。详细步骤如图4-64叠层通道4层8步法开挖示意图及图4-65叠层通道三层衬砌示意图所示。

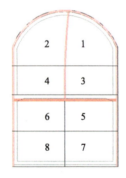

图4-64 叠层通道四层八步法开挖

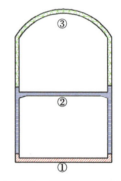

图4-65 三层衬砌示意图

浅埋软弱围岩隧道对拉钢管预注浆增强岩拱陡坡闸式仰挖技术，通过地表注浆的钢袖阀管将开挖初支的工字钢对拉加固，隧道洞身分4层8部分开挖，中间设置隔离墙。在隧道断面由上向下分层施工，在上层开挖及支护完成以后再施工下一层，在隧道走向上由下向上施工。由于该单个掌子面面积较小，且通过钢管的对拉作用，整体施工可以有效解决由于隧道倾斜带来的安全问题。采用了地表设置混凝土盖板连接钢管对拉隧道钢支撑技术，保证了下方开挖土体的稳定性，同时应用了成熟的预应力锚杆、超前支护技术,同时组装专门适用于倾斜隧道的脚手架进行辅助施工,从而达到施工的快捷效果。

**3. 进出站斜通道大扶梯施工关键技术与创新**

由于本工程所处环境场区作业面狭窄的特殊性,超长扶梯安装空间受限,其安装过程中必然遇到扶梯运输和现场安装两大难题,如何在有限的空间内将超长扶梯顺利安装就位是工程面临的最大挑战。为了确保施工质量和施工安全,节约工期,节约资源,结合现场运输道路、吊装空间、扶梯重量等多重影响因素考虑,将超长扶梯划分为"1+x+1"("1"分别为扶梯上端和下端,"x"为扶梯中间标准段)段,方便工厂加工和运输安装,同时消除场地狭小的影响及避免大体量扶梯吊装过程中的安全风险。从而有效解决空间条件受限场地大型设备不能使用的难题,加快运输、吊装的进度。

利用 BIM 模拟技术将扶梯分成多段结构,扶梯段水平运输采用卷扬机+搬运坦克,斜通道吊装运输采用电动葫芦,边吊运边组装连接(通过螺栓可靠连接),从而有效解决空间条件受限场地大型设备不能使用的难题,加快运输、吊装的进度。3 台超大扶梯按左、右、中的施工顺序进行吊运安装,流水作业,加快施工进度;同时,辅以 BIM 技术进行模拟,理论还原现场位置关系,提前确定扶梯段之间的搭接间隙,用于消除土建结构的施工偏差,确保超长扶梯正常安装(图 4-66)。

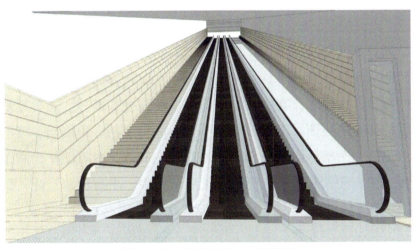

图 4-66　扶梯 BIM 三维模型

根据扶梯分段重量及场地内工况,扶梯节段在场地内运输、吊装井然有序,扶梯段水平运输采用卷扬机+搬运坦克,斜通道吊装运输采用电动葫芦,解决了空间条件受限场地大型设备不能使用的难题,加快了运输、吊装的进度(图 4-67)。

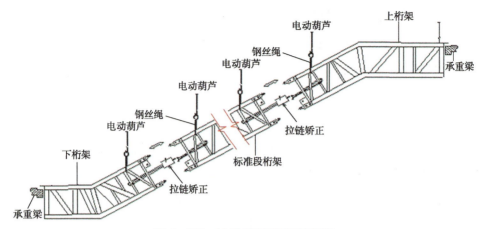

图 4-67 扶梯吊装原理示意图

**4. 主要应用效果**

八达岭长城站地下站与地面站房连接通道采用一级阶梯式爬升结构，整个出地面连接通道长度为 185.73 m，通道宽度增至 12 m，高度 17.65 m，斜行通道坡度为 30°，斜长 82.94 m。斜行通道结构分为上下两层，其中出站斜行通道提升高度 42.095 m，进站斜行通道提升高度 40.145 m。该技术在应用过程中，工法简洁，工序转换少，施工安全可靠，从而实现了风化槽大坡度斜行通道安全快速施工。在控制围岩变形、施工进度、成本等方面收到了良好的成效，确保了开挖及结构混凝土的施工安全以及施工质量，加快了施工进度，受到监理和业主的一致好评，为企业创造了良好的经济效益和社会效益。

进出站通道采用叠层通道四层开挖三层衬砌施工方法，由上向下的基本原则，将断面分成 4 层 8 部分。首先开挖 1 部分，以超前探明地质并采取必要的加固措施，然后施作中隔墙，在中隔墙施作完成后开挖 2 部分，最后逐步开挖至底板，形成支护体系的封闭。该方法支护体系由超前支护、中隔墙、喷射混凝土支护、预应力锚杆四个部分组成，承担围岩荷载，其中，中隔墙作为施工期间的临时支护使用。该方法具有"工法简洁，工序转换少，平行流水作业，施工安全可靠，更加有利于机械施工"的特点，从而实现了进出站通道的快速、安全施工，减少了窝工、机械等待浪费、调整工序增加的措施等费用，较总的工期计划提前了 2 个月。施工安全、施工质量、施工进度等方面收到了良好的成效，确保了开挖与衬砌的施工安全及施工质量，加快了施工的进程，受到监理和业主的一致好评，为企业创造了良好的经济效益和社会效益，具有广泛的推广前景。

八达岭长城站 6 台长大电动扶梯采用分节段移运和安装，较常规整体吊装施工方案对比，大幅缩短工期 25 天，节约龙门架等施工机械费用约 18 万元，节约人工费用材料费用约 8 万元，具有良好的经济效益。此施工技术的应用，将所有焊接、防腐等作业均安排到工厂中，避免了景区内的林业保护区污染，装配式的安装既保证了热泵机组施工质量又兼具了外观效果。整个现场施工过程仅耗时 72 h，易于组织现场文明施工，能够有效践行"智慧京张，绿色京张"的理念，得到业主及监理单位好评，具有较好的社会效益。

### 4.5.2 丰台站双层立体车场站房施工创新

丰台站在设计时注重技术集成与优化，突破传统车站模式，创新性地提出双层车场的设计理念，实现"一地两站"的目标，提高土地资源的使用率，实现节能、节地等环保目标，是目前国内唯一的一座双层车场铁路站房。

双层车场的复杂结构设计带来施工组织和施工技术的难度增加。通过工艺试验和技术攻关，确保动载下高架屋面的防水质量，设备及管道的安装牢固可靠。通过研究，形成双层车场施工过程关键控制技术，确保工程施工质量、安全和使用质量安全。

**1. 双层车场采光施工关键技术与创新**

北京丰台站为国内首例高速、普速双层车场，与其他客运站房不同，高速场位于候车厅上部，室外阳光对候车厅采光贡献不大，不利于节能环保，故采用光导纤维技术对候车厅采光进行补偿。

（1）光导管照明技术

直接利用太阳光采光，属于自然光，不耗费其他能源，也不会对环境构成任何污染；运行期间零能耗，基本不需维护，一次安装，寿命约 20~30 年。全光谱，滤除大部分紫外线辐射，室内光线分布均匀，无眩光，无频闪；使工作环境更加舒适，减少疲劳和灯光引起的各种疾病，提高工作效率。

光导管照明系统组成：采光装置、导光装置、漫射装置，通过采光罩将自然光进行收集捕捉，由导光管进行自然光传输，通过漫射器将自然光洒向室内（图 4-68）。

（2）光导管创新应用

根据图纸所示的标注尺寸，确定光导照明系

图 4-68 光导管照明系统示意图

统孔位，在圆心位置做明显标识。在孔位正下方支起 1.5 m×1.5 m 的防护网，防止在开孔过程中混凝土碎块坠落，造成不必要的伤害和损失。

根据图纸详细核查所有孔洞的位置、尺寸是否与图纸标注相符合，通过现场观察如发现孔位正下方有其他设备管线，以致影响光导照明系统的安装。

清理预留孔及其周遍残余杂物，确保施工的顺利进行及在安装光导照明系统时各部分装置内不落入灰尘。

预套放防雨板、下管，以检查洞口及洞壁是否规则，然后对其进行整理使其规整。

根据图纸标注确定光导照明系统室内安装位置，在楼板上标记，画出开孔形状，在中心钻一个小的定位孔，以确定开孔位置是否有管线或有足够的空间来安装光导照明系统。

将组装好的光导管系统从防雨板上口慢慢地插入、调整，使其下端对准天花板口洞并伸出（第一根光导管在顶部）。

将顶部采光罩套放到防雨板上口之前，把第一节光导管口的塑料密封膜和管壁保护膜撕下。然后再防雨板上口外延紧贴一圈拉绒尼龙状密封条，再将预先钻有多孔的采光罩套放到防雨板上并用 15 mm 长的自攻螺钉和垫圈，将采光罩与套圈或竖柱连接到一起。

安装漫射器之前，先将最后一节光导管口的塑料密封膜和管壁保护膜撕下。将漫射器扣在装饰环上，在漫射器周边与装饰环的接缝处注入密封硅胶密封。然后在装饰环内部距上端 10 mm 处紧粘一圈拉绒尼龙状密封条，最后将装饰环扣在固定环上。整个光导照明系统安装完毕。

将保护套管（HDPE 双壁波纹管）立于预留孔正上方。补孔工作应在做屋面防水层前完成，确保修补质量。按图纸进行混凝土加固，做法为在波纹管和孔壁之间先洒水湿润，然后先浇 20 mm 厚 1∶2 水泥浆接浆，再浇 C20 混凝土，沿管壁浇至 100 mm 高处，形成 50 mm 厚的保护层，要求浇筑密实。

**2. 大型站房工程抗震支吊架施工关键技术与创新**

丰台站站房项目抗震设防烈度 8 度，设计基本地震加速度为 $0.2g$，结构设计抗震设防类别为乙类。机电系统涵盖了通风与空调系统、给排水与采暖系统、消防系统、通信系统、动力系统、弱电系统、虹吸雨水等 20 多个系统。管道、桥架、线缆数量大、布置复杂，抗震设防等级高。抗震支吊架实施方案必须进行系统整合。另一方面，由于高速、普速双层车场立体布置，正常使用状态下列车振动荷载叠加作用对支吊架系统形成长时间微振动影响，抗震支吊架实施方案必须进行优化设计。

我国抗震设计标准原则是："小震不坏，中震可修，大震不倒"。该工程地下通廊、10 m层下吊管廊、19 m层设备夹层为机电主管线路由集中区与设备集中区，设备集中区还包括地下冷热源换热站、消防泵房、各层空调机房等。通过对机电支吊架的抗震深化设计，从而达到系统抗震的效果，重点需把控这些管道设备集中区域。

针对该项目，召开前期抗震支吊架实施的专题会议，根据规范要求，通过各方讨论决议，对整个机电各专业各系统进行抗震支架设置范围进行明确，对设置要求、设置条件与间距等进行决议，对管道集中区及设备管道集中的重点部位进行重点讨论，形成深化纲要文件。

（1）基于BIM的结构计算

在应用BIM技术进行综合管线优化排布的基础上，由专业抗震支架厂家基于BIM进行二次深化设计，确定抗震支吊架位置及类型。采用快速便捷的荷载专业设计计算软件进行抗震支吊架的荷载计算，确定抗震连接构件长度、斜撑夹角，选择抗震支吊架类型。根据抗震支吊架自身荷载进行抗震支撑节点验算，包括吊杆的强度验算、斜撑及吊杆的长细比验算、各锚固体的强度验算（包括斜撑锚栓、吊杆锚栓等）、管束的强度验算，调整抗震支吊架间距，直至各点均满足抗震荷载要求，最终提供抗震支架布置点位图、各类支架详图与荷载计算书（包括抗震节点图纸编号、抗震构件名称或编号、抗震构件数量等）（图4-69）。

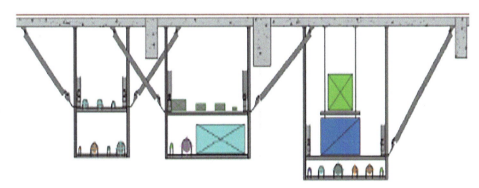

图4-69　BIM模拟机电综合图

（2）抗震支架技术

抗震支架技术具有标准组件种类多样，可供多种选择，因而保证了不同条件下各类支架的简便性、适用性及灵活性。在施工过中无需使用电焊和明火，不会对环境和办公造成影响。安装过程无需焊接和钻孔，可方便地进行拆、改调整，拆卸下的配件和槽钢都可重复使用，对材料造成浪费极小。具有良好的兼容性，各专业可共用一架吊架，可充分利用空间，使各专业的管线得以良好的协调。安装速度是传统支架安装做法的3~5倍，制作安装成本是传统支架作法的二分之一。在符合管理规范的前提下，各专业和工种可以交叉作业，大大提高工效，缩短支吊架的安装工期（图4-70~图4-72）。

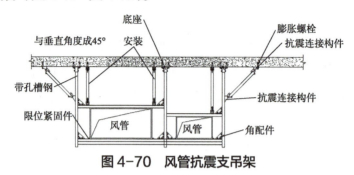

图4-70　风管抗震支吊架

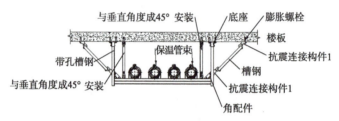

图4-71　保温管道抗震支吊架

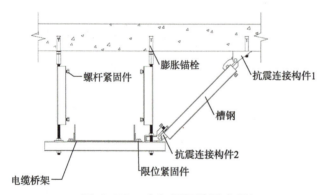

图4-72　电气桥架抗震支吊架

（3）工艺流程及施工验收

工艺流程：深化设计→结构计算→支吊架组装→抗震支架主框架安装→侧向、纵向支撑件的安装→管束的安装→验收。

抗震支架系统施工验收：施工过程中，必须做到每个节点的牢固，与主体结构的连接，支架与支架的连接，扭矩应符合要求，安装应牢固，使用扭矩扳手检查。检查抗震支架材质、规格和性能，应符合设计要求和国家现行有关标准的规定，检查抗震支吊架材料品种、规格，应符合设计要求，检查抗震支吊架整体安装间距，应符合设计要求，偏差不大于 0.2 m。检查抗震支吊架斜撑与吊架安装距离，应符合设计要求，并不得大于 0.1 m，检查侧向抗震支吊架与纵向抗震支吊架布设位置，应符合设计要求，检查斜撑竖向安装角度，应符合设计要求，不得小于 30°，检查抗震支吊架与结构的连接、吊杆与槽钢的连接、槽钢螺母与连接件的扭矩，应符合设计要求，安装应牢固。

**3. 地下结构合建施工联测关键技术与创新**

丰台站站房规模超大，上下双层车场，周边环境复杂，涉及既有铁路线施工。同期建设行包库、行包通道、特大桥等，项目共构范围广，项点多，且涉及多家建设、设计、施工和监理单位参与施工管理，沟通协调及施工组织难度较大。共构点多、结构关系复杂、节点多、工序复杂，站房与地铁结构外防水材料不同，连接质量不易保障，整体施工组织非常复杂。

（1）基于 BIM 的多标段共结构施工组织

综合分析丰台站多标段共建现状，通过与相关单位建立定期联系机制，取得施工图纸。基于 BIM 技术建立站房与周边工程 BIM 施工精细模型，通过与周边单位采用统一的网页端进行共享 BIM 模型，实现远程三维可视化协同，共同分析各方工况，同时通过 BIM 模型优化施工组织方案，高效沟通确定最终施工方案，协调现场施工组织（图 4-73）。

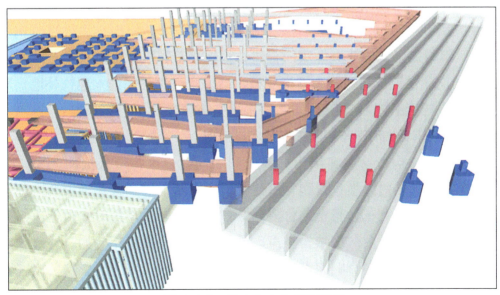

图 4-73 站房东南角共构模型

（2）多专业施工联测技术

由于站房与地铁16号线及市政工程交叉共构较多，前期各方设计单位多次沟通，由建设单位组织多次协调会议，最终确定站房与地铁及市政工程保持一致。采用北京高程系及北京独立坐标系，站场专业使用1985国家高程系和京石客专第一施工坐标系（大铁坐标系），并提供两种坐标系转换关系，将两种坐标系测量成果误差在坐标转换时予以消除，为多标段施工联测工作打下基础。

设计交桩后，与其他单位和标段选择合适的部位测设共同的施工控制点。与东侧四合庄框涵施工单位共同测设JM3、JM5为主轴线控制点，与西侧行包库及丰台特大桥施工单位共同测设JM1、CD01、CD02为主轴线控制点，与地铁16号线施工单位共同测设K1、K2施工控制点，形成共建区域首级测量控制网，并通过对控制网的加密，形成各自的二级施工控制网。

在共筑结构施工前经双方施工及监理单位通过共用控制点共同测量确认后，再进行下道工序，将各施工单位共建结构处的测量误差控制在最小范围，从而保证施工各方共建结构的统一。

同时为保证站台及轨道施工准确，站台装修不发生侵限，与站场轨道专业在站台共同测设施工控制点。采用统一控制点对站台装修及轨道铺设进行控制。并签订书面确认单，为后续问题排查、处理提供依据。

（3）合建结构连接节点技术

针对常规地铁预留钢筋常规方法有甩筋和接驳器两种，各有利弊，但均为两端限制、后浇板钢筋需现场核尺下料、工作量巨大等弊端。通过对连接处钢筋进行优化，创新提出互锚节点做法的合建结构连接节点技术，实现丰台站与地铁16号线同期建设，地铁顶板为站房底板，站房底板钢筋需锚入地铁外墙，形成整体，保障共建结构节点施工质量，妥善解决钢筋锚固、连接问题。

**4. 双层式车场振动噪声控制关键技术与创新**

新型车站结构带给旅客出行更多便利的同时，也将带来振动、噪声新问题。列车运行、站内大型设备和客流荷载引发车站地面和天花板振动，进而产生二次结构噪声；列车运行至站台附近时，站台区域噪声短时间内迅速提升并传入候车厅，候车厅内二次结构噪声、人员噪声和广播声相叠加，导致候车区域噪声级较大，除直接影响旅客对广播信息的准确收听外，还影响了旅客的感官舒适性。

通过对振动噪声控制指标、预测技术、控制技术和减振降噪设计技术等进行系统性研究，对高速铁路车站振动噪声控制提出指导性意见，引领未来车站振动与声环境的舒适性设计。

（1）丰台站振动影响分析

以结构分区（图4-74）为依据，考虑到丰台站结构具有一定的对称性，为简化计算工况，仅以南侧区域（虚线框内）进行建模和计算。南侧阴影区块对应的关键区域为双层车场区域，其中3-1、3-2、3-3区域作为中央站房区优先建模和计算，确定优先分析区域为3-1，3-2，3-3区域。由于每个区域由结构缝分割，不考虑土体作用，对每个结构分区分别进行有限元建模和振动分析，在MIDAS/CIVIL中建立3-1区域站房结构有限元模型。

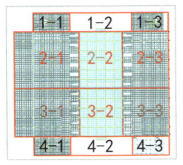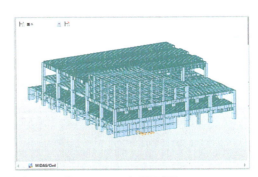

图4-74　站房地下结构部分及分区图及局部模型图

列车75 km/h运行时，作用在扣件处的轮轨力如图4-75所示，考虑最不利通车情况，即普速车场所有线路均有列车同时进出站，左右扣件受力时程曲线如图4-76所示。不同楼层振动加速度仿真结果频谱如图4-77所示，振动主要集中在50 Hz左右。

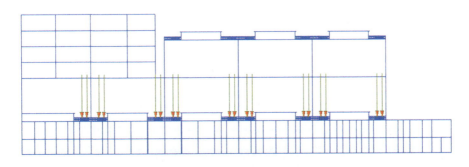

图4-75　力加载示意图

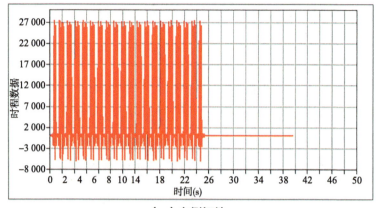

（a）左侧扣件

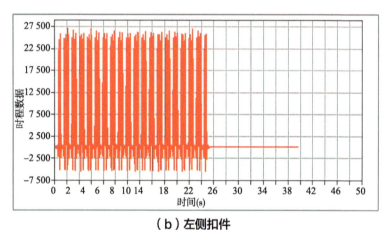

（b）左侧扣件

图4-76　75 km/h普速列车扣件力示例

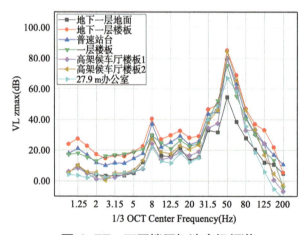

图4-77　不同楼层加速度级频谱

经分析预测，丰台站站房施工图设计的振动控制指标相关要求。

在目前施工图设计的条件下，预期列车以75 km/h通过时，高架候车厅最大Z

振级为 78.5 dB，地下快速进站候车厅最大 Z 振级为 62.5 dB，满足《综合站区研究报告》中鼓励值 $VL_{zmax} \leq 83.5$ dB 的要求。

在目前施工图设计的条件下，预期列车以 75 km/h 通过时，高架站台最大 Z 振级为 83.9 dB，普速站台最大 Z 振级为 79.9 dB，《综合站区研究报告》中鼓励值 $VL_{zmax} \leq 92$ dB 的要求。

在目前施工图设计的条件下，预期列车以 75 km/h 通过时，高架办公区振动约 76.3 dB，人体感受微弱，不影响办公。

（2）丰台站噪声影响分析

①站台噪声

采用声学有限元仿真方法预测站台噪声，利用仿真软件 MSC.Actran 建立列车经过站台区域时的声学仿真模型，模型包含上、下行线路及两侧站台轮廓和列车运行时的噪声源频谱和位置信息。

高速站台层设计如图 4-78 所示，取其中具有代表性的局部剖面建立声学有限元模型。整个模型宽度 21.5 m，两侧站台宽度各 5.75 m，噪声结果提取点距离站台边缘 1~3 m，距离地面 1.5 m。列车进出站时运行速度不超过 75 km/h，仿真分析该速度下站台噪声水平及空间分布情况。

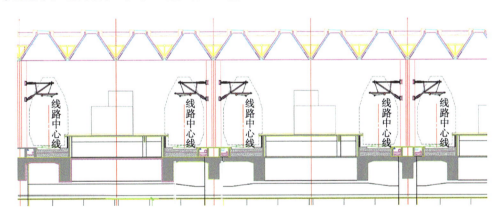

图 4-78 高速站台层设计剖面图

模型中输入的声源位于列车两侧，高度分别为轨面以上 0.4 m、1.2 m、3.3 m、5 m，依次代表轮轨区、车体下部、车体上部及集电系统声源。列车以车速 75 km/h 运行时，噪声源辐射声功率谱如图 4-79 所示，轮轨区噪声源对总噪声辐射的贡献超过 90%（图 4-80，图 4-81）。

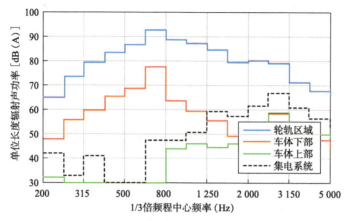

图 4-79　车速 75 km/h 声源频谱

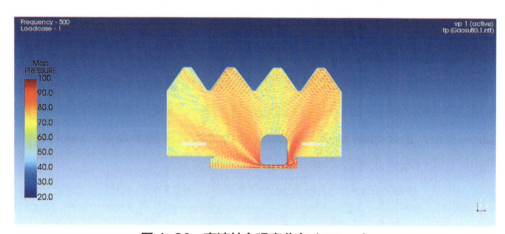

图 4-80　高速站台噪声分布（500 Hz）

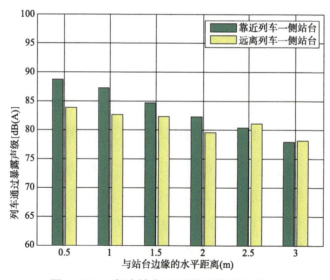

图 4-81　高速站台不同位置的噪声分布

②候车厅噪声

采用仿真计算和类比分析相结合的方法预测候车厅噪声。候车厅内的噪声主要包括三类：列车通过站台层时的噪声经扶梯通道等路径传入站厅内的噪声（简称站台传入候车厅的噪声）、轨道振动传递至楼板引发的二次结构噪声（简称二次结构噪声），以及旅客人群噪声、设备噪声等构成的背景噪声（简称背景噪声）。

③混响时间和语音清晰度

采用建筑声学软件 ODEON 对候车厅内声学效果进行了计算机模拟分析，预测施工图设计条件下候车厅混响时间 RT 和语言清晰度指标 STI（语言传输指数）。

经分析预测，丰台站站房施工图设计的各项噪声控制指标达标情况如下：

在施工图设计的条件下，列车时速 75 km/h 时，高速站台、普速站台列车通过噪声 TEL 分别为 88.7 dB（A）、93 dB（A），满足《综合站区研究报告》中鼓励值 TEL ≤ 95 dB（A）的要求。

在施工图设计的条件下，列车时速 75 km/h 时，高架候车厅、地下快速进站候车厅受列车影响的噪声 TEL 为 65.3 dB（A）和 69.6 dB（A），满足《综合站区研究报告》中鼓励值 TEL ≤ 80 dB（A）的要求；列车通过时，高架候车厅、地下快速进站候车厅的综合噪声约为 68.4 dB（A）、68.7 dB（A）（不含广播声），满足《公共交通等候室卫生标准》LAeq ≤ 70 dB（A）的要求。

在目前施工图设计的条件下，预测丰台站列车通过时引起的高架候车厅、地下快速进站候车厅 16~200 Hz 二次结构噪声为 51.5 dB（A）、52.6 dB（A），对此类噪声尚无能够适用于铁路站房的标准，也无已结题的研究报告。通过研究，发现该噪声高于同频段背景噪声，可能引起旅客短暂不适。

高架候车厅屋面采用无机纤维喷涂吸声，主要候车区域 500 Hz 混响时间平均值为 2.26，优于标准规定的 4 s，125~8 000 Hz 频率范围混响时间整体满足使用要求；平均 STI 为 0.62，优于 STI>0.45 的限值要求。地下快速进站候车厅屋面采用无机纤维喷涂吸声，主要候车区域 500 Hz 混响时间平均值为 3.18，优于标准规定的 4 s，125~8 000 Hz 频率范围混响时间整体满足使用要求；平均 STI 为 0.49，优于 STI>0.45 的限值要求。

（3）减震降噪控制措施

列车通过时引起的候车厅二次结构噪声主要为 200 Hz 以下低频噪声，由于目前市场上尚无成熟的针对低频噪声的吸声材料或装置，研发适应铁路站房设计特点的新型吸声装置。新装置广泛适用于铁路站房候车厅、会议室、办公室、设备机房等，需要控制噪声或混响时间的区域,预期降低 16~200 Hz 二次结构噪声 5~8 dB（A）。

进一步研制吸声—装饰一体化的站房宽频吸声吊顶,拥有传统吸声材料/结构不具备的强低频吸声性能,同时注重外观简洁、A 级防火、安全环保、抗变形、安装方便等特性。应用于铁路及地铁站房的低频、宽频噪声治理和混响控制。可使用双面宽频吸声吊顶,或结合已有吊顶单独安装低频吸声器。

基于卷曲空间声学超结构理论,研究突破了超结构—多孔材料复合吸声技术及优化设计方法,研制出一种兼具装饰功能和宽频降噪功能的双面吸声吊顶。实现吸声材料/结构从过去单一功能向高吸声性、多声源控制、空间集约性、装饰性等多功能转变,兼顾降噪与美观,改善站房室内声环境（图 4-82~图 4-83）。

图 4-82　新型吸声装置样件

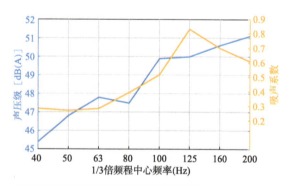

图 4-83　噪声与新型装置吸声系数的匹配性

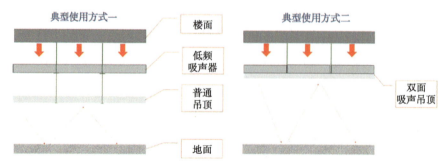

图 4-84　典型应用方式

**5. 主要应用效果**

光导管采光技术作为一种绿色的照明节能技术，使客户享受到自然光带来的舒适照明效果，避免了日间电力照明固有的能源浪费和安全隐患，符合国家及社会的政策导向及发展方向。北京丰台站采光系统无需配带电器设备和传导线路，避免了因线路老化引起的火灾隐患，且系统设计先进，具有防水、防火、防盗、防尘、隔热、隔音、保温以及防紫外线等特点。随着技术的完善和市场发展，必能在铁路工程中得以进一步的广泛应用。

通过合理设置机电系统的抗震支吊架，保证其自身的安全性及稳定性，有效减轻地震破坏，对建筑机电工程设施给予可靠保护，承受来自任意水平方向的地震作用，防止地震引发的次生灾害，避免人员伤亡，减少经济损失，确保地震后建筑物内的机电系统能够迅速恢复运转。因此，做好机电系统抗震支架体系具有十分重要的意义，尤其是人员设施集中的大型站房等公共建筑中。

通过对复杂结构 BIM 模拟施工技术应用，为相邻标段管理人员提供了一个可视化的沟通平台，使各方管理思路达成一致，有效避免了因相互影响造成的返工，节约了大量资源。通过提前与各单位开展共建测量控制网联测工作，并在施工过程定期进行联测、复测，很大程度上降低了不同施工标段、施工单位之间共建结构的误差、偏差，减少过程中人员、材料的浪费。通过优化钢筋连接节点在基本不增加材料用量的基础上，很好地解决了结构两头先浇筑、中间后浇筑处钢筋安装问题。多标段共结构合建技术研究应用，大大减小了工作量，节约了人力资源与设备能耗，确保了结构施工质量和进度，可供其他工程借鉴参考。

### 4.5.3 大空间复杂钢（混）结构施工创新

雄安站钢结构屋盖钢梁具有跨度大、变截面多、体量大、工期紧等特点。由于钢框架屋盖中，主梁与主梁、主梁与次梁、梁与斜撑之间的连接形式均为刚接，提升过程中如果发生倾斜或不均匀受力就会导致焊缝撕裂从而破坏钢框架结构。传统方式无法满足雄安站需求，最终决定采用钢结构屋盖整体同步提升施工技术来进行屋盖的安装，保证钢结构施工顺利按时完成。

北京丰台站钢柱大量采用箱形截面钢管柱，由大量的分仓隔板、外壁板组成。由于柱截面尺寸大，加劲板多，纵、横向焊缝多，柱对接时分仓板和外壁板均需对接焊接，因此钢柱加工尺寸、外观质量要求也比较高，如何保证箱型柱的加工精度和质量，是本加工控制的重点。

**1. 大跨度钢结构提升与滑移施工关键技术与创新**

大跨度劲性钢结构整体提升具有施工效率高、无需安装高空重载支架与大型起重设备、减少高空作业、提升高度不受限制等优点，广泛应用于大跨度屋盖结构、高层建筑钢结构连廊等的建造与安装工程。雄安站钢结构屋盖钢梁采用钢结构屋盖整体同步提升施工技术来进行屋盖的安装。

将钢网架或钢框架结构体系预先拼装成为一个整体，采用多方位液压同步提升设备进行钢框架屋盖的提升，同时制定出"吊点油压均衡，结构姿态调整，位移同步控制"的同步提升策略来保证钢框架屋盖提升过程中的同步性，最后确保利用液压等提升装置将此整体进行同步提升至指定位置。

（1）深化设计，整体拼装

钢绞线张弦方式进行深化设计计算以及吊点数量及位置的深化设计；在地面上弹好控制线，利用废方钢或工字钢根据现场情况焊制钢结构的拼装胎架；在地面上进行整体拼装和焊接，在施工现场放线进行整体拼装（图4-85）。

图4-85 钢结构拼装现场施工示意图

（2）布设提升监测点

大跨度钢梁焊接完成后，进行整体提升过程监测点布设。采用张贴专用测量反射片，每榀大跨度主梁上布设测量监测点3处，南北两侧主梁上各布置测量监测点3处，整体屋盖布设测量监测点共计30处。

（3）安装调试提升系统

液压同步提升系统由液压泵源系统、液压提升器、高压油管、计算机控制系统、距离传感器、油缸传感器、专用钢绞线七部分组成。

采用液压同步提升设备吊装钢结构屋盖，需要设置合理的提升上下吊点。提升上吊点处设置液压提升器，液压提升器通过提升专用钢绞线与钢结构屋盖上的对应下吊点相连接。

用塔吊将液压提升器提升至上吊点位置，液压提升器安装到位后，应立即用临时固定板固定。每台液压提升器需要 4 块提升器临时固定板。A、B 面需平整，使之能卡住提升器底座，C 面同下部提升平台梁焊接固定，焊接采用双面角焊缝，焊接时不得接触提升器底座，焊缝高度不小于 10 mm。

（4）试提升、静载、检查、调试

正式提升前，需进行试提升实验，此次实验钢框架屋盖提升高度为 50 cm。提升单元离开拼装胎架约 50 cm 后，利用液压提升系统设备锁定，空中停留 12 h 作全面检查（包括吊点结构，承重体系和提升设备等），并将检查结果以书面形式报告现场总指挥部。各项检查正常无误，再进行正式提升（图 4-86）。

**图 4-86 试提升现场施工示意图**

（5）正式提升，同步监测

液压同步提升系统调试完成后，进行正式提升。总提升高度为 24.365 m，整个提升过程总用时 22 h、总提升次数 96 次，每次提升高度为 25 cm。屋盖正式整体提升过程中，对整个提升过程进行全程提升监测，依据每测站监测数据与设计标高的对比分析，通过对每个吊点的微调，进行屋盖的姿态调整。

（6）姿态调整，整体提升

监测过程中，如发现个别吊点高度不在指定高度上，证明钢框架屋盖姿态存在垂直方向偏离，会导致产生内部扭矩从而破坏构件之间的焊缝质量。所以发现问题后立即对吊点进行调整，单独将此吊点进行提升，当此吊点达到指定高度后再进行整体的进一步提升。当钢框架屋盖整体包括各吊点的提升高度均到达指定高度后（24.365 m），表示整体提升完成（图4-87）。

图4-87 提升完成现场示意图

（7）屋盖卸载，拆除提升系统

由于钢框架屋盖跨度大，在卸载后会产生很大的水平向张力。针对卸载张力工法中采用在屋盖两侧下的支撑钢柱柱头上安装双向滑动支座进行卸载张力的释放，双向滑动支座具有顺轨向与垂轨向两个方向的位移功能，能够满足卸载放张的施工需求。

提升完成后对钢框架屋盖进行整体卸载，卸载前需进行开花柱节点的安装来作为屋盖承载结构。由于钢框架屋盖挠度大，卸载后会有较大的水平向张力，施工过程中通过开花柱节点以及双向滑动支座来释放卸载后的水平向张力。屋盖卸载完成后，进行液压同步提升系统的拆除。

大跨度屋盖卸载与卸载位移观测应同步进行，并随卸载进度实时收集测量数据，确保上一级卸载到位后再进行下一级卸载。当分级卸载完成后，屋盖自成体系，支撑架不再承受屋盖荷载，进行屋盖变形监测（图4-88，图4-89）。

图 4-88 开花柱节点现场示意图

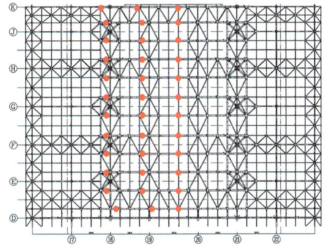

图 4-89 屋盖监测点布置图

**2. 大截面、高材质、厚壁构件焊接施工关键技术与创新**

在雄安站站房工程中，大截面、高材质的十字构件占比大、分段多、现场焊接量大，在工期紧、钢柱数量多的情况下，十字构件焊接是工程的难点。

针对十字柱截面大、厚板多、分段多、焊接量大，采用双向对称焊技术，加快焊接速率，保证焊接质量，提高焊接效率，可以达到快速、高效的焊接效果。

（1）节点优化设计

十字柱板厚大于 40mm 的现场焊接选用 V 形坡口，间隙 10mm，坡口角度 35°，选取单面 V 形反面衬垫的形式，省去清根等工序，且坡口开设均优先朝向外侧，以便人员的操作。此项目受现场土建施工影响，土建钢筋外露高度高于焊接作业面，为方便焊接安全作业和保证焊接质量，针对此情况，坡口开设选择内坡口形式（图4-90）。

（2）焊接操作平台搭设

研制焊接操作平台，作为临时支护设施，不仅用于高空焊接及安装作业，还可作为焊接防护棚，起到防风、防雨的作用。同时焊接操作平台的快速拆卸及循环利用，为焊接作业提供安全可靠的作业空间，节约成本，降低焊接垃圾产生，大幅度提高了焊接效率。

图4-90 外坡口及内坡口开设

本项目钢结构工程将对"钢爬梯""钢柱操作平台"等现场安全防护设施进行统一标准化管理。

钢爬梯用于钢柱、操作平台三角支撑架及操作平台的安装，配合防坠器用于登高作业。三角支撑架质为Q235B，三角支撑架由三段60 mm×60 mm×4 mm方钢制成（图4-91），形成一个三角形，其中一段1 100 mm长方钢端头焊接150 mm角钢形成挂钩状。卡扣板采用8 mm厚钢板，折弯后焊接在构件上用来固定三角支撑架。三角支撑架卡扣直接插入钢柱侧面预先制作卡扣孔内，斜撑顶住钢柱侧面，无需焊接，完成三角支撑架的安装。

焊接操作平台由角底板、直底板、调节滑板、翻版、护栏以及加固斜撑组成。平台由施工人员在堆场拼装后整体吊装就位，并经项目部组织验收合格后方可投入使用，项目部定期对操作平台的稳定性进行检查。操作平台护栏门宽度不小于600 mm，不大于900 mm，具体尺寸需结合项目现场实际制作。操作平台在本节点所有钢结构施工工序完成后由安防人员拆除并投入下一节点中循环使用（图4-92）。

图4-91 三角支撑架实景图

图4-92 焊接操作平台实景图

（3）安装校正、坡口清理

焊接操作平台搭设完成并验收通过后，进行钢柱的吊装，吊装过程中使用全站仪全程监测标高及平面位置，监测数据符合设计要求时，对钢柱进行定位焊接。

焊接前进行焊口清理，清除焊口处表面的水、氧化皮、锈、油污等。每道焊缝焊接完成后都要对焊缝进行表面除渣处理方可进行下一道焊缝的焊接。

（4）焊接方法创新

焊接过程中为保证焊接质量及焊接连续性，方便焊工操作进行过焊孔设置。过焊孔设置在腹板与腹板、腹板与翼缘板交接处。

在 V 形坡口反面焊接衬垫板，可以省去清根工作。

焊缝起始端加焊接引入、引出板，引入、引出板表面与焊接坡口面齐平，焊接时起弧和收弧应在引入、引出板上完成（图 4-93，图 4-94）。

图 4-93　焊过焊孔开设

图 4-94　引弧板焊接

（5）十字柱焊接顺序

十字形劲性柱安排两焊工，首先焊腹板焊缝 A，然后两焊工同时焊接腹板焊缝 B；焊接完成后，安排四焊工同时焊接翼缘焊缝 C 和 D。针对长焊缝特点采取多人分段分层退焊焊接，即由多名焊接技工，同热输入量、匀速焊接，并保持连续施焊，使焊接应力分散，有效地减小峰值应力，减少焊接冷裂纹及层状撕裂的产生倾向。并且两条长焊缝采取完全对称、同时焊接措施。

腹板焊缝 A、B 焊接，首先安排两焊工同时由腹板与翼缘板交接处起焊，同步向中心对称焊的焊接方式施焊，焊接过程中保持焊层及焊道同步，焊至腹板与腹板交接处过焊孔停焊，腹板焊缝 A 焊接完成后，安排两焊工以相同焊接方式焊接腹板焊缝 B。

外坡口翼缘板焊缝 C、D 焊接，安排四名焊工，按焊接顺序焊接，焊接过程保持焊层及焊道同步，在引入板起焊，连续焊接至引出板停焊。

内坡口翼缘板焊缝C、D焊接，安排四名焊工，分为两组，同时焊接翼缘板焊缝C，两组焊工以相反方向施焊，先各由一名焊工从翼缘板顶端起焊，焊至内坡口过焊孔处，由同组另外一名焊工从过焊孔处接焊继续施焊，直至焊接结束。翼缘板焊缝C焊接完成后，以相同焊接方式焊接翼缘板焊缝D（图4-95，图4-96）。

图4-95　腹板焊接完成示意图　　　　图4-96　过焊孔接焊示意图

### 3. 丰台站复杂钢结构节点制作关键技术与创新

九宫格钢柱由内部的井字形分仓隔板、外壁板、内加劲板和外节点板组成，加工零件数量多。如钢柱箱体外侧的四块外壁板均整体下料，势必造成部分分仓隔板与外壁板T接熔透焊缝无法焊接。因此需进行合理的板单元拆分，根据装焊顺序、焊接变形控制等要求选择板单元的通断关系。

综合考虑，将外壁板腹板沿柱长度方向拆分成三块腹板，可完成所有焊缝的焊接，其标准的九宫格钢柱节段加工单元划分如图4-97，图4-98所示。

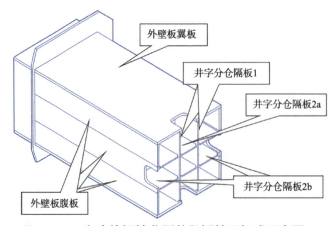

图4-97　九宫格钢柱典型节段板单元组成示意图一

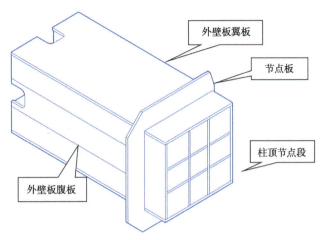

图 4-98　九宫格钢柱典型节段板单元组成示意图二

钢柱截面尺寸大，内部分为 9 个腔体，且内部水平加劲隔板及纵向肋板、栓钉数量较多，内部组装及焊接空间狭小，加工制作较为困难，须严格按照制定的组装焊接顺序加工。

坡口设计：对坡口角度 ≥ 60°的厚板坡口，采用小角度坡口，通过减少焊接填充量来减小结构的焊接变形。

采用端面铣床对箱体两端面进行机加工，使箱体端面与箱体中心线垂直，可有效地保证箱体的几何长度尺寸，从而提供现场安装基准面。

（1）组合式焊接技术

焊前采用远红外电加热技术，减少厚钢板的温度差，从而减少不均匀加热和冷却所带来的附加应力；焊后采用振动时效法进行构件残余应力的消除。打底焊采用 SMAW（焊条电弧焊），解决 GMAW 伸出焊丝过长影响焊接质量的矛盾，提高打底焊缝成型质量。填充焊采用 GMAW（实芯 $CO_2$ 气体保护焊），利用 GMAW 的高效及熔深相对较大的优点，提高焊接质量和效率。盖面焊采用 FCAW-G（药芯 $CO_2$ 气体保护焊），提高焊缝的表面质量，获得良好的观感效果。

（2）装配式预拼装技术

基于 BIM+ 装配式技术融合应用，实现构件数字化加工制作，运至现场堆场后，采用预拼装技术进行集成式拼装，在堆场内集中焊接，将原本现场焊接的焊缝挪至堆场，少了吊装次数，工期更易保证，焊缝质量更好控制，焊烟更方便收集。

（3）过程工艺控制

为保证电渣焊的焊接质量，先对隔板电渣焊接的夹板进行机加工，然后在专用隔板组装平台和工装夹具上进行横隔板的组装和定位焊接,焊后进行测量矫正。电渣焊接前,根据板厚上的位置线将横隔板的位置线划出来,并划出对合位置线,作为端铣时的对合标记,然后根据电渣焊的位置,箱体进行钻孔,钻孔后采用专用电渣焊机流水线进行电渣焊接。

将组装好的箱体转入箱体打底焊接流水线,采用对称施焊法和约束施焊法等控制焊接变形和扭转变形,焊后局部矫;最后对焊缝探伤。

组装实况如图 4-99~ 图 4-104 所示。

图 4-99　分仓隔板小合龙

图 4-100　节点板组装

图 4-101　横隔板气体保护焊

图 4-102　外壁板腹板埋弧焊

图 4-103　柱顶节点组装

图 4-104　端铣

### 4. 主要应用效果

有效地防止了在提升过程中挠度的产生,从而保证了钢框架屋盖整体提升质量。与传统高空散拼的施工方式相比,整体提升技术的施工效率更高,结合本项目实际情况，整体提升技术能够缩短 25% 的施工工期。由于能够有效地缩短工期，所以在过程中可以减少人、材、机的投入，能够有效地降低成本。

根据现场实际情况，合理分配劳动力，焊接方式灵活高效，在保证焊接质量的同时，保证了整个工程施工进度的正常运行。焊接操作平台的快速拆卸及循环利用，节约成本，降低焊接垃圾产生，大幅度提高了焊接效率，将为保证项目履约、提升产品质量、降低成本提供必要助力。

丰台站双层车场九宫格构件采用上述方法进行加工制作，成功地解决了腔体复杂带来的焊接难题，焊接一次合格率高，构件变形在可控范围内，节约了大量的返工及矫正费用，应用前景良好。

丰台站双层车场通过对十字形钢柱的加工过程进行精度控制，有效保证了十字形钢柱构件尺寸，为现场安装精度提供了有利的技术保障。

## 4.6　绿色施工示范工程案例

绿色施工是指在保证质量、安全等基本要求的前提下，通过科学管理和技术进步，最大限度地节约资源，减少对环境负面影响，实现节能、节地、节水、节材和环境保护（"四节一环保"）的建筑工程施工活动。近年来，部分铁路客站选址临近环境敏感区或位于重要城市区，如八达岭长城站临近八达岭长城核心风景旅游区，雄安站位于国家级新区——雄安新区，北京朝阳站、清河站、北京丰台站地处首都城市中心区，等。在这些铁路客站的建设过程中，参建单位以打造绿色施工示范工程为目标，制定严格的环保控制指标，采取严格的环境保护与资源节约措施，加强科技创新与创效，取得了良好的应用效果，为提高铁路绿色施工水平提供了借鉴。

### 4.6.1　八达岭长城站——旅游景区绿色施工示范工程

八达岭长城站是集隧道和地下车站于一体的暗挖洞群车站，车站部分地处八达岭长城核心风景旅游区，隧道部分穿越长城风景名胜区，邻近八达岭国家森林公园。整个工程地质条件复杂、施工难度大、安全风险高、质量标准高、环保文保要求严。

针对八达岭长城站特点及所处特殊环境，车站在建造过程中，制定了"文保优先、绿色施工"的原则,加强绿色建造施工管理。在环境保护与安全、资源节约与利用、技术创新等方面进行绿色施工实践,安全优质完成施工任务的同时,保护八达岭长城站 5A 风景旅游区的文物和生态环境,减小对游客和景区生态环境的影响。

### 1. 环境保护与安全

针对环境、水土、文物保护要求高的特点,八达岭长城站合理安排施工时序,严格落实振动和噪声防治措施,加强施工期间扬尘控制、废水处理、弃渣管理,最大限度地保护周边环境。在隧道施工过程中,加强围岩变形监测以及爆破振动速度的振动监测,将施工爆破振速控制在允许范围内,确保文物的安全和环境的"绿水青山"。

(1)施工废水处理

车站及隧道施工过程中产生的废水中污染物主要为 pH 值、悬浮物、五日生化需氧量、化学需氧量、氨氮等。根据不同工区施工废水组成成分及含量不同,八达岭长城站及隧道采用物化处理法和生物处理法相结合的综合处理方式。在洞室出入口设置沉淀、气浮、过滤装置,处理悬浮物 SS、少量的 pH 值、化学需氧量 $COD_{cr}$、石油类等。针对钻爆法施工废水中氨氮、总氮、pH 值远超预测值的情况,八达岭长城站采用了曝气生物滤池(G-BAF)技术,将生物氧化机理与深层过滤机理有机结合进行隧道施工废水处理。

物化处理法和生物处理法相结合的废水处理方式,污水处理效率高,处理效果明显,满足了旅游区施工的特殊环保要求。通过处理后的污水,经过采样检测水体的 pH 值为 7.38、化学需氧量 37.7 mg/L、氨氮含量为 1.14 mg/L、总磷含量为 0.11 mg/L,均达到排放要求,有效保护了周围生态环境(图 4-105)。

图 4-105 八达岭长城站曝气生物滤池处理废水

(2)施工噪声控制

临近旅游区施工,如果噪声超标,将大大降低旅游者的旅游愉悦度,严重时将影响周边旅游业以及动物的生存环境。地下车站及隧道施工中主要噪声污染源为隧道通风机、空压机等机械车辆以及临时渣土弃渣和倒运等。八达岭长城站在施工中采取多种方法和措施，将噪声控制在要求范围内。施工洞口选在离旅客集散地、常驻人口居住地、动物饲养区 200 m 以上的地点；洞室施工避开周边居民的休息时间，减少对周边旅客和居民的影响。在降噪方式上，通过设置进口降噪风机、吸音及隔音屏障等方式，从控制噪声源和控制噪声传播两方面，降低噪声分贝，从而到达降噪的目的。

（3）施工粉尘和有害气体处理

隧道的中气体环境污染主要是粉尘污染和有害气体污染，主要体现在悬浮颗粒物和一氧化碳等气体的浓度。传统的压入式通风和吸出式通风、巷道通风产生的废气都将排放到洞外，造成洞外空气质量差，甚至达不到空气质量排放标准。为此，八达岭长城站及隧道研究了国家级旅游区施工空气质量保护技术，解决了旅游区施工车辆的尾气、施工机械及爆破的粉尘、机械的废气带来的环境影，保护了旅游景区内的空气环境质量。

洞室内采用通风降尘 + 水幕墙降尘的措施。采用 XA3000 降尘设备进行现场降尘，同时在距掌子面一定距离施加 2 道或 3 道水幕墙，达到较良好的降尘效果。通过喷雾除尘、降尘设备等方式，有效降低洞内的粉尘浓度，处理后的空气质量达到国标二级标准，接近地方平均空气环境质量（图 4-106）。

图 4-106　八达岭长城站水幕墙与降尘设备

（4）洞室外施工扬尘保护

洞室外采用雾炮机 + 洒水降尘措施。在各个洞口及临时渣土存放场地采用降尘幕炮机进行降尘，在 100 m 有效距离范围内实现全自动控制，具有喷射效果好、降尘迅速的特点，有效解决露天粉尘无组织排放和雾霾问题（图 4-107）。

图 4-107　八达岭长城站幕炮机、洒水降尘

在隧道洞口临时弃渣场采用防尘网进行遮阳覆盖，渣土运输车辆加装平推式密闭覆盖篷布，减少室外扬尘对周边环境的影响（图 4-108）。

图 4-108　防尘网 + 平推式密闭覆盖篷布防尘

（5）施工弃渣管理

根据八达岭旅游区的要求，旅游区内禁止存放永久性弃渣。对此，车站及隧道对洞室弃渣处理进行了专门研究。旅游区内隧道弃渣采取"消纳为主，回填为辅"的技术方案，旅游区内只是少量临时存放，且对临时渣场进行复垦和绿化。同时，合理选择弃渣存放场地，遵循"不占好田，尽量复垦"的原则，选择采石场、采土场等凹地或是荒山沟等。新八达岭隧道选择远离景区 30 km 以外的程家窑弃渣场和羊儿岭弃渣场，有效减少对旅游区的生态环境，保护了周边植被。

（6）文物保护及旅游活动防护

八达岭长城站及隧道临近八达岭长城、水关长城、青龙桥车站等文化遗产，工程施工会对这些文物产生影响。同时，车站临近长城旅游区，会有大量游客出入，需要采取特别措施，减少对文物以及人文旅游活动的影响。

在隧道下穿八达岭长城及水关长城施工时，通过优化施工工法、优化爆破设计、采用电子雷管等方式，施作减振炮孔及减少药量的微损伤爆破技术，将爆破振速降低至允许振动速度 0.22 mm/s 以下，满足对文物保护的要求。下穿旧京张铁路时，主要通过地表注浆加固、轨道扣轨加固、优化隧道开挖等措施，加强爆破振速监测、围岩量测、地表沉降观测,实时监测轨道及站台的情况,确保安全顺利下穿。通过优化隧道施工物料运输以及采取封闭式施工管理,减少了施工对旅游区旅游活动的影响,整个施工期间,八达岭长城旅游区的旅客人数逐年增长,并未受到施工影响。

**2. 资源节约与循环利用**

(1) 废水利用

施工现场通过沉淀、气浮、过滤等综合处理方式对废水进行有效处理,使其达到国家排放标准。对达标后的废水进行循环利用,用于施工现场机具、设备、车辆的冲洗,喷洒路面,绿化浇灌等,有效解决施工沿线地区气候干燥,降水量少,水资源比较匮乏的问题(图 4-109)。

图 4-109 八达岭长城站废水处理与利用

(2) 施工弃渣利用

①隧道洞渣用作混凝土粗骨料

在远离风景区设置碎石加工场,选择较好围岩加工成 5~31.5 mm 碎石,用于隧道二衬混凝土粗骨料,约生产 $4 \times 10^5 \, m^3$ 碎石。

②弃渣填坑造地

根据合理运距,在风景区外选择取土坑、采石场等,将弃渣用于填坑造地,消耗弃渣约 $7 \times 10^5 \, m^3$。

③弃渣加工作为填料利用

新八达岭隧道将洞渣运至景区外碎石场内,除作为加式碎石用于混凝土粗骨料外,部分加工成 AB 组填料、二灰土等作为铁路站场、兴延高速公路填筑料等。

## 4.6.2 雄安站——国家级新区绿色施工示范工程

雄安站是雄安新区开工建设的第一个大型基础设施工程,具有十分重要的政治意义和社会意义。雄安站在整个施工过程中,遵从雄安新区"千年大计、国家大事"的政治定位，坚持"庄重大气、简约精致、绿色环保"的施工原则，以绿色施工示范工程为目标，实现施工过程的"绿色化、信息化"，打造"新时代铁路客站创新发展"的标志性精品工程。

结合客站特点、城市定位与绿色施工特殊要求，雄安站成立绿色施工管理组织机构，编制绿色施工专项方案，根据国家和地方的规范要求，制定环境保护和资源节约方面的控制指标和管理制度，为绿色建造施工提供相关的措施和技术保证。同时，成立绿色建造创新工作室和信息化技术创新工作室，积极应用信息化、工业化手段，开展绿色施工相关的关键技术研究，推广应用住房和城乡建设部推广的建筑业十项新技术，提高铁路客站绿色建造的技术创新与应用水平。

1. 环境保护与安全

（1）绿色施工标识

现场施工标牌设置环境保护内容，醒目位置设环境保护标识及宣传标语，营造绿色施工氛围。

（2）扬尘控制

严格落实"六个百分百"制度。施工现场配备围挡喷淋、洒水车、道路清扫车、雾炮以及塔吊大臂喷淋设备进行降尘；设置空气质量监测系统，当监测数值超过预警值时，自动启动喷雾降尘设备；土方作业采用湿法作业；现场空地进行绿化（图4-110）。

图4-110 雄安站扬尘控制措施

（3）噪声控制措施

合理安排工期，尽量避免夜间施工，根据现场噪声源分布情况设置噪声监测点，对施工现场噪声进行动态监测，噪声控制符合《建筑施工场界环境噪声排放标准》（GB 12523—2011）要求。现场加工房等噪声较大的场所搭设隔音棚，混凝土浇筑前申请噪声排放许可证；现场围挡为全封闭彩色金属板式围墙，可重复使用的材料，高效防治噪声污染（图4-111）。

图4-111 雄安站噪声控制措施

（4）有害气体控制

施工现场进出场车辆均取得雄安新区新区环保局下发的绿色标识，保证进出场车辆及机械设备废气排放均符合国家和地方要求，现场焊接作业采用烟气净化装置，生活区食堂安装油烟净化器。

（5）水污染控制措施

场地周边设置排水沟，现场厕所设置化粪池，定期清理，施工现场及生活区污水经污水处理站净化后统一排放，净化标准符合雄安新区规定，隔油池及化粪池定期清掏。

（6）光污染控制

现场焊接作业配置防护罩，照明设置安装灯罩，透光方向集中在施工现场。

（7）施工场地防护

对施工范围内文物古迹、古树、名木、地下管线的保护率达到100%；签订用地协议，在竣工后对非建筑用地进行复垦。

**2. 资源节约与循环利用**

（1）材料资源节约与循环利用

①钢筋损耗控制措施

钢筋统一在数控钢筋加工厂集中加工，减少人工费用，降低材料损耗，综合钢筋损耗率达到 0.94%，比定额损耗率低 53%。建立限额领料管理制度，钢筋下料由钢筋深化工程师完成，经过合理设计与搭配，减少短头余料。采用 BIM 技术对复杂节点钢筋连接进行深化设计，确保现场施工的高效有序（图 4-112）。

图 4-112 雄安站数控钢筋加工技术

②混凝土损耗控制措施

根据工程特点优化施工方案，如地下室结构施工采用跳仓法施工方案，大幅度节约膨胀剂的使用。应用 BIM 软件对浇筑方量进行精确统计，严格做好混凝土用量及标高控制，最大程度地减少余料的产生。对于不可避免的混凝土余料，设置混凝土余料回收区，加以回收利用，用以制作混凝土预制块或门窗过梁等。

③周转材料节约措施

采用钢模板、方木一体化覆塑模板、弯板式可调节柱箍等工厂定型加工产品，保证施工质量的同时，提高模板的周转次数，减少材料浪费，回收再加工可减少资源的浪费。现场临时建筑、安全防护等设施均采用定型化、工具化、标准化产品，如钢筋加工防护棚均采用可重复周转使用的轻钢结构，现场围挡采用可回收的夹芯墙板，施工临时道路采用预制混凝土路面或预制可周转钢板路面等。

④其他材料损耗控制措施

钢结构工程采用 TEKLA 等软件进行深化设计，生成构件清单及板材切割尺寸等信息，传输给数控切割机床使用。使用 MastNest 进行工艺排版，生成钢构件零件的排布关系，统一编号，大大减少钢构件加工过程损耗。机电工程使用 BIM 技术进行机电三维布线、虚拟施工、碰撞检查，输出三维施工图及构件清单，工厂加工后运输至现场安装，减少返工和材料损耗。装修工程中对墙面、地面、吊顶等进行排版设计，采用工厂加工、批量配送、现场装配式安装的方式进行施工。

（2）建筑垃圾控制与循环利用

现场产生的建筑垃圾及余料由项目部物资部调度中心统一调度，对废旧钢筋、模板及碎石等建筑废旧物资及垃圾进行回收处理。废钢筋用于生产标准化水沟盖板等构件，短木枋用接长机接长再利用，混凝土碎料等经粉碎处理后用于铺设临时道路（图4-113）。

图4-113　雄安站废料回收与利用

在现场混凝土拌和站配置砂石分离机+压浆机系统+五级沉淀池。该系统可以对混凝土余料进行浆、骨料分离，分离出的骨料经处理可再次利用，分离出的浆液经压浆剂处理后成块，用于现场临时设施的砌筑；五级沉淀后的水可循环使用，用于回站罐车的冲洗等。主体结构施工阶段，建筑垃圾综合回收率达到53%。

（3）水资源节约与利用

①给排水平面规划

根据现场办公临建及生产作业区的平面布置和用水量分析，结合施工场地平面布局和市政给排水点位置，对现场给排水系统进行综合布设，以满足施工、生活及消防施工用水需求。

②雨（污）水回收利用技术

现场主干道两侧布置排水沟，生活区设有雨水收集池。场地内的雨水经过收集与处理后，达到国家中水水质标准，可循环利用于施工现场冲厕、洗车、绿化用水、景观用水和消防用水等。现场利用施工降水、雨水收集等非传统水回收再利用率超过总用水量的30%（图4-114）。

图 4-114　雄安站雨水收集与利用

③节水器具

在生活区及生产区的卫生间、淋浴间、洗漱间等均安装节水器具，配置率达 100%，施工现场及办公区卫生间清扫的水源主要为水循环利用系统所收集的雨水。

（4）能源节约与利用

①就地取材

尽量选取当地材料，减少运输距离，本项目所使用的材料据现场 500 km 以内的建筑材料采购量占比不低于 70%。

②空气能热水器

项目生活区设置空气能热水器，供职工日常生活使用，该系统获取空气中大量免费热能，与传统的电热水器相比，节能 70%~90%，节省能源的使用量（图 4-115）。

图 4-115　空气能热水器

③节能灯具与太阳能路灯使用

生产区与生活区节能灯具使用率100%，现场和项目部生活区配备太阳能LED路灯，清洁无污染并可再生的绿色环保能源（图4-116）。

图4-116 太阳能路灯

**3. 技术创新与创效**

（1）创新技术应用介绍

①劲性结构纵向钢筋组合式连接施工

劲性结构纵向钢筋组合式连接施工是一种采用双螺套和接驳器取代普通直螺纹套筒的钢筋机械连接技术，适用于大型钢骨劲性结构内钢柱梁之间钢筋连接。与传统普通直螺纹连接和焊接组合形式相比，该工艺施工全过程方便快捷，减少了返工浪费，节约了施工时间，有效地降低了物资成本，更好地保证了结构施工安全，取得了明显的经济效果。

②装配式站台及吸声墙

装配式站台及吸音墙采用预制拼装技术，利用具有吸声功能的装配式复合构件取代传统现浇挡砟墙，实现预制装配与吸声降噪的目的。与传统现浇站台及挡砟墙相比，该工法施工工艺难度低，主要构件采用工厂化预制及角钢连接，大幅缩短施工工期的同时确保了墙体外表清水混凝土良好的装饰效果。利用离心玻璃棉及混凝土复合结构，达到吸声降噪的效果，免去站台声屏障的投入，安装过程中无湿作业，绿色环保，符合绿色铁路客站的建设要求。

③绿色可回收边坡支护体系

绿色可回收边坡支护体系施工技术是一种采用绿色装配式轻质复合材料取代传统土钉墙中的网喷混凝土的支护技术。与传统喷锚支护形式相比，该工艺施工快捷，不需使用大型机械，无湿法作业，不产生粉尘污染，其主要材料可周转使用，降低了材料成本和能源消耗，实现了全过程绿色环保。此外，绿色可回收边坡施工完成后表面平整，外观质量好，起到了良好的美化现场环境的作用。

④超长混凝土灌注桩钢筋笼快速接长

在超长灌注桩钢筋接长施工时，采用钢筋连接部件"双螺套"施工工艺。该工艺在两节钢筋笼纵向受力钢筋连接端头预套标准剥肋直螺纹丝头，通过"双螺套"钢筋接头将待接长钢筋牢固连接。与传统焊接做法相比，该工艺提高了钢筋笼连接速度，减少了人工投入，减少了焊接过程中烟气的产生，具有便捷稳固环保的特点。

⑤地下室底板免剔凿施工缝

针对传统施工缝存在的问题，雄安站在地下室底板施工时采用了免剔凿施工工法。该工法利用钢丝网形成的凹凸面实现新老混凝土有效黏合，从而避免二次剔凿，在满足施工简便、质量可控等需求的同时，有效保证了施工缝的防水性能。采用免剔凿施工缝省去模板支设及混凝土剔凿施工工序，可大幅度地节约施工工期、改善混凝土接缝效果，提高施工缝质量，减少施工废弃物的产生及对环境的影响，具有良好环保及社会效益。

（2）十项新技术应用

应用建筑业十项新技术共 8 大项、39 小项（表 4-2）

表 4-2 雄安站建筑业十项新技术应用

| 序号 | 专项分类 | 新技术名称 |
| --- | --- | --- |
| 1 | 一、地基基础和地下空间工程技术 | 灌注桩后注浆技术 |
| 2 | 二、钢筋与混凝土技术 | 高耐久性混凝土技术 |
| 3 | | 自密实混凝土技术 |
| 4 | | 混凝土裂缝控制技术 |
| 5 | | 高强钢筋应用技术 |
| 6 | | 高强钢筋直螺纹连接技术 |
| 7 | | 钢筋焊接网应用技术 |
| 8 | | 预应力技术 |
| 9 | | 建筑用成型钢筋制品加工与配送技术 |

续上表

| 序号 | 专项分类 | 新技术名称 |
|---|---|---|
| 10 | 三、模板脚手架技术 | 销键型脚手架及支撑架 |
| 11 | | 清水混凝土模板技术 |
| 12 | 五、钢结构技术 | 高性能钢材应用技术 |
| 13 | | 钢结构深化设计与物联网应用技术 |
| 14 | | 钢结构智能测量技术 |
| 15 | | 钢结构虚拟预拼装技术 |
| 16 | | 钢结构高效焊接技术 |
| 17 | | 钢结构防腐防火技术 |
| 18 | | 钢与混凝土组合结构应用技术 |
| 19 | 六、机电安装工程技术 | 基于BIM的管线综合技术 |
| 20 | | 导线连接器应用技术 |
| 21 | | 可弯曲金属导管安装技术 |
| 22 | | 机电管线及设备工厂化预制技术 |
| 23 | | 薄壁金属管道新型连接安装施工技术 |
| 24 | | 金属风管预制安装施工技术 |
| 25 | | 机电消声减振综合施工技术 |
| 26 | 七、绿色施工技术 | 建筑垃圾减量化与资源化利用技术 |
| 27 | | 施工现场太阳能、空气能利用技术 |
| 28 | | 施工扬尘控制技术 |
| 29 | | 施工噪声控制技术 |
| 30 | | 绿色施工在线监测评价技术 |
| 31 | | 工具式定型化临时设施技术 |
| 32 | | 建筑物墙体免抹灰技术 |
| 33 | 九、抗震、加固与监测技术 | 消能减震技术 |
| 34 | | 深基坑施工监测技术 |
| 35 | | 大型复杂结构施工安全性监测技术 |
| 36 | 十、信息化技术 | 基于BIM的现场施工管理信息技术 |
| 37 | | 基于互联网的项目多方协同管理技术 |
| 38 | | 基于移动互联网的项目动态管理信息技术 |
| 39 | | 基于物联网的劳务管理信息技术 |

**4. 应用效果**

雄安站地处雄安新区，施工过程中以"河北省建设工程安全文明工地""河北省建筑业新技术应用示范工地""河北省绿色施工示范工程"为绿色建造目标。积极应用绿色施工新技术与新工艺，进行各施工阶段绿色建造总结与评价，通过了中施企协工程建设项目绿色建造施工水平评价，取得了良好的应用效果（表4-3）。

表4-3 雄安站绿色施工控制项目与应用指标（部分）

| 序号 | 控制项目 | 控制指标 |
| --- | --- | --- |
| 1 | 场界空气质量 | 不超过气象部门数据 |
| 2 | 建筑垃圾 | 固体废弃物排放量不高于 150 t/($10^4$m$^2$) |
| 3 | 有毒、有害废弃物控制 | 收集率达到100%，100%送专业回收点或回收单位处理 |
| 4 | 污废水控制 | 污废水100%检测合格后有组织排放 |
| 5 | 烟气控制 | 进出场车辆、设备废气达到年检合格标准，集中焊接均有焊烟净化装置，工地食堂油烟100%经油烟净化处理后排放 |
| 6 | 建筑实体材料损耗率 | 主要材料损耗率比定额损耗率降低约为31% |
| 7 | 非实体工程材料可重复使用率 | 非实体工程材料可重复使用率达到75% |
| 8 | 模板周转次数 | 模板周转次数为6~8次 |
| 9 | 建筑垃圾回收再利用率 | 主要建筑垃圾回收再利用率达到60% |
| 10 | 现场节电控制 | 比定额用电量节省约为14% |
| 11 | 材料运输 | 距现场500 km以内建筑材料用量占比达到80% |
| 12 | 节水控制 | 比工程施工设计用水量降低13% |
| 13 | 水资源利用 | 非传统水源回收再利用率占总用水量达到35% |
| 14 | 节地控制 | 临建设施占地面积有效利用率达到92% |
| 15 | 人力资源节约 | 总用工量节约率达到定额用工量的3.8% |
| 16 | 职业健康安全 | 危险作业环境个人防护器具配置率达到100% |

### 4.6.3 北京朝阳站——首都城市区绿色施工示范工程

北京朝阳站地处北京市朝阳区，是京哈高速铁路、北京枢纽东北环线、东星铁路的交汇车站，也是北京铁路枢纽六大主站之一。在建设过程中，北京朝阳站遵从"北京东北域重要门户车站"的定位，按照中国建设工程鲁班奖的创优要求，以绿色施工示范工程为目标，创建北京市绿色安全样板工地，打造"首都特质、国际特色、时代风标"的现代化铁路精品客站（图4-117）。

图4-117　北京朝阳站效果图

北京朝阳站在建设过程中，按照首都的城市性质和铁路车站的特点，执行国家和北京市关于污染防治和环境保护的法律、法规和规章，精益绿色策划与实施管理，制定绿色施工专项方案。加大绿色施工关键技术研究与应用力度，提高资源节约、环境保护、建筑垃圾排放等控制标准，为首都城市区内铁路客站绿色施工提供有力的措施和技术保证。

**1. 环境保护与安全**

（1）绿色施工标识

设置绿色施工管理制度牌、绿色施工管理体系图等绿色施工相关标牌。施工现场醒目位置放置绿色施工标识和宣传标语，施工主入口及有毒有害物品堆放地放置环境保护宣传牌，外防护网及主要临街面等设环境保护宣传标语（图4-118）。

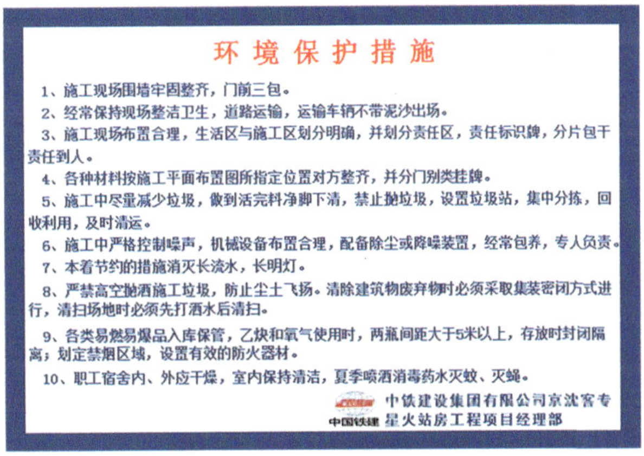

（2）扬尘控制

图4-118　环境保护宣传牌

按照北京市朝阳区环保10个100%要求，工地周边100%围挡封闭，物料堆放100%覆盖，土方开挖100%湿法作业，场内主要道路100%硬化，出入车辆100%清洗，渣土车辆100%密闭运输，未施工的裸露土方100%苫盖，建筑垃圾100%密闭存放。成立扬尘治理领导小组，并将成员信息、《渣土消纳许可证》《建筑垃圾消纳许可证》及准运证备案运输车辆信息等100%公示，非道路移动机械100%登记上账。

施工场地设置扬尘智能监控设备及降尘设备,当监控数值超过预警值时,自动启动降尘设备喷淋降尘。施工场地内洒水车每日循环喷洒、土方外运出入口设置洗车池清洗车辆、道路摆放雾炮降尘。关注高空垃圾清运,通过钢栈桥运输并分类打包,避免产生扬尘。同时,制定空气质量超标应急预案并实施,满足北京市空气质量要求(图4-119)。

图4-119　北京朝阳站扬尘控制措施

(3)有害气体排放控制

按照《绿色施工评价标准》的有关规定,制定严格控制措施,保证工程室内空气质量检测合格。生活区食堂设置油烟处理净化装置,食堂油烟100%净化处理排放。进场车辆、机械尾气检测合格,有害气体排放符合国家年检标准。在钢筋数控加工中心配备焊烟净化处理装置,在现场喷漆作业增设防挥发物扩散措施等,严格控制有害气体的排放。

(4)水土污染控制

合理布置施工现场供、排水管道系统,减少迁改破坏,同时采取措施严控污水管道泄露。项目进场后及时申请排水许可证,定期检测污水排放情况,达到现行国家标准《污水综合排放标准》(GB 8978)要求后排入市政管网。化学品存放处及污物排放采取有效的隔离措施;设排水沟并通畅,实施雨污分流管理;针对不同污水类别,设置相应的沉淀池,进行污水处理;施工现场与生活区设置隔油池、化粪池等,签订委托专业环卫部门进行隔油池、化粪池的清掏,并记录。

(5)光污染控制

主体结构施工阶段,夜间施工均采用LED节能照明灯,并加设灯罩,避免光污染对周边居民的影响。钢结构工程焊接作业采用遮光挡风棚,避免光线泄露。

(6)噪声污染控制

合理布置施工总平面,将噪声大的生产区远离居民区,避免对周边居民(泛海地块小区）影响。将钢筋加工声音、混凝土泵车泵送震动声音、电锯切割作业时噪声等列为主要噪声来源，并采取控制措施。依据《建筑施工场界环境噪声排放标准》（GB 12523—2011）的规定，布置噪声自动监测设备，对噪声进行记录和数据分析，动态调整降噪措施。

（7）施工场地防护

对施工场地内文物、古树名木及相关管线线路进行保护，优化深基坑施工方案，减少土方开挖回填，科学保护水土，采用永临结合的方式，对生活区及生产区进行绿化，道路两侧种植草坪（后期临时种植草坪移栽至雨棚停车场种植池作为永久植被绿化），生活区设置花箱、绿化园、开垦种植菜园等，美化环境。施工现场、办公区、生活区场地道路严格限制使用混凝土或砂浆进行硬化，对车辆频繁通行的道路，进行混凝土硬化、碎石及水稳级配砂石铺设夯实。

2. 资源节约与循环利用

（1）材料资源节约

根据施工进度、库存情况等合理安排材料的采购、进场时间和批次，减少库存，实行限额领料制度。钢筋采用专业化、自动化加工，通过选用数控钢筋加工设备选用、优化加工区设备布置、优化钢筋加工与配送方式等，提升钢筋加工效率和成型质量，减少材料损耗与浪费。在虚拟建造、管线碰撞模拟、装修材料排版与深化、辅助项目材料下料及材料成本核算等方面，广泛应用BIM技术，降低了施工中的差错漏碰，提高了项目成本控制水平。坚持样板先行，避免效果不佳造成的大面积返工，提高了工程综合效益（图4-120）。

图4-120 北京朝阳站数控钢筋加工技术

（2）材料循环利用

现场办公和生活用房采用可周转、可拆装的装配式多层轻钢结构，钢结构型材可循环使用。现场围挡最大限度地利用已有围墙,或采用装配式围挡结构体系,工地临房、临时围挡材料可重复使用率达到70%。施工中使用密目钢板网、钢模板、钢木龙骨、盘扣式钢管架等可周转构件,增加周转次数和材料循环利用率,实现临时设施、安全防护设施等定型化、工具化、标准化(图4-121)。

图4-121 北京朝阳站材料循环与利用

(3)建筑垃圾控制与循环利用

按《住房和城乡建设部关于推进建筑垃圾减量化的指导意见》有关规定,严控建筑垃圾产生量,不高于300 t/($10^4$ m²)。建立垃圾控制与循环利用台账,对建筑垃圾清运情况、建筑垃圾回收情况以及生活办公废品分类回收情况等进行记录。采用碎石设备,对废石、废混凝土等破碎后作为骨料使用,并形成重复利用记录。进场材料包装用纸质、塑料质、塑料泡沫质的盒(袋)等均分类回收,集中堆放。

(4)水资源节约与利用

根据用水量,对管线线路和阀门位置进行专门设计,并采取有效措施减少管网和用水器具的漏损。现场机具、设备、车辆冲洗、喷洒路面、绿化浇灌等用水,优先采用非传统水源,尽量不使用市政自来水。在洗车处设置三级沉淀池循环利用洗车水,在生活区及生产区的卫生间等均使用节水器具,配置率达100%(图4-122)。

图4-122 北京朝阳站水资源节约与利用(沉淀池)

（5）能源节约与利用

根据客站施工特点，科学安排施工计划，减少夜间施工，减少冬季施工，降低施工能源消耗。就地取材，优先考虑京津冀地内材料设备供应商（施工现场500 km以内），合理布置施工场地，减少材料设备的二次搬运。加强施工机械设备安装、使用、维护保养等过程管理，开展用电、用油计量，建立施工机械设备档案，使机械设备保持低耗、高效的状态。生产中设置时钟自动控制器，按最低照度进行照明设计，选用LED节能灯具，办公区和生活区分户控制，分别计量，并全部采用节能照明灯具，现场设置空气能机组、太阳能路灯等，合理利用空气能源和太阳能等清洁能源。

**3. 技术创新与创效**

（1）创新技术应用介绍

①绿色装配式支护

北京朝阳站在基坑支护中采用了"绿色装配式支护"方案，解决了传统土钉墙支护施工周期长、安全隐患大、易污染环境等弊病。绿色装配式支护由轻质高强新型混凝土、人工聚合高分子材料、高强度钢材、生物材料和其他组合型材料等构成。其面层具有一定的延展性，可以有效抵制极端恶劣天气造成的破坏，同时面层可在工厂预制成标准块件，在现场拼接安装，且材料可周转使用，符合绿色可持续的建设理念。同等条件下，绿色装配式护坡可节约10%~30%的综合造价，基坑支护施工工期缩短一个月，具有良好的质量效益和经济效益。

②大截面异形清水混凝土施工技术

北京朝阳站在站台及雨棚区域采用清水混凝土施工工艺。与传统的抹灰装饰方法相比，清水混凝土一次成型，避免了抹灰层易空裂、脱落等弊端，同时缩减了施工工期，降低了养护维修费用，综合效益显著。北京朝阳站对清水混凝土复杂节点施工技术、清水混凝土一次成型质量控制技术、雨棚梁板复杂排布下蝉缝空洞综合排版技术等进行研究，优化调整清水混凝土配合比，加强水泥、骨料等原材料进场质量把控，降低混凝土表面质量缺陷，满足表面色均性和光洁度的要求，使清水混凝土呈现观感一致、质感自然的效果。

③全自动化数控钢筋加工技术

北京朝阳站钢筋使用总量约为$9.5 \times 10^4$ t，规格多、数量大。结合施工场地狭窄，工期紧张等特点，北京朝阳站建立数控钢筋加工生产中心，应用全自动化数控钢筋加工技术，提高了施工功效与加工精度，减少了材料损耗与浪费，降低了人工成本与人员劳动强度，提升了现代化施工技术水平，体现了铁路客站精益建造的理念。

④物联网+BIM+GIS的信息化管理平台

通过物联网、BIM、GIS模型的集成应用，打通功能模块与三维模型连接通道，整合形成信息化管理平台。该平台解决了现场进度管理、质量安全管理、物资管理、劳务管理等与平台数据不一致的问题，现场管理效率高、成效好、可追溯性强，绿色施工综合效益显著，起到了良好的示范带动作用。

⑤复杂钢结构施工关键技术

北京朝阳站站房屋盖为复杂空间钢结构形式，施工中存在拼装复杂、施工难度大等问题。根据结构体系特点与现场施工情况，北京朝阳站对复杂工况下组合式空间钢桁架结构的施工方案进行专门研究，通过分块吊装、整体提升、滑移施工等不同方案的比选，最终确定部分提升和部分滑移相结合的方案。这种施工方案避免了大量的高空作业，节约大量支撑架体，减少工期和成本，有效解决了大跨度、大面积空间复杂钢结构安装难度大、施工进度慢等问题，保证了工程质量。

（2）十项新技术应用

响应"住房城乡建设部关于做好《建筑业10项新技术（2017版）》推广应用的通知"，应用了建筑业10项新技术中共10大项、42子项（表4-4）。

表4-4　北京朝阳站建筑业10项新技术应用

| 序号 | 建筑业10项新技术 | 工程应用项目 | 应用部位 |
| --- | --- | --- | --- |
| 1 | 一、地基基础和地下空间工程技术 | 灌注桩后注浆技术 | 南北雨棚工程桩 |
| 2 | | 长螺旋钻孔压灌桩技术 | 基坑、地铁围护桩 |
| 3 | | 混凝土桩复合地基技术 | 综合运输通道、南北风道 |
| 4 | | 装配式支护结构施工技术 | 汽车坡道围支护结构 |
| 5 | 二、钢筋与混凝土技术 | 高耐久性混凝土技术 | 中央站房、雨棚、西站房结构 |
| 6 | | 再生骨料混凝土技术 | 临设基础垫层 |
| 7 | | 混凝土裂缝控制技术 | 中央站房西站房基础 |
| 8 | | 高强钢筋应用技术 | 中央站房、雨棚、西站房结构 |
| 9 | | 高强钢筋直螺纹连接技术 | 中央站房、雨棚、西站房 |
| 10 | | 预应力技术 | 站房、雨棚10m层以上结构 |

续上表

| 序号 | 建筑业10项新技术 | 工程应用项目 | 应用部位 |
|---|---|---|---|
| 11 | 三、模板脚手架技术 | 销键型脚手架及支撑架 | 架体全部采用盘扣式脚手架 |
| 12 | | 清水混凝土模板技术 | 站台上可视范围内 |
| 13 | 四、装配式混凝土结构技术 | 混凝土叠合楼板技术 | 中央站房高架夹层结构 |
| 14 | | 预制构件工厂化生产加工技术 | 钢筋自动化加工、预制清水混凝土钢模板 |
| 15 | 五、钢结构技术 | 钢结构深化设计与物联网应用技术 | 中央站房、西站房的大跨度钢结构屋面网架，钢骨柱<br>中央站房、西站房的大跨度钢结构屋面网架，钢骨柱<br>中央站房、西站房的大跨度钢结构屋面网架，钢骨柱 |
| 16 | | 钢结构智能测量技术 | — |
| 17 | | 钢结构虚拟预拼装技术 | — |
| 18 | | 钢结构滑移、顶（提）升施工技术 | 中央站房、西站房的大跨度钢结构屋面网架 |
| 19 | | 钢结构防腐防火技术 | 中央站房、西站房的大跨度钢结构屋面网架 |
| 20 | | 钢与混凝土组合结构应用技术 | 中央站房、西站房钢骨柱 |
| 21 | 六、机电安装工程技术 | 基于BIM的管线综合技术 | 中央站房西站房管线综合排布 |
| 22 | | 机电管线及设备工厂化预制技术 | 各种设备机房 |
| 23 | 七、绿色施工技术 | 封闭降水及水收集综合利用技术 | 中央站房、西站房基坑 |
| 24 | | 建筑垃圾减量化与资源化利用技术 | 建筑垃圾再利用回填 |
| 25 | | 施工现场太阳能、空气能利用技术 | 冷热水、空调等采用空气能技术，路灯照明采用太阳能技术 |
| 26 | | 施工扬尘控制技术 | 现场道路设置自动降尘喷淋，车辆经过洗车池自动冲洗 |
| 27 | | 施工噪声控制技术 | 火车线路及架体外侧采用穿孔吸音板，阻挡噪声 |
| 28 | | 绿色施工在线监测评价技术 | 智能远传水电表 |
| 29 | | 工具式定型化临时设施技术 | 办公区、工人生活区使用标准化箱式房，现场临边、操作架等防护采用定型可周转防护 |

续上表

| 序号 | 建筑业10项新技术 | 工程应用项目 | 应用部位 |
|---|---|---|---|
| 30 | 八、防水技术与围护结构节能 | 防水卷材机械固定施工技术 | 专用压条和螺钉对卷材固定 |
| 31 | | 地下工程预铺反粘防水技术 | 站房基础筏板反水施工 |
| 32 | | 种植屋面防水施工技术 | 南北雨棚种植屋面 |
| 33 | | 高性能保温门窗 | 外立面门窗 |
| 34 | | 结构无损性拆除 | 中央站房地下室结构拆改 |
| 35 | 九、抗震、加固与监测技术 | 深基坑施工监测技术 | 站房房基坑、边坡检测 |
| 36 | | 大型复杂结构施工安全性监测技术 | 中央站房、西站房、钢结构、钢结构结构健康检测 |
| 37 | | 受周边施工影响的建（构）筑物检测、监测技术 | 土方开挖施工阶段对铁路监测 |
| 38 | 十、信息化技术 | 基于BIM的现场施工管理信息技术 | 项目采用自主研发"156"信息系统平台进行管理 |
| 39 | | 基于互联网的项目多方协同管理技术 | — |
| 40 | | 基于移动互联网的项目动态管理信息技术 | — |
| 41 | | 基于物联网的工程总承包项目物资全过程监管技术 | — |
| 42 | | 基于物联网的劳务管理信息技术 | — |

**4. 应用效果**

北京朝阳站在施工过程打造了"北京市绿色安全样板工地"，按照施工管理、环境保护与安全、资源节约与循环利用、技术创新与创效、绿色可持续发展等五个维度的评价指标，通过了中国施工企业管理协会工程建设项目绿色建造施工水平评价，取得了良好的应用效果（表4-5）。

表4-5 北京朝阳站绿色施工控制项目与应用指标（部分）

| 序号 | 控制项目 | 控制指标 |
|---|---|---|
| 1 | 现场宿舍人均使用面积 | 不小于2.5 m² |
| 2 | 场界空气质量 | 不超过气象部门数据 |
| 3 | 扬尘 | 土方作业目测扬尘高度小于1.5 m，结构施工、安装装饰作业区目测扬尘高度小于0.5 m |
| 4 | 水土污染控制 | 达到国家现行《污水综合排放标准》（GB 8978）要求，污废水100%检测合格后有组织排放 |

续上表

| 序号 | 控制项目 | 控制指标 |
| --- | --- | --- |
| 5 | 噪声与振动控制 | 满足现行《建筑施工场界环境噪声排放标准》（GB 12523）要求 |
| 6 | 节地控制 | 临建设施占地面积有效利用率达到 90% |
| 7 | 材料运输 | 距现场 500 km 以内建筑材料用量占比达到 70% |
| 8 | 建筑实体材料损耗率 | 钢筋、商品混凝土等材料损耗率比定额损耗率降低约为 50% |
| 9 | 非实体工程材料可重复使用率 | 工地临房、临时围挡材料的可重复使用率达到 70%；周转材料重复利用率 90% 以上 |
| 10 | 模板周转次数 | 模板周转次数不小于 6 次 |
| 11 | 建筑垃圾 | 固体废弃物排放量不高于 150 t/（$10^4 m^2$） |
| 12 | 废物回收 | 建筑材料包装物回收率 100%；废旧材料回收使用率 30%。 |
| 13 | 节水控制 | 比工程施工设计用水量降低 12% |
| 14 | 水资源利用 | 非传统水源回收再利用率占总用水量达到 30% |
| 15 | 现场节电控制 | 比定额用电量节省约为 11% |
| 16 | 能源消耗 | 比定额用量节省 10% |
| 17 | 有毒、有害废弃物控制 | 100% 送专业回收点或回收单位处理 |
| 18 | 职业健康安全 | 危险作业环境个人防护器具配置率达到 100% |

第 5 章

# 铁路客站运营维护创新

经过几十年的发展，我国铁路网，特别是高铁网，建立了全套完备的技术体系，实现了从"追跑"到"领跑"的关键性转变，实现了由"大"到"强"的飞跃。铁路客站是铁路网的重要组成部分，是服务广大人民群众、体现人文关怀、精准服务和精神文明的窗口，是实施智能铁路战略的重要组成部分。本章从客站信息化、数字化、智能化角度出发，简要回顾了客票系统、旅客服务与生产管控平台、客站建筑设备设施数字化运维三大系统发展历程，并基于铁路智能客站框架体系，对三大系统的功能特色、关键技术及创新应用等内容进行了阐述。

## 5.1 铁路客站运营维护信息化发展历程

### 5.1.1 客票系统

20世纪90年代，中国铁路为了适应现代化发展，开始了由"常备客票+手工作业"的售票模式向计算机售票的探索。1996年，铁道部成立了客票总体组，启动了中国铁路客票发售和预订系统（TRS V1.0）的研发。该项目列入"九五"国家重点科技攻关计划，标志着中国铁路售票告别了印刷机和电话线，步入了全新的计算机时代。

客票系统发展至今，成果显著。从1996年上线V1.0版，实现了手工售票向计算机售票的转变，1997年上线V2.0版本，实现地区中心联网售票，1999年上线V3.0版本，实现全国联网售票，2002年上线V4.0版本，满足收入清算需求，2006年、2008年、2009年分别上线V5.0、V.5.1、V5.2版本，实现了席位复用/共用、自动售/检票、电话订票、实名制售票等需求和功能。2011—2020年期间，随着新一代客票系统的一期、二期、三期工程开展，实现了互联网售票、手机售票、站车无线交互、票额智能预分、席位集中、系统双活等功能，多年来客票系统实现了分阶段跨越式发展。

中国铁路客票发售和预订系统有着长达二十余年（1996年—至今）的技术积淀，形成了1个总部中心，18个地区中心，覆盖3 000余座车站的客票席位云计算平台。总部中心采用双活架构，支持12306互联网售票业务。售票设备方面，客票系统现有3万余个售票窗口，2万余台自动售取票机以及11万多路电话订票接入线数。售票渠道方面，具备线下、线上两种渠道，线下渠道包括车站窗口、代售点、站内/站外自动售取票机等方式；线上渠道包括互联网、手机、电话等方式。网站用户方面，12306网站注册用户逾6亿人，12306客户端总装机量累计超19亿多。支付方式方面，支持现金、银行卡、第三方支付（支付宝/微信支付）等多种支付方式。售票能力方面，单日售票量能力达2 000万张以上。延伸服务方面，已上线订餐、网约车、酒店、保险、行程提醒、遗失物品查找等服务。

2020年6月20日，全国所有高铁和普铁车站实现电子客票全覆盖，惠及99%以上的铁路出行旅客群体。

伴随国铁集团客运提质计划、货运增量行动、复兴号品牌战略三大举措的深入实施，铁路服务供给和经营发展能力不断加强，在构建舒适、快捷的客运服务体系中提出了更高的标准。客票系统作为旅客出行服务主渠道，亟需构建智慧化出行综合服务技术体系，深化运营领域关键技术创新和产业化应用，打造一站式全程畅行服务生态链，实现出行即服务。通过深化与旅游、文化等产业融合发展，创新旅游、酒店、网约车等定制产品，为旅客提供智慧化、互联化、共享化、个性化的出行服务。通过客运生产作业自动化、智能化，辅以智能化票务管理和售票组织管理手段，多措并举提高运营组织效率，满足深化运输供给侧结构性改革的要求，提升业务集中管理水平、加强客运决策事件驱动能力，打造安全优质、人享其行的一流运输服务品质。

## 5.1.2 旅客服务与生产管控平台

旅客服务与生产管控平台覆盖了客站旅客服务、生产指挥、应急保障、绿色节能业务。

**1. 客站旅客服务业务方面**

2005年以前，铁路旅客服务信息系统（以下简称"旅服系统"）以车站业务为主体，采用分立系统模式，由到发通告、车站广播、车站引导显示、视频监控、旅客查询、时钟等各个系统独立运行。2008年，旅服系统实现了以车站为核心的运营模式，并在京津城际上线应用。2011年5月，国铁集团建设了局控模式旅客服务集成管理平台，旅服系统的发展步入了以路局为核心的运营模式，以路局为单位对所辖车站统一指挥和管理，在路局集中接入调度、客票等系统信息，具有路局集中、车站应急、车站授权控制等多种业务模式，提高了指挥和管理效率。2012年9月，郑州铁路局、武汉铁路局建立了旅服系统路局中心，郑州东站上线使用旅服系统。2014年5月"铁路旅客服务系统集成管理平台"通过了中国铁路总公司技术评审。2017年针对旅服系统展开深化研究，设计了智能车站条件下旅服系统框架，集成了客运工作人员作业排班、到岗作业监控、客运综合指挥、站内客流统计分析、应急业务联动等功能模块，为旅客提供便捷、温馨的候乘体验，为客运生产作业提供智能、高效的管理手段。

**2. 生产指挥方面**

2012年7月，在铁道部运输局的统一领导和部署下，由铁科院会同各铁路局客运部门开始研制铁路客运管理信息系统，同年12月通过铁道部运输局组织的需求评审。2014年12月通过中国铁路总公司运输局组织的总体方案评审，方案提出了系统总体架构、逻辑架构、网络安全方案等内容，设计了值乘计划管理、在途列车监控、客运组织与作业管理、列车办公与服务管理、规章文电管理等功能。2015年2月通过中国铁路总公司组织的铁路客运管理信息系统1.0版本技术评审，系统主要包括乘务计划、在途列车监控、列车办公管理、调度命令管理、上水管理等功能，能够满足日常客运管理需要。总体方案评审及技术评审奠定了铁路客运管理信息系统的理论基础及软件研发方向。2016年3月根据中国铁路总公司《铁运函〔2016〕161号文》的要求，正式开始在全路推广应用，截至2018年12月系统已在国铁集团、18个铁路局及下属客运站段稳定运行。

### 3. 应急保障方面

经过多年努力，铁路建立了"国铁集团—铁路局—站段"三级应急预案体系，建成了国铁集团应急平台和18个路局的应急平台。部分铁路局在铁路运输调度管理系统中建立了应急救援调度指挥系统，或铁路局安全监控及应急救援指挥系统；部分站段开发了预案管理系统，少数车站建立了基于设备台账和救援资源的应急信息管理。2017年针对铁路站车应急指挥一体化关键技术展开研究，建立了站车应急指挥一体化框架体系，制定了应急指挥总体方案，围绕典型场景研究了铁路站车应急指挥一体化联动技术，提出了智能辅助决策方案，研制了客站应急指挥应用功能。2018年5月，"京张高铁客运站应急指挥应用总体方案"通过了国铁集团总体方案评审，为客站应急指挥应用的研发提供了理论支撑及规划设计。

### 4. 绿色节能方面

2016年针对铁路客站设备运用监控系统展开设计研究，围绕生产业务，接入客站各设备子系统（如照明子系统、空调子系统、电梯子系统、旅服子系统、客票子系统等），实现照明、空调和导向屏的节能控制及策略制定；同时，综合考虑时间、列车到发及运营环境等多种因素，实现计划自动生成（如巡检计划、保养计划、维修计划、备品备件仓储及配送计划等）。2017年开始研发"铁路客站设备运用监控系统"，搭建了满足两级部署（"总公司—路局"）、三级应用（"总公司—路局—车站"）的系统框架。实现了客站设备联网动态监控，优化了客站设备运用与维护管理，满足了设备运用计划、状态实时监测、故障预测、远程运维管理、智能控制和能源能耗管理功能需求，为辅助决策支持和强化运维手段提供信息化支撑。

**5. 智能客站管控平台方面**

2017年3月中国铁路总公司发布了《中国铁路总公司关于建设精品工程、智能京张有关工作的通知》（铁总建设函〔2017〕482号），提出全力打造"精品工程、智能京张"的目标，依托京张高铁开展智能铁路的建设和应用。同年9月立项"智能铁路客站技术研究及京张高铁示范应用"重大课题展开智能客站技术研究。2018年7月，京张高铁建设领导小组办公室第三次会议将"智能客站管控平台（智能车站大脑）"列入"京张高铁智能运营技术方案推进计划"，并明确了推进计划和工作方案（铁总办建设函〔2018〕201号）。2019年1月，智能客站旅客服务与生产管控平台（智能客站大脑）总体技术方案通过中国铁路总公司的评审，方案提出了智能车站建设总体思路、目标和内涵，进行了智能车站顶层设计，构建了智能车站系统架构，提出了"1个平台+4大业务版块（旅客服务、生产指挥、安全应急、绿色节能）+N个应用"的智能车站总体蓝图，全面支撑客运车站旅客服务能力、安全生产能力及经营管理能力三大能力的提升。同年7月，客站旅客服务与生产管控平台(智能客站大脑)应用软件1.0版本通过国铁集团技术评审，平台实现了铁路客站旅客服务、客运管理、客运设备管理、应急指挥等业务功能的深度集成，融合共享客票、调度、动车、视频系统等数据，实现了客运车站旅客服务和生产组织的智能管控。2020年起，管控平台在郑州东、昆明南、长沙南以及京张和京雄开通车站上线应用，取得良好的应用效果。

## 5.1.3 客站建筑设备设施数字化运维

铁路运输房建设备（本章中房建设备主要指"客站建筑设备设施"）包括为铁路运输服务的房屋、构筑物及附属设备，是铁路运输设备的重要组成部分。房建设备具有地域广、系统多、设备新、安全性要求高及对服务水平要求高等特点。长期以来，房建设备的管理多为纸质、手工、分散、基础的管理模式，与现代化铁路的管理要求不匹配。

2014年5月1日，中国铁路总公司新版《铁路运输房建设备大修维修规则》（铁总运〔2014〕60号）施行，新版规则提出要运用信息化管理手段解决高铁建设发展给建筑设备设施管理带来的新挑战，克服运维管理中面临的"新技术、新材料、新工艺、新设备"带来的困难，实现建筑设备设施以良好的技术状态为运输生产保驾护航的目标。

京张高铁、京雄高铁等标志性工程建设为客站建筑设备设施数字化运维带入了快车道。2017 年 6 月中国铁路总公司发布的《中国铁路总公司关于建设精品工程、智能京张有关工作的通知》（铁总建设函〔2017〕482 号），把"基于 BIM 的铁路工程全寿命周期综合管理平台"纳入京张高铁工程化计划。2017 年 9 月中国铁路总公司立项的重大课题《基于 BIM 的京张铁路运维管理平台研究》（2017X003）中研究了铁路基础设施运维信息模型数据标准、基于 BIM 技术的铁路运维管理平台总体方案。2017 年 12 月中国铁路总公司发布的《关于京沈客运专线辽宁段高速综合试验及联调联试、动态检测、运行试验大纲（综合试验部分）的批复》（铁总科信函〔2018〕60 号）中，将"基于 BIM 的铁路基础设施运维管理信息系统"列为试验项目。2018 年 1 月至 9 月"基于 BIM 的铁路基础设施运维管理信息系统"在京沈客专辽宁段开展试验。试验验证了通过竣工 BIM 模型、编码体系与运维模型、编码体系的转换，实现建设期 BIM 模型、建设过程数据向运维阶段延伸的可行性；验证了通过 NB-IoT、eLTE-IoT 物联网传输通道传输客站健康监测数据的可行性，为系统在京张高铁上线运行奠定了基础。

2018 年 10 月北京局集团公司发布了《北京局集团公司信息化建设实施方案》（京铁信息〔2018〕469 号），对北京局集团公司的信息化建设做出顶层设计。"基于 BIM 的房建管理信息平台"被列为北京局集团公司的 2019 年信息化建设重点项目。2018 年 10 月北京局集团公司组织召开《基于 BIM 的房建管理信息平台总体技术方案》审查会，随后《基于 BIM 的房建管理信息平台总体技术方案》正式发布（京科信函〔2019〕26 号）。铁科院组织力量开展系统研发，随后各模块陆续上线试运行。2021 年 7 月北京局集团公司组织完成基于 BIM 的房建运维管理信息平台（V1.0）技术评审工作，并发布了《关于发布基于 BIM 的房建运维管理信息平台技术评审意见的通知》（京科信函〔2021〕43 号）。2021 年 8 月北京局集团有限公司组织召开了 BIM 的房建运维管理信息平台项目验收会。至此，基于 BIM 的房建运维管理信息平台在北京局集团公司正式上线运行。

## 5.2  铁路客站智能化框架体系

基于国铁集团科技和信息化部印发的《铁路高铁客站信息化总体技术框架（暂行）》（科信函〔2020〕52 号），铁路客站智能化框架体系由应用架构、物理架构组成。本框架体系适用于高铁客站。

## 5.2.1 应用架构

智能客站系统主要包括客票系统、客站管控平台、站房结构健康监测系统及建筑设备监控系统。根据铁路客站业务和数据需求在国铁集团与调度系统、动车组管理系统、运输信息集成平台等系统对接，实现数据共享共用，与综合视频监控系统、火灾报警系统、应急通信平台进行对接，实现业务协同联动。应用架构如图5-1所示。

图 5-1 铁路客站智能化应用架构

智能客站应用架构以客站管控平台为核心，实现铁路客站各系统深度集成和协同联动。利用管控平台的公共服务能力和标准接口规范，为各系统提供统一的智能管控、集成展示和人工智能等服务，满足铁路局、站段个性化功能扩展和成熟产品嵌入，根据需要，接入调度系统、应急管理系统等路内相关系统数据以及地方交通信息系统数据等。

## 5.2.2 物理架构

智能客站采用云服务的部署架构，相关后台系统主要部署在中国铁路主数据中心，在路局部署前置服务设备，采用虚拟化技术进行资源池管理，车站部署各类终端设备、安全防护设备、网络连接设备,以及应急、专用控制、视频监控、安全防控所需的边缘计算设备,物理架构如图5-2所示。

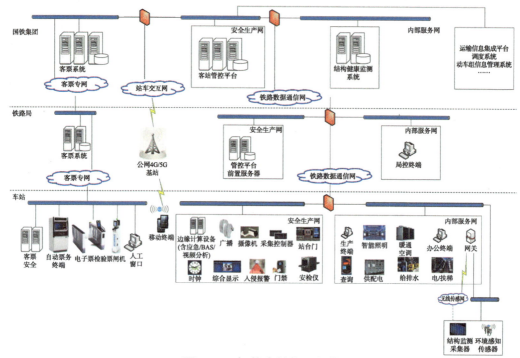

图5-2 智能客站物理架构

智能客站客票系统相关设备部署在客票专网。其他系统通过数据通信网实现国铁集团、铁路局、车站的广域网连接,服务器和终端设备根据业务特性在局域网内分别部署在安全生产网和内部服务网。智能客站手持作业终端等移动设备主要通过基于公网4G/5G的站车无线交互平台接入外部服务网,通过内外网安全平台接入部署在国铁集团安全生产网的后台业务系统,也可结合无线通信技术发展和车站实际情况,通过Wi-Fi、LTE等接入车站安全生产网。智能客站内组建基于短距离无线传输技术的无线传感网,通过无线传感网关汇集接入客站内部服务网。在中国铁路主数据中心及各铁路局集团公司,接入铁路时间同步网,实现铁路时间的高精度同步。

## 5.3 新一代客票系统

在既有客票系统的基础上,2012年—2020年铁路部门通过新一代客票系统前后三期工程的建设工作，实现了12306互联网/手机售票、站车无线交互、票额智能预分、客运延伸服务等应用功能，推动了铁路客运营销从传统方式向电子商务的转变，系统架构如图5-3所示。

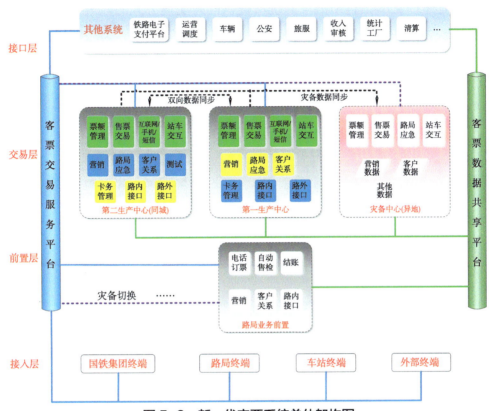

图 5-3　新一代客票系统总体架构图

## 5.3.1　互联网售票服务

互联网/手机售票服务主要通过网站及手机为旅客提供自助查询、购票、改签、退票等服务功能，同时为进一步方便旅客出行还提供了延伸服务等服务功能。

**1. 功能、特色及作用**

（1）智能售票服务

目前互联网/手机售票比例已超80%，铁路围绕云计算、大数据、人工智能、移动计算等方面不断创新，相继推出如接续换乘、候补购票、旅客行程信息推送等全新服务，结合用户画像、智能异常检测和用户体验综合监控等技术的全面应用，铁路在为旅客提供一系列优质、便捷、智能票务服务的同时，也为旅客构建了一个公平、公正的服务环境。

（2）智能旅程规划

根据用户画像标签，结合用户提交的出行时空需求，为用户推荐相应的车次信息；在两地无直达车次或直达车次无票的情况下，计算换乘方案进行联程规划，为用户推荐个性化的出行路线。系统所提供的跨交通方式的联程运输产品，实现了空铁、铁公、铁水联运功能，提供"一站式购票"服务，为旅客出行提供更多选择，实现民航、铁路、公路、水运等多种运输方式共赢（图5-4）。

图5-4　接续换乘服务

（3）客运延伸服务

为提升铁路整体形象，满足旅客现代化、多元化、全行程、综合性的出行服务需求，按照"统一规划、协同建设、分级管理、资源共享"的组织原则，建设铁路客运延伸服务应用，开展餐饮服务、酒店预订、旅游产品预订、约车、铁路商城、联程运输等围绕旅客出行的服务（图5-5）。系统各业务板块依托铁路12306网站、手机App及微信公众号，与现有12306网站的用户信息共享互通，通过整合铁路内外旅客服务相关资源，优化和完善服务产品与流程，为铁路旅客提供线上线下协同、全路一体的一站式个性化票务服务平台。满足铁路旅客个性化需求，提升铁路旅客出行体验，提高行业竞争力，促进铁路客运服务和资产经营的转型升级。

图 5-5　客运延伸服务功能界面

**2. 关键技术及创新**

（1）互联网售票技术

采用"双活中心+混合云"的弹性可扩展系统架构，自主研发了千亿级访问量下的售票交易技术，构建了全球访问量最高、售票量最大、渠道最丰富的线上线下一体化票务交易平台。让旅客"买得方便"，实现了高并发、复杂业务逻辑下车票存量的快速查询、高效计算和售票环境的公平公正。

（2）风险异常检测技术

12306 风控系统采用秒级采集、解析和存储用户访问日志技术，实现准实时识别非正常用户、IP 和设备，采用去冗余、高效、低成本的大数据存储技术，安全管理 12306 日志数据。基于分类、聚类、关联规则、决策树、时间序列分析、深度学习等算法，分不同业务场景构建 12306 异常用户、IP 和设备识别与评分模型，根据用户、IP 和设备的风控评分，设计差异化的防控策略，实时监控 12306 风控策略应用效果，拦截恶意访问请求、维护正常购票秩序、保护用户个人隐私和保障 12306 售票系统安全平稳运行。

（3）最优旅程规划技术

采用人工智能及大数据技术，挖掘铁路旅客特征与出行规律，掌握旅客直达与换乘选择行为，实现高速铁路客运需求的精细化预测；深入分析高速铁路网络结构、运力资源配置、旅程规划算法及方案评价模型，实现基于服务水平的列车接续服务设计方法，以及基于出行链的旅客行程规划智能推荐模型，结合余票集群技术，实现精准高效、满足个性化需求的行程规划智能推荐，让旅客出行更便利。

（4）个性化服务推荐技术

客运延伸服务为12306用户提供有效的、精准的、便捷的服务产品购买体验。主要通过电脑端、移动端等多个入口提供商家和产品的列表搜索和个性化推荐功能。系统从数据库、互联网、文件系统等渠道的数据（要搜索的目标信息）汇集到一个统一的存储系统中，从存储系统中提取关键信息，并建立索引。当收到用户查询请求后，系统根据查询关键字，在索引库进行搜索，并将与搜索关键词匹配的内容和产品按照满意度、评分、人气、价格、相关性等多种维度的规则和排序算法，为用户依次进行展示。帮助用户快速方便地找到所需要的服务产品，通过对算法的优化调整，提升用户使用体验，提高铁路客运服务质量和社会经济效益。

（5）创新多交通联运服务

通过与民航、机场大巴、地铁、公交等多种交通方式合作交流，设计研发基于"一张票"的多式联运出行方案，在12306 App内嵌入城市公交、地铁等其他交通方式的乘车码，实现"一张票"跨多种交通方式的全链条出行。用户通过12306 App推荐的跨交通方式的出行路线，可选择多种交通方式的乘车码，进一步方便用户换乘出行。

（6）创新服务模式

通过"铁路网＋互联网"双网融合，将其先进的互联网服务理念与铁路服务模式相结合，打造铁路出行服务产品生产方式、新产品形态、消费模式、营销模式、管理模式等全方位的革新，超越传统铁路客运的业态模式，为铁路旅客提供符合新时代要求的更加智能化、精准化的新业态产品。通过建立新的销售场景、新的消费关系、新的供应流程，把线下客流转变成可识别、可触达、可洞察、可服务的线上流量，以技术为驱动，融合线上线下资源，形成数字化的铁路出行服务模式。通过科技赋能驱动铁路出行新变革，推动铁路客运服务提质增效，提升公众出行满意度，提高公众绿色出行良好体验和铁路企业整体经营效益。

（7）创新基于会员制的客户服务

开展以"铁路畅行"常旅客会员制度为基础的客户关系管理（图5-6），在实名制信息数据的支撑下，设计客户关系管理模型，建立积分奖励、交易、兑换制度，变"被动营销"为"主动营销"。同步构建与航空、通信、金融等外部服务资源的交互渠道，进一步提高营销水平和盈利能力。深度挖掘客户价值，提高旅客满意度和忠诚度，稳定和吸引客户资源，不断扩大铁路市场份额，提升铁路整体竞争力。

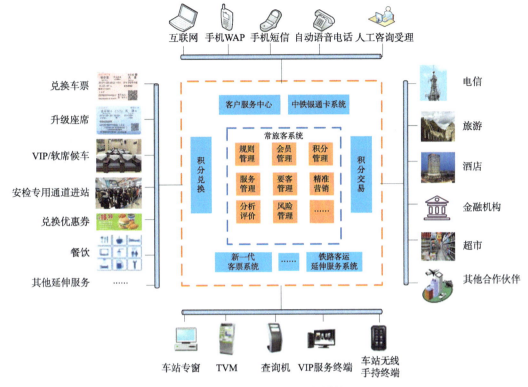

图 5-6　常旅客会员服务结构图

### 3. 应用效果

互联网售票技术，其成果应用于国铁集团和 18 个铁路局集团公司，覆盖了所有旅客列车，为推动中国铁路客运的变革与发展发挥了重大作用，旅客彻夜排长队购票的现象成为历史。截至目前，12306 网站注册用户逾 6 亿人，12036 客户端装机量超 19 亿次。在业务处理量和用户访问量上，客票系统是全球最大的票务系统，全路日均售票量已超 1 000 万，峰值售票量已达 1 639 万，12306 互联网售票量峰值 1 443 万，占全渠道售票 80% 左右，近十年间总售票量保持了 10% 的年增长率。

延伸服务的推出，进一步方便了旅客的出行，12306App 可在线预订全国 2 000 多个城市将近 150 万家酒店的服务；旅游板块实现了全国 18 个铁路局的旅游专列 / 专线产品的预订服务；网络约车服务已覆盖及 400 余座城市，21 个省份实现了公路车票的在线预订，全国通航城市全部实现机票预订，另有 12 个枢纽型城市实现了空铁联运预订；互联网订餐服务已覆盖近 8 000 趟列车，实现 400 多个商户的入驻，为旅客提供了超 5 200 种餐品的选择。

### 5.3.2 全面电子客票服务

铁路电子客票是以电子数据形式体现的铁路旅客运输合同的凭证，是传统纸质车票的一种电子映象。电子客票是推动客运智能发展的重要载体，创建了铁路旅客服务记录数据模型，实现了全渠道发售和跨渠道变更、高并发条件下电子客票的快速联机查验，以及全业务流程的自助化服务。

**1. 功能、特色及作用**

（1）全渠道发售和跨渠道变更

线下渠道与线上12306网实现共同发售电子客票，通过将全部电子客票数据集中存储于国铁集团级电子客票集群中，解决了不同服务渠道间电子客票数据互访的难题，打通了线上与线下服务渠道间的隔阂，实现了以乘车人为中心的数据组织和电子客票业务跨渠道办理，实现了基于电子客票的智能出行服务（图5-7）。

图5-7 基于电子客票的智能出行服务

（2）无纸化出行

电子客票为旅客提供了无纸化的绿色出行，同时有效杜绝了丢票、假票的问题。通过身份证件替代纸质车票，大幅提高出行效率，闸机检票平均速度由原来的3.8秒/人缩短至1.3秒/人。通过自研人脸识别算法，提高在复杂光线条件下人脸识别和比对成功率，实现基于人脸的验检票，将逆光、强光情况下人脸识别率提升 8%~10%，让旅客出行更为便捷。

（3）无线移动作业

采用数据压缩、数据分片、断点续传等技术，提升无线信息交互时的实时性和通用性。以此实现运行列车与地面间高速度、长距离条件下的无线移动作业，使得电子客票条件下列车上的车票查验、移动补票成为可能。

**2. 关键技术及创新**

（1）电子客票高速查验技术

通过 PSR（Passenger Service）记录旅客购票和服务信息，根据服务进度或变更信息的实时更新，形成完整的行程数据描述。电子客票在发售成功后通过数据同步技术，将行程数据描述实时更新至由分布式数据库构成的 PSR 集群中（图 5-8），完成海量数据的汇聚，集群通过微服务框架对外提毫秒级的数据查询服务，实现在高通量、大客流条件下的高效验检票。

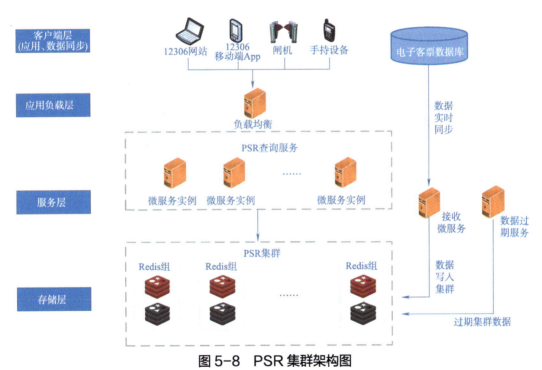

**图 5-8　PSR 集群架构图**

（2）双因子动态加密技术

二维码电子客票数据中包含有乘客的证件号等敏感数据，为保障旅客个人隐私信息安全，需要对二维码数据进行加密处理。双因子动态加密技术采用了基于时间、事件和终端三变量而产生的一次性密钥来代替传统的静态密钥。每次加密时因随机参数不同,产生的动态密钥也不同,双因子动态加密技术实现了二维码的动态更新,增强了电子客票数据的安全性。

(3)复杂光照环境下群体人脸识别技术

铁路场景复杂光照环境下群体人脸识别技术,难点在于逆光、暗光等复杂条件和群体人脸间的相互遮挡对人脸识别精度的影响。针对以上两个问题,设计了自适应权重和注意力机制的人脸识别算法。该网络在以 CPU 作为计算载体的条件下,单次比对耗时在 100 ms 内,在铁路标准数据集上达到 2‰ 误识率,98% 准确率。

(4)车地无线通信技术

站车交互系统充分考虑列车移动速度快、无线信号不稳定、无线传输速率较低等情况,采用了数据分片、断点续传等技术,建立了适应于高速列车无线数据传输特点的站车无线交互协议(Wireless Transmission Protocol for Train and Station,简称 TSWTP)。以协调指令和超时控制为手段,解决了网络频繁终端和数据丢包情况的下的数据传输难题,实现了应用任务的闭合,保证了站车间交互数据的准确性、及时性,以及交易的一致性和完整性(图 5-9)。

(5)创新铁路客票票制

电子客票是以电子数据形式体现的铁路旅客运输合同的凭证,是我国铁路旅客车票票制继硬板票、条码票、磁介质票后的又

图 5-9 车地无线通信系统架构

一重大变革。电子客票将纸质车票承载的旅客运输合同凭证、乘车凭证、报销凭证功能分离，实现了运输合同凭证电子化、乘车凭证无纸化、报销凭证按需提供。在提升旅客出行体验的同时，提高了客运服务质量和客运生产组织效率，促进了客运服务的流程再造。

（6）创新 PSR 数据模型

PSR 数据以实名制信息为核心，以车票信息为基础，以延伸服务和综合交通信息为外延，综合记录旅客的出行全过程的核心数据。数据采取双维度模式表达（图 5-10），横向维度描述乘车人的车票、延伸服务、综合交通运输信息，纵向记录旅客行程的服务过程信息，满足各种实时业务和运营分析需求。

图 5-10　PSR 数据结构模型

### 3. 应用效果

电子客票服务关键技术经过多年的发展，在旅客票务交易、全行程服务和客运组织等方面取得了重大创新，突破了千亿级访问量下售票交易技术，攻克了大客流条件下实名制验检票毫秒级处理技术，旅客出行体验明显改善。其中铁路电子客票分别于 2019 年 9 月和 2020 年 1 月在京雄高铁和京张高铁推广运用，目前已实现了全路 3 000 余座高铁和普速车站的全面应用。自电子客票上线之日起，至 2021 年 12 月累计发售电子客票 55.6 亿张，节约票纸使用 43.7 亿张，使用率降低了 78.6%（图 5-11）。

图 5-11　电子客票关键技术在京张高铁中的应用

### 5.3.3 智能票务管理

随着交通运输领域竞争的日益激烈，各种交通方式都在竭尽所能发掘潜能，争取市场。智能票务管理综合运用大数据分析等技术，开展预测客流，制定不同阶段的票额分配方案，通过车次健康预警模型，为自动调整售票策略提供支持。

**1. 功能、特色及作用**

（1）客运需求预测

针对票额预分业务需求，综合利用铁路客流历史数据及已售车票销售数据，运用大数据、分布计算、机器学习等技术分析挖掘旅客出行规律。建立不同业务场景条件下客流预测模型及参数调整方法，实现客流总量、区域客流 OD、列车客流 OD 等多粒度的动态客流预测，为售票组织策略的制定与调整提供数据保障。

（2）智能售票组织

在综合分析客流特征及列车开行特征的基础上，结合客流预测数据，制定不同阶段的票额分配方案。根据客票销售状况自动调整票额共用、票额复用、以远站控与限售站控制等售票策略及组合，实现列车席位的最大化利用。根据列车实际客座率及客流预测结果，制定指定线路或区段的多级票价方案及运价策略调整策略，实现铁路客票销售收入最大。

（3）智能监控预警

以提高旅客订票满意率为目标，实时监控预售期内的售票数据和余票数据，以图形化方式实现票额分配方案相关数据的综合查询。设计车次健康预警模型，自动发现车票发售过程中旅客预定需求与车票控制间的不匹配状况，为自动调整售票策略提供支持。

**2. 关键技术及创新**

（1）票额预分动态调整技术

在综合分析客票销售规律与列车停站特征的基础上，构建每趟列车不同时段的车票销售曲线模型与分组策略。利用实时销售数据与余票数据，掌握车票实际预售曲线和预测销售曲线间的供需匹配偏差，进一步根据预售期的客流变化特征与列车席位余量建立票额预分方案动态调整模型，实现列车运能的最大化利用。

（2）区段票价率动态调整技术

以大数据平台为基础，综合利用数据仓库技术、数据挖掘技术、机器学习算法和优化模型，基于历史售票规律、客流预测信息以及航空和公路票价信息等数据，充分分析运输市场客流需求、用户和产品特征，自主研发智能化决策支持模型。提供竞争市场环境下差异化票价方案优化的策略和建议，实现区段运价根据列车的客流状况动态调整，为运价优化设计、运价策略制定以及开展收益管理等活动提供智能化技术手段支撑。

（3）旅客特征分析技术

针对积累的海量客票销售数据，从用户属性、业务类型、时间维度等角度建立多维度的旅客特征标签体系，运用大数据、分布计算等技术对旅客的购票、支付、乘车等进行行为序列分析与深度挖掘，实现旅客特征标签的快速计算。旅客特征分析流程如图 5-12 所示。

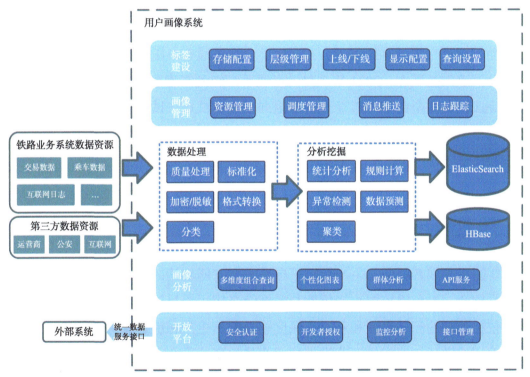

图 5-12　铁路旅客特征分析工作流程

（4）创新基于客流预测的动态票价管理

通过整合综合运输市场价格数据、铁路客运营销数据和票价管理系统数据，设计调价优化模型和调价决策参考指标，结合专家系统实现智能化生成差异化票价方案及运价调整策略，结合效益测算模型，预估调价方案效能，最终形成可行的调价方案，实现客运运价随列车的客流状况的差异化动态调整。

（5）创新跨系统的数据治理方式

客票系统通过与列车运行图编制系统、列车运行调度系统的对接，实现了系统内列车时刻、经由、编组等基础数据随列车运行图调整的自动变更，以及列车席位数据与调度系统次日车底运用计划的自动核对，业务处理由"手工录入、人工对比"转变为"自动生成、人工复核"，提高了生产作业效率，减轻人员劳动强度，进一步提升了客票系统的数据治理能力。

### 3. 应用效果

智能化的票务管理有效地支撑了铁路运输计划、客运组织、调度指挥、资源配置的精准化管控，提升了铁路客运管理水平。2015年暑运期间，京沪、武广本线列车开展试点工作，实现列车客座率同比增长1%的良好效果。2017年8月，进一步优化后的预测算法和预分方案，在京沪高速铁路本线列车试点后，客座率提高至90%。2020年暑运期间，在全路受疫情影响下，系统在南广线开展试点工作，动车组列车平均客座率69.9%，高于全路直通动车组列车6个百分点。在前期充分试点的基础上，2021年7月《直通动车组列车售票组织策略规则（试行）》编制完成，并在全路104趟直通动车组列车进行试点，试点列车平均客座率较非试点列车环比多增加4.8个百分点，效果显著，8月1日起全路直通动车组列车均已按照该规则进行售票组织管理。

## 5.4 智能客站旅客服务与生产管控平台

智能客站旅客服务与生产管控平台是整个智能客站的基础核心平台，也是站内数据中心。平台以挖掘数据价值与数据综合应用为目标，基于底层各类数据资源，依托数据的闭环管理和利用，深度整合客站生产和服务相关业务逻辑，科学合理的支撑整体智能客站运营维护的各个流程环节，全面提升客运车站旅客服务能力、安全生产能力及经营管理能力三大能力。"旅客服务能力"是指为旅客提供快速、便捷、畅通出行和丰富、多样、精准信息服务的能力，"安全生产能力"指为工作人员提供安全、高效生产环境和作业、系统、设备协同联动的能力，"经营管理能力"是指为管理人员提供科学、客观、准确评价和绿色、开放、综合经营的能力（图5-13）。

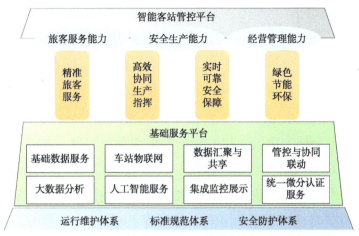

图 5-13 智能客站旅客服务与生产管控平台总体结构

## 5.4.1 客站基础服务平台

**1. 功能、特色及作用**

客站基础服务平台提供基础数据服务、车站"物联网"、管控与协同联动、数据汇聚与共享、大数据分析、统一身份认证服务、集成监控展示、人工智能服务等功能。提供统一的数据接入、数据管理、数据共享、数据分析、数据挖掘、数据展示以及基于数据的智能管控和协同联动等服务，是整个智能客站的基础数据集成平台和智能化支撑平台。

基础数据服务对站内业务应用数据及外部接入系统数据进行统一管理，涉及人员、列车、设备、客运计划等相关基础和动态数据，提供数据格式管理、数据源管理、数据汇集管理、数据存储等服务。

车站"物联网"提供规范标准的物联终端统一连接和管理服务，支持车站各类设备的安全快速接入。通过标识识别、状态传感、定位导航、反馈控制技术的全面渗透运用，为客站提供完善的物联终端设备管理、车站运营环境感知、人员定位导航、数据管理等服务。

管控与协同联动对车站日常业务运营情况进行管理，依托各客运业务模板，结合车站智能感知的环境信息，通过数据分析与 AI 服务模块的辅助决策，生成车站的一体化生产计划。对设备、人员、环境、列车等生产要素进行一体化调度指挥，实现客运业务的协同控制。

数据汇聚与共享实现对物联网接入数据、信息系统数据、外部信息接口数据的全面汇集和规范化存储，并对外开放标准接口，允许符合业务和调用要求的内外部系统进行数据访问。

大数据分析基于分析主题设定分析场景，构建分析模型，实现面向业务场景的数据模型分析，为客运作业、设备状态、安全应急、旅客服务等业务提供大数据的深度挖掘、分析、预测等服务。

统一身份认证服务提供统一的认证协议，根据用户应用的实际需要，为用户提供不同强度的安全认证手段，提供统一的单点登录门户，对门户进行管理。

集成监控展示提供站内结构、区域、设备设施、人员、计划等要素的基础数据展示，并对站内实时监控状态、分析结果等信息进行集成化展示。

人工智能服务搭建统一的知识库/算法库/规则库/模型库，对知识、算法、规则、模型进行统一管理，提供机器学习、深度学习、自然语言处理等AI基础算法模型。实现客站视频、图像、文本、语音语义、人脸的识别等服务，为客运作业和旅客服务提供辅助决策。

**2. 关键技术及创新**

（1）面向智能车站泛在感知的"即插即用"物联网平台技术

依托开源微服务架构以及消息中间件技术，构建基于云边协同的智能车站物联网平台总体框架体系，建立智能车站物联网"云—边—端"一体化协同架构，实现智能车站"人员—设备—环境"等生产要素状态信息和服务信息的标准化和规范化统一接入、数据传输和数据共享。为智能车站各相关业务应用提供规范标准的物联终端设备、环境、人员、连接和数据管理服务，实现物联终端设备管理、车站运营环境感知、智能视频监控、数据管理服务等功能。

（2）基于人工智能和大数据的客运车站安全应急决策和处置

针对列车大面积晚点、大批旅客滞留、火灾、暴恐等站内各类突发事件的典型场景，结合车站的实际运营状况和应急处置预案，给出科学的决策建议。快速的调配站内各类应急资源，及时监控和回传现场状况，保证指令准确及时下发，实现贯穿突发事件监测、预案、组织、响应、处置、恢复和评估的一体化应急。

（3）基于数字孪生的3D可视化集成展示及多形式交互

利用数字孪生技术构建车站物理实体的数字实体镜像，建立客站数字孪生模型，以三维与实时视频融合的方式，直观地展示车站的设备、人员、列车、服务、环境等生产要素情况。同时配合可视化图形、数据表格、数据列表等形式全面动态展示车站实际运营情况。并通过手势、语音、指挥棒等多种手段对控制命令进行界面操作，灵活调整展示界面大小。

## 3. 应用效果

通过应用客站基础服务平台，实现了基于物联网的客站数据的统一接入、存储、管理和共享。基于大数据、人工智能的数据分析、数据挖掘及智能化辅助决策，基于 3D 的可视化集成展示，为客站可视化智能管控和协同联动提供了支撑。

（1）京张高铁应用

京张高铁沿线客站应用了客站旅客服务与生产管控平台，统一接入客票、调度等系统数据，打破客站信息系统独立部署、独立操作、独立管理的孤岛模式，深度集成各客运信息系统功能，提高了客站组织的高效协同能力、安全保障能力和绿色节能水平。

（2）京雄高铁应用

京雄城际应用了客站旅客服务与生产管控平台，实现了旅客服务、客运管理、客站设备、应急指挥各应用的深度集成，实现了资源共用、数据共享、业务联动、协同指挥，保障车站所有设备、设施、系统、人员、作业的高效运转（图 5-14）。

图 5-14 京雄管控平台集成化展示

（3）其他各站应用

长沙南站、昆明南站、郑州东站等部署客站旅客服务与生产管控平台，实现了数据的统一接入和集成展示，提高了生产组织效率（图 5-15，图 5-16）。

图 5-15 长沙南站管控平台集成化展示

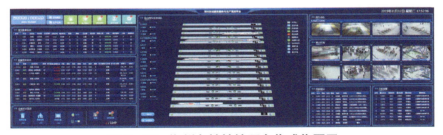

图 5-16 郑州东站管控平台集成化展示

### 5.4.2 旅客服务

**1. 功能、特色及作用**

精准旅客服务包括 Wi-Fi/5G、机器人服务、安检互认、智能广播、旅客引导、综合显示、时钟、综合查询等功能，为旅客提供便捷的移动互联网服务，智能服务机器人、行李托运机器人，为旅客提供个性化服务。与地铁安检互认，实现旅客便捷出行。基于旅客服务与生产管控平台，实现智能广播、旅客引导、综合显示、时钟等深度集成，为旅客提供全方位的候车信息服务。

**2. 关键技术及创新**

（1）基于语音识别的多语种交互式旅客服务

在旅客服务 App 或查询终端设计语音交互查询服务，基于信号处理、模式识别、发声机理和听觉机理、人工智能等技术，对旅客查询话语进行智能分析，并为旅客提供语音回答。语音交互服务提供多种语言、多种方言的智能识别功能，为不同国家不同地区的旅客提供无障碍查询服务。

（2）基于无接触生物识别的一码/一卡通/全程刷脸（FaceOnly）验检票服务

基于电子客票以人脸、身份证、动态二维码为代表的新型客票载体的推广应用，依托客站智能服务设施设备，通过人脸、身份证、动态二维码、护照等信息的快速识别，实现对国内外旅客以及佩戴口罩等特殊旅客的快速刷脸、刷证、手机验检票进站，达到旅客的无接触、无干扰、无纸化出行服务（图 5-17）。

（3）基于铁路、地铁共享精准安检

旅客首次通过安检通道，进行人脸图像及

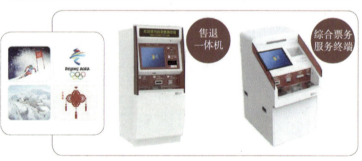

图 5-17　一体化刷脸验检票

携带行李的精准快速绑定，实现基于人脸识别的人—物快速绑定。当旅客有换乘需求时，通过其人脸图像信息，即可快速调取封闭流动空间内的已检行李X光图像。通过城际铁路、地铁及机场间的安防大数据信息的共享，实现全过程的安检互联，做到安检提前预警，事中联动，事后追踪。

3. 应用效果

通过应用精准旅客服务功能，为旅客提供及时、精准的候车、检票等站内提醒服务。通过为旅客提供智能服务机器人、行李托运机器人、综合服务台、智能查询机、刷脸进出站闸机等自助化服务设备，为旅客无障碍出行提供保障。

（1）京张高铁应用

具体如图5-18~图5-21所示。

图5-18　京张智能查询设备　　图5-19　京张各站机器人　　图5-20　京张综合服务台

图5-21　太子城站无接触出站设备

（2）其他各站应用

长沙南站部署了自助临时身份证制证机、自助实名制核验闸机、可视化智能查询终端、多功能引导屏等自助化设备，为旅客提供便捷化自助服务（图5-22）。

图 5-22　长沙南站自助查询

### 5.4.3　生产指挥

**1. 功能、特色及作用**

（1）客运一体化管理

客运一体化管理是基于旅客服务与生产管控平台，通过实时读取 CTC 列车运行计划，自动生成客运作业计划和岗位作业安排，并结合列车晚点信息，自动调整作业计划内容，实现了人员自动排班、任务分发、到岗监控、作业卡控、执行反馈和客运工作量统计等，提供一体化组织、自动化调整的能力，大幅提升客运生产管理效率和质量。

客调命令优化，完善调度命令解析系统，根据调度命令执行日期、车站、车次、内容、项点等要素，对调度命令进行自动解析、识别、流转，避免了以往纸质调度命令大量的人工签收、登记、摘抄、核对和重复流转等问题。实现了调度命令通过局域网和手持终端，精准传输至各管理岗位和现场作业岗位，方便职工随时随地查阅执行。

手持终端站车信息一体化管理，实现了车站作业人员通过手持终端，实时查询掌握上水作业计划、列车开行电报、列车重点旅客、旅客意外伤害等重点工作事项，车站管理人员也可通过生产办公网随时查询各次列车相关信息，方便站车信息交互传递、重点作业组织和重点事项落实。

基于DMR通信的手持终端交互功能，针对原有管控平台手持终端信号覆盖不到位、通信不畅和终端功能不完善、现场无法使用的问题，实施了DMR通信解决方案，补强无线中继设备，强化车站对讲区域覆盖，升级手持终端对讲功能，优化中心站和代管站之间远距离对讲功能，大幅提升中心站管控能力。开发实现了作业计划自动生成、生产信息自动传输和岗位自动打卡功能。管控平台能够按照列车运行计划和正晚点信息，自动生成接发车作业、检票作业、上水作业、行包作业、吸污作业和配餐作业等客运作业计划，下发至各岗位手持终端。各岗位通过手持终端按作业计划，到岗打卡作业，作业完毕后反馈至管控平台。管控平台根据现场作业情况，对关键作业项点进行安全卡控提示，有力确保了高铁接发车作业安全和旅客乘降安全（图5-23）。

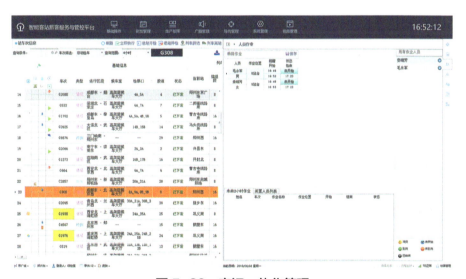

图5-23　客运一体化管理

（2）设备健康管理

设备健康管理由资产管理、状态监控、运维管理等组成，对设备进行静动态履历管理，实时在线状态监控，故障检测与及时运维。实现设备实时监控和管理，并掌握分析设备运行状态和基础信息，延长设备使用寿命，提高客运设备的安全性、稳定性和可靠性（图5-24）。

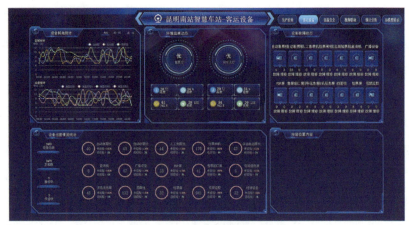

图 5-24　客站设备管理

（3）设备健康评价

设备健康状态评价是进行设备故障诊断和设备维护的核心，是综合考虑设备历史运行状态信息和实时监测信息。依据健康状态评价指标，构建健康评价模型，实现对客站设备的健康状态的综合评价，有效提高设备运用效率，充分发挥设备效能。主要包括健康评价指标、健康评价体系、设备亚健康状态评估等。

健康评价指标是通过定性或定量分析设备健康状态相关因素，如设备故障对客运组织影响、失效引起的生产损失、故障发生频次、故障停运时间、维修成本等，进而确定设备健康状态评价指标。主要从安全性、可靠性、维修性、经济性等方面进行评价。

健康评价体系是以设备运行状态、故障风险评估为依据构建综合评价体系。建立客站设备的健康状态数据库，为客站设备的整体状态评价和健康维护策略提供定量的理论依据和技术支持。

设备亚健康状态评估主要是针对处于亚健康状态的设备进行评估，基于设备健康等级与评价指标体系完成设备画像，通过专家系统、推理方法等手段评估设备的健康程度，实现对客站设备进行总体的综合评价和性能评估分析。

2. 关键技术及创新

（1）客运一体化计划自动生成技术

根据列车运行图及客调命令，生成次日列车到发计划。通过历史数据对次日作业、设备、人员、环境状态进行预测，结合生成的次日到发计划和运营模板，自动生成次日的一体化计划。实现广播、导向、检票、人员作业、设备运用、上水、吸污等计划一体化生成。

（2）多系统跨网络互联互通和数据全面共用技术

构建客站旅客服务与生产管控平台，通过统一规范的接口与各信息系统连通，打通了各系统之间的通信壁垒。实现了各系统的互联互通，并通过平台进行数据汇集，将各系统及前端感知信息汇集到平台进行统一管理和开放共享。

（3）"信息—人员—设备—环境"的协同联动技术

通过客站旅客服务与生产管控平台统一各应用及外部系统的数据接口，实现车站作业、列车、人员、设备、环境等信息实时汇集和共享。依托信息的实时流转打破信息系统独立运行造成人员、设备相互割裂的局面，实现人员、设备、环境的协同联动。

3. 应用效果

通过客运一体化管理，将广播、导向、检票、上水、作业等进行计划一体化编制，提供一体化组织、自动化调整的能力，提高了客运组织效率，大幅提升客运生产管理效率和质量。通过设备 PHM 管理的应用，提升了铁路客运设备的运用维修智能化水平，客运设备进行全面的管理与控制，确保客运运营组织安全，提高旅客服务质量，达到节能降耗、减员增效的目的（图 5-25）。

图 5-25　旅客服务与生产管控平台应用

（1）京张高铁应用

在京张高铁进行了生产指挥功能的应用。开展了客运人员临时替换班或交接班时生产作业的自行调换功能、站车交接超员电报签收等业务电子化，以及客服中心工单与车站移动闭环处理等功能的应用。优化完善到发公告、车次查询、车站股道图、作业计划等功能。完成全线手持终端设备号的客票报备注册工作。

从职工视角出发，职工现场作业更加智慧高效，现场作业人均配备一台手持终端，实现了"一机在手、什么都有"，作业过程更加智能化，达到了让数据多跑路、让职工少跑腿的目的。一是自动查询作业信息，作业人员通过手持终端查询本岗位日班计划、调度命令、作业任务、客流情况、列车变化信息等15项作业内容，精准掌握作业内容。二是自动接收作业提示，在站台、检票口、出站口等部位安装了蓝牙贴片，职工自动到岗打卡，管控平台根据列车运行情况，自动推送作业通知、上岗时间、晚点信息等作业信息。三是自动防控安全关键，管控平台自动将列车上水、ATO自动驾驶、同台作业、股道变更、大客流、加开临客等8项安全关键点项，发送至相应岗位手持终端，预警防控安全关键。四是自动操控客服设备。职工可通过手持终端直接操作控制站台、检票口的导向屏、闸机开关，也可利用手持终端以口播、编辑文本或点播方式实现区域广播，随时提示引导旅客。职工还可以根据站内实际的亮度和温度度情况，利用手持终端控制照明、空调系统的开关，以达到节能降耗的目的。

从管理者视角出发，京张高铁实施"大站管小站"模式，实现了对管辖各站日常组织管理的集中高效控制。一是自动管控中间站旅服系统，京张高铁10个车站旅服设备分别由清河、张家口站统一管理，管控平台自动更新显示各站现场旅服信息，减少了局调度所客服总控台设置和设备投入，节省了调度所客服调度岗位5人。二是自动分析集成展示内容，管控平台集中分析各生产系统数据，自动生成列车信息、客流流量、现场作业、环境数据、设备状态的图形、数字、表格信息，为领导决策、指挥管理提供数据依据。三是自动解析传输调度命令，管控平台实现调度命令自动解析、自动发送、自动接收，经多次完善后解析准确率达到90%以上，每名职工均可通过手持终端随时查看调度命令，减少了流转环节，避免了人工摘抄误差问题。并且大幅提升了现场人员的工作效率，调令处理工作时间由原8 h压缩至2 h内完成，效果明显（图5-26）。

（2）京雄高铁应用

客运一体化计划生成方面。京雄高铁接收并解析调度系统的日计划、调度命令等信息，编制广播、引导、检票、生产作业等作业模板，自动生成或后台自动调整广播、引导、

图5-26　京张应用

检票、生产作业等计划信息。同时利用列车运行信息对阶段计划进行自动修正，提高了数据的准确性，大大提高了现场作业效率。

在日班计划生成过程中，通过车站站名和客调命令车次、日期进行匹配，自动解析命令内容，对于不规则调令由人工审核、确认，大幅降低调度命令手工录入、分拣的工作量。

接入列车运行信息，提供车次的运行轨迹和实时位置，车站客运组织人员对晚点列车情况的实时掌握，提前组织、合理安排接发车作业。依托管控实现了雄安站代管固安东与霸州北站。

对内外部信息共享共用，利用站车交互4G专用无线通道、智能作业终端，围绕客运计划编制、进站候车、列车接发、乘降组织、人员管理等客运生产业务，提供一体化组织、自动化调整的技术支撑，大幅提升客运生产管理效率和质量。通过移动作业终端和管控平台的无缝衔接，提供智能排班、工单派发、任务提醒、人员定位、执行反馈等系统功能，对现有业务流程进行优化再造，实现对客运生产作业的全过程、全岗位的闭环管理。客运工作人员，配备了120台手持作业终端现场作业，通过蓝牙实现自动打卡。

### 5.4.4 安全应急

**1. 功能、特色及作用**

实时可靠安全保障包括智能视频分析、应急指挥、智能安全门等功能。

（1）智能视频分析

智能视频分析将移动终端采集的视频和京张高铁综合视频监控系统进行结合，借助统一的云计算平台进行智能分析，实现站车人群突然聚集/扩散、高密度人群中行人逆行、超稠密人群等异常行为感知技术和异常事件及时预警。

站台两端防入侵：通过站台摄像机，当有人进出站台两端时，会自动抓取人脸图像，传到人脸识别服务器，并与白名单进行比对，如果符合，则不报警，否则就会提示报警有人非法进入穿越站台两端进入铁轨。当摄像机不能准确抓取人脸信息时，会通过采集进出站台两端人员的服装信息进行判断。如果不符合着装要求，就会提示报警有人非法进入穿越站台两端进入铁轨。

入侵检测：站台越线检测功能利旧原有站台摄像头，每个摄像机越线检测范围为80~90 m，摄像机理想的布设点位在安全白线上方，视角方向平行于安全白线。通过算法对铁路站台的禁线内设置布防区域，并对布防区域进行识别检测，实现对站台区域的人员入侵事件进行实时检测与报警。

**逆行检测**：系统实时检测电梯是否骤停或存在旅客逆向行走的行为，并告警通知工作人员及时核查，确认电梯是否存在异常状况从而指引乘客正常使用电梯。利用行人检测和电梯运行检测模型判断行人运动方向和电梯运行方向是否一致。

**遗留物检测**：基于视频分析、跨场景追踪技术，在车站视频监控范围内，检测出监控场景中滞留物，记录滞留物信息。利用人包关联算法，追踪搜索建立滞留物与滞留物主关联情况，提取滞留物特征信息，在滞留物滞留超出一定时间后，无人领取，系统进行报警，协助车站工作人员处理滞留物。

（2）应急指挥

应急指挥是对车站应急预案进行结构化，结合站车运营情况、应急预案、专家知识等建立站车应急处置方案自动生成，实现站车应急处置协同联动。

一体化应急指挥功能包括辅助方案自动生成、处置任务自动下发、信息精准推送、应急疏散流线自动分配、站车/站地协同联动等功能。辅助方案生成是依据现场环境、现场人员、现场物资、专家经验、应急预案等情况，自动生成辅助方案。处置任务自动下发是按工作人员岗位职责、所处位置、自身任务工作量、任务完成情况，智能分配处置任务。信息精准推送是按照各岗位接收到的应急任务及自身职责，基于应急处置的各个环节，结合工作人员所处的车站位置，向工作人员推送所需的列车、客流、资源、工作计划等相应的信息。应急疏散流线自动分配是向旅客服务的引导设备、应急疏散指示灯自动下发最近的疏散路线。站车/站地协同联动是将车站需要告知列车与地方的信息活地方与列车需要告知车站的信息及时进行交互，并完成任务的衔接。

应急疏散管理是由应急疏散设备管理、应急疏散路线状态管理组成。应急疏散设备管理是对应急疏散照明灯等设备的统一管理。应急疏散路线状态展示是在车站三维上，以不同颜色展示应急疏散路线的通畅程度，并结合视频的方式展示应急疏散的占用情况。

应急资源管理是由路外资源管理和三维可视化资源展示组成。实现对路外资源的管理，并基于车站三维模型和 GIS 图形上标示路内外应急资源的位置和主要属性信息，方便应急资源的管理和统计。

（3）站台安全门

站台安全门基于多智体协同联动及自适应原理，提出了站台门双核智能控制方法，实现高风压、高频开合、多控制单元的高可靠性协同联动控制和站台门与车门的同步开关。

智能站台门作为集机械、材料、电子和信息等学科于一体的高度自动化系统，实现高速铁路站台区域的智能安全防护，有效防止乘客意外跌落站台或误闯轨道区，实现多车型下的乘客候车精准引导，提升客运组织效率，提高乘客候车舒适感，同时也改善站台公共区乘车环境，提高了节能效果。C3+ATO 车地联动控制技术，实现了站台门系统与信号系统的有效提升了站台客运组织的智能化水平，实现联动响应时间低于 0.2 s，该技术对减轻司机劳动强度、提高高铁运营效率自动化和智能化水平。

**2. 关键技术及创新**

（1）人员异常行为识别技术

通过视频拼接、深度学习、音/视频及其他非生物特征相融合的多模态技术，解决高铁车站人群异常聚集/扩散、个人异常行为的识别。

（2）站车应急处置方案自动生成与阶梯指挥链处置技术

通过站车应急处置方案自动生成与阶梯指挥链处置技术，依据结构化应急预案，自动生成辅助方案。按阶梯指挥链将应急处置任务自动下发，按工作人员即时位置与任务自动推送所需信息，实现一体化应急处置，保障站车处置协同化、处置规范化、执行任务角色化，为站车突发事件的快速响应与高效处置提供技术支撑，提升站车应急处置能力，为旅客提供乘车安全保障。

（3）高铁站台门兼容多车型复杂门体结构技术

针对传统站台门结构站台适应性不强，结构强度不足，无法适应多条线路和多种车型缺点，研发了基于结构变异的门体结构设计技术和高强度、轻量化的门体材质。首创适应高风压、兼容多车型、满足高强度的大开度和升降式滑动门结构，攻克了多种车型混合运营站台门复杂结构设计技术难题。

（4）站台门协同联动与自适应控制技术

基于多智体协同联动及自适应控制原理，提出高鲁棒性的车地联动双核智能控制技术。实现站台门核心控制技术的自主可控，满足高密度行车及自动驾驶对站台门系统车地联动开关门的高可靠性、高安全性的需求。

（5）多车型高密度行车下旅服信息互联互通技术

针对现有系统旅服信息协同水平不足，信息应急指挥与站台门系统缺乏整体联动的问题，研发了数字多媒体动态合成显示技术。创新性集成旅服系统并工程应用，实现旅服信息实时显示，乘客的应急导引、信息的快速传达和定制化传播功能。

## 3. 应用效果

通过应用实施可靠安全保障功能，实现了车站智能视频分析、突发事件应急指挥方案自动生成，以及智能安全门防护等。防护站台旅客安全，提高了车站人员异常识别能力和应急处置能力。

在京张智能高铁应用了智能视频分析、应急指挥、智能站台门等功能。

站台安全方面，针对管控平台视频识别报警误报率较高和报警信息处理不及时的问题，组织研发单位通过不断优化智能识别分析算法。持续训练现场样本模型，进一步提升视频高清、红外智能识别功能，完善站台安全线、站台端部电子围栏，对旅客异常入侵行为进行智能报警提示，对大站电扶梯、天桥、地道等关键处所旅客逆行、密集聚集进行智能预警提示，预警信息的准确率从系统上线初期的 80% 提高到了 95%。目前，已经实现了对全线 10 个车站 2 219 路视频摄像头的集中管控，对沿线 58 个站台进行了安全智能防护，对清河、张家口站等大站的关键处所进行旅客异常行为智能追踪监控（图 5-27，图 5-28）。

图 5-27　智能视频分析

图 5-28　重点视频联动

应急指挥方面,实现了应急管理高效智能化。一是系统自动调整晚点信息,遇列车运行变化时,系统根据列车实际运行情况自动调整动态导向屏内容、广播内容、闸机开关时机和打铃时间,目前信息准确率近100%。二是视频自动监测入侵信息,通过视频联动系统,对端部侵入、越过白色安全线、扶梯逆行、排队长度、客流密度等安全隐患,实现了智能检测、快速预警,目前系统日均预警30多次,有效确保了高铁和旅客安全。三是应急处置"一键启动"。非正常情况下,在管控平台中一键启动应急响应,应急信息自动发送至各岗位、各部门,应急处置快速有效。四是实现了手持终端应急呼叫,在车站DMR窄带通道的支撑下,使用数字频道,实现了全覆盖、无盲区、大站呼小站功能。

智能站台安全门方面。目前已在京张、京雄、广珠、海南东环、长株潭、佛山西站线路中应用,项目对于提高我国高速/城际铁路安全门关键设备技术具有重要作用,填补了铁路安全门关键技术及设备的空白,处于国际同类技术先进水平。京张高铁中的清河站、八达岭站、太子城站,上线应用了智能站台安全门,是在CTCS-3级列控系统的基础上,车载设置ATO单元实现自动驾驶控制,地面设置专用精确定位应答器实现精确定位,地面设备通过GPRS通讯实现站台门控制、站间数据发送等(图5-29~图5-31)。

图5-29 京张智能站台门系统

图 5-30　京雄智能站台门系统

图 5-31　佛山西站城际铁路

## 5.4.5　节能降耗

### 1. 功能、特色及作用

节能降耗是从设备管理、环境监控、节能降耗的角度考虑车站建设和运营，主要包括：设备履历管理、设备运行状态监控、设备节能控制、能效管控、环境舒适度监控等功能。

客站设备履历管理对站内票务、旅服、机电类（BAS）设备进行全生命周期管理，便于车站设备管理人员掌握各类服务设备设施的分布、维修、更换情况，为车站精细化管理提供技术支撑。

设备运行状态监控对车站票务、旅服等设备设施自动状态检测，对接能源管理系统对车站客运有关的照明、空调、电梯等机电设备进行运行状态检测。通过与站房结构监测系统互联，获取车站建筑重点部位的应力、结构温度、结构变形、室外悬挑部分风阵等监测内容，通过与客车上水系统互联实现，获取列车上水量和上水压力等信息。

设备节能控制是根据车站运营情况、列车到发情况、环境状态及设备用能情况进行综合分析，制定票务、旅服、机电设备的使用及控制策略，实现对导向屏、照明和空调等进行控制。

能效管理是监测所有客站能耗设备在运行过程中的能源消耗情况，并能够以图形化的方式显示每类设备年度、季度、月度的消耗分析及历史数据的对比，达到预警和分析的作用。

环境舒适度监控是对候车室内温度、湿度、亮度以及一氧化碳、二氧化碳、酒精、甲醛等有害气体和刺激气体的浓度进行监测。异常时进行报警并自动调节，确保室内环境处于优良水平，并能够对排走的空气进行热回收，有效节约能源（图 5-32）。

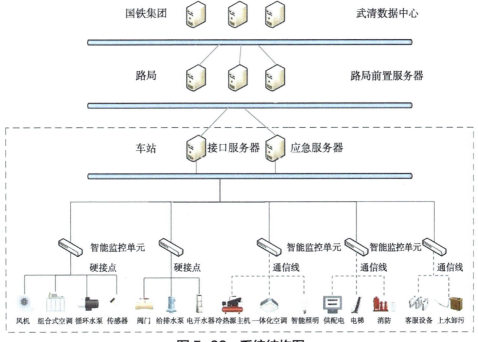

图 5-32　系统结构图

**2. 关键技术及创新**

突破了车站能源使用按需的管控技术，解决了车站能源有效管控的问题。根据车站实际运营情况，结合列车到发情况、站内人员分布、候车室环境状态，对设备用能情况进行综合分析，按需自动控制车站内的电能使用。

（1）基于物联网的设备信息感知技术

通过 RFID、传感器、芯片、智能卡等，搭建物联网感知层和自组织网络，实现车站设备信息的采集、传输、处理等。基于物联网的设备感知、定位、标识技术，实现设备统一编码、唯一标识、快速定位、变动报警功能，帮助工作人员实现快速定位故障设备区域位置及故障部件，提高设备维修效率。通过部署无线传感器，获取温度、湿度、亮度等运营环境参数，为设备运用计划提供控制策略，实现设备便捷化、智能化、精细化管理。

（2）面向车站运营环境的节能控制策略

通过智能传感技术采集获取客站温度、湿度等运营环境信息，结合客站列车运行到发、客流人群密度、天气等实际情况，对客站照明、导向屏等能耗设备，研究制定相应的节能控制策略。在确保设备正常运营基础上，合理控制客站设备的运行情况，有效提高设备利用率，降低设备能源消耗，实现节能降耗的目的。

（3）基于 TPM 理论的故障诊断及预警技术

以 TPM 理论的"零灾害、零不良、零故障"为目标，全效率、全系统及全员参与的生产维修体系为手段，建立故障诊断与预警的人—机—环完整性认知模型，促进设备全寿命周期综合效率的提高。采用谐波诊断技术实现客运设备及关键部件的故障诊断、寿命预测、预警报警、消息推送及业务联动机制，实施预防维修，防止突发事故，确保设备运行安全。有效减少计划外维修次数，大大缩短维修时间降低备品备件、维修人力等保障费用。

（4）基于大数据分析的设备质量评估技术

客运设备种类、数据繁多，在设备长期、连续的监测过程中，设备状态监测数据量呈指数级上涨，结合各类设备的结构特性、参数、环境条件及运行历史，采用海量数据过滤方案，形成设备质量评估样本库。基于大数据挖掘、机器学习等算法，建立设备质量评估模型，预测设备及关键部件劣化程度，并制定特殊设备巡检维护机制，由传统故障修转变为状态修，大大降低设备停机时间，提高设备运用安全，延长设备寿命周期，为设备采购、运用、维修提供分析决策依据。

**3. 应用效果**

通过绿色节能环保功能的应用，全面把控能源消耗情况，加大能源管理力度，基于对客运车站客运设备等的实际运用，同时结合客运业务、环境等因素，制定客运设备的节能运用策略和计划。并对照明、导向屏等高能耗设备进行合理的智能节能运行控制，提高能源使用效率，实现对客站设备的全面智能化节能管控运营，节能降耗，打造绿色客站（图5-33）。

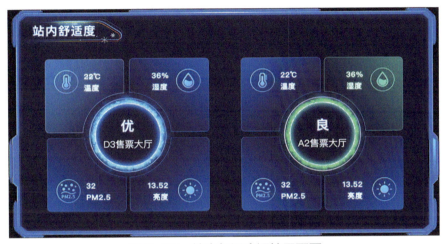

图5-33 站内舒适度调控界面图

（1）京张高铁应用

京张高铁在清河站开展了能源管控功能的应用。积极推进与各车站BAS系统数据接口接入和准确性调试工作，完成与照明、空调和智能电表设备、安全门的接口调试。通过整合BAS数据，完善系统功能，实现了对电扶梯、站台门、风机、热风幕等机电设备状态的监测，对灯光、音量、导向屏、空调等设备的智能控制，对票务、旅服机电等设备的自动报修。基于列车到发计划、定时计划，结合客流密度、现场环境等指标，自动生成节能控制策略，自动调节照明、大屏亮度和空调温度。实现有车亮灯亮屏，无车熄灯灭屏的智能控制；通过实时监测候车室温度，自动控制空调出风量，实现温度自动调控；通过监测候车室噪音指数，自动调控广播音量；通过读取候车室PM2.5和二氧化碳数据，自动调控新风系统，改善空气质量；提供手持移动终端控制功能，便于作业人员根据需要随时随地开关和调整；通过自动获取电表电量信息，实现远程抄表，可分区域、分类别、分时段统计用电量，实现车站用电能源管理及节能策略，新增照明、空调、电梯、客服、其他等五类用电量的统计，并以柱状图、趋势图等方式展示能耗结果；全线优化安全门、自动售取、闸机、导向屏的图形化展示；新增电梯、照明、自动售取票的视频联动功能，可通过监控摄像头查看对应设备的现场运行情况（图5-34）。

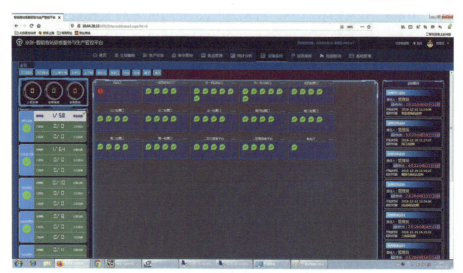

图5-34 清河站设备管理主界面

（2）京雄高铁应用

绿色节能环保在雄安站开展了应用，雄安站实现了台账管理、状态监测、智能控制、能耗统计、运维管理五大功能。共接入了票务、旅服、电扶梯、冷热源、空调及通风、照明、传感器、智能电表、给排水、站台门、列车上水11类设备。

针对票务、旅服设备台账和状态监测数据进行接入，实现了自动售、实名制闸、异步屏等客服设备的实时状态的监测，实现了照明智能控制，通过PC端和手持终端进行控制，目前雄安站可控制的照明区域共有35个，包括21站台区域、11个首层区域，3个高架区域，站台照明是通过列车到发策略进行控制，支持照明模式有全开、1/2开、全关，照明控制使用达到了良好的使用效果。

实现了客运设备用管修一体化，节能降耗取得初步成果。系统空调、照明、电梯、票务、旅服等设备设施进行履历管理，实现设备运行状态自动监测、设备故障自动报修，大大减少了现场人员人工巡检的工作量。基于列车到发计划、人流密度、定时、照度等节能控制策略，实现了对车站照明等设备的节能降耗功能，成效显著（图5-35）。

图 5-35 雄安站设备管理主界面

## 5.5 铁路客站数字化运维和健康管理

铁路客站数字化运维以竣工交付的资料信息为数据基石，以 BIM 技术、物联网、大数据、GIS 为技术手段，以基于 BIM 运维基础数据平台为支撑，实现房建设备检查、维修、大修、更新改造等生产活动在安全、环保、节能、成本等方面全方位、全过程精细化管理，全面推动房建部门生产作业的标准化、信息化、智能化建设。总体架构如图 5-36 所示。

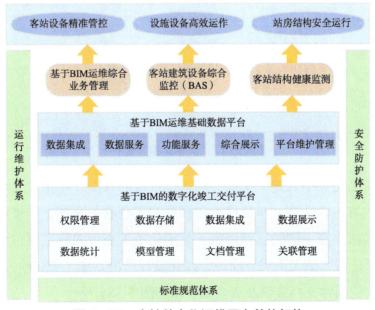

图 5-36 客站数字化运维平台总体架构

## 5.5.1 基于BIM的数字化竣工交付

**1. 功能、特色及作用**

数字化竣工交付采用无纸化传输的方式,将各类文档文件以电子形式移交给铁路客站的管理单位使用。为了规范在数字化竣工交付过程中的各方职责和交付内容,京张高铁建设过程中对铁路站房的数字化需要对竣工交付标准展开探索。在设计期,《建筑信息模型设计交付标准》(GB/T 51301—2018)规定了与交付文件相关的版本管理、命名规则、交付准备、交付物和交付协同等内容。《铁路建设项目竣工文件编制移交办法》(办档〔2002〕8号)规定了竣工文件管理、竣工文件的形成累积、竣工文件的组成与内容、竣工文件的整理与质量要求和竣工文件的交接手续和份数等内容。

铁路客站的数据化竣工交付不仅需要符合铁路行业的独有特色,还需要综合房建专业的固有特点,更需要紧密结合BIM技术在建筑领域的重要作用,形成适合信息时代下铁路站房的数字化交付。铁路客站的数字化竣工交付包含交付单位、交付阶段、交接手续、交付准备、命名规则、交付流程交付物、文件格式、文件结构、文件要素、模型要求、模型划分原则、建模软件等规定(图5-37)。

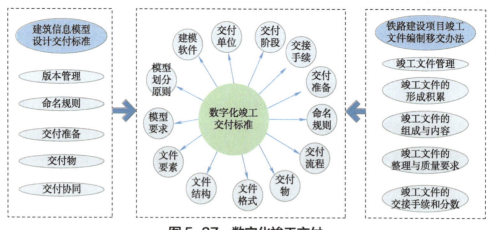

图 5-37 数字化竣工交付

数字化竣工交付不只是狭义范畴的竣工资料的移交,而是广义范畴的竣工交付,交付的内容包含铁路站房从设计初期到竣工验收的全部文档资料。在不同的阶段,依据需求提交不同的文档资料。数字化竣工交付内容主要包含方案设计阶段、初步设计阶段、施工图设计阶段、深化设计阶段、竣工交付阶段的文档资料,各阶段的提交的具体文档资料及资料的要求如图5-38所示。

图 5-38　数字化竣工交付的内容

数字化交付平台能够实现冗余数据的批量清理，文档资料的分类存档，多元数据的集中存储，数据信息的集成展示，模型文件的统一管理，BIM 数据的关联查阅。在铁路客站运营维护过程中，数字化交付平台为运维人员快速查阅资料，溯源设备信息提供了便捷的检索条件，为客站工程的全生命周期管理提供了全过程的资料档案。

（1）权限管理

在数字化交付平台中定义功能组，实现对功能组节点的增删改操作，在平台中定义权限功能，按照授权对象、授权项、授权功能范围实现权限分配。对用户的某项功能权限进行授权，平台存储授权结果，提供授权权限的查询和删除操作。

（2）数据存储

实现将文档资料、BIM 模型、影像资料等内容分类存储在数字化交付平台的服务器中，对各类数据进行分类、备份、加密处理，实现数据存储的安全性、便捷性和实用性。为各单位的数据调用提供便捷路径。

（3）数据集成

将客站不同来源、格式、结构性质的数据在数字化交付平台中进行整合和处理，形成标准统一的数据资源进行管理，在数据管理层面上实现集中式管控，分布式发布。根据客站各专业运维系统业务规则和数据质量标准，数据集成功能模块需具备对原始数据进行汇集、校验、加工和处理的能力，主要分为数据清洗、里程及模型属性转换和完备性检验。

（4）数据展示

数据展示主要利用 BIM 模型集成铁路客站的静、动态数据信息，并提供不同专业、不同阶段、可视化的操作界面。使各单位的管理工作人员通过数字化交付平台查阅 BIM 模型、数字化档案资料、建设过程质量数据、关键工序质量控制数据等数据信息。

（5）模型管理

模型管理是指通过指定模型的存储格式、上传时间、模型的基本概况等信息，对上传到运维平台中的模型进行统一的版本管理，并提供上传、下载、查询、查看等功能，方便用户依据业务需要获取不同版本、不同专业的模型。

（6）文档管理

实现将不同类型的文档上传到数字化交付平台中，实现对不同版本的文档进行统一管理，不同类型的文档分类管理，提供文档的查看、上传、下载、修改等功能，为各单位的用户根据业务需求提供不同的文档资料。

（7）数据统计

按照上传时间、数据类型、专业名称、客站名称等条件，统计各查询条件下的数据信息量，形成统计报表，支持下载、打印、导出等业务应用。

（8）关联管理

实现利用移动端采集的现场实景照片、文档资料等内容直接与三维模型进行关联。数字化交付平台在将属性、现场实景及文档资料等全部与模型关联并具备交付的条件后，可实现通过 API 方式直接导入基于 BIM 的站房运维管理平台中，实现数字化的一键交付模式。也可以将数据导出并部署到本地服务器的数字化资产可视化查询系统，实现数字化资产的软件交付。

**2. 关键技术及创新**

（1）工程档案数字化技术

工程档案数字化是数字化竣工交付的核心内容，主要包括各种电子文件及其元数据（PDF、TIFF、JPEG、WORD、EXCEL、DWG、XML、TXT、MPEG、AVI、WAV、MP3、MP4 等）。根据工程竣工档案的业务要求，建立一整套接收机制，保证接收过程权责明确，从源头上保证数字档案的真实、完整、可用，并且系统满足了在线接收要求，能够批量导入、导出数据。

（2）基于 BIM+GIS 的数字孪生技术

分类组织客站工程建设阶段数据，按专业管理模式形成项目及单位工程信息、设计及建设期数据管理目录，归集工程建造期数据。通过 BIM+GIS 技术，真实展现了铁路客站所处的地形地貌状态，实现了对客站基础设施的虚拟化展示。通过 BIM 模型与设计、建造、联调联试数据融合，实现了数字客站和实体客站的同步交付。

（3）设计、建设期数据向运维期无缝传递

通过基于 BIM 的数字化竣工交付系统，首次实现了设计、建造阶段的信息向运维阶段的数字化、结构化传递。通过交付转换工具集，实现将重新组织和逻辑映射的建造数据转换为符合运维管理需要的数据视图，为运维管理提供可追溯、全面完整的基础设施源头数据（图 5-39）。

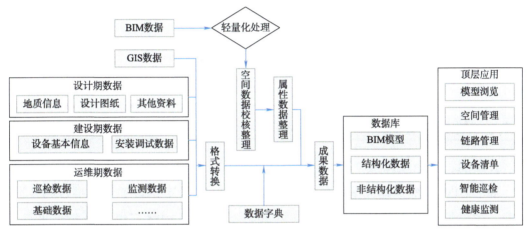

图 5-39 建设期数据向运维期无缝传递

3. 应用效果

数字化竣工交付标准探索了 BIM 模型在整个交付过程中的标准化管理，打破了传统的数据不统一、格式不规范、内容不齐全、流程不健全的瓶颈，形成了各部门"对自己的环节负责，对自己的产出物负责"的管理制度。逐步实现项目管理纸质档案向电子档案管理转变，电子文档管理向数字化文档管理转变，阶段文件管理向全生命周期管理转变。

数字化竣工交付平台提出了数据无纸化集成的电子交付概念，构建了从文件产生的源头进行控制，从工程文件全生命周期进行数字化管理的思想，形成了各部门共同参与、共同协作的管理理念。

数字化竣工交付在京张铁路的站房工程中展开了应用，将图纸信息、标准规范、其他资料等文档进行数字化备案。形成与 BIM 关联的档案的线上查看，指导维修人员全方位掌握清河站各设备的详细信息，实现了多类型文档资料的上传、下载、查阅（图 5-40）。

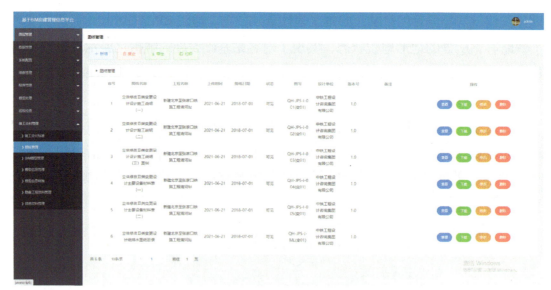

图 5-40　清河站图纸管理界面

### 5.5.2　基于 BIM 运维基础数据平台

**1. 功能、特色及作用**

基于 BIM 运维基础数据平台实现对基于 BIM 的数字化竣工交付平台的各类设计期、建设期的数据源的无缝接入。在数据接入基于 BIM 运维基础数据平台后，依据制定的统一的数据标准和规范，以运行维护体系和安全防护体系为保障，对数据进行汇总、关联、解析、转换、挖掘等处理，形成可存储的标准化数据资产。对外为客站的各设施设备运维系统提供开放的数接口，提供满足其运维业务需求的 BIM+GIS 可视化服务和数据功能服务。

（1）数据集成

数据集成是把铁路客站的不同来源、格式、结构性质的数据依据铁路客站运维管理的实际需求，在基于 BIM 运维基础数据平台中进行分类、整合、汇聚等处理，形成符合铁路客站运维标准和实际应用的数据资源库。在数据管理层面上实现集中管控，分专业、分应用发布。

（2）数据服务

数据服务是指基于 BIM 运维基础数据平台的数据资料等信息通过服务共享的方式向各业务系统及个人用户提供数据服务。提供 4 种数据服务方式：

订阅服务：各专业运维管理信息系统及个人用户可根据需求定制所需的数据，运维平台根据用户要求对数据进行专门加工处理后，将数据定时分发给用户。

数据检索下载服务：基于 BIM 运维基础数据平台为用户提供数据目录分类导航、定位，各类数据的查询、下载服务。对于具有权限的用户，提供用户权限范围内的数据下载功能，该服务功能可以较大限度的实现资源共享利用。

数据直接获取服务：采用 ftp 方式，建立二维图纸、BIM 模型、设计说明文件、现场照片、工程影像、竣工验收资料等资料的快速下载服务。

各专业运维管理信息系统的 API 服务：面向各业务系统提供基于脚本形式和可编程数据访问接口，支持 C、.NET、Java 语言和 Windows、Linux、UNIX 应用平台。

（3）功能服务

功能服务设计的核心内容包括 BIM 功能服务类型和功能设计。主要提供功能服务的发布方式、发布类型、服务类型等，实现对客站各设施设备的运维管理信息系统功能应用开发进行支撑。

（4）综合展示

综合展示主要利用 BIM 模型集成客站建筑设施设备的静、动态数据信息，并提供不同专业、不同阶段、可视化的操作界面。使运维管理工作人员通过 BIM 模型查阅设计期、建设期、运维期的数据信息。

（5）平台维护管理

平台维护管理功能主要包括安全管理、服务维护管理、服务监控、服务资源审批和日志管理等。

用户管理：用户是指所有能够登录平台的人员。用户管理实现对用户的增、删、改、查等操作。

权限管理：在平台中定义功能组，实现对功能组节点的增删改操作。在平台中定义权限功能，按照授权对象、授权项、授权功能范围实现权限分配。对用户的某项功能权限进行授权，平台存储授权结果，提供授权权限的查询和删除操作。

安全管理：安全管理是对基于 BIM 运维基础数据平台的安全保障体系进行管理，主要包括对网络设备、服务器设备、操作系统、数据库等运行状况进行监控。确保管理人员随时可以查看基于 BIM 运维基础数据平台的存在的隐患，针对基于 BIM 运维基础数据平台运行过程中存在的问题，系统自动报警，经过闭环处理，解决问题，形成检查维护文档。

服务监控：服务监控是对为平台的正常运行提供必要监控，如对保证 BIM 模型的正常使用所需要的服务提供监控数据，将监控数据进行统计分析，供相关人员随时查看。将监控数据中存在异常的情况，进行报警处理，督促相关人员及时处理。

服务资源审批：在基于 BIM 运维基础数据平台的正常运行中，需要对数据服务和 BIM+GIS 服务模块提供特定的服务功能，如查看、修改、删除、转换等功能。为了保证各服务模块在不同的层级、不同的专业领域能够提供合理的服务范畴，需要对服务模块进行服务资源配置的审批，包括各模块所需要配置的服务内容、服务对象、服务条件、服务时间段等信息，保证服务资源的合理性。

日志管理：日志类型主要包括服务访问日志、应用展示系统日志、数据管理日志、用户（安全）日志、系统监控日志、系统运行日志等。日志管理主要是将日志按照固定文件大小和日期复合形式存储在服务器中，实现日志的分布式存储、提取和信息挖掘，完成相应日志的收集、分析及管理工作。

**2. 关键技术及创新**

（1）建立房建专业运维 BIM 模型标准

基于 BIM 的基础数据平台建设过程中，提出了铁路客站房建专业基础设施运维的 BIM 分类标准和表达标准，构建了一套适合房建专业基础设施 BIM 运维的信息交换模板，为规范房建专业的运维 BIM 模型精度和信息粒度奠定了基础。

（2）实现客站建筑基础数据统一管理

针对客站各专业基础数据标准不一、独立维护的现状，基于 BIM 的基础数据平台建立了完善的数据管理体系，通过规范数据一体化管理方法，制定一体化服务流程，实现了基础设施数据资源的标准化管理，提供了多专业关联的数据共享与协同渠道，降低了基础数据管理的冗余性与重复性，构建了铁路客站多领域基础数据的信息中心。平台将客站建设与运维视为一个整体、一个循环，在持续的建维过程中，不断提升铁路基础设施运维管理的质量与效率。

（3）BIM 模型轻量化及动态渲染技术

为提升 BIM 模型的加载和运行效率，开发了模型数据转换工具对模型进行轻量化处理，在处理过程中分析模型的数据，对需要的几何数据进行提取，减少造型数据，从而减小模型的体量与模型面片数量，提高显示效率。采用异步加载的方法，将模型加载和模型显示分开处理，利用背面剔除的方法，减小需要显示的模型的体量，提升对显存、内存的释放效率，确保资源的合理应用，增加显示效率和流畅度。

**3. 应用效果**

通过基于 BIM 运维基础数据平台的建设，实现了 GIS+ 环境下的数据信息的浏览，打破了传统的管理模式，直观展示各客站所在的位置信息，加深了运维管理人员对客站信息的了解,提升了信息化时代下的运维管理水平。

在京张高铁方面,实现了 GIS 环境下的车站位置的准确展示,方便对各客站信息的管理与查看(图 5-41,图 5-42)。

图 5-41　京张高铁客站 GIS 地图

图 5-42　昌平站周边环境布置图

## 5.5.3　基于 BIM 运维综合业务管理

**1. 功能、特色及作用**

BIM 运维综合业务管理区别于传统方式下的客站建筑设备设施的管理,主要包含利用 BIM 技术实现运维期模型的浏览、BIM 环境下的各设备的详细信息的检索、三维可视化环境下的空间管理、模拟实际运维的链路管理和智能巡检等应用。可随时查阅 BIM 数据,实时查看各设备的维检修数据,在三维环境中直观展示多状态、多时态、多类型的数据信息,便于相关的运营维护人员通过 BIM 数据信息和分析统计,对客站的运维管理特性做出合理的判断。

（1）模型浏览

在建筑空间模型透视化状态下查询客站内各专业设备，实现集成模型在建筑空间的立体走向、设备空间位置的确定。形成具备按专业划分的系统浏览菜单或者系统结构树，浏览不同结构树下的各设备的属性信息，实现 BIM 几何信息与非几何信息的集成。

（2）设备清单

按照所属系统、部件类别、构件类型等多个查询条件分类查询各设备的详细统计信息。实现不同类别设备的精细化管理，直观展示各部件类别包含的构件信息和数量，形成系统性的统计列表。实现各构件在清单环境下的自动定位，方便查看设备所在的周边环境情况。

（3）空间管理

依据空间选择条件，查看三维空间下各楼层房间内的给排水、暖通、电气、建筑、结构等设备。实现各房间所在位置的精确定位，查询查看三维环境下各房间设备的详细属性信息和设备所在的位置，形成对各空间状态下的详细管理，实现 BIM 数据和空间的可视化。

（4）链路管理

依托 BIM 模型和竣工图信息，结合实际给水设备的供水流向，综合考虑现场安装情况，形成给水系统的链路控制关系。实现关键节点关联的上链路、下链路可视化展示，形成各关键节点的启停对站房相关区域造成的影响，辅助现场维修人员开展维检修工作。

（5）智能巡检

结合现场的巡视检查工作，针对巡检过程中存在的问题，实现在 BIM 环境下的信息填报，辅助维检修人员对巡检数据的处理。针对各条巡检记录和维修记录，实现电子备案，形成智能巡检报告，查看各故障设备的巡检情况和维修情况，为基于 BIM 的客站设备设施运维管理提供参考性的价值与意义。

（6）隐蔽工程管理

实现客站内隐蔽工程如污水管、电线等设备所在位置的三维可视化展示，形成各类隐蔽工程的仿真模拟或录像资料，实现对隐蔽工程信息的分专业存储与查阅。

（7）应急管理

在 BIM 模型中，提供三维状态下的应急疏散演练场景，根据不同的场景提供常态化的安全培训方案，形成系统化的应急管理体系。实现管理人员根据发生的紧急情况，自动引导客站内相关人员安全撤离，为客站内的涉险人员提供最优的路线规划。

（8）BIM信息维护

BIM模型在实际的应用过程中，由于存在多专业的交叉应用，需要管理层实现对BIM模型的上传、修改、下载等。实现各专业的运维管理人员有权限查看各自专业的数据信息，对BIM数据展开运维管理应用。

**2. 关键技术及创新**

（1）构建了房建管理信息化平台

构建了铁路局集团公司统一的房建管理信息化平台，实现了集团公司集中部署，集团公司、房管所、站段多层级应用，涵盖了设备检查、维修、大修、更新改造等全面业务流程。实现了以基础技术台账数据信息为基础的房建设备技术状态信息和设备责任量变化动态化管理；实现了实时了解并掌握设备运营状况，确保设备运营安全（图5-43）。

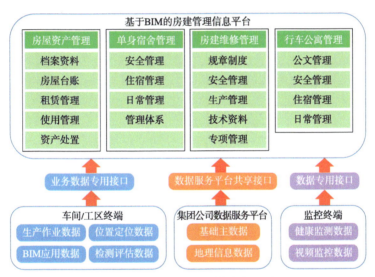

图5-43 房建管理信息化平台

（2）基于BIM+GIS的多源信息融合及态势推演

集成铁路客站各专业设备设施空间信息，与设备履历、检测监测、生产维修、状态分析数据相融合，通过二维、三维空间联动直观地展示了各专业设备技术参数、生产维修信息，辅助运维管理人员从不同角度观察基础设施的空间位置、相互关系等。便捷地获取基础设施各关键点的空间坐标及高程信息，满足在设备发生故障时及时定位、快速维修的要求，辅助分析设备质量状态及变化趋势。

（3）智能手持终端应用

利用智能手持终端实现房建设备运维闭环管理，实现数字化运维计划、任务下达、工单执行、信息采集、及时反馈、应急处置等应用，提高了房建管理的灵活性、时效性、方便性，有效性地提升了房建运维管理平台的管理水平。

3. 应用效果

BIM综合应用在京张高铁清河站、昌平站展开应用，将清河站、昌平站各专业的BIM模型进行分类管理，形成了清河站、昌平站信息的分专业和分楼层管理。实现了客站模型的浏览与站内空间的管理，形成了链路的虚拟控制，为清河站、昌平站的运维检修提供了辅助性的参考价值（图5-44，图5-45）。

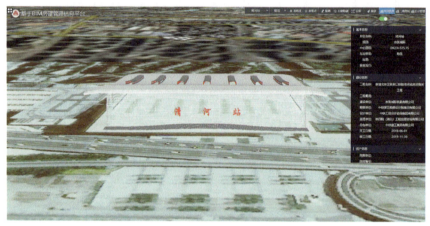

图 5-44　清河站 BIM 模型

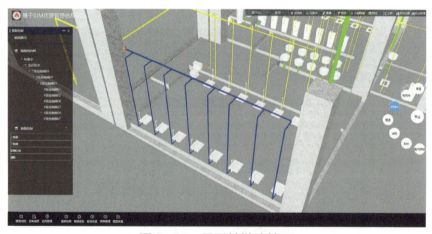

图 5-45　昌平站链路管理

BIM综合应用实现了BIM数据的统一管理，为全路站房的BIM模型的管理构建了统一的三维可视化平台。形成了全路客站的数字化管理模式，提供了客站设备设施的可视化应用，形成了设备巡检记录的在线填报。链路关系的在线浏览，提高了客站运维管理的水平。

### 5.5.4 客站建筑设备综合监控（BAS）

**1. 功能、特色及作用**

建筑设备监控（BAS）系统主要是为了实现电扶梯、能源、空调、给排水等设备的实时数据信息进行资源共享、集中存储和信息互通，方便运维管理人员随时调取各设备的数据信息，提升客站整体运营的服务水平。通过物联网和大数据技术，实时掌握设备运行状况，推演客站各项服务指标，形成对客站内部情况的准确判断，及时有效地提升客站的使用、实用和适用价值。

建筑设备监控（BAS）系统采用控制室管理、控制室与现场两级控制的分层分布式结构。主要实现建筑设备及环境的监测、安全保护、远程监测、故障报警等功能。整个网络由"数采子网"和"后台子网"组成。两个子网之间通过前置机联络，既保证了子网之间信息交换的通畅，又有效地实现了现场数据和后台数据的分离，大大减轻了网络负载。实现了数字化信息的数据集成与服务应用，形成了符合客站实际状况的运维管理系统，为客站的绿色运维提供了数据基础。建筑设备监控（BAS）主要包括能耗管理、机电设备监测、电扶梯管理、报警设备显示、综合展示、预警/报警等功能应用，形成了客站运维期的全方位数据资料，为客站的安全运营贡献了扎实的数据信息。

（1）能耗管理

通过安装具有传输功能的电表、水表、煤气表等设备，实时采集、传输终端数据，实现在BIM模型中实时查看各设备的能耗信息。能耗数据具有较强的扩展性，为后续的业务提供数据支撑。

（2）机电设备监测

机电设备运行状态监测包括空调新风系统监测、给排水系统监测等。

①空调新风系统监测

对空调系统的监测主要是针对集中式中央空调系统。空调系统由新风、回风、过滤器、冷热盘管、送风机、空调机组等组成。其中空调机组的主要监控内容为送风量、回风量、新风量、送风温度、送风湿度、送风机启停、回风机、空气净化器等。实现对空调新风系统的实时监测，动态展示各项指标的当前状态。

②给排水监控

给排水系统是任何建筑物都必不可少的重要组成部分，该系统包括生活给水系统和排水系统监控。给水系统监控包括对水位水池、水箱液位、报警状态和运行水泵的实时监测。排水系统监控主要对象为集水坑和排水泵，排水系统的主要监测内容为污水集水坑和废水集水坑的水位检测及越限报警。检测排水泵运行状态以及发生故障时报警。非正常情况快速报警。

（3）电扶梯管理

展示各电梯、扶梯的运行状况，远程查看电梯、扶梯的设备参数信息。实现在BIM模型中展示各状态下电梯、扶梯的位置信息。实现对电梯、扶梯设备的状态监测。

（4）报警设备显示

针对不同等级的报警设备，在建筑设备监控系统中自动生成报警设备列表。在模型中定位到设备的具体位置，显示设备详细信息。对发生报警设备的BIM模型高亮显示。

（5）综合展示

全方位展示展示客站形象，展示客站各类设备基本信息，包括总用电量，耗电统计，照明回路开启状况，最新的报警信息等。能够快速了解客站各设备的基本情况。

（6）预警/报警

可以对设备的测点值进行监控，当设备测点采集的值不在符合预定的值则触发报警。如果触发了报警设置，设备监控系统可以触发联动模块，自动处理报警。系统提供窗口报警、手机报警、短信报警、E-mail报警等多种实时报警信息，还可根据报警数据来源进行准确报警定位查看报警设备的报警信息。

（7）数据查询

数据查询中主要有指令的下发记录，可查看指令下发的设备、时间、指令值、下发人等信息，实现对设备操控的透明化。能够根据设备采集列表查看设备最近五分钟、十分钟等各个时间段的上传数据信息。

（8）运行日志

运行日志是记录系统运行的问题信息，用户可以通过它检查错误发生的原因。

**2. 关键技术及创新**

（1）基于智能物联网的现场管控技术

铁路客站智能照明基于物联网技术对照明设备进行集中管理和状态监测，并基于客运作业计划及关键区域环境状态进行客站照明智能控制。通过感知传感器获取列车到发、照度、白天/黑夜模式，将三者作为节能管控的参考指标，寻求智能照明的更优运行方案，同时结合各铁路客站的共性及个性化需求，使其在满足旅客舒适度候乘车体验前提下最大限度地节能降耗和减员增效。

（2）全过程数字化管理决策技术

基于客站温度、湿度等运营环境信息，结合客站业务运营实际情况，制定相应的节能控制策略，通过 BAS 系统实现对照明、导向屏、中央空调等能耗设备的节能控制。在确保设备正常运营基础上，合理控制客站设备的运行情况，有效提高设备利用率，降低设备能源消耗，实现节能降耗的目的。

（3）BIM+IOT 高精度仿真模拟技术

基于 BIM+IOT 技术的新型建筑设备监控管理彻底改变了传统客站运维中数据格式不一、系统平台复杂、信息孤岛问题严重、主要依赖人力、故障响应慢的状态，通过 BIM 技术与 BAS 的深度融合，最终实现了设备设施静态管理与动态数据运行性能的智能控制。该系统也打破了国外软件厂商和系统集成厂商的数据格式垄断，保障数据应用安全，可作为关键共性技术在制造业及建筑工程行业推广使用。

### 3. 应用效果

建筑设备监控（BAS）系统已在京张、京雄铁路的站房工程中开展了实际应用，实现对空调、给排水、照明、电梯等机电设备运行状态的实时监控。应用效果整体良好，为客站设备管理人员提供设备设施的分布、维修、更换情况，有效提升客站设备的精细化管理（图 5-46~图 5-48）。

图 5-46　BAS 界面

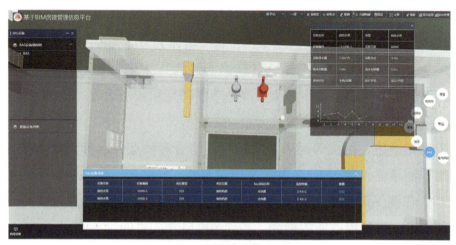

图 5-47　换热水泵的运行状态

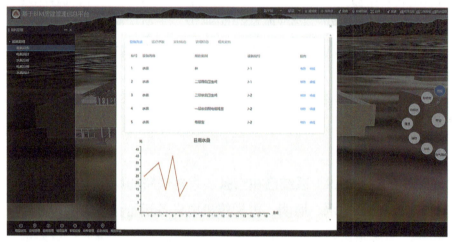

图 5-48　建筑能耗统计

### 5.5.5　客站结构健康监测

**1. 功能、特色及作用**

面对复杂、大型的建筑结构的监测需求，产生的监测信息数量庞大且复杂，对监测信息的整合、管理与分析造成了巨大挑战。BIM 技术的出现、发展和成熟，可将其参数化、信息化、可视化、集成化的独特优势运用于结构健康监测领域，为其提供了可交互的信息管理平台，极大地提高了监测信息管理水平。BIM 技术促进了采集、传输、存储、处理和显示监测信息的能力与效率，为客站结构在日常运营过程中的监测、维护和管理决策提供指导。

客站结构健康监测主要包括对内力、变形、动力特性、风效应等影响结构正常使用的构件参数进行监测。测点主要布置在主体承力结构上,如屋盖行架杆件、大跨结构梁柱等。可在三维 BIM 环境中直观查看各测点的布置位置,形成不同视角对各传感器的外观形状的展示。实时监测各测点的数据,直观展示多状态、多时态、多类型监测数据,便于相关的运营维护人员通过动态数据的统计分析,对后期的结构特性做出预警性的判断。随着通过客站结构健康监测系统对结构健康状态进行长期监测,实现建筑结构的结构健康评价与结构预警功能,能够及时发现客站建筑结构损伤,从而保障客站结构安全,延长站房运营寿命。

(1) 测点图布置

根据铁路客站项目的实际运营维护需求,在 BIM 环境中布置应变计、静力水准仪、加速度计、风速仪等各类传感器的模型。对各类测点按照统一的编码规则进行编码,根据不同的测点类型生成对应的测点布置图,通过选择测点,在 BIM 场景中快速定位其所在的位置,实现对测点的添加、删除、修改、查看、查询等功能。

(2) 数据采集

将现场的各测点的数据采用有线+无线结合的方式,传输到客站结构健康监测管理平台中。客站结构健康监测平台将采集的数据进行汇总和再分配,在各项目的测点模块中,实现自动展示各测点的各项参数。针对同类型的测点,在一张图中以表格的形式展示各测点的数据。

(3) 设备管理

设备管理包括工器具管理和监测终端设备管理。工器具管理主要实现对日常养护维修中使用的工器具的巡检、维修、保养等情况进行记录,随时查看设备的备用状态,保证工器具设备的出入库信息的实时跟进。监测终端设备的管理主要对各传感器监测设备信息进行添加、修改、删除、导出等操作,实时在结构健康监测系统中查看各传感器的使用状态、维修记录、数据传输信息等内容,实现传感器数据在误差允许范围内的精确传输,为结构健康监测提供实时有效的数据信息。

(4) 报警管理

根据不同传感器的阈值的设置,实现对存在故障和数据监测异常的监测设备进行报警展示,并通过多种方式通知维修人员处理报警设备。维修人员可根据维修管理流程,按步骤处理的报警设备,并实时更新设备的维修状态,形成设备维修记录。

（5）历史数据查询

通过选择不同客站的传感器设备，查看各传感器的动态数据信息，如应力、应变、加速度、位移、监测时间、监测位置、监测频率等参数信息，形成数据报表，支持数据的导出、下载等应用，实现历史记录数据的快速查询与查看。

（6）动态分析

将测点的大波动状态下的数据进行分析，并将分析结果在健康监测系统中展示，形成系统性的报告，为后期的运维管理提供参考性的意见和预防性措施。

（7）评估分析

通过对结构健康监测设备的各项数据指标进行分析，依据专家意见，形成评估分析报告。实现评估分析报告的上传、下载、查询、删除等应用，为结构的进一步维修、检修、更换等工作提供数据性支持。

（8）统计分析

按照时间段、客站名称、传感器类别等筛选查询条件，自动统计汇总各设备采集到的数据的平均值、最大值、最小值、同比增长率、环比增长率等，形成统计分析报告，支持数据各设备的数据导出、打印等功能应用。

**2. 关键技术及创新**

（1）基于总线集成的数据采集技术

设计支持跨协议采集各类型传感数据的现场总线架构，实现网络边缘侧感知数据的集成采集和快速处理。基于边缘计算网关的有效信息，研究分层信息融合策略，设计开放通信统一架构，集成规约采集到的多源异构数据，实现多传感数据的流动传递（图5-49）。

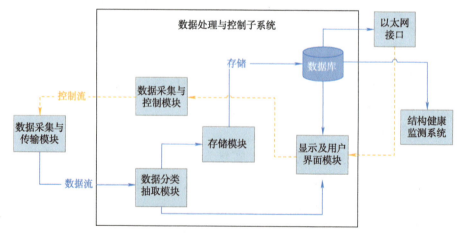

图5-49 基于总线集成的数据采集技术

（2）基于深度学习的结构健康监测异常数据诊断

提出了基于深度学习的结构健康监测异常数据诊断方法，实现了融合时域—频域信息的仿生视觉信息获取和脑决策过程的深度网络架构，解决了实际结构健康监测大数据的异常数据多模式学习与准确诊断问题。

（3）监测数据实时显示及 3D 可视化

针对大跨度空间钢结构，将监测信息与 BIM 三维模型进行交互，通过对监测信息可视化各功能模块进行开发，实现监测数据实时显示及 3D 可视化表达，解决了监测数据繁冗和监测数据处理滞后的问题，同时降低监测人员对数据的理解难度。

**3. 应用效果**

基于 BIM 的客站结构健康监测在京张高铁清河站展开应用，实现了各测点模型的定位展示和测点数据的远程监测，提升了监测设备和监测数据的统一管理能力，促进了客站设备的健康状态实时管控（图 5-50，图 5-51）。

图 5-50　测点布置

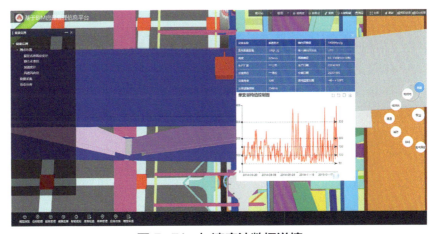

图 5-51　加速度计数据详情

结构健康监测设备在客站中的安装应用，为站房的动力特性、主体结构安全性监测提供了数据支撑。结构健康监测平台的应用，提供了各类监测设备数据的在线查看，实现了传感器设备在全生命周期中的状态管理，形成了历史监测数据的查看和动态监测数据的汇总分析，为客站的安全性、适用性的技术指标的评价提供了参考的价值。

# 第6章

# 发展与展望

　　凡是过往，皆为序章。2021年，"十四五"已经开局，开启了全面建设社会主义现代化国家新征程。我们要牢牢把握新发展阶段，贯彻新发展理念，构建新发展格局。铁路客站将在加快建设交通强国中，坚持人本驱动、优化统筹、创新发展，向着绿色人文、智慧智能方向不断发展，不断提升铁路运营和服务品质，满足人民日益增长的美好出行需要。无论是观念、技术，还是文化，铁路客站必以软硬实力并举、全面领先之势，为中国铁路品牌的塑造及传播、为城市的优质生活、为国家战略的实施提供重要助力。

## 6.1　在加快建设交通强国中高质量发展

在加快建设交通强国的目标下,《国家综合立体交通网规划纲要》（2021年2月）中就"推进综合交通高质量发展"提出了推进安全发展、推进智慧发展、推进绿色发展和人文建设、提升治理能力的规划部署，为未来的铁路客站建设指明了方向。

### 6.1.1　人本驱动

目前，我国铁路客站建造施工水平已经步入国际先进行列。但持续保持中国高铁建设世界领先水平，实现全面领先，还需要不断提升，多方面突破。"坚持以人民为中心"的以人为本价值观，是铁路客站高质量建设发展阶段实现软硬实力并举，为人民群众带来更多的获得感、幸福感、安全感的核心驱动力。

一方面，铁路客站规划建设在专注"用户研究"方面有较大提升空间。多样化的需求要求客站规划设计"标准化"与"个性化"相结合，"稳定性"与"动态性"相结合，关注"用户"，开展系统性的"用户研究"。解决无障碍设施、母婴室等特殊人群关爱系统使用不便利、不舒适问题；紧跟用户需求变化不够，未设置充分的改建条件或预留升级空间；导视、服务标识与商业信息未统筹于合理的视觉秩序中、强化空间标识性不够；结合气候条件，全方位考虑适配性候车设施建设不细致……诸如此类问题细碎而庞杂，却是影响旅客个体感受，反映铁路客站品质，构成口碑传播的重要切入点。建设者需要真正树立"以人为本"的思想，增强对"用户"的关注度。

另一方面，发展智能客站、智慧交通，核心目的是基于提升用户体验而产生的安全性、便利性、舒适性需求，而不是科技实力展示的需求。在追求科技创新的同时，不能本末倒置，忽略"以旅客为中心，优化提升用户体验"的核心目标，要为人而技术，而非为技术而技术。

在铁路客站建设的高质量发展阶段，贯彻"以人为本"的人文价值观，切实围绕"以旅客为中心，优化提升用户体验"是重要的评估维度之一。铁路客站的建设不仅是要从工程技术及运营管理的角度出发，更需要从"以人为本"的角度出发。只有更多的引入用户体验的设计维度，才能真正在建筑中体现建设者和运营服务者的人文关怀，实现铁路客站作为公共服务空间的价值，提升用户满意度，让人民群众有更多的幸福感、获得感、安全感。

## 6.1.2 优化统筹

未来已来，将至已至。到 21 世纪中叶，我们要全面实现交通强国目标。以铁路客站为中心的综合交通枢纽，内外交通有机衔接，干线铁路、城际铁路、市域（郊）铁路和城市轨道交通"四网融合"。与机场高效衔接，实现"零距离"换乘要求，铁路客站与城市市政交通、商业、休闲娱乐等功能资源开放共享、和谐发展、互利共生，以铁路客站为中心的综合交通枢纽充分发挥公共交通绿色出行优势，实现低碳运行，"人享其行、物优其流"。届时，中国铁路作为国民品牌，势必会深植于国民心中，代表中国走出国门，成为一张靓丽的名片，以全球领先的技术与文化实力，服务于人类命运共同体，造福于世界人民。

千里之行，始于足下，实现未来的目标必须立足当下，进一步对城市发展及铁路客站规划建设进行资源统筹和结构配置优化，提升效率、绿色发展，以新时代铁路客站建设奠定交通强国基础。国务院相继颁布的《交通强国建设纲要》（2019 年第 28 号）和《国家综合立体交通网规划纲要》（2021 年第 8 号）为我们的发展目标给出了工作原则与实施途径。一是要统筹客站建设与城市发展，充分发挥铁路运输对城市发展的带动作用，引导城市经济合理化，改善区域发展不平衡现象。二是要统筹客站建设与生态资源，通过深入研究、专项设计，加强土地、能源等生态资源的集约利用，推广生态材料及建材的循环利用，围绕铁路客站，打造生态社区。三是要统筹客站枢纽内的各种交通方式布局，提高综合换乘效率，降低换乘成本。四是要统筹枢纽管理，合理开发共享红利，推进区域内一体化管理，营造开放的城市空间，提升枢纽活力。

## 6.1.3 创新发展

习近平总书记在 2013 年 10 月 21 日欧美同学会成立 100 周年庆祝大会上的讲话中指出："创新是一个民族进步的灵魂，是一个国家兴旺发达的不竭动力，也是中华民族最深沉的民族禀赋"。

中共十八届五中全会提出了"创新、协调、绿色、开放、共享"新发展理念，"创新"一词居于首位，其重要性可见一斑。如习近平总书记所说，坚持创新发展，就是要把创新摆在国家发展全局的核心位置，让创新贯穿国家一切工作，让创新在全社会蔚然成风。

新发展理念是铁路建设发展遵循的指导思想，建设以铁路客站为中心的"畅通融合、绿色温馨、经济艺术、智能便捷"现代化综合枢纽，打造优质工程、绿色工程、人文工程、智能工程、廉洁工程是不变的主旋律，是铁路建设的不懈追求。从铁路客站建设来看，创新不仅需要工程技术领域的科技创新，更需要从管理体系到规划设计、从商业模式到生产安全、从科技到文化等全流程全域贯彻创新意识，以创新来推动铁路客站建设的高质量发展。

从铁道部到中国国家铁路集团有限公司，从管理者到服务者，从规模速度型到质量效益型，从满足社会发展运力需求到满足人民日益增长的对美好生活的需要……，面对一系列新的社会发展和企业化发展需求，铁路客站建设要高质量发展，体制机制创新位居首位。在分类投资建设体制、一体化规划建设机制、利益共享机制、建设后评估和运营检验评价机制等领域，现阶段均存在惯性壁垒。从铁路客站建设项目管理机制来看，投资方、运营方、建设方的关系仍存在沟通及责任间隙，这一问题也是铁路客站建设在资源整合、投资运营方面落后于市场、未实现效益最大化的原因之一。从铁路客站建设的规划设计工作来看，项目前期阶段尚未导入符合市场规律的工作模式，如运营方在市场与用户需求调研方面的缺席、规划设计前端未植入定位研究环节、设计过程中未系统建立对各设计学科的专业化认知及统筹，整体规划设计流程还受制于惯性思维和相对传统的工作模式，导致了较为普遍的"边设计边优化""前期不足，后期来补"的状况等。

总的来说，铁路客站建设需要在观念上、思维模式和工作方法上强化创新意识，与时俱进、勇于创新，才能有效释放机制体制的红利，让铁路客站建设在转向质量效益型的道路上迈开大步、一往无前。其次，要强化科技创新的支撑引领能力。面向铁路建设、运营主战场，强化应用基础研究，深化铁路建设、运营、安全等重点领域关键技术创新和产业化应用。推进关键技术装备自主研发和迭代升级，提升产业链现代化水平。完善以企业为主体、产学研用深度融合的创新体系，构建高效开放的创新联合体，形成跨学科、跨领域的协同攻关机制。瞄准新一代信息技术、人工智能、智能制造、新材料、新能源等世界科技前沿，加强对可能引发交通产业变革的前瞻性技术研究。

## 6.2 推进新技术与客站业务融合发展，构建智慧客站

云计算、物联网、大数据、人工智能、移动互联网、区块链、BIM、智能机器人、无人机、增强现实、数字孪生等先进技术飞速发展。新信息技术与各行各

业的深度融合，产生了智慧机场、智慧地铁、智慧交通、智慧物流、智慧工厂、智慧商城、智能楼宇等多方位智能化建设，使得人类社会向技术与产业高度耦合、深度迭加、创新并行的智慧社会演进，智慧客站也将与时俱进，呈现全新面貌。

## 6.2.1 智慧客站发展形势

**1. 智慧客站相伴智能交通规划发展进程**

我国《交通强国建设纲要》提出，到 2035 年，智能、平安、绿色、共享交通发展水平明显提高，基本建成交通强国，使我国进入世界交通强国的行列。到 21 世纪中叶，智能化与绿色化水平位居世界前列，全面建成交通强国，使我国进入世界交通强国的前列。国铁集团 2020 年 8 月发布《新时代交通强国铁路先行规划纲要》，明确将智能化纳入未来铁路发展的重大方向，提出到 2035 年智能高铁率先建成、智慧铁路加快实现，到 2050 年铁路智慧化水平保持世界领先的发展目标。同时开展了《智能高铁战略研究（2035）》和《交通强国战略研究》等战略研究，提出了《中国智能高铁战略》，构建基于数字孪生的智能高铁，包括智能建造、智能装备和智能运营，为智慧客站发展奠定了基础。

从世界范围看，一些发达国家为适应社会经济不断发展的新要求，结合科学技术的新发展，都相继出台了各自的交通发展战略，也提出了铁路数字化、智能化和智慧化发展规划。美国交通部制定了《2045 美国交通运输展望》，预测了未来交通发展趋势，强调效率、服务和建设资金的落实；制定了《Rail Route 2050》战略规划，提出了 2050 年智能化铁路系统发展蓝图，要建设有竞争力的、能有效利用现有资源的交通体系。德国发布了《德国铁路数字化 4.0 战略》，以提升旅客满意度为总体目标，实现全生命周期的数字建造、无人驾驶、智能服务、智能装备等。法国推出了《数字法铁战略》，为铁路客户建立一个竞争、便捷、可持续、与未来运输紧密结合的铁路系统。日本提出了《国土战略规划 2050》和《日本铁路 2020 战略规划》，提出形成交通运输网络和信息通信网络，强化国土的紧凑、一体化发展，提高交通智能化和安全服务水平。

**2. 智慧城市带动智慧客站发展**

从技术发展的视角，智慧城市建设要求通过以移动技术为代表的物联网、云计算等新一代信息技术应用实现全面感知、泛在互联、普适计算与融合应用。从社会发展的视角，智慧城市通过社交网络、微观装配实验室、智能家居、综合集成法等工具和方法的应用，实现以用户创新、开放创新、大众创新、协同创新为特征的知识社会环境下的可持续创新。强调通过价值创造，以人为本实现经济、社会、环境的全面可持续发展。建设智慧城市是实现城市可持续发展和信息技术发展的需要，也是提高国家综合竞争力的战略选择。

铁路客站是城市的重要组成部分，是推动区域经济一体化的重要节点，是城市中心经济区域发展的引擎。智慧城市的建设和发展，必然带动智慧客站快速发展，全面提升客站综合承载能力，提升客站服务现代化水平。同时，铁路客站是铁路质量效益型发展的关键组成，是中国铁路服务水平升级的具体体现，是铁路实施综合开发的基本依托。铁路客站功能已升级为集旅行、商业、服务、社交、交通等功能为一体的综合服务体，全力打造精品智慧客站是服务运输，造福人民，实现铁路内涵式发展的客观需要。

**3. 客站智能化发展聚力智慧化转变**

我国正在加速发展的智能铁路是运用新一代信息技术与铁路交通规划、建设、运行、管理和服务全面融合，支撑、促进和引领铁路交通智能化发展的新体系、新模式和新生态。

智能客站作为智能铁路的一部分，在智慧建造、智慧运营、智慧运维方面进行了深入研究，实现了由人工化向自助化、信息化、智能化的转变，但在典型场景智能化、数据深度挖掘分析、新技术应用方面还有不足。随着铁路路网规模不断扩大、运输组织日趋复杂、安全压力和运营成本持续增加，将物联网、大数据、人工智能、5G、数字孪生等新一代信息技术与铁路客运车站实际业务深度融合。实现车站旅客服务和生产作业的提质增效，以及与城市社会发展高度协同，是客站由智能化向智慧化进一步发展的方向和必由之路。

客站智慧建造方面，新一代信息通信技术与铁路客站建造技术深度融合，催生出铁路客站工程建造由数字化建造升级为智能建造，最终实现智慧建造。

客站智慧运营方面，构建基于"互联网＋高铁网"的智慧一体化票务服务体系，实现感知自动化、服务网络化、执行自主化和决策智慧化。构建基于CPS+数字孪生的智慧管控平台，实现智能客站大脑从感知智能向认知智能、决策智能迈进。

建筑设备智慧运维方面，实现客站建筑设备运维集约化、柔性化、智能化和全数字化管理，赋予建筑设备运维绿色、节能、环保的价值。

## 6.2.2 智慧客站内涵及特征

未来智慧车站，是运用数字化技术，以全面感知和泛在连接为基础的人机物事深度融合体，是具备主动服务，智能进化的有机生命体和可持续发展空间。

智慧车站应具备全面感知、泛在互联、"模型—数据—知识"混合驱动等特征，以一个车站物理世界和数字世界相结合的孪生空间作为载体和基础。基于感知联接、边缘计算、云和 AI 等技术，打通数据和业务，构建"人—机—物—环境"融合的空间，承载车站的业务和活动，支撑车站智慧的实现（图6-1）。

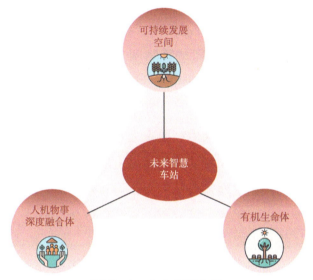

图 6-1　未来智慧车站

## 6.2.3 智慧客站发展策略

智慧客站将通过树立新理念、采用新技术、打造新平台、丰富新应用、构建新生态。坚持以人为本，一切以旅客的需求为中心的理念，基于生态客站的绿色可持续发展及业务增值，达到客站全场景感知交互、全环节智能决策、全要素协同推进、全触点体验运营、全开放融合及零距离换乘的智慧化美好愿景。

顶层框架方面，基于数字孪生与深度学习重构智慧客站技术框架和应用创新。数字孪生技术应用为智慧客站建设注入活力，基于海量数据的深度学习助力客站治理实现自我优化，应用整合推动智慧客站向一体智能、高效协同、平战结合方向推进，统筹需求成为新型智慧客站建设前提，跨领域协同场景驱动智慧客站应用创新。

知识重构方面，跨模态数据融合、全行业知识图谱决定客站智慧能力。跨模态数据学习与知识图谱的交互作用促进智慧客站的应用落地和大数据的价值挖掘，通过海量数据构建高铁客站全生命周期的知识图谱，对铁路客站整体态势进行全局、实时的感知，面向不同专业过程提供全流程解决方案，使得客站大脑具有智能认知能力。

孪生驱动方面，数字孪生推动客站要素时空化，构建智慧客站数字底座，实现集约化治理和一站服务新模式。数字孪生客站将依托客站信息模型重构客站数据结构，面向客站全要素整合对象的物理属性、时空属性、业务属性等数据，形成一个客站共用的数字底座。随着"万物互联"的客站全要素感知体系的建立，客站物理空间与数字空间可实现精准映射、智能运行。基于数字孪生客站底座及客站感知体系，相关部门可以开展位置溯源、空间计算、人机交互、远程控制、监测预警等，创新扁平化的集约治理和一站服务模式。

数据安全方面，基于区块链、隐私计算等数据安全技术应用研究，为智慧客站安全运行提供保障。数据成为五大生产要素之一，随着人工智能技术突破算法算力的限制，数据安全有序流动成为制约智慧客站发展应用的重要因素。区块链、隐私计算等数据安全技术在快速发展和普及应用，可有效解决数据孤岛问题。做到数据可用不可见，并实现数据可确权、可追溯，充分释放数据价值，提升生产效率，实现数据在可确权的基础上达到可信数据的交换和应用，确保客站安全稳定运行。

生态共生方面，全面激活智慧客站"生态圈"，为客站高质量发展提供土壤。智慧客站是一个开放复杂的系统，涉及到顶层规划、设计、咨询、投融资、项目交付、运营维护、生态发展等环境，需要在土地、资金、技术、数据、服务等方面开展多元化合作，融合创新。构建"由点及线，由线及面"的智慧客站生态圈，实现资源最优配置，多方合作共赢，为智慧客站高质量发展提供肥沃的土壤。

## 6.3　推进绿色低碳发展，建设生态客站

"坚持绿色低碳，建设一个清洁美丽的世界"，这是国家主席习近平在联合国日内瓦总部演讲时，对人类应对气候变化做出的中国承诺。面对有限的自然资源和人类无限的发展需求，寻求人与自然的可持续发展，推进绿色低碳发展，成为全社会的共识，铁路行业也责无旁贷。从节约资源、保护环境，最大限度的实现人与自然和谐共生的绿色铁路客站出发，通过理念革命、技术创新，最终实现高

效、低耗、无废、无污、生态平衡，建设美丽绿色生态客站。

## 6.3.1 面临挑战与中国方案

**1. 可持续发展面临的挑战**

自工业文明以来，人类发展主要依靠的是化石能源，经过近百年的发展，地球上（已探明的）矿物资源储量日益减少，自然资源约束趋紧。同时，粗放式的经济发展也带来了严重的环境污染和生态系统退化，而且随着石油、煤炭、木材等自然资源的消耗，地球二氧化碳含量越来越多，导致严重的全球气候变暖。严峻的形势改变、影响着人们的生存空间和生活方式，带来越来越多的生态环境问题，对人类的发展构成挑战。

为应对生态环境和自然资源问题，1980年3月，联合国大会首次提出"可持续发展"概念。1987年，《世界环境与发展委员会》公布了题为《我们共同的未来》的报告，提出了可持续发展的战略，在满足当代人需要的同时，不损害人类后代满足其自身需要的能力。

为减少温室气体排放，减少人为活动对气候系统的危害，减缓气候变化，增强生态系统对气候变化的适应性，为应对全球气候变暖威胁，1992年联合国大会通过了《联合国气候变化框架公约》，确立全球应对气候变化的最终目标、基本原则、各国家的义务等。这是世界上第一个关于控制温室气体排放、遏制全球变暖的国际公约。1997年，各国开始签订《京都议定书》（于2005年执行），对减排温室气体的种类、主要发达国家的减排时间表和额度等作出了具体规定，这是人类历史上首次以法规的形式限制温室气体排放。2016年，全世界178个缔约方共同签署了气候变化协定《巴黎协定》，对2020年后全球应对气候变化的行动作出的统一安排，构建了2020年后的全球气候治理格局。这三份文件，是人类历史上应对气候变化，签署的三个里程碑式的国际法律文本，对人类可持续发展方向和发展模式具有重要指导意义，我国制定的绿色低碳发展战略，正是契合了《巴黎协定》路线图，也是构建人类命运共同体的重要发展方向。

**2. 中国绿色低碳发展方案**

中国作为世界上人口最多的国家，人均自然资源占有量少，改革开放初期，也是以自然资源高消耗、环境高代价换取的经济发展，与全世界相比，中国面临的环境和发展问题更加严峻。十八大以来，国家提出了创新、协调、绿色、开放、共享的发展理念,将尊重自然,顺应自然,构建人与自然和谐发展,树立保护自然的生态文明建设理念,走可持续发展的道路,上升为国家战略。

十九大报告中提出,加快生态文明体制改革,建设美丽中国。生态文明建设就是把可续持发展提升到绿色发展的高度,是中国特色社会主义事业的重要内容,关系人民福祉,关乎民族未来,事关"两个一百年"奋斗目标和中华民族伟大复兴中国梦的实现。

面对全世界,中国做出了庄严承诺。2020年9月22日,中国政府在第七十五届联合国大会上提出,中国将提高国家自主贡献力度,采取更加有力的政策和措施,二氧化碳排放力争于2030年前达到峰值,努力争取2060年前实现碳中和。

2021年国务院政府工作报告中指出,扎实做好碳达峰、碳中和各项工作,制定2030年前碳排放达峰行动方案,优化产业结构和能源结构。"做好碳达峰、碳中和工作"被列为2021年重点任务之一,"十四五"规划也将加快推动绿色低碳发展列入其中。

铁路行业作为国民经济的支撑行业,一直将节能减排作为铁路发展的重要方向之一。随着高速铁路的建设,以电力能源代替化石能源,人均能源消耗在逐渐减少。高铁每人百公里能耗仅为飞机的18%和大客车的50%左右,二氧化碳排放量仅为飞机的6%、汽车的11%,铁路已经发展成为陆路、空路交通中最节能交通方式。

据相关数据统计,我国建筑总能耗约占社会终端能耗的21%,参照发达国家经验,随着城市发展,建筑将超越工业、交通等其他行业而最终居于社会能源消耗的首位,达到33%左右。目前我国有5亿$m^2$左右的大型公共建筑,耗电量为70~300 kW·h/($m^2$·年),为住宅的10~20倍,是建筑能源消耗的高密度领域。作为大型公共建筑的铁路客站,候车厅高大的建筑空间形态,多进多出多功能的交通组织方式,高密度的旅客流量,超长的运行时间,使其成为铁路行业内的能源消耗大户。多年来,大型客站能耗一直得到铁路行业的高度关注,中国铁路总公司主编的《铁路客站绿色建筑评价标准》,是在统计了几十个车站能源消耗基础上,结合铁路客站实际情况,编写的针对铁路客站节能减排的绿色技术标准,对绿色客站建设具有重要的指导意义。进入新时代以来,国铁集团落实国家发展战略,积极推进可再生能源利用、分布式能源利用、高效节水节电器具和设备车站能源管理系统等绿色建筑技术和措施的普遍应用,致力于不断降低铁路客站的能源消耗水平。

2021年2月,国务院发布关于加快建立健全绿色低碳循环发展经济体系的指导意见，意见明确"坚定不移贯彻新发展理念，全方位全过程推行绿色规划、绿色设计、绿色投资、绿色建设、绿色生产、绿色流通、绿色生活、绿色消费，使发展建立在高效利用资源、严格保护生态环境、有效控制温室气体排放的基础上，统筹推进高质量发展和高水平保护，建立健全绿色低碳循环发展的经济体系，确保实现碳达峰、碳中和目标，推动我国绿色发展迈上新台阶"。到2025年绿色低碳循环发展的生产体系、流通体系、消费体系初步形成。到2035年广泛形成绿色生产生活方式，碳排放达峰后稳中有降，生态环境根本好转，美丽中国建设目标基本实现。铁路行业作为国民经济的支柱行业，铁路客站作为铁路行业中的重要节点，推动绿色低碳发展，是践行新发展理念的重要发展方向。

## 6.3.2 建设绿色生态客站

### 1. 基本概念

生态建筑（Eco-build）是根据当地的自然生态环境，运用生态学、建筑技术科学的基本原理和现代科学技术手段等，合理安排并组织建筑与其他相关因素之间的关系。使建筑和环境之间成为一个有机的结合体，同时具有良好的室内气候条件和较强的生物气候调节能力，以满足人们居住生活的环境舒适，使人、建筑与自然生态环境之间形成一个良性循环系统。

铁路客站作为重要的公共交通建筑，建设生态客站就是综合运用生态学、规划学、建筑学、景观学等基本原理，统筹客站建筑、站区与周边环境构成共同生态系统。对内形成良好的室内气候条件和较强生物气候调节能力，满足旅客美好出行需求，对外与周边生态环境有机融合，形成物质、能源生态系统内部有秩序地良性循环转换，达到人、客站与自然生态环境之间和谐共生。

生态建筑的内涵与碳中和的目标紧紧契合。生态建筑力求物质、能源在建筑生态系统内部有秩序地良性循环转换，最终实现高效、低耗、无废、无污与生态平衡的目标。在生态建筑的全生命周期内，通过普及绿色发展理念，运用现代绿色建造技术与绿色运维管理，抵消自身产生的二氧化碳排放，实现建筑的"零碳排放"甚至"负碳排放"，为实现建筑行业以及整个社会的碳中和贡献最大的力量。

### 2. 国内外生态建筑发展现状

20世纪60年代，国际建筑学界提出了生态建筑这一新概念，1990年，世界首个绿色建筑标准在英国发布，1992年巴西的里约热内卢"联合国环境与发展大会"，与会者第一次提出"绿色建筑"概念，由此，绿色建筑成为建筑行业的重要发展方向。

绿色建筑和生态建筑都是致力于通过现代科学技术的手段和方法，追求人与自然和谐共生和可持续发展的目标，基础理念和价值观是一脉相承的。生态建筑让人们对建筑产生了美好的憧憬，而绿色建筑则将这一美好憧憬具象化。

国外环境，特别是美、德、日、英等一些发达国家在过去的几十年间，初步对生态建筑的设计目标、原则和方法进行了制订，形成了一些理论著作。由著名的马来西亚建筑师杨经文主持1992年建成的马来西亚那亚大厦、新加坡南洋理工大学、伦佐·皮亚诺的代表作1998年建成的吉巴欧文化中心等，都成了生态建筑的典范。

我国对于生态建筑的尝试历史较为久远，传统民居中的窑洞、土楼、干栏式建筑等都是结合地方气候、地形条件而建造的。现代建筑方面，我国对生态建筑的探索和起源比西方国家晚10~20年，随着推广和发展，人们的认知已经逐渐由最初的建筑屋顶种绿化到如今形成了技术、材料、方法的全面生态设计策略。

2006年，我国第一部《绿色建筑评价标准》中，明确提出了绿色建筑的概念，其后，随着人们对绿色建筑认识的不断深入。2019年《绿色建筑评价标准》中定义的绿色建筑是指在全寿命周期内，节约资源、保护环境、减少污染、为人们提供健康、适用、高效的使用空间，最大限度地实现人与自然和谐共生的高质量建筑。

我国近年来对生态建筑做过很多探索实践，中国江西江中药谷工厂，从高空俯视一片绿色，与周围森林、湖泊环境完美融合，屋顶绿化与山坡上植物同季变色，与自然环境极为契合。上海世博会零碳馆是采用本土化产品建造的中国第一座零碳建筑，中新天津生态城公屋展示中心，则是我国北方地区首个零能耗建筑。

**3. 我国绿色铁路客站取得的发展成绩**

铁路客站在建设、设计、施工、管理各环节，通过先进的方法与科学的组织，响应社会发展需要和国家要求，主动作为，积极推进绿色建筑，是落实国家绿色低碳发展战略的具体举措。

随着综合交通枢纽的不断建设与实践，我国铁路客站在绿色建筑方面已经有了一定的积累和实践。2011年建成的天津西站，取得了LEED（Leadership in Energy and Environmental Design 能源与环境设计先锋）绿色建筑评价体系的金级认证，2020年底建成通车的雄安站与北京朝阳站，目前正在建设过程中的北京丰台站，也都通过了绿色建筑三星级设计认证。

随着铁路客站绿色建筑建设数量的不断增多，也积累了越来越多的对于铁路客站而言更有针对性的经验和技术。结合最新的绿色建筑评价标准，铁路客站在安全耐久、健康舒适、使用便利、资源节约、环境适宜等多方面都在不断地总结出更加适配其功能性的方法。虽然铁路客站具有其空间组成的特殊性，但贯彻落实绿色发展理念，遵循因地制宜的原则，满足人民日益增长的美好生活需要的目标是一致的。

为了满足车站的"绿色、智能"目标，新建站房内陆续开始尝试建设基于BAS系统的能源管理系统。结合照明、空调、能源数据采集、列车到发信息等子系统的联动控制，通过铁路管控平台及车站能源管理系统的互联，结合逐年优化的管理方案，各个大型铁路客站的能源消耗也在逐步走向精确化、科学化、高效化。

### 6.3.3 生态客站建设发展展望

#### 1. 积极探索零碳生态客站的建设

铁路客站建筑与商业性质的地产、开发项目不同，应更加注重建筑的功能性、舒适性及其带来的社会价值导向与观念导向，是传播可持续发展观念的重要展示平台，在城市和建筑发展过程中，扮演着重要的引领角色。因此，铁路客站的建设，应坚定不移的响应国家对于生态文明建设、绿色建筑的相关要求。生态客站应在环境契合、旅客关爱、能源节约的基础上，向着绿色零碳方向进一步发展。

第一，生态客站是在绿色建筑的基础上的概念再提升。生态客站不仅要在建筑的全寿命期内，节约资源、保护环境、减少污染，为人们提供健康、适用、高效的乘车、换乘空间，同时还要最大限度地实现人与自然和谐共生。采用新能源和可再生能源作为客站的主要能源来源，进而建成能源在生态系统内部有秩序地循环转换，塑造高效、低耗、无废、无污、生态平衡的建筑环境，并最终成为零碳客站。

第二，生态客站应追求建筑空间更亲近自然。结合铁路客站空间、功能特点，更多地利用自然通风、自然采光以及绿色植物，营造更自然生态的室内空间环境。在降低能耗的同时，也具有更强的室内外交互性空间体验，同时，建筑的装修材料、风格、色彩体系等也可以更多地结合地缘特点和自然风貌进行设计。

第三，站城融合的背景下，生态客站与其所在城市空间的生态环境应一体化考虑。无论是围绕车站开展的站城同步设计，还是结合既有城市空间的老站升级改造，铁路客站都应在空间环境及景观环境上，做好站、城的结合。

第四，客站的本质是交通载体，是各种功能的交通方式换乘的枢纽，生态客站更是应该做好绿色出行的基础条件。低碳交通、公交出行背景下，做好高效、合理、简洁的外围交通组织，逐渐提高未来绿色出行比例，直至达到100%。

**2. 生态客站建设发展的技术方法与路径**

铁路生态客站建设着眼于所在城市（片区）的共同发展，在绿色客站基础上，完善好客站自身的绿色生态体系，做好与周边城市的衔接，融入城市生态，共同打造生态城市。客站作为铁路的重要节点，生态客站也要充分结合铁路的发展，与铁路干线相连接，构建铁路绿色低碳运输生态系统，推进美丽中国建设。发展生态建筑需要在绿色客站已有建设实践基础上不断完善和发展，可以从以下几方面拓展研究。

（1）文化继承和发展

发展生态客站不仅需要创新，也需要传承，不仅需要各种新技术新工艺的应用，也需要对传统文化的传承和尊重。建筑是中国历史文化的重要组成部分，生态建筑应追求以人为本、天人合一。

（2）建维一体管理

逐步探索建维一体的管理体系。建设阶段应充分考虑运维需求，优选节能设备和智能管控系统，提高客站管理和旅客服务便捷性，减少运维成本。加强与市政配合，做好与城市衔接，引导运营单位提前介入，为绿色运维提供良好条件。运维阶段应逐步完善绿色客站运维管理规范，加强绿色运维技术研究，促进绿色运维管理规范与建设规范的有效衔接，实现铁路客站全生命周期内的绿色环保。

（3）一体化设计

加强系统设计，注重站城一体、站区一体和建构一体设计。站城一体设计，做到站房区域与城市规划、产业开发、功能布局以及市政配套的整体设计，实现深度融合。站区一体化设计，做到站房与站区一体规划与设计，实现整体协调、集约发展。建构一体设计，通过建筑、结构、装修等一体化设计，暴露规整建筑结构形体，实现装修、设备与建筑结构契合统一。

（4）可感知评价

目前的绿色客站主要以绿色建筑评价体系中的指标为设计标准，只关注数据控制，而缺少对绿色客站的感知评价，无法掌握旅客对绿色客站的认知程度和接受程度。因此，建议绿色铁路客站的评价体系中增加旅客体验度评价指标。同时，在客站设计中，应做好旅客出行体验调研，注重旅客对绿色建筑的公共体验和感知评价，打造真正可感知的绿色铁路客站。

（5）工业化建造

绿色客站应充分考虑车站建筑特点，在模数标准化、生产工厂化、装配式安装与信息化管理等方面深入研究。构建适合铁路客站装配式建造的结构构件系统、维护构件系统、装修构件系统、设备构件系统等，降低建造成本，逐步扩大工业化建造应用范围，不断提高铁路客站的绿色建造水平。

（6）智能化发展

未来的绿色铁路客站应注重智能化发展，不断提高我国铁路客站的智能化水平。进一步完善工程建设管理平台，增加扬尘、噪声、夜间光污染等自动检测与预警功能，提升绿色建造的智能化水平。进一步完善智能车站管理系统，考虑增加噪声、光照强度、设备能耗、设备用水、空气质量等站内环境综合检测及自动调控功能，增加站房整体碳排放量自动计算功能，考虑绿色建筑星级评价智能评估功能等。

（7）"零碳"客站建设探索

"零碳"是绿色建筑的发展方向，结合国家正在编制的零碳建筑技术标准，客站建设探索在不消耗煤炭、石油、电力等能源的情况下，全年的能耗全部由场地产生的可再生能源提供的绿色客站，为"碳中和"目标做出铁路贡献。

（8）建立铁路客站碳交易框架

"碳中和"是国家发展方向，铁路客站顺应时代发展要求，逐步寻求在全路客站系统内，构建碳交易框架，寻求单一客站零碳发展和全路客站系统碳平衡等多种发展路径。这里有三点建议，一是通过碳足迹计算，完成客站温室气体排放清查与数据量化，建立客站碳管理体系；二是制定客站碳排放策略，注重新建铁路客站星级绿建打造和既有铁路客站节能环保技术升级，减少客站全寿命周期的碳排放；三是积极推动太阳能、风能等可再生能源应用，增大站区绿色植被种植面积，加大碳负排放技术研究应用，抵消客站产生的温室气体排放总量，实现"碳中和"。

### 3. 生态客站发展展望

"零碳"生态客站是绿色铁路客站的发展方向，也是对国家发展战略的积极响应，建设生态客站，首先应确立铁路客站生态发展趋势的价值观。客站建设的顶层设计首先应倡导和确立生态建筑的价值观，绿色、生态建筑的建设投入高，对出资方回报少。但是，基于铁路客站建设巨大的社会价值和影响力，全周期的推进生态发展价值观，是铁路行业体现社会责任与使命的重要表现形式。

通过项目经验积累，铁路客站建设应逐步摸索出适合自身行业功能及管理特点的生态建筑关键技术和建设管理方案，缓解建筑与环境之间的矛盾，为旅客创造更好的乘车、换乘环境。确定生态客站的发展路径，结合关键重点工程，尝试打造示范性项目，为铁路客站今后的发展起到一定的引领和导向作用。

长远来看，结合国家"碳达峰碳中和"的发展战略，"零碳"建筑的目标，是需要通过不断的经验累积和技术积累来逐步实现的。最重要的是，结合铁路客站的特点，发挥其社会影响，将积累的经验和技术，广泛传播到其他建设的领域，进而更好地推进贯彻生态文明建设的国家战略。

## 6.4 推进人文工程建设，建设人文客站

2021年发布的《国家综合立体交通网规划纲要》中提出"加强交通运输人文建设"，其中"人文"二字正式出现于国家战略层面的交通规划中，这意味着推进人文建设成为铁路客站高质量发展的目标之一。"人文"指人类社会的各种文化现象，也是指强调以人为主体，尊重人的价值，关心人的利益的思想观念。在铁路客站建设中，人文工程是践行铁路客站建设理念的专项工作，是需要于实践中动态界定的具体工作内容，随着人文工程建设的深入推进，最终目标是打造人文客站，即在满足人民对美好生活的向往的目标下，主张人文关怀，贯彻以人为本的核心价值观。在建设文化强国，提高文化软实力的目标下，传递人文价值，弘扬人文之美。

### 6.4.1 构建铁路客站空间的和谐场域

无论是国家发展理念"创新、协调、绿色、开放、共享"，还是国铁集团铁路客站建设理念"畅通融合、绿色温馨、经济艺术、智能便捷"，其底层逻辑和动因皆离不开坚持以人民为中心，满足人民对美好生活向往的诉求，是"以人为本"的社会主义核心价值观的体现。铁路客站在高质量发展阶段，基于"以人为本"的价值观，推进人文工程建设，打造人文客站。需要思考的是如何在铁路客站空间中构建人与自身、人与社会、人与环境的和谐场域——以人民为中心，不断优化提升用户体验。与时代同步，以坚持创新应答社会生活发展多方面需求，优化整合技术、资源、运营等多领域，营造当下与未来的和谐发展环境。

在此，基于以人为本的核心价值观，构建铁路客站空间的和谐场域，引入用户体验、社会创新、可持续三个设计视角，探讨人文客站的建设方向。

**1. 用户体验**

2019年，国际标准化组织发布的 ISO 9241—210 标准中将用户体验定义为"人们对于使用或期望使用的产品、系统或者服务的认知印象和回应"。通俗来讲就是"这个东西好不好用，用起来方不方便"，用户对于产品的体验是主观的，用户体验设计需要"因人而异"，围绕特定场景下目标用户的思维、行为模式进行研究。并进行精细化分类，从功能、习惯、文化等不同维度进行需求洞察，并给出适宜的解决方案。

以用户体验为核心是一种以人为本的设计思维，在体验经济时代，可以说所有服务于人的领域，无论是机场、酒店、商场、餐饮、电子产品……围绕"用户体验"进行开发和营销，已成为设计、业态创新的必要途径之一。对"用户体验"的关注和研究，已经是面向消费者的产品开发和设计营造的基础，围绕用户体验开展规划设计工作于交通空间亦并不鲜见。

根据《国家综合立体交通网规划纲要》和"十四五"规划，站城融合、一体化综合交通枢纽将是铁路客站建设在下一个阶段的重点方向。未来的铁路客站不再是传统的单一化的交通功能空间，而是在优化城市格局，促进区域发展的背景下，以交通便利为基础，最大化激活"人流"价值的一体化综合枢纽、城市生活的活力引擎，高铁 TOD 一模式下的铁路客站，将不再是"途经点"，而是"目的地"。

面对新的发展需求，未来的铁路客站将从规模效率型转向质量效益型，这也意味着铁路客站建设将从"工程技术导向"转向"用户体验导向"。以人为本的用户体验设计思维及方法既是以铁路客站为主体，提升其效益的"产品开发"途径，又是以人为主体，满足人们对美好生活的向往，日益多元化、差异化需求的途径。

在强调以人为本，以"用户体验"为核心的设计观念和方法中，就铁路客站的场所属性具有针对性的设计概念：包容性设计和服务设计是在未来的铁路客站建设工作中需要重视的领域。

（1）包容性设计

包容性设计与更早出现且更广为人知的"无障碍设计"存在显著区别。"无障碍"设计主要关注的是生理上能力严重缺失人群，一般指的是大众认知的"残障人群"。而包容性设计强调对不同人群提供的产品或服务的平等性，尊重人们因能力、性别、年龄、语言、种族、文化等各种因素导致的差异化需求，如"部分能力下降"及"部分能力缺失"人群、老年群体、母婴群体、跨文化群体等，他们可能在身体机能、暂时性的活动能力及文化识别程度上存在部分障碍。如在某些场景下具有特定心理需求的人群：深夜出行，缺乏安全感的单身女性等。英国建筑与建成环境委员会于2006年出版的《包容性设计原则》中提出，①以人为本：将人放在设计的核心位置；②多元差异：关注不同群体的差异及其多样性需求；③提供选择：提供单一设计策略无法提供的多样选择；④使用灵活：提供可灵活使用的产品，适应不同情景下的需求；⑤积极体验：让建筑和环境为每个人提供便捷、舒适的体验。全球各领域在包容性设计的应用中基本以上述观点为准则。铁路客站作为公共空间，原则上是任何人都可以进入的场所，其设计中不仅要满足普适性的需求，也需要尊重不同人群的差异化需求，给予更为精准的产品和服务，需要强调的是这种差异化需求不仅来自生理、也来自心理和文化。英国国家铁路公司2019年最新发布的《我们的良好设计原则》中将包容性设计纳入其铁路建设的战略性要点，强调"包容性"对确保其设施实现对所有人可达的重要性，同时也对交通设施为社会发展起到积极作用具有重要意义。

我国的铁路客站建设中已有体现差异化服务的相关措施，如针对失能人群的无障碍设计、针对典型人群的重点旅客区、军人候车区、儿童娱乐区、医疗服务区及母婴候车室的"四区一室"设计等。但在用户研究和对包容性设计观念的理解和贯彻上仍不够充分，存在较大的提升空间。我国已步入低生育率、老龄化社会，提供更友好的育儿亲子、老龄化生活环境是当下及未来社会发展的迫切需求，而且随着我国国民生活水平和综合素质稳步提高，人们对生活环境的差异化、个性化要求也越来越强烈，这也意味着包容性会成为评价公共空间及服务体验的重要因素。《国家综合立体交通网规划纲要》提出"加强交通运输人文建设"，其中包括完善交通基础设施、运输装备功能配置和运输服务标准规范体系，满足不同群体出行多样化、个性化要求。加强无障碍设施建设，完善无障碍装备设备，提高特殊人群出行便利程度和服务水平。健全老年人交通运输服务体系，满足老龄化社会交通需求。由此可见，满足上述诉求的包容性设计已成为我国铁路客站人文建设的必要举措。

（2）服务设计

2008年国际设计研究协会（Board of International Research in Design）出版的《设计词典》中对服务设计给出的定义："从用户的角度来设置服务的功能和形式。它的目标是确保服务界面是用户觉得有用的、可用的、想要的；同时服务提供者觉得是有效的、高效的和有识别度的"。目前，对服务设计的普遍认识是为了提高服务质量、服务提供者与客户之间的交互，对服务的人员、基础设施、信息沟通和材料组成部分进行规划和组织的活动。服务设计系统性地将有形的产品与无形的服务整体纳入设计框架，以期提高用户体验。与包容性设计更侧重于用户的单向体验不同的是，服务设计是从产品或服务的提供者、参与者到用户的多向视角来洞察和解决问题。

我国铁路客站在工程技术、设备设施等"硬件"建设方面相对具有优势，但在上述"产品"的"软性"体验上尚缺乏系统性、针对性的研究。铁路客站空间面对的服务对象，包含运营团队和终端用户，其环境及产品设计需要围绕多维度的"服务"概念展开，如在设计过程中，与运营团队的沟通深度决定了作为服务载体的硬件产品设计的有效性。硬件产品的类型、功能形态和所传递的信息是否符合服务的需求等。以铁路客站中最基本的导视系统为例，导视设计类目中往往缺少运营服务中必需的警示性、温馨提示性标识，运营部门经常使用临时购置或自制的标识来弥补这一缺项，虽然弥补了功能需求，但常常导致客站内视觉管理系统的失序。此外，导视系统是否能为用户提供清晰的时间和空间的标识定位，是否能提供更优的感知体验，减少用户在信息识别上的困扰，是否能更好地、动态地融入不同空间环境，既醒目又协调……诸如此类问题的解决都需要强化服务设计观念。从"服务"视角统筹"软硬件"系统的规划和设计，之于政府部门、建设方、运营方、用户多方立场，构建科学系统的设计框架及流程，深入挖掘需求触点，提供针对性、创新性的解决方案，从而最终实现提升用户体验的目标。

综上所述，在铁路客站的高质量发展中，卓越的用户体验是必不可少的核心要素。在铁路客站的规划设计中引入以用户体验为核心的设计思维和系统性设计方法，在强化用户研究的基础上，整合多学科、多专业、多部门全链路介入。针对用户的多元化、差异化需求构建应用场景，并提供针对性的解决方案，是推动铁路客站人文工程建设，构建铁路客站和谐场域的重要手段。

**2. 社会创新**

社会创新设计，其核心在于在设计过程中对各种资源的重新组合，对人与人关系的重新构建。

铁路客站的场所属性中首要的是公共空间和公共服务。从现有的规划设计工作来看，首先，公共空间的利益相关者——旅客、周边居民、市民，公共服务的利益相关者——间接和直接用户，如商家、公益组织、旅客等，他们的话语权参与度并不高，可以说缺乏将"公众意见"纳入建设决策和设计流程的机制。铁路客站建设中的主观性、经验性设计和"参与性设计"并非二元对立，而是需要从社会创新设计视角出发探寻适宜的复合型模式。在"以人为本"，构建铁路客站的和谐场域过程中，重视公众参与度，推出具有创新性的协同模式是不可缺失的环节。其次，铁路客站是开放性的公众场所，是一个脱离不了社会问题的公共环境，无论是因不同生活习惯或道德标准导致的人际摩擦或个人不良行为、因他人干扰或个人情况导致的困窘，还是公共资源共享、公益性服务……这些问题和需求都可以从社会创新设计视角，从软硬环境设计、资源重组上给予可行性的规避或优化方案。

人文客站建设中，社会创新设计观念的引入，对增强人民的获得感、幸福感、安全感有着积极意义。

### 3. 可持续发展

贯彻以人为本的核心价值观，满足人民对美好生活的向往离不开可持续发展——既满足当代人的需要，又不损害后代人满足需要能力的发展。目前，铁路客站建设在可持续发展方面的实践主要侧重于绿色低碳领域，尚未将这一观念扩展至更广泛的建设工作中。基于人的生存与发展，可持续的概念不仅包括环境与资源的可持续，也包括社会、文化的可持续。可持续设计是近年来兴起的交叉学科概念，是一种均衡考虑经济、环境、道德和社会问题，构建及开发可持续解决方案的策略设计活动。

就人文客站的建设愿景而言，需要进一步拓展以人为本的可持续发展观念在铁路客站建设中的实践边界，在循环经济、文化传承与传播等领域进行更深入的探索。

从坚持"以人民为中心，以人为本"的核心价值观来看，铁路客站建设中一切技术领域的发展与应用，都应围绕"人"这一主体的需求，打造人文客站是未来铁路建设的核心目标。

## 6.4.2 营造铁路客站的多重之美

2021年4月19日，值清华大学建校110周年之际，习近平总书记考察清华大学美术学院时指出："美术、艺术、科学、技术相辅相成、相互促进、相得益彰。要发挥美术在服务经济社会发展中的重要作用，把更多美术元素、艺术元素应用到城乡规划建设中，增强城乡审美韵味、文化品位，把美术成果更好服务于人民群众的高品质生活需求。要增强文化自信，以美为媒，加强国际文化交流"。

在铁路客站建设中不断优化设计观念，相继推进"文化性艺术性表达研究""文化形象识别研究"等相关工作，与习近平总书记指出的"把更多美术元素、艺术元素应用到城乡规划建设中，增强城乡审美韵味、文化品位，把美术成果更好服务于人民群众的高品质生活需求"相印证，恰于实践中回应新时代发展的需求。

铁路客站建设中，对"文化"和"艺术"的引入，不是浮于表面的装饰性工作、"面子"工程，而要深刻理解"美术、艺术、科学、技术相辅相成、相互促进、相得益彰"，深入思考如何真正做到"增强文化自信，以美为媒"，才能实现"服务于人民群众的高品质生活需求"。

习近平总书记提到的"以美为媒"中的"美"不仅仅是狭义上的美术、视觉之美，更是新的历史阶段下的时代美学，承继中国优秀传统文化的特色社会主义文明之美。铁路客站建设中需要呈现的"美"是多层次的，是"看得见"和"看不见"的美，对"美"的认知和表达是新时代铁路客站建设中的重要任务，"以美为媒"是呈现新时代铁路客站设计观念的重要手段，是高质量发展过程中产生的必然需求。

人文客站发展，对"美"的呈现应致力于以下三点：一是体现精工品质、技术与艺术相结合的工业之美；二是集中体现铁路文化、城市文化、传统文化、时代精神的文化之美；三是涵盖绿色共享、站城融合、社区营造、多元创新的生活之美。

**1. 工业之美：精工品质、技术与艺术的结合**

中国高铁是当下的时代名片，铁路客站是中国高铁网络领军世界的支点，也是地区发展的驱动门户。在建设工程领域，无论是线路，还是客站，高效而精确、勇于突破技术难点是中国铁路建设引以为傲的技术性优势。铁路客站是公共建筑，也是集优势技术为一身，展现中国工业化发展成果的代表性产物，未来，其高质量发展需要实现质的飞跃，从工业化产物进阶到以精工品质引领中国工业美学的作品。

工业美学的核心在于技术与艺术的融合，可以细分为两个层面来看，一是宏观层面，领先的工程技术和独特的艺术性表达相辅相成，以和谐面貌筑造公共空间精品。宏观层面的问题相对直观，且方向明确，未来的铁路客站建设需要全面强化建设观念的"平衡"，让技术与艺术做到融合，打破传统工程化思维为主导的局限。在高质量建设发展阶段以新的建设理念为指导，让创造力和美学意识于建设中润物无声，让中国铁路客站这一集中国工业化成果之大成者，大到建筑结构、声光环境，小到公共设施，如垃圾桶、风口，都能充分展现功能美、技术美、材料美、形式美。二是微观层面，工艺细节的考量及技术应用灵活性、适配性所呈现出的精细化、品质化追求。微观层面的问题相对隐蔽，往往容易被忽略，如不锈钢扶手栏杆的接合方式，以往通常是现场施工焊接后打磨，大效果无碍观瞻，可见微知著，一条粗糙接缝暴露的是站房建设中设计标准及工程管理精细化不足的问题，背离了精品精工的品质追求，是工业美学的失语。

在铁路客站建设中，很多产品呈现出宏观与微观问题的交集，如动态信息屏是站房客服信息交互的必要硬件，从当下的设备硬件技术和成本投入来看，完全支持更多元的功能及视效呈现，而不是恒定不变的材质、造型、色彩及字体字号。对于旅客而言，导视系统、客服信息系统是最不容忽视的站房服务界面，是站房整体空间美学呈现中最为跳跃的视觉符号。从宏观上来看，动态信息屏是站房空间的视线焦点，其是否能为旅客提供符合视觉及心理需求的有效信息，并在空间中呈现出和谐之美，是站房设计美学系统构建的显性支点。而其材料、形式及技术应用的适配性选择则是微观层面中对精细化和品质化的评估样本之一。

技术与艺术相辅相成的和谐之美、工业之美是呈现铁路客站之美的必要条件。未来的铁路客站将从宏观和微观两个层面进行系统化的管理提升，精益求精，致力于精品精工的品质追求彰显铁路客站的工业之美。

### 2. 文化之美：铁路文化、城市文化、传统文化、时代精神的传承与传播

习近平总书记在十九大报告中提出，坚定文化自信，推动社会主义文化繁荣兴盛。在2019年亚洲文明对话大会上，习近平总书记强调，中华文明是在同其他文明不断交流互鉴中形成的开放体系。阐释了中国面对自身和世界的文化态度，文化的传承和传播是中国在高质量发展过程中，树立文化自信，提升国家文化软实力，以美为媒，讲述中国故事的重要途径。

中国当下和未来所处的"高铁时代"中，作为城市门户、大型公共建筑的铁路客站是显而易见的"流量"载体，其空间媒介作用不容忽视。而且，中国铁路客站的建设由国家及所在城市公共资源投入为主导，其形象本身即代表了国家和城市的意志。铁路客站建设中的"文化自觉"是时代发展的需求，是不容忽略的社会责任。

铁路文化、城市文化、优秀传统文化和时代精神是铁路客站建设中从行业、地域、民族、社会主义精神文明的多重视角中提取，并构建铁路客站文化定位的四大基本要素。未来的铁路客站将从这四个方面，因地制宜、与时俱进地呈现出中国文化之美，让每一座铁路客站都成为一扇传承和传播中国文化之美的窗口。随着遍布祖国大地的铁路网，如星火闪耀，为文化强国战略，为民族文化自信的树立起到积极作用。

### 3. 生活之美：绿色共享、站城融合、社区营造、多元创新

未来铁路客站侧重于建设的一体化综合交通枢纽，是构建未来城市绿色、安全、便捷生活的重要支点，集交通、商业、文化娱乐等多元业态为一体的高铁TOD，将是区域生活的活力中心。满足人们对美好生活的向往，呈现出代表时代风尚的生活之美，是未来铁路客站高质量建设、多元化发展的趋势之一。

未来铁路客站呈现出的生活之美，主要由以下四个方面构成：

（1）符合全球生态发展观的绿色共享

以高铁为代表的轨道交通本身就具备低碳环保的特性，而铁路客站的建设更需延续这一特性，为低碳环保的健康生活方式提供具有影响力的样本。另外，铁路客站也需注重将人与自然、城市与自然的对话导入空间营造，打破空间壁垒，让自然元素更好地融入，让一抹阳光、一抹绿色点亮空间，为用户提供更具亲和力的环境。

（2）优化城市格局的站城融合

未来的铁路客站将从传统的通过型客站升级为目的地型一体化综合交通枢纽，既实现多种交通的便捷接驳，又实现城市土地资源的节约和产业资源的融合。枢纽级铁路客站作为区域中心，将显著激发区域活力，优化城市发展格局，为人们带来更便捷、高效、舒适的高品质生活体验，呈现城市生活之美。

（3）构建和谐社会的社区营造

铁路客站无论大小，都是重要的公共服务空间，是城市文明的缩影。满足公共需求，引领文明风尚，是铁路客站建设中不可抛却的命题。从铁路客站的规划设计来看，在确保交通服务安全性的前提下，需尽可能营造更具开放性，能更好满足周边市民生活需求的公共环境。从城市文明建设的角度来看，铁路客站需要积极承担公共责任，将公益性服务融入这一"流量平台"，并重视和引导市民的参与性、关注度，让铁路客站成为传导城市文明的界面，让人们感知城市的温度，体味生活之美。

（4）激发城市活力的多元创新

习近平总书记指出，创新是引领发展的第一动力。创新是国家发展的重要理念，也是激发城市活力，提升城市生活品质的驱动力。铁路客站呈现城市生活之美，需要从一体化综合交通枢纽的定位出发，打破传统铁路客站相对单一的空间模式、业态模式、服务模式……，走向更切合城市生活需求，且切合铁路客站质量效益型发展的多元化、创新化的"综合体"发展模式。同时，中国经济正在从投资拉动型发展转向消费驱动型发展，铁路客站也同样在从规模型转向质量效益型，这一趋势也决定了需要铁路客站在建设和运营端融合贯通，以多元化创新来

提升质量效益。对于未来的铁路客站用户而言,"交通出行"已不再是其评估场所服务的唯一维度,人们更需要在交通空间中获得与时代同步的、具有创新性的多元化体验。

生活之美远不至于此,但未来铁路客站传递的美好生活形态,首先需满足以上四点。未来,作为区域中心的一体化综合交通枢纽——高铁TOD,必然是出镜率极高的打卡地,是衡量一座城市生活品质的标尺。在工业之美的呈现中,"精工"是塑造铁路客站工业美学的核心;在文化之美的呈现中,"传承"是建立文化自信的根基;在生活之美的呈现中,"创新"则是引领城市生活风尚的关键词。人文客站将"以美为媒"向世界讲述中国故事。

# 致 谢

在中国国家铁路集团有限公司（以下简称国铁集团）领导、同事的关心和支持下，我们完成了《铁路客站建设新实践》的编写和出版工作。中国铁路客站建设取得丰硕成果，得益于中国铁路的高质量发展，凝聚着广大铁路建设者的智慧和汗水，谨以此书向所有铁路客站建设者致敬。

本书得到了中国工程院卢春房院士，中国建筑设计研究院有限公司名誉院长、总建筑师崔愷院士的悉心指导和帮助，他们为本书编写提出了宝贵意见和建议，在此向他们特致谢意。

本书编写过程中，国铁集团工程管理中心、中国铁路设计集团有限公司、中国铁道科学研究院集团有限公司、清华大学美术学院专门成立专家团队，付出了辛勤劳动，在此向他们表示衷心感谢。国铁集团办公厅对全书进行了审阅，国铁集团其他相关部门及中铁第四勘察设计院集团有限公司、中铁工程设计咨询集团有限公司、清华大学、东南大学、同济大学建筑设计研究院（集团）有限公司、中联筑境建筑设计有限公司等单位领导和专家在客站建设中提供宝贵意见，在此向他们深表谢意。

中国铁路北京局集团有限公司、雄安高速铁路有限公司、中铁工程设计咨询集团有限公司、中国建筑设计研究院有限公司、中铁建工集团有限公司、中铁建设集团有限公司、中铁十二局集团有限公司、中铁五局集团有限公司、中铁六局集团有限公司、中建三局集团有限公司、中铁电气化局集团有限公司等单位提供了部分章节的素材，中国铁道出版社有限公司为本书的出版发行付出了辛勤努力，在此谨向他们致谢。同时，本书参阅了有关著作和学术论文，在此向文献作者致谢。

# 参考文献

[1] 习近平. 习近平在清华大学考察时强调 坚持中国特色世界一流大学建设目标方向 为服务国家富强民族复兴人民幸福贡献力量 [EB/OL].[2021-04-19].http：//cpc.people.com.cn/n1/2021/0419/c64094-32082039.html.

[2] 交通强国建设纲要 [EB/OL].（2019-09-19）[2019-09-19]http：//www.gov.cn/zhengce/2019-09/19/content_5431432.htm.

[3] 国家综合立体交通网规划纲要 [EB/OL].（2021-02-24）[2021-02-24].http：//www.gov.cn/xinwen/2021-02/24/content_5588654.htm.

[4] 中华人民共和国国家发展和改革委员会. 中长期铁路网规划 [EB/OL].https://www.ndrc.gov.cn/xxgk/zcfb/ghwb/201607/t20160720_962188_ext.html.

[5] 陆东福. 奋勇担当交通强国铁路先行历史使命 努力开创新时代中国铁路改革发展新局面：在中国铁路总公司工作会议上的报告（摘要）[J]. 中国铁路，2019（1）：1-8.

[6] 陆东福. 强基达标 提质增效 奋力开创铁路改革发展新局面 [N]. 人民铁道报，2017-01-04.

[7] 王同军. 中国智能高铁发展战略研究 [J]. 中国铁路，2019（1）：9-14.

[8] 卢春房. 铁路建设管理创新与实践 [M]. 北京：中国铁道出版社，2014.

[9] 卢春房. 高速铁路工程质量系统管理 [M]. 北京：中国铁道出版社，2019.

[10] 刘先觉. 现代建筑理论 [M]. 北京：中国建筑工业出版社，2008.

[11] 崔愷. 创新与未来：中国当代新建筑 [M]. 辽宁：辽宁科学技术出版社，2012.

[12] 郑健，贾坚，魏崴. 高铁车站 [M]. 上海：上海科学技术文献出版社，2019.

[13] 王峰，铁路客站建设与管理 [M]. 北京：科学出版社，2018.

[14] 钱桂枫，蔡申夫，张骏，等. 走进中国高铁 [M]. 上海：上海科学技术文献出版社，2019.

[15] 郑健. 大型铁路客站的城市角色 [J]. 时代建筑，2009（5）：5-11.

[16] 樊洪涛，莫文南. 交通建筑综合体在我国的发展趋势研究 [J]. 城市道桥与防洪，

2014，4（4）：4-13.

[17] 郑健，魏崴，戚广平．新时代铁路客站设计理念创新与实践 [M]．上海：上海科学技术文献出版社，2021．

[18] 卢春房．铁路建设标准化管理［M］．北京：中国铁道出版社，2013．

[19] 郑健．高铁客站建设管理体系构建与实践 [J]．项目管理技术，2011（3）：46-51．

[20] 王峰．高速铁路网格化管理理论与关键技术 [J]．石家庄铁道大学学报，2014（27）：51-54．

[21] 钱桂枫．铁路精品客站建设实践与高质量发展研究 [J]．中国铁路，2021（z1）：10-16．

[22] 王哲浩，甘博捷．铁路客站建设管理创新与发展研究 [J]．中国铁路，2021（s1）：39-43．

[23] 王勇，许盛刚，李永军，等．基于管控平台的京张高铁智能车站建设与研究 [J]．中国铁路，2021（S1）：44-49．

[24] 孙坚，徐尚奎，徐伟．大型铁路客站建设的风险要素和风险管理 [J]．建筑施工，2013（10）：956-958．

[25] 葛晓敏．"样板引路"在建设工程实践中的实践与思考 [J]．建设管理，2012（6）：48-50．

[26] 中国政府网．关于推进高铁站周边区域合理开发建设的指导意见 [EB/OL]．[2018-05-07]．http：//www.gov.cn/xinwen/2018-05/07/content_5288710.htm．

[27] 王峰．新时代铁路客站建设的设计观念优化 [J]．中国铁路，2021（z1）：6-9．

[28] 周铁征，杜昱霖．雄安站站城融合规划设计讨论 [C] // 中国"站城融合发展"论坛论文集．北京：中国建筑工业出版社，2021．

[29] 杜昱霖，谷邛英．雄安站站城融合设计实践 [J]．中国铁路，2021（z1）：122-127．

[30] 郑雨．基于新时代智能精品客站建设总要求的北京朝阳站建设策略 [J]．铁路技术创新，2020（5）：5-18．

[31] 王凯夫．中国铁路客站商业开发的模式探讨 [J]．铁道经济研究，2013（6）：36-42．

[32] 孟庆军，姚绪辉．铁路站房精品工程创新研究 [J]．中国铁路，2021（z1）：64-69．

[33] 钱增志．铁路精品客站细部人文设计及工艺创新 [J]．中国铁路，2021（z1）：70-75．

[34] 吉明军，曾丽玉，殷雁. 落实客站建设新要求全力打造铁路精品客站 [J]. 中国铁路，2021（z1）：135-139.

[35] 郑云杰.《绿色铁路客站评价标准》的研究与应用探讨 [J]. 铁路工程技术与经济，2017（3）：5-7，44.

[36] 国家铁路大型客站能源消耗专项调查组. 2011年国家铁路大型客站能源消耗专项调查情况分析 [J]. 铁道经济研究，2012，20（5）：8-13.

[37] 郝光. 铁路客站建设项目全寿命三维集成管理研究 [J]. 铁道经济研究，2009（6），30-35.

[38] 苏发亮. 打造京津冀地区铁路精品客站的实践与思考 [J]. 中国铁路，2021（z1）：83-88.

[39] 邱光宇. 精益建设的理论体系及其在我国建筑行业运行的研究 [D]. 镇江：江苏大学，2006.

[40] 黄家华. 京张高铁清河站落实客站建设新理念设计创新探索与实践应用 [J]. 中国铁路，2021（z1）：139-143.

[41] 晏晓波. 新技术、新材料在建筑外围护结构设计中的运用探讨 [J]. 建筑技术开发，2019，46（23）：20-21.

[42] 王青衣，李滇，宋新宇，等. 北京朝阳站围护结构设计关键技术 [J]. 铁路技术创新，2020（6）：40-45.

[43] 韩志伟，张凯. 智能车站的实践与思考 [J]. 铁道经济研究，2018，26（1）：1-6.

[44] 王洪宇. 铁路客站文化性设计研究 [J]. 中国铁路，2021（z1）：17-21.

[45] 周铁征，王青衣，贾慧超. 精品客站设计技术研究与创新实践 [J]. 中国铁路，2021（z1）：22-26.

[46] 刘强，孙路静. 铁路客站建设中的"文化振兴" [J]. 中国铁路，2021（z1）：33-38.

[47] 谷邛英. 北京站无站台柱雨棚主桁架设计研究 [J]. 铁道工程学报，2006（9）：77-81.

[48] 薛慧明，谢凡，贾坚. 铁路客站的文化应用表达探索 [J]. 中国铁路，2021（z1）：76-82.

[49] 陈洪庆，申培亮，付国平. 既有大型铁路客站无站台柱雨棚改造工程施工技术的探讨 [J]. 铁道技术监督，2004（8）：23-24.

[50] 高修建，宋长江. 于家堡火车站穹顶网壳双铰支座设计 [J]. 铁道工程学报，2014（12）：83-87.

[51] 赵鹏飞，董城，刘明，等. 采用变截面箱梁的单层网壳屋盖结构在天津西站的应用 [C]// 第十三届空间结构学术会议论文集 .2010：497-503.

[52] 张高明，刘枫，余洋，等. 济南东站大跨拱结构多点输入地震反应分析 [J]. 建筑科学，2019，35（7）：114-118.

[53] 方健. 京沪高速铁路上海虹桥站新建站房设计 [J]. 时代建筑，2014（6）：158-161.

[54] 康亚强，唐虎. 大连北站无站台柱雨棚设计 [J]. 铁道标准设计，2011（3）：93-95.

[55] 赵鹏飞. 高速铁路站房结构研究与设计 [M]. 北京 . 中国铁道出版社有限公司，2020.

[56] BOGDANOFF J L，GOIDBERG J E，SCHIFF A J. The effect of ground transmission time on the response of Iong structures［J］. BuII Seism Soc Am，1965，55（1）：627-640.

[57] Eurocode Structures in seismic regions-design，Part 2：Bridges［S］. BrusseIs：European Committee for Standardization，1994 .

[58] 陶勇. 武汉站站房主拱拱脚铸钢节点设计研究 [J]. 高速铁路技术，2014，5（3）：13-16.

[59] 白鸿国，刘祥君，施威. 北京南站轨道层桥梁结构特点 [J]. 铁道标准设计，2010，（7）：34-36.

[60] FARRAR C R，LIEVEN N A. Damage Prognosis：The Future of Structural Health Monitoring[J]. Philos Tram R Soc A Math Phys Eng Sci，2007（365）：623-632.

[61] CHARLES R，FARRAR，WORDEN K. An Introduction to Structural Health Monitoring[J]. Philos Trans R Soc A Math Phys Eng Sci，2007（365）：303-315.

[62] SOHNH，CZARNECKIJ，FARRARC.Structural Health Monitoring Usmg Statistical Process Control[J]. Journal of Structural Engineer，2000（11）：1356-1363.

[63] 徐向辉. 虹桥综合交通枢纽深大基坑关键技术研究 [J]. 铁道工程学报，2009（6）：44-49.

[64] 米宏广，唐虎，常兆中，等. 丰台站结构体系研究与设计 [J]，建筑科学，2020（9）：142-147.

[65] IZUMI M, YAMADERA N. Behavior of steel minfored concrete members under torsion and bending fatigue[C]//International Association for Bridge and Structural Engineering IABSE Symposium. Brussels, 1990（60）：265-266.

[66] 赵勇,俞祖法,蔡珉,等.京张高铁八达岭长城地下站设计理念及实现路径[J].隧道建设,2020,40（7）：929-940.

[67] 齐康,杨维菊.绿色建筑设计与技术[M].南京：东南大学出版社,2011.

[68] 张广平,薛海龙,王杨.雄安站建设新理念系统研究与创新实践[J].中国铁路,2021（S）：50-57.

[69] 解亚龙,王万齐.京张高铁工程数字化的探索与实践[J].中国铁路,2019（9）：22-28.

[70] 王明哲,杨国元,姜利,等.管控平台在京津冀智能车站的创新应用研究[J].中国铁路,2021（z1）：112-116.

[71] 刘玉玉.铁路房屋建筑BIM工程量自动统计研究[J].铁道标准设计,2020,64（12）：124-127.

[72] 杨威,王辉麟,解亚龙,等.基于BIM技术的深基坑安全监测信息系统应用[J].中国铁路,2018（5）：24-28.

[73] 吕钟灵.智能建筑暖通空调系统能源管理平台研究[J].智能建筑,2021（1）：72-76.

[74] 贺海建,李重辉,樊潇,等.基于BIM模型的铁路雨棚钢结构健康监测数据模型研究[J].铁道标准设计,2019,63（9）：115-120.

[75] 潘毅,刘扬良,黄晨,等.大型铁路站房结构健康监测研究现状评述[J].土木与环境工程学报（中英文）,2020,42（1）：70-80.

[76] 黄欣,张志强,单杏花,等.基于电子客票的铁路旅客智能出行研究[J].中国铁路,2019（11）：1-6.

[77] 冯仕清,李得伟,曹金铭.基于数字孪生的智能高速铁路车站大脑系统研究与设计[J].铁道运输与经济,2020,42（S1）：87-92.

[78] 米勇,徐文叶,何朗,等.基于特征脸的人脸识别研究[J].计算机科学与应用,2019,9（1）：127-131.

[79] 朱建生,王明哲,杨立鹏,等.12306互联网售票系统的架构优化及演进[J].铁路计算机应用,2015,24（11）：1-4,23.

[80] 郭根材，张军锋. 直达与换乘相结合的旅客行程规划模型与算法研究 [J]. 铁道运输与经济, 2019, 41（7）: 106-112.

[81] 史天运，张春家. 铁路智能客运车站系统总体设计及评价 [J]. 铁路计算机应用, 2018, 27（7）: 9-16.

[82] 李士达. 铁路电子客票载体选型及应用研究 [J]. 铁道运输与经济, 2020, 42（11）: 92-96, 103.

[83] 王洪业，吕晓艳，周亮瑾，等. 基于客流预测的铁路旅客列车票额智能分配方法 [J]. 中国铁道科学, 2013, 34（3）: 128-132

[84] 冯文晖，李琳，王志华，等. BIM 技术在铁路站房运维管理中的应用研究 [J]. 铁路技术创新, 2021（1）: 31-37.

[85] 解亚龙，王万齐. 铁路基础设施全生命周期数据传递关键技术研究 [J]. 中国铁路, 2020（1）: 79-86.

[86] 郭婧娟，田芳. 基于知识图谱的轨道交通领域 BIM 研究现状分析 [J]. 北京交通大学学报（社会科学版）, 2020, 19（3）: 74-82.

[87] 中华人民共和国国民经济和社会发展第十四个五年规划和二〇三五年远景目标纲要 [EB/OL].（2021-03-12）[2021-03-13].http：//www.gov.cn/xinwen/2021-03-13/content_5592681.htm.

[88] 曼奇尼. 设计，在人人设计的时代：社会创新设计导论 [M]. 钟芳，马谨，译. 北京：电子工业出版社, 2016.

[89] 智鹏，钱桂枫，林巨鹏. 京津冀重点客站工程建造信息化智能化技术研究及应用 [J]. 铁道标准设计, 2022（3）: 1-9.

[90] 傅小斌，邵鸣. 打造人文客站的理论意义与实践探索 [J]. 中国铁路, 2021（S1）: 95-99.

[91] 赵振利. 绿色铁路客站创新实践与发展展望 [J]. 中国铁路, 2021（S1）: 89-94.

[92] 鲁贵卿. 建设工程人文实论 [M]. 北京：中国建筑工业出版社, 2016.